"十二五"普通高等教育本科国家级规划教材

电子线路 CAD 实用教程

——基于 Altium Designer 平台

（第七版）

潘永雄　编著

西安电子科技大学出版社

内 容 简 介

  本书阐述了电子线路计算机辅助设计(CAD)的基本概念、设计规则，并通过典型实例介绍了目前应用广泛的电子线路 CAD 软件包——Altium Designer 的主要功能(包括原理图编辑、电路仿真、印制板设计、元件库管理与维护)、安装和使用方法。考虑到电子线路 CAD 设计者的实际工作需要，对书中实例，尤其是模拟仿真部分和 PCB 设计规则，均作了较为详细的讲解。

  本书可作为高等学校电子信息类专业"电子线路 CAD"课程的教材或教学参考书，也可作为从事电子线路设计工作的工程技术人员的参考资料。

图书在版编目(CIP)数据

电子线路 CAD 实用教程：基于 Altium Designer 平台 / 潘永雄编著. —7 版. —西安：西安电子科技大学出版社，2021.7(2024.1 重印)
ISBN 978-7-5606-6097-4

Ⅰ.①电…　Ⅱ.①潘…　Ⅲ.①电子线路—计算机辅助设计—AutoCAD 软件—高等学校—教材　Ⅳ.①TN702

中国版本图书馆 CIP 数据核字(2021)第 112697 号

策　　划　马乐惠
责任编辑　马乐惠
出版发行　西安电子科技大学出版社(西安市太白南路 2 号)
电　　话　(029)88202421　88201467　　　邮　　编　710071
网　　址　www.xduph.com　　　　　　电子邮箱　xdupfxb001@163.com
经　　销　新华书店
印刷单位　陕西天意印务有限责任公司
版　　次　2021 年 7 月第 7 版　　2024 年 1 月第 38 次印刷
开　　本　787 毫米×1092 毫米　1/16　印　张　24
字　　数　570 千字
定　　价　54.00 元
ISBN 978-7-5606-6097-4 / TN
XDUP　6399007-38
如有印装问题可调换

前　言

本书第六版出版至今已四年有余，这期间电子元器件封装工艺变化不大，在电子产品中除部分功率元件(包括大功率电阻、电感以及功率 MOS 管和功率二极管)、大容量电容和有机薄膜电容外，小功率器件依然以贴片封装元件为主，而除接插件外，DIP、SIP 封装元件已被淘汰。另外，尽管最新的 Altium Designer 软件已升级到 Altium Designer 20 版，但鉴于 Altium Designer 09 后的各升级版新增的一些功能对初学者意义有限，本书第七版仍采用 Altium Designer 09 版的软件平台。

本版继续围绕表面封装元器件布局及布线特征、PCB(印制电路板)设计的一般原则，对第六版各章节内容做了进一步的完善和补充，突出工程性和实用性，并纠正了其中的错漏。例如，调整了第 6~9 章的内容，并在各章中增加了部分习题；针对初学者过分依赖 CAD 软件库元件的现象，重点优化了第 3 章和第 8 章的内容，以期引导读者迅速创建自己的原理图及 PCB 封装图元件库。在修改过程中，尊重并吸收了使用该书前六版教师及读者提出的宝贵意见和建议。

本书共分 9 章：第 1 章介绍了 CAD 软件的基本概念，以及 Altium Designer 软件的基本功能、安装和文件管理操作；第 2 章介绍了电原理图编辑操作；第 3 章介绍了元件电气图形符号的编辑与创建；第 4 章介绍了层次电路原理图编辑方法；第 5 章介绍了电路仿真测试方法；第 6 章介绍了 PCB 设计基本概念与操作方法；第 7 章介绍了 PCB 设计基础知识与规则；第 8 章介绍了 PCB 元件封装图的编辑与创建；第 9 章通过具体实例演示了双面 PCB 板的设计环境及设计过程。

本书可作为高等学校电子信息类专业"电子线路 CAD"课程的教材或教学参考书，也可作为从事电子线路设计工作的工程技术人员的参考资料。

尽管我们力求做到尽善尽美，但因水平有限，书中不妥之处在所难免，恳请读者批评、指正。

编　者

2021 年 4 月

第 一 版 前 言

对电子线路设计人员来说，掌握电子线路计算机辅助设计(CAD)和计算机辅助制造(CAM)的基本概念，并能熟练运用有关 EDA(电子设计自动化)软件进行线路设计、仿真分析及印制电路板设计，将会极大地提高工作效率。本书系统、全面地介绍了目前最受欢迎的电子线路 CAD 软件之一——Protel 99 的功能、安装和使用方法，重点介绍了该 CAD 软件包内的原理图编辑、模拟仿真分析、印制板编辑及信号完整性分析等方面的基本知识和操作技能。考虑到电子线路 CAD 设计者的实际工作需要，书中结合典型实例，尤其是对模拟仿真部分，作了较为详细的讲解。

本书共分 7 章。第 1 章简要介绍了电子线路 CAD 的基本概念，Protel 98/99 的功能、安装以及设计文件管理等方面的基本知识；第 2、3 章详细介绍了原理图编辑器 Schematic 99 的功能和原理图绘制方法；第 4 章详细介绍了 Sim99 的功能及原理图仿真分析方法；第 5、6 章介绍了印制板编辑器 PCB 99 的功能、印制板设计过程和技巧，以及信号完整性分析的原理、必要性和操作方法；第 7 章简要介绍了元件封装图编辑器 PCBLib 99 的功能及元件封装图的编辑过程和方法。

选择该书作为电子类专业"电子线路 CAD"教材时，建议先讲授"原理图编辑与模拟仿真"部分，时间安排上略滞后于"电子线路"课程 5～10 周，以便学生利用模拟仿真功能学习电子线路知识，这将激发出学生学习本课程和电子线路课程的浓厚兴趣，收到良好的效果；而"印制板设计"部分最好安排在"电子整机"课程后。

本书可以作为高等学校电子类专业"电子线路 CAD"课程的教材或教学参考书，也可作为从事电子线路设计工作的工程技术人员的参考资料。

由于我们水平有限，书中难免存在不当之处，恳请读者批评指正。

编 者
2001年5月

目　　录

第 1 章　电子线路 CAD 与 Altium Designer 概述

❖❖❖❖❖❖❖❖❖❖❖❖❖❖❖❖❖❖❖❖❖❖❖❖❖❖❖❖❖❖❖

1.1　电子线路 CAD 的概念

　　CAD 是计算机辅助设计(Computer Aided Design)的简称。早在 20 世纪 70 年代，军工部门就开始利用计算机来完成飞机、火箭等航空航天器的设计工作，CAD 的特点是速度快、准确性高，能极大地减轻工程技术人员的劳动强度，但当时普及率不高，主要原因是计算机价格昂贵，商品化的 CAD 软件种类很少。然而，随着计算机硬件技术的飞速进步以及价格的不断下降，50 多年后的今天，CAD 软件种类繁多，几乎所有的工业设计项目都有相应的 CAD 软件，并向计算机辅助制造(Computer Aided Manufacturing，CAM)方向发展。可以说，CAD、CAM 的普及应用是计算机技术不断前进的动力之一，而在计算机设计、制造领域广泛采用 CAD 与 CAM 技术后，反过来又极大地缩短了计算机硬件系统的开发周期，从而极大地促进了计算机技术的发展和进步。

　　电子线路 CAD 的基本含义是使用计算机来完成电子线路设计的过程，包括了元件电气图形符号的创建、电原理图(逻辑电路图)的编辑、电路功能仿真、工作环境模拟、PLD 以及 FPGA 器件仿真与编程、印制板设计(自动布局、自动布线)与检测(布局、布线规则的检测和信号完整性分析)等。电子线路 CAD 软件还能迅速形成各种各样的报表文件，如元件清单报表，为元器件管理、采购及工程预决算等提供了方便。

　　目前电子线路 CAD 软件种类很多，如早期的 TANGO、SmartWork、Auto Bord、EE System、PCAD、OrCAD、Protel 及其后续版本 Protel DXP 与 Altium Designer 等，功能大同小异。其中 Protel 及其后续版本 Altium Designer 具有操作简单、方便、易学等特点，自动化程度较高，是目前较流行的电子线路 CAD 软件之一。

　　在计算机上，利用电子线路 CAD 软件进行电路设计的过程大致如下：

　　(1) 编辑原理图。原理图编辑是电子线路 CAD 设计的前提和基础，因此原理图编辑 (Schematic Edit)、元件电气图形符号创建是电子线路 CAD 软件必备的基本功能。

　　(2) 必要时利用 CAD 软件的电路仿真功能，对电路功能、性能指标进行仿真测试(如 Protel 99 SE、Protel DXP 2004、Altium Designer 的 SIM 仿真器)。电路功能、性能指标主要由原理图决定，在仿真软件出现以前，只能通过实验方法对电路性能指标进行测试，但周期长、费用高、劳动强度大；在仿真软件出现后，可借助仿真软件对电路性能进行模拟，既方便又快捷，而且费用低廉。因此，作为一个成熟的电子线路 CAD 软件，必须具备功能完善、仿真结果可信的电路仿真功能。

(3) 如果电路中使用了 PLD 以及 FPGA 器件,则必须对相应的 PLD 或 FPGA 器件进行编程设计,以便获得 PLD 或 FPGA 的烧录数据文件。因此,作为一个成熟的电子线路 CAD 软件,最好能提供 PLD、FPGA 器件的开发功能(Protel 99 /99 SE 提供了 PLD 设计功能;Protel DXP 2004 以及 Altium Designer 提供了 FPGA 器件的编程、仿真功能)。

(4) 创建一个空白的印制电路板(PCB)文件,并保存(注意: 在 Altium Designer 中, 创建空白 PCB 文件后未执行保存命令前, 所创建的文件并未保存到硬盘或电子盘上)。

(5) 执行 Altium Designer 原理图编辑器中"Design"菜单下的"Update PCB Document xxx.PcbDoc"命令,将原理图中的元件序号、封装形式以及电气连接关系装入指定的 PCB 文件中。

(6) 如果结果不正确,则返回(1),修改原理图。

(7) 设计、编辑 PCB 文件。PCB 设计是电子线路 CAD 设计的最终目的,因此 PCB 编辑功能的强弱(如自动布局、布线效果,以及操作是否灵活、方便、快捷)是衡量电子线路 CAD 软件的关键性能指标之一。

(8) 对高速电路来说,完成印制板编辑后,可能还需要通过信号完整性分析,以确认信号在传输过程中是否产生畸变及畸变的严重程度。

(9) 通过 3D 视图,检查 PCB 设计效果、元件高度,确认是否能安装到特定空间内。

(10) 在 PCB 中生成网络表文件,并与 SCH 编辑器中生成的网络表文件比较,以确认 PCB 设计过程中是否改变了原理图中元件的连接关系。

1.2　Altium Designer 概述

Altium Designer 是 Protel 的继承者。美国 ACCEL Technologies Inc 公司于 1988 年推出了在当时非常受欢迎的电子线路 CAD 软件包——TANGO,它具有"操作方便、易学、实用、高效"的特点,但随着集成电路工艺的不断进步,电子元器件集成度越来越高,引脚数目越来越多,封装形式也趋于多样化,并以 SOT、SOP(包括 TSSOP)、QFP、PGA、BGA 等封装形式为主,使电子线路的连线越来越复杂,TANGO 软件的局限性也就越来越明显。为此,澳大利亚 Protel Technology 公司推出了 Protel CAD 软件(简称 Protel),作为 TANGO 的升级版本。Protel 上市后迅速取代了 TANGO,成为当时影响最大、用户最广的电子线路 CAD 软件包之一。

早期的 Protel 属于 DOS 应用程序,只能通过键盘命令完成相应的操作,使用起来并不方便。随着 Windows 95/98 的普及,Protel Technology 公司先后推出了 Protel for Windows 1.0、Protel for Windows 1.5、Protel for Windows 2.0、Protel for Windows 3.0 等多个版本,1998 年推出了全 32 位的 Protel 98,1999 年推出了 Protel 99、Protel 99 Service Pack1、Protel 99 SE 等版本。

1999 年,Protel Technology 通过资本运作,筹集资金,先后收购了与电子线路 CAD 软件开发相关的多家企业,如 ACCEL Technologies、Metamor、Innovative CAD、Software、TASKING BV 等公司,获得了包括 FPGA、嵌入式系统软件设计在内的技术和市场,并正式更名为 Altium。

2002 年，Altium 公司重新设计了设计浏览器(DXP)平台，发布了在 Windows 2000、Windows XP 操作系统下运行的第一个基于 DXP 平台的 Protel DXP 版本。Protel DXP 是 EDA(Electronic Design Automation，电子设计自动化)行业内第一个可以在单一应用程序中完成电子线路 CAD 设计几乎全部工作的集成开发环境。

随后 Altium 公司又相继推出了基于 DXP 平台的多个升级版，如 Protel DXP 2004、Altium Designer xx(简写为 ADxx，几乎每年推出一个新版本，目前主要版本有 Altium Designer 6.x、Altium Designer 09、Altium Designer 10、Altium Designer 13、Altium Designer 14、Altium Designer 15、Altium Designer 16、Altium Designer 17、Altium Designer 18、Altium Designer 19、Altium Designer 20)等。AD09～AD17 版功能差别不大，均属于 32 位应用软件，AD15 版后增加了与等长布线操作有关的 xSignals 功能，AD17 版引入了高速电路布线操作中常遇到的等长布线(signal length)概念，优化了等长布线操作，而 AD18 版后属于 64 位应用软件，运行速度明显提升。

Protel DXP、Altium Designer 软件功能很强，将电原理图编辑、基于 Spice 3f5 的混合电路模拟仿真、PLD 与 FPGA 开发及仿真、嵌入式系统软件设计、印制电路板 PCB 编辑、信号完整性分析等功能融合在一起，从而实现了 EDA 各环节的无缝连接。Altium Designer 具有 Windows 应用程序的一切特性，继承了 Protel 软件早期版本，如 Protel 98/99/99 SE 引入的操作"对象"属性概念，使所有"对象"(如连线、元件、I/O 端口、网络标号、焊盘、过孔等)具有相同或相似的操作方式，实现了电子线路 CAD 软件所期望的"简单、方便、易学、实用、高效"的操作要求。

目前仍在大量使用的 Protel 系列 CAD 软件有 Protel 99 SE、Protel DXP(包括 2002 版和 2004 版)、Altium Designer(内核依然基于 DXP 平台)等，不过基于 DXP 平台的 Protel 系列电子线路 CAD 软件的窗口界面、窗口内的菜单种类、菜单内的命令以及操作方法等基本相同，各版本之间差别并不大，甚至仅扩充、更新了元件集成库文件，新版本增加的功能对初学者意义不大。本书将以 Altium Designer Winter 09 版作为电子线路 CAD 软件的操作平台，介绍电子设计自动化(EDA)的基本知识、操作过程、设计规则及实现方法。

Altium Designer 将原理图编辑(Schematic Edit)、电路模拟/仿真(Sim)、FPGA 开发、嵌入式系统软件设计、印制电路板(PCB)编辑(包括自动布局和自动布线)、信号完整性分析等电子产品设计过程所需要的全部软件有机地整合在一起，是真正意义上的 EDA 软件，智能化、自动化程度高。Altium Designer 具有如下特点：

(1) 支持本地化语言。安装后，对于不太熟悉英文的用户来说，可利用这一功能将菜单命令信息转化为本地语言。

(2) 改进了设计文件管理方式。在 Altium Designer 中，引入了项目文件概念，并通过项目管理器完成各类设计文件的组织和管理，而各类设计文件可以独立存放在盘上不同的文件夹内。

(3) 改进了库文件管理方式。在基于 DXP 平台的 Altium Designer 环境下，采用集成库文件(.LibPkg 或.IntLib)代替 Protel 99 SE 及早期 Protel 版本原理图库文件和 PCB 封装图库元件，方便了库文件的管理和维护。集成库文件本质上是原理图库文件(.SchLib)、PCB 封装图库元件(.PcbLib)、仿真模型库(.mdl 或.ckt)、PCB 3D 视图、信号完整性分析库文件等的集成。此外，在库文件中，也取消了"Group"(元件组)的概念，允许彼此相同的元件有自己独立的电气图形符号、PCB 封装图，优点是灵活性高，缺点是软件占用的存储空间大。

(4) 取消了操作对象全局属性。取消了原理图及 PCB 编辑状态下的操作对象全局属性概念，增加了各类检查器、列表器等新的操作功能。

(5) 提高了连线智能化程度。在原理图编辑及 PCB 编辑状态下，连线智能化程度很高。例如，在 SCH 编辑状态下，自动将电气相连的线段连接成一条完整的连线(直线或折线)。

1.3　Altium Designer 的安装及启动

1.3.1　Altium Designer 的安装

用户可从 Altium 官网 https://www.altium.com.cn/上下载相关版本的 Altium Designer 软件进行试用。

1. Altium Designer 的运行环境

Altium Designer 的系统文件很多，对微机硬件环境要求较高，典型配置为：Pentium 2.0 GHz(CPU 主频越高，运行速度越快)，内存容量不小于 1 GB(最好是 2 GB 以上)，硬盘(或电子盘)空间必须大于 4 GB，显示器尺寸在 17 英寸或以上，分辨率不能低于 1024 × 768(对于 15 英寸显示器来说，当显示分辨率设为 1024 × 768 时，字体太小，不便阅读，因此 17 英寸显示器可能是运行 Altium Designer 的最低要求)。至于采用何种分辨率，如 1024 × 768、1280 × 768、1280 × 800、1280 × 1024 或其他，与显示器长宽比有关，原则上，在 Altium Designer 状态下，在屏幕上显示的图形(如圆)不应出现几何失真。

总之，硬件配置档次越高，运行速度越快，效果越好。

软件环境是 Windows XP SP2 或 Windows 7.0 及以上版本。

就目前来说，Altium Designer 对微机硬件配置要求不算高，一般容易满足。

2. Altium Designer Winter 09 的安装

Altium Designer xx 属于标准的 Windows 应用程序，只要运行其中的安装文件，如 Setup.exe，即可启动软件的安装进程。

例如，对于 Altium Designer Winter 09 版来说，双击 Autorun.exe 文件，选择"Install Altium Designer"选项，即可启动安装进程(或直接双击 SETUP 文件夹下的 Setup.exe 文件)。

又如，对于 Altium Designer 14 版来说，双击 AltiumDesigner14Setup.exe 文件即可启动安装进程。

在安装过程中，会要求用户确认某些选项信息，选择并确认后，安装程序自动进入下一安装进程。安装结束后，再进行激活操作，就完成了 Altium Designer 软件的安装过程。

安装后，Altium Designer Winter 09 所在目录文件结构如图 1.3.1 所示。

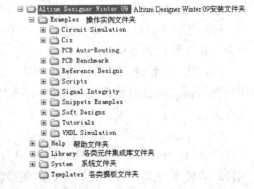

图 1.3.1　Altium Designer Winter 09 安装后的
文件结构

1.3.2　Altium Designer 的启动

在 Altium Designer 安装过程中，安装程序 Setup.exe 自动在 Windows XP 或 Windows 7 "开始"和"所有程序"菜单内建立了"Altium Designer Winter xx"快捷启动方式图标。因此，启动 Altium Designer 非常简单，单击"开始"或"所有程序"菜单内的"Altium Designer Winter xx"快捷启动方式，即可进入 Altium Designer 的"Home"页面，如图 1.3.2 所示。

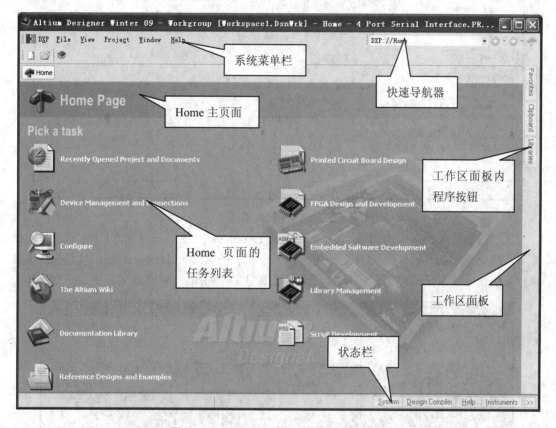

图 1.3.2　Altium Designer 的"Home"页面

当然，直接运行安装目录下的 Dxp.exe 文件同样可以启动 Altium Designer。实际上，"开始"和"所有程序"菜单内的"Altium Designer Winter 09"就是 Altium Designer Winter 09 软件安装目录下 Dxp.exe 文件的快捷方式图标。

操作者可单击系统菜单栏内的"View"菜单，重新规划 Altium Designer 页面显示信息。

1.3.3　Altium Designer 界面的汉化

Altium Designer 安装后处于英文状态，所有菜单命令、提示均为英文信息。如果操作者希望在中文环境下操作，可直接单击系统菜单栏内的"DXP"菜单下的"Preferences"命令，选择"System"标签中的"General"选项，进入图 1.3.3 所示常规设置界面。

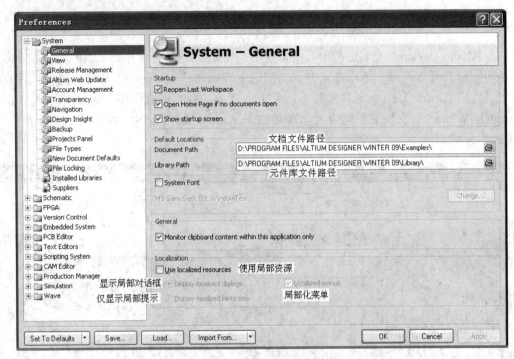

图 1.3.3　系统常规设置

在"Localization"框内勾选"Use localized resources"(使用局部资源)复选框，并选择其下的相应选项，然后单击"OK"按钮退出，重新启动 Altium Designer 后，即可看到绝大部分菜单命令、对话框内提示信息均已被翻译成中文，如图 1.3.4 所示。

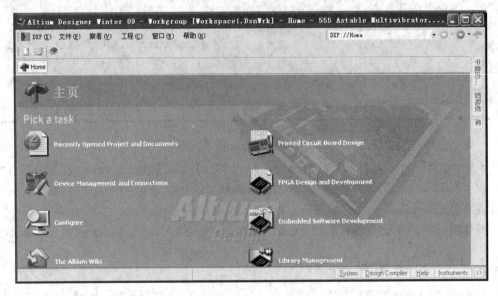

图 1.3.4　汉化后的界面

当然，这一操作过程是可逆的。如果希望恢复原来的英文界面，则不勾选图 1.3.3 中的"Use localized resources"复选框，单击"OK"按钮退出，重新启动后，又恢复到原来的英文界面状态。

1.4　Altium Designer 文件管理

1.4.1　项目文件的概念与项目管理器

基于 DXP 平台的 Protel DXP、Altium Designer 文件管理方式与 Protel 99 SE 有很大的区别，不再采用 Protel 99 SE 支持的设计数据库(.ddb)文件管理方式，而是采用类似软件设计工程中的项目文件管理方式，将所有设计文件，如原理图文件、PCB 文件、库文件、仿真文件、网络表文件、输出文件等汇总到一个工程项目文件(扩展名为.PrjPcb[①]、.PrjFpg 等)中，并通过项目管理器(Projects)组织和管理。图 1.4.1 展示了"4 Port Serial Interface.PrjPcb"项目文件结构。

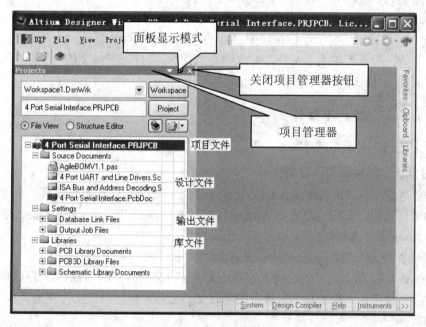

图 1.4.1　项目文件结构

操作者可随时通过"Project"菜单下的"Add New to Project"命令，在设计项目中创建各种类型的设计文件；也可以通过"Project"菜单下的"Add Existing to Project…"命令将一个或多个已存在的存放在盘上不同目录下的设计文件添加到设计项目中；还可以借助"Project"菜单下的"Remove Form Project…"命令将项目文件中的任一设计文件移出(仅从项目文件中移出，而不是删除文件)。项目文件中的各类设计文件可独立存放在盘上的同一文件夹内，也可以存放在盘上不同的文件夹下。实际上，基于 DXP 平台的项目文件内容仅包含各类设计文件之间的连接关系、文件存放位置等信息，并没有把各类设计文件内容

---

① 由于 Altium Designer 软件对文件名、扩展名并不区分大小写，所以在图 1.4.1 的截屏图中，扩展名用 .PRJPCB 表示，也有的截屏图用 .PrjPCB 表示，这都是软件自动生成的结果。本书正文中统一用 .PrjPcb 表示。

插入设计项目文件中。

为方便设计文件的管理，建议同一设计项目中的各类设计文件最好单独放在同一文件夹内，即一个设计项目独享一个文件夹。

Altium Designer 支持多种类型的项目文件，可由"File"菜单下的"New\Project\"命令创建。这些文件有：

.DesWrk	工作区文件
.DenWrk、.PrjGrp	项目组文件
.PrjPcb	PCB 项目文件(绘制原理图、PCB 编辑涉及的项目文件)
.LibPkg	未编译的集成元件库文件
.Pjt、.PrjEmb	Altium Designer 嵌入式项目文件
.PrjCor	内核项目文件
.PrjFpg、.PrjFpga	Altium Designer FPGA 项目文件
.PrjScr	Altium Designer 脚本项目文件

其中，.PrjPcb 项目文件用于存放原理图设计文件、PCB 设计文件等；而 .LibPkg 项目文件主要用于存放各类设计集成库文件，如元件电气图形符号库文件、PCB 封装图库文件、仿真模型库文件、3D 视图库文件等。

1.4.2　项目文件的基本操作

项目文件的基本操作包括项目文件的打开、关闭与创建。

1. 打开一个已存在的项目文件

下面以项目文件"4 Port Serial Interface.PrjPcb"为例，介绍如何打开一个已存在的项目文件的操作过程。该项目存放在 Altium Designer Winter 09\Examples\Reference Designs\4 Port Serial Interface 文件夹内。

(1) 执行"File"菜单下的"Open Project"命令。

(2) 在图 1.4.2 所示的"Choose Project to Open"(选择打开的项目文件)窗口内，按"查找范围(I)"下拉按钮，找出并单击指定的项目文件名后，目标项目文件便出现在"文件名"选择框内，如图 1.4.3 所示。

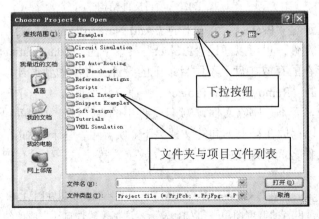

图 1.4.2　选择打开的项目文件窗口

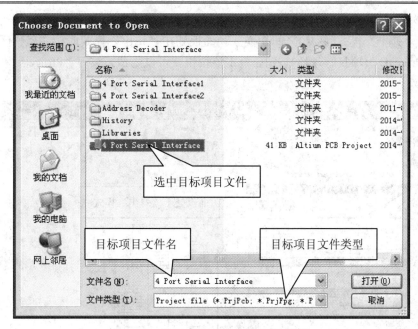

图 1.4.3　找出并单击选中特定项目文件

(3) 单击"打开"按钮即可打开指定的项目文件，如图 1.4.4 所示。

项目文件打开后，项目内的设计文件处于打开还是关闭状态，取决于上一次关闭该项目文件时对应设计文件所处的状态。

当项目内的设计文件处于关闭状态时，将鼠标移到项目文件窗口内对应的设计文件名上，双击鼠标左键即可打开对应的设计文件，启动相应类型的编辑器，并进入该设计文件的编辑状态，如图 1.4.4 所示。

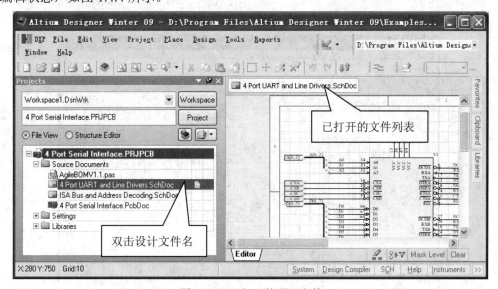

图 1.4.4　已打开的项目文件

进入设计文件编辑状态后，为扩大对应设计文件编辑区的范围，方便浏览文件内容，可采用如下措施将项目文件管理器按钮化或关闭：

① 单击项目管理器窗口右上角的面板显示模式切换按钮，可使面板在"停靠"模式( )和"弹出"模式( )之间切换。当面板处在"弹出"模式时，在工作区面板左侧会出现"Projects"(项目管理器)按钮，单击该按钮就可以隐藏或展开"Projects"，如图 1.4.5 所示窗口。

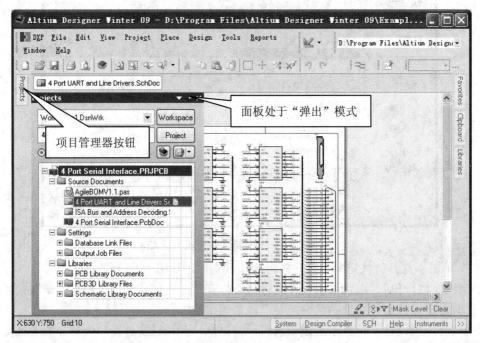

图 1.4.5　项目管理器面板处于"弹出"模式

② 直接单击"Projects"窗口右上角的关闭按钮，关闭"Projects"(项目管理器)窗口，即可使对应设计文件编辑区充满整个屏幕，如图 1.4.6 所示。

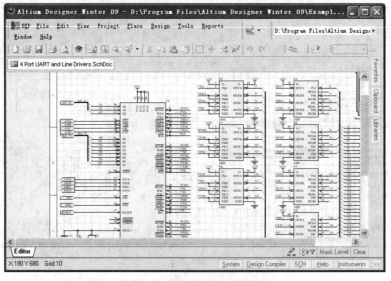

图 1.4.6　关闭项目管理器窗口

必要时可执行"View"菜单下的"Workspace Panels\System\Project"命令，打开"Projects"

窗口。当然，也可以单击编辑器状态栏上的"System"标签，选择"Projects"命令，打开或关闭项目管理器。

在 Altium Designer 中，允许同时打开多个项目文件，但打开的项目文件越多，软件运行速度越慢。因此，除非必要，否则应尽量避免同时打开太多的项目文件。

2. 关闭项目文件

(1) 关闭项目文件夹内已打开的设计文件。将鼠标移到 Altium Designer 窗口已打开的设计文件列表栏内对应的设计文件名上，单击右键，调出常用的文件管理命令，选择图 1.4.7 所示的相应操作命令，即可关闭特定的设计文件、某类设计文件，甚至所有已打开的文件。

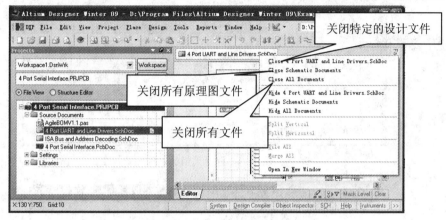

图 1.4.7　关闭已打开的设计文件

(2) 关闭项目文件。将鼠标移到目标项目文件名上，单击右键，调出并执行图 1.4.8 所示的项目操作命令列表中的"Close Project"(关闭项目)命令即可。

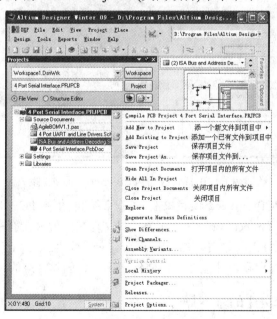

图 1.4.8　单击右键弹出的项目文件操作命令

当然，也可以执行"Project"菜单下的"Close Project"命令，关闭当前项目。

3. 创建项目文件

执行"File"菜单下的"New\Project"命令，在图 1.4.9 所示窗口内选择相应的项目文件类型，如"PCB Project"，即可创建特定的项目文件，如图 1.4.10 所示。

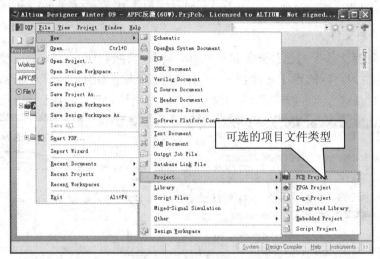

图 1.4.9　选择项目文件类型

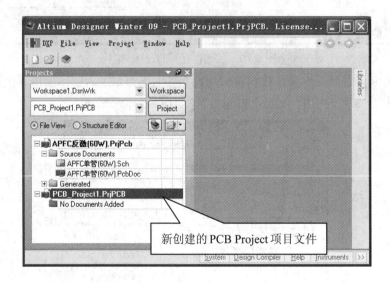

图 1.4.10　新创建的 PCB Project 项目文件

创建一个新的 PCB_Project 项目文件时，系统自动用 PCB_Project1.PrjPcb、PCB_Project2.PrjPcb、PCB_Project3.PrjPcb 等作为项目文件名，但并没有在盘上创建对应的文件目录信息，必须执行"File"菜单下的"Save Project"或"Save Project As…"命令，对新生成的项目文件命名并保存，才能在项目文件内添加、创建相应的设计文件。

1.4.3　项目内设计文件的基本操作

打开了一个设计项目文件后，就可以利用"File"菜单内的"New"命令，在图 1.4.11 所示窗口内选择相应类型的文件，在项目文件内创建相应的设计文件。

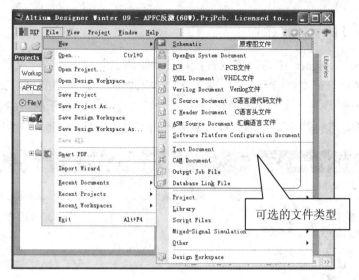

图 1.4.11　可选的文件类型

　　当然，也可以执行"Project"菜单下的"Add New to Project…"命令，直接创建某一类型的设计文件；或利用"Project"菜单下的"Add Existing to Project…"命令将一个已存在的设计文件添加到设计项目中；也可以借助"Project"菜单下的"Remove Form Project…"命令，将项目文件中的任一设计文件移出。

　　不过，在 Altium Designer 中取消了文件重命名操作，仅支持文件打开、添加、创建、保存等操作。

1.4.4　项目选项设置

　　执行"Project"菜单下的"Project Options"命令，在图 1.4.12 所示窗口内选择相应标签，即可对项目文件相关选项进行设置。

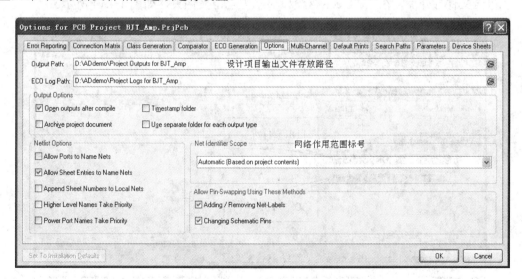

图 1.4.12　项目选项设置标签

1.4.5　单一设计文件操作

在 Altium Designer 中，也可以直接打开、编辑、创建单一设计文件，如原理图文件 (.SchDoc)、PCB 设计文件(.PcbDoc)，甚至文本文件(.txt)，即所谓的自由文件。

例如，单击"File"菜单下的"Open"命令，在图 1.4.13 所示的"Choose Document to Open"窗口内，选择特定的目标文件，然后单击"打开(O)"按钮，即可打开目标文件。

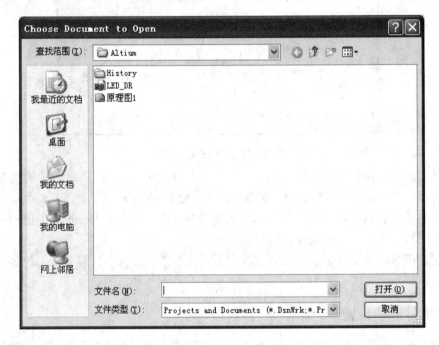

图 1.4.13　打开文件对话窗

单一文件打开后，在"Projects"窗口显示为自由文件夹，如图 1.4.14 所示。

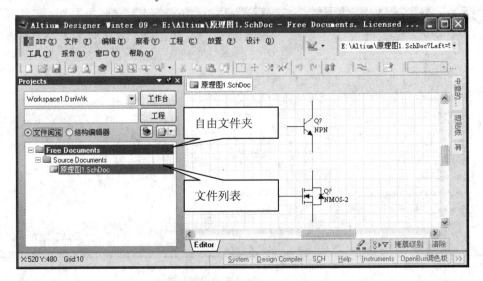

图 1.4.14　非项目文件

1.5 使用 Altium Designer 进行电子线路设计的流程

使用 Altium Designer 进行电子线路设计的大致流程如图 1.5.1 所示。

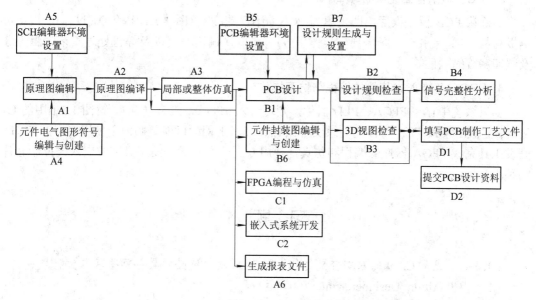

图 1.5.1 使用 Altium Designer 设计电子线路的大致流程

1. 原理图编辑

先进入原理图编辑状态，编辑设计项目的电原理图(图 1.5.1 中的 A1 过程)。如果在编辑原理图过程中，当某一元件的电气图形符号在 Altium Designer 提供(或已有)的集成元件库或用户创建的电气图形符号库文件中找不到时，则需进入元件电气图形符号编辑状态(图 1.5.1 中的 A4 过程)，制作相应元件的电气图形符号。

完成了原理图编辑后，最好(但并非必须)使用"Project"菜单内的编译命令，对原理图文件进行编译(图 1.5.1 中的 A2 过程)，对原理图进行电气规则检查(ERC)，找出原理图中可能存在的缺陷。

必要时，通过电气仿真功能(图 1.5.1 中的 A3 过程)，对原理图整体或局部单元电路进行电气仿真分析：验证电路功能，获取相应的性能指标(或确定电路中某一元件的参数)。

生成元件清单报表文件(图 1.5.1 中的 A6 过程)，为设计项目的元器件采购、工程预决算提供依据。

2. PCB 设计

原理图编辑结束后，就可以进入 PCB 设计(图 1.5.1 中的 B1 过程)。如果在 PCB 设计过程中，当某一元件的封装图在 Altium Designer 提供(或已有)的元件封装图库中找不到时，则需进入元件封装图编辑状态(图 1.5.1 中的 B6 过程)，制作相应元件的封装图。

PCB 设计结束后，最好使用 PCB 编辑器中的设计规则检查功能(图 1.5.1 中的 B2 过程)，对 PCB 板进行检查，以确认是否存在与设计规则相抵触的错误。

必要时进入 3D 显示模式,在 3D 视图状态(图 1.5.1 中的 B3 过程)下检查 PCB 板的空间尺寸,确认 PCB 板是否能安装到特定的空间内。

对于高频电路来说,完成了 PCB 设计后,必要时借助信号完整性分析功能(图 1.5.1 中的 B4 过程),验证所设计的 PCB 板的电磁兼容性指标是否达到要求。

3. PCB 板制作工艺文件填写

当确认 PCB 板无误后,即可填写 PCB 制作工艺文件(图 1.5.1 中的 D1 过程),指定覆铜板材料(类型、生产厂商,甚至具体型号)、厚度、铜箔厚度以及焊盘处理工艺、阻焊漆及丝印字符的颜色等。

4. FPGA 及嵌入式芯片的编程与仿真操作

如果系统中存在 FPGA、PLD 器件,则可进入 FPGA、PLD 仿真操作(图 1.5.1 中的 C1 过程),生成 FPGA、PLD 器件的烧录文件。当然,许多工程师可能更倾向于使用专用的 FPGA 开发工具完成 FPGA 器件的编程和仿真,使用专用的嵌入式开发工具完成嵌入式控制芯片的编程与调试。

习 题 1

1-1　电子线路 CAD 的基本含义是什么? CAD 软件包必须具备哪些基本功能?

1-2　指出 Altium Designer Winter 09 的运行环境。

1-3　演示 Altium Designer 界面汉化与恢复操作。

1-4　在 Altium Designer Winter 09 状态下,打开 Altium Designer Winter 09\Examples\Reference Designs\4 Port Serial Interface\4 Port Serial Interface.PrjPcb 项目文件,并浏览该项目文件的结构。

1-5　将 Altium Designer Winter 09\Examples \Reference Designs\4 Port Serial Interface 文件夹下的所有文件复制到盘上某一目录下,然后在 Altium Designer Winter 09 状态下,打开其中的 4 Port Serial Interface.PrjPcb 项目文件,进行项目文件管理操作(关闭、创建、移出、添加等)。

第 2 章 电原理图编辑

❖❖❖❖❖❖❖❖❖❖❖❖❖❖❖❖❖❖❖❖❖❖❖❖❖❖❖❖❖❖❖❖❖❖❖

电原理图编辑是电子线路 CAD 软件最基本的功能，也是电子线路 CAD 的基础，因为从电原理图文件(.SchDoc)中提取的元件封装图及电气连接关系信息是印制电路板设计过程中自动布局、自动布线的依据，同时，电原理图也是电路性能仿真测试的前提。因此，电原理图的编辑操作是电路 CAD 软件最基本的操作，必须熟练掌握。本章通过一简单实例介绍电原理图概念以及在 Altium Designer 原理图编辑器(Schematic Editor)中输入、编辑、检查、打印电原理图的基本知识。

2.1 电原理图概念及绘制规则

2.1.1 电原理图概念

所谓电原理图，就是使用电子元器件的电气图形符号以及绘制电原理图所需的导线、总线、网络标号、I/O 端口等示意性绘图工具来描述电路系统中各元器件之间的电气连接关系，是一种符号化、图形化的语言，如图 2.1.1 所示。

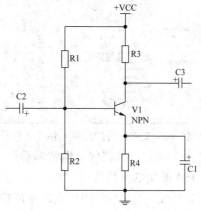

图 2.1.1 电原理图

图 2.1.1 是电子技术人员非常熟悉的单管放大电路的电原理图，它由四个电阻、三个电容和一个 NPN 型三极管组成，在图中使用了导线、电气节点、接地符号、电源符号 +VCC 四种绘图工具将电阻、电容、三极管等元器件的电气图形符号连接在一起。

既然电原理图是一种图形化、符号化的语言，那么在电原理图中使用的电气图形符号必须是当前某一地区或全世界范围内电气及电子工程技术人员所接受的、通用的图形符号，以便进行技术协作和交流，这就涉及到元器件电气图形符号的标准和电原理图的绘制规则问题。

2.1.2 集成元件库

在 Altium Designer 中，元件库的组织、管理方式与 Protel 99 SE 差别很大，不再以设计数据库文件的形式出现，而是将绘制原理图所需的元件电气图形符号、PCB 设计所需要的元件封装图(FootPrint)、PCB 3D 视图显示状态下所需的元件 3D 图形(PCB 3D)、电性能模拟仿真分析模型(Simulation)、信号完整性分析模型(Signal Integrity)等元件信息集成在一起，形成了所谓的集成元件库(Integrated Library)。已编译的集成元件库文件扩展名为 .IntLib。

Altium Designer 收集的元件种类繁多，数目庞大，几乎包含了世界范围内所有知名半导体器件生产商生产的电子元器件。为便于管理，Altium Designer 将所有集成元件库文件存放在 Altium Designer 安装目录下的 Library 文件夹内，除 Miscellaneous Devices.IntLib、Miscellaneous Connectors.IntLib 集成元件库文件外，一般按生产商或元件功能分类存放在不同的文件夹内，如图 2.1.2 所示。

图 2.1.2 Library 文件夹内的集成元件库文件及文件夹

其中，电阻、电容、电感、二极管、三极管、电位器等通用分立元件存放在 Library 目录下的 Miscellaneous Devices.IntLib 集成元件库文件中；通用接头、插座等连接器件存放在 Miscellaneous Connectors.IntLib 集成元件库文件中。电路性能仿真测试用到的各类驱动信号源、数学函数、特殊函数等集成元件库文件存放在 Library\Simulation 文件夹内，具体如下：

Simulation Sources.IntLib   驱动信号源

Simulation Math Function.IntLib   数学函数

Simulation Special Function.IntLib 特殊函数

Simulation PSpice Functions.IntLib PSpice 仿真函数

Simulation Transmission Line.IntLib 传输线元件

其他电子元器件按生产商分类，分别存放在各自文件夹下。例如，Fairchild Semiconductor (飞兆半导体，已被安森美兼并)公司生产的各类电子元器件就存放在\Library\Fairchild Semiconductor 文件夹内，打开该文件夹可以看到 Fairchild Semiconductor 公司生产的各类型器件的集成元件库文件，如图 2.1.3 所示。

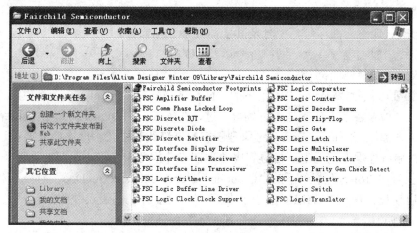

图 2.1.3　Fairchild Semiconductor 文件夹下各类型器件集成元件库

Altium Designer 将同类器件放在同一集成元件库文件中，并采用"生产商标识＋器件类型(或功能).IntLib"方式给集成元件库文件命名，提高了文件名的可读性，如：

FSC Discrete BJT.IntLib	飞兆分立双极型三极管
ST Discrete BJT.IntLib	意法半导体分立双极型三极管
ST Logic Gate.IntLib	意法半导体逻辑门电路
ST Logic Latch.IntLib	意法半导体锁存器
ST RF Amplifier.IntLib	意法半导体射频放大器
Intersil Discrete MOSFET	凌力尔特分立 MOS 管
TI Converter Digital to Analog.IntLib	TI 公司数模(DA)转换器

由此可见，对于具备一定电子元器件常识的电子专业技术人员来说，并不难从集成元件库文件名中判断出它所收录的器件类型。

但需要说明的是，Altium Designer 元件库内的电气图形符号并不一定严格遵守某一特定标准，甚至同一元件具有两种或两种以上的电气图形符号，原因可能是各大公司使用的电气图形符号并不统一。必要时，可用 Altium Designer 提供的元件电气图形符号编辑器(SchLib Editor)编辑、修改，有关 SchLib 编辑器的使用方法可参阅第 3 章"元件电气图形符号编辑与创建"。

2.1.3　电原理图编辑操作步骤

电原理图编辑操作步骤如下：

(1) 设置 SCH 编辑器的环境参数(不是必需，可采用系统缺省环境参数，尤其是初学者，可先不急于修改系统环境参数)。

(2) 选择图纸幅面、标题栏式样、图纸放置方向等(对于初学者来说，也可以先采用缺省设置)。

(3) 放大编辑区，直到编辑区内呈现大小适中的栅格线为止。

(4) 装入原理图中所涉及的集成元件库文件(可在编辑原理图过程中随时装入)。

(5) 在原理图编辑区内放置元器件。先放置单元电路内核心元件的电气图形符号，再放置单元电路中剩余元件的电气图形符号。

(6) 调整元件位置。

(7) 修改、调整元件标号、型号及其字体大小、位置等。

(8) 连线、放置电气节点、网络标号以及 I/O 端口。

(9) 放置电源及地线符号。

(10) 必要时执行"Design"菜单下的"NetList For Document"命令，生成 Protel 网络表文件，以便检查各节点连接是否正确。不过，在 Altium Designer 中，生成网络表文件的意义已不大，原因是 Altium Designer 原理图编辑器连线智能化程度高，只要在连线、放置标号及 I/O 端口等操作过程中严格遵守电原理图设计规范，几乎不用担心误连。

(11) 执行"Project"菜单下的"Compile　Dcoument xxxx.SchDoc"命令，对原理图进行编译，启动设计规则检查(ERC)，找出原理图中可能存在的错误并纠正。

(12) 加注释信息。

(13) 打印。

2.2　Altium Designer 原理图编辑器(SCH)的启动及界面认识

2.2.1　原理图编辑器窗口组成

1. 原理图编辑器窗口认识

打开一个 PrjPcb 项目文件后，在系统菜单栏内单击"文件(F)"菜单内的"新建(N)"命令，并选择"原理图(S)"类型文档，即可在当前 PrjPcb 项目文件的"Source Documents"文件夹内自动创建"Sheet1.SchDoc""Sheet2.SchDoc"或"Sheet3.SchDoc"等原理图文件，并自动进入 Schematic Editor 状态，如图 2.2.1 所示。

Altium Designer 原理图编辑窗口由菜单栏、标准工具栏、实用工具(包含了画图工具以及常用元件放置工具)、布线(Wiring)工具、混合仿真工具、原理图编辑区等部分组成，在原理图编辑器窗口内还有各种设计文件标签，以方便编辑器、文件之间的切换，其中菜单栏内包含了"文件""编辑""查看""工程""放置""设计""工具""报告"等菜单项，这些菜单命令的用途将在后续操作中逐一介绍。

与 Windows 应用程序(如"Word")类似，在原理图编辑过程中，除了可以使用菜单命令操作外，为提高操作效率，Altium Designer 将一系列常用的菜单命令以工具按钮形式罗列在不同的工具栏中，用鼠标单击工具栏内的某一工具按钮，即可迅速执行按钮对应的操作。因此，在编辑电原理图操作过程中，使用各类工具栏内工具操作比使用菜单命令操作更加方便、快捷。SCH 编辑器提供了多种"工具栏"或"工具窗"，缺省时仅打开了标准工具、布线工具、实用工具、混合仿真工具、格式化工具等，需要时可通过"查看"菜单下的"工具条"(Toolbars)命令打开或关闭其他的工具栏。

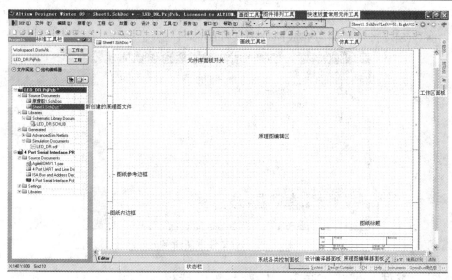

图 2.2.1　原理图编辑器界面

各工具栏的位置均可移动，例如将鼠标移到工具栏内空白处，按下鼠标左键不放，移动鼠标器，即可移动工具栏。当工具栏移到编辑区内时，就会变成"工具窗"，如图 2.2.2 中的"布线"工具和"实用"(Utilities)工具；反之，将编辑区内的"工具窗"移到编辑区边框时，又会自动变成工具栏。

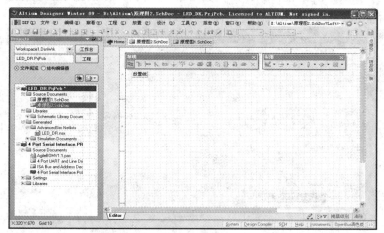

图 2.2.2　位于编辑区内的工具窗

2. 工作区窗口缩放

点击编辑区内特定区域，然后按下键盘上的 Page Up、Page Down 键即可放大、缩小原理图编辑区。

当然，也可以使用"View"菜单下的"Zoom In""Zoom Out"命令调整工作区视图的大小。

3. 原理图文件保存及重命名

系统自动生成的原理图文件名为 Sheet1.SchDoc、Sheet2.SchDoc 等，可将鼠标移到项目管理器窗口内，单击指定文件名，然后执行"File (F)"(文件)菜单下的"Save"(保存)或

"Save As"(保存为)命令，在图 2.2.3 所示窗口内输入新的文件名，如"原理图 2"，然后再单击"保存(S)"按钮，即可完成原理图文件的命名与存盘操作。

图 2.2.3　对文件重新命名

2.2.2　图纸类型、尺寸、底色、标题栏等的选择

在编辑原理图前，可先根据原理图复杂程度以及打印机或绘图机最大打印幅面，选择图纸类型、尺寸以及标题栏样式等，操作过程如下：

单击"设计(D)"(Design)菜单下的"文档选项"(Document Options)命令，在弹出的对话框内，单击"Sheet Options"标签，在图 2.2.4 所示的"Document Options"(文档选项)设置窗内选择图纸类型、尺寸、底色等有关选项。

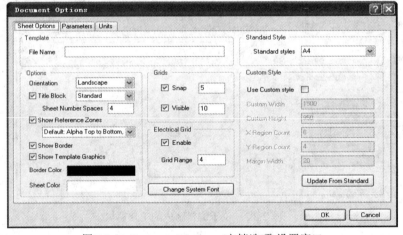

图 2.2.4　Document Options (文档选项)设置窗口

1. 选择图纸大小

在"Standard styles"(标准类型)下拉列表窗内显示了当前正在使用的图纸尺寸规格，缺省时使用 A4 幅面图纸。单击"Standard styles"(标准类型)列表窗右侧的下拉按钮，找出并单击所需的标准尺寸图纸类型，如英制图纸尺寸中的"B"号图，即可完成图纸规格的选取。

Altium Designer 原理图编辑器提供了下列标准尺寸图纸：

(1) 公制尺寸规格：A0、A1、A2、A3、A4(最小)。

(2) 英制尺寸规格：A、B、C、D、E(其中 A 号图幅面最小，E 号图幅面最大)。

(3) OrCAD 图纸规格：OrCAD A、OrCAD B、OrCAD C、OrCAD D、OrCAD E。

(4) 其他规格图纸：Letter、Legal、Tabloid。

如果标准图纸尺寸不满足要求，用户也可自定义图纸尺寸。单击"User Custom style" (定制类型)选项的复选框，使其处于选中状态，图纸规格便由"User Custom style"选项框内的有关参数确定，其中，

Custom Width	定制宽度
Custom Height	定制高度
X Region Count	水平边框等分为 x 段
Y Region Count	垂直边框等分为 y 段
Margin Width	图纸边框宽度

设定图纸尺寸时，所选择的图纸尺寸最好不要超出打印机所能打印的最大图纸尺寸，否则，打印时原理图将被分成若干部分打印输出，需手工拼接后才能看到图纸的全貌(当然，缩小数倍后可完整地打印在同一打印纸内，但阅读不便)。如果电路系统包含的元件数目较多，特定尺寸的图纸不能容纳时，可将整个电路系统按功能划分成多个子电路系统，然后分别输入、编辑。Altium Designer 除了保留 Protel 99 SE 的层次电路编辑功能外(有关层次电路的编辑方法，可参阅第 4 章的有关内容)，还允许将不同原理图元件的封装信息及连接关系导入同一 PCB 文件中，因此可在 Source Documents 文件夹内创建多个原理图文件。

2. 选择图纸方向、标题栏格式

图 2.2.4 中的"Options"(选项)框用于选择图纸方向、标题栏式样、关闭或打开图纸边框等选项，其中，

(1) Orientation(方向)用于选择图纸方向。可选择 Landscape(风景画，即水平)方式或 Portrait(肖像，即垂直)方式。由于显示屏水平方向尺寸大于垂直方向尺寸，因此图纸放置方向取水平方式更直观(打印时，将打印方向设为纵向后，即可获得良好的打印效果)。

(2) Title Block(标题栏)用于选择图纸标题栏式样，SCH 编辑器提供了 Standard(标准)和 ANSI(美国国家标准协会制定的标题栏格式)两种形式的图纸标题栏，图纸各部分的名称如图 2.2.5 所示。当"Title Block"(标题栏)选项前的复选框处于选中状态(框内含有"√")时，显示"标题栏"；反之，不显示"标题栏"。

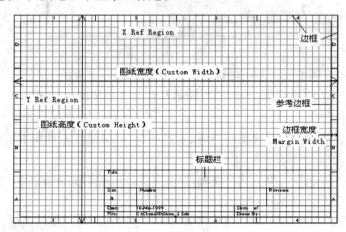

图 2.2.5　图纸各部分名称

(3) Show Reference Zones 用于显示/关闭图纸的参考边框。

(4) Show Border 用于显示/关闭图纸的边框。

(5) Show Template Graphics 是"图纸模板图形"的显示开/关，当不选择该复选项时，不显示图纸模板点位图(有些图纸模板含有点位图信息)。

(6) Border Color 用于选择图纸边框的颜色，缺省时为黑色(对应的颜色值为 3)。改变边框颜色的操作过程如下：将鼠标移到 Border Color 颜色框内，单击鼠标左键，即可弹出如图 2.2.6 所示的颜色选择框；在"Basic"(基本的)、"Standard"(标准的)或"Custom"(自定义)列表内单击所需的颜色，然后单击"OK"，即可改变图纸边框的颜色。当 Basic Colors(基本色)列表窗内提供的 256 种颜色不能满足要求时，用户可单击图 2.2.6 中的"Standard"或"Custom"按钮，调出 Windows 的调色板，利用混色原理，调出颜色选择框内自己喜欢的颜色，然后单击"Add to Custom Colors"(添加到自定义颜色)按钮，将调出的颜色放到用户自定义颜色框内，再单击"OK"按钮，即可返回图 2.2.4 所示的文档选项设置窗口。

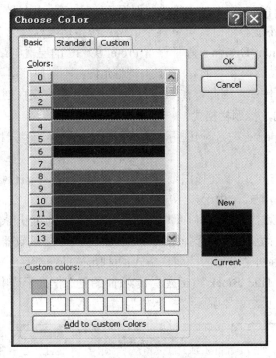

图 2.2.6　颜色选择

(7) Sheet Color 用于选择图纸底色，缺省时为淡黄色(对应的颜色值为 214)。在编辑过程中，不必重新设定图纸的底色，但在打印前往往需要将图纸底色改为"白色"，否则图纸底色同样会被打印出来。

在编辑原理图过程中，更换图纸尺寸、方向时，如果发现原理图中部分元件超出图纸边框，这时可按如下步骤处理：

(1) 执行"设计(D)"菜单下的"文档选项"(Document Options)命令，选择原来或更大尺寸的图纸尺寸。

(2) 如果电路图尺寸并不大，只是位置太偏，才超出新选定图纸的边框，可先执行"Edit"菜单下的"Select\All"命令，选定所有对象，再调整电路图位置，然后重新设置图纸尺寸，反复几次总可以使电路图不会超出新图纸的边框。如果电路图太大，无论如何调整，在新选定的图纸上还是无法容纳时，就只好放弃使用更小尺寸的图纸。

3．选择光标移动方式

在图 2.2.4 中，"Girds"选项框内的"Snap"项用于锁定栅格。如果选择锁定栅格方式，则在连线、移动元件操作过程中，移动光标时只能按设定的距离移动。例如，当可视栅格大小为 10 时，而"Snap"也是 10，则光标移动最小距离将是 10 个单位。选择锁定栅格方式能快速、精确定位，连线时容易对准元件的引脚，避免出现连线与连线之间、引脚与连线之间因定位不准确而造成不相连的情形。

当可视栅格线(Visible)距离取 10 个单位时，为了能在半个栅格线位置处连线，锁定栅格(Snap)应取 5 个单元，而电气格点自动搜索范围(Grid Range)最好设为 4 个单位，如图 2.2.4 所示。在原理图编辑状态下，可视栅格线单位既可以采用 Altium Designer 给定的值缺省(DXP Defaults)，也可以单击图 2.2.4 所示的"Uints"(单位)标签，进入图 2.2.7 所示的可视栅格线单位设置窗口内，重新选定可视栅格线的单位。

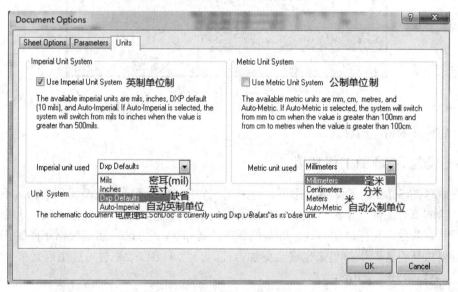

图 2.2.7　可视栅格线单位的选择

值得注意的是，在编辑电路系统原理图时，不建议使用值缺省(DXP Defaults)以外的英制或公制单位作为可视栅格线的单位，原因是在创建元件电气图形符号时，元件引脚的间距、长度未必使用相同的单位，导致在原理图连线操作过程中，连线起点不容易对准元件引脚的端点，出现漏连线。只有在原理图编辑器中绘制机械结构图时，才需要在图 2.2.7 所示窗口内设置视栅格线的单位，以便获得尺寸准确的机械图。

单击"实用"工具栏内栅格控制"▦"工具或"View"菜单下的"Grids"命令也能切换、允许或禁止锁定栅格。

4．设置图纸标题栏信息

"Document Options"(文档选项)窗口内的"Parameters"标签，存放了与图纸设置有关的全部信息，如图 2.2.8 所示。

图 2.2.8   参数列表

"参数"标签窗口内包含了许多设置项,单击与图纸标题栏相关的设置项,即可完成图纸标题栏各表格项的设置。

2.2.3   设置 SCH 的工作环境

在原理图(Schematic)编辑状态下,可采用缺省的 SCH 环境参数编辑原理图。不过,在编辑、绘制原理图前,了解有关 SCH 编辑器的工作环境、参数(如光标形状、大小,可视栅格形状、颜色、光标移动方式、屏幕刷新方式等)的设置方法,然后根据不同操作任务和个人习惯重新设置,操作起来也许会更加方便、自然,工作效率也可能更高。

1. 光标形状、大小的选择

单击"DXP"菜单下的"偏好选项"(Preferences)命令,在弹出的对话框内,单击"Schematic"标签前的"+"号,展开与 Schematic 工作环境有关的设置项,接着单击"Graphical Editing"(图形编辑),即可进入图 2.2.9 所示的设置状态。

单击"指针类型"选择框右侧下拉按钮,即可重新选择光标大小和形状。

(1) Small Cursor 90:小 90°,即小"十"字光标(缺省设置)。在放置总线分支时,选用 90°光标可避免斜 45°光标与总线分支重叠,以便迅速准确定位。

(2) Large Cursor 90:大 90°,即大"十"字光标。采用大 90°光标时,光标的水平与垂直线长(充满整个编辑区)。在元件移动、对齐操作过程中,建议采用大 90°光标,以便准确定位。

(3) Small Cursor 45:小 45°倾斜光标。在连线、放置元件等操作过程中,选择 45°光标更容易看清当前光标位置,便于迅速准确定位。

(4) Tiny Cursor 45:微小尺寸 45°倾斜光标。与小 45°倾斜光标作用类似,只是尺寸更小。

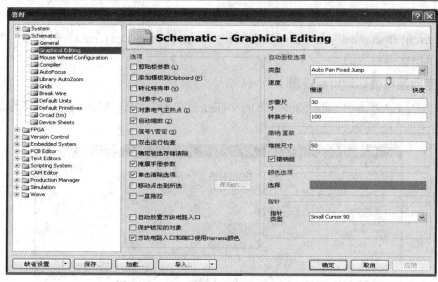

图 2.2.9　Schematic-Graphical Editing 设置

2．设置工作区移动方式

图 2.2.9 中的"自动面板选项"(Auto Pan Options)用于选择工作区移动方式。在画线或放置元件操作过程中，即在命令状态下，当光标移到工作区窗口边框时，SCH 编辑器工作区将根据"自动面板选项"设定的移动方式自动调整工作区的显示位置，其中，

(1) Auto Pan Off：关闭工作区自动移动方式。

(2) Auto Pan Fixed Jump：按 Step Size 和 Shift Step Size 两项设定的步长移动(建议采用这种移动方式)。

(3) Auto Pan Recenter：以光标当前位置为中心，重新调整工作区的显示位置。

在运行速度较快的微机系统中，最好关闭工作区自动移动方式，或将工作区移动速度调低，否则因刷新、移动速度太快，可能会感到无法控制；而在运行速度较慢的微机系统中，可采用编辑区自动移动方式，并适当将速度调高一些。

3．撤消/重复操作步数

缺省状态下，撤消与重复操作步数为 50，一般无需更改。允许回倒(撤消)的步数越多，需要的堆栈深度就越大。

4．添加模板到剪贴板控制

一般情况下，不宜选中"添加模板到 Clipboard(P)"复选项。在复制局部或整体原理图时，不需要将原理图的模板信息添加到剪贴板中，尤其是选定、复制后将原理图局部或整体粘贴到 Word、Power Point 等编辑器时，更不应该将模板信息添加到剪贴板中，否则，粘贴后获得的对象将是含有模板信息的点位图格式对象(需要更大的存储空间，且缩放后容易变形)，而不是矢量图格式对象(信息量小，可以任意放缩而不变形)。

5．其他选项设置

在编辑状态下尚有众多选项，一般可采用缺省值，也可以根据个人操作习惯选择，如选择"单击清除选项"时，那么单击鼠标左键将会立即清除对象的"选定"状态，这与 Protel

99 SE 操作习惯不同；而取消该功能后，可借助如下方式之一解除选定状态：① "DeSelect All On Current Document"命令或"DeSelect All On Current Document"命令对应的快捷工具；② 单击状态栏上的"Clear"按钮。

6．原理图编辑环境常规设置

单击图 2.2.9 所示"Schematic"下的"General"标签，进入原理图编辑环境常规设置页面，如图 2.2.10 所示，设置有关选项。

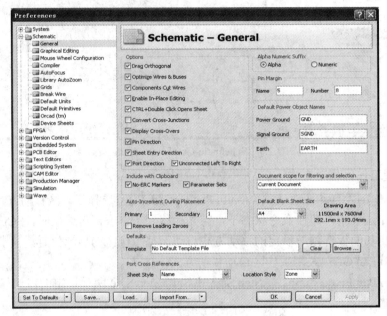

图 2.2.10　Schematic-General 设置页

其中，

(1) Drag Orthogonal(直角拖拽)复选项用于控制在原理图编辑过程中，拖动(执行 Drag 或 Drag Select 命令)元件时，与元件引脚相连的导线按直角还是任意角方式移动，彼此差别如图 2.2.11 所示[①]。

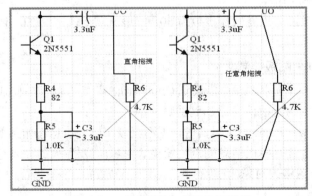

图 2.2.11　直角拖拽与任意角度拖拽

---

① Altium Designer 软件中有不少单位和图标不符合国标，为了前后一致，本书所有原理图中的单位和符号均保持与截屏图中的单位和图标一致。

(2) Optimize Wires & Buses(优化导线及总线)复选项处于选中状态时，在连线过程中自动优化连线及总线，如自动识别连线起点、终点，并自动将彼此相连的多个线段连接成一条完整的直线或折线，以避免出现连线错误。因此，建议启用该选项。

(3) Components Cut Wires(元件割线)复选项处于选中状态时，在放置元件操作过程中，如果元件两个引脚位于同一导线(Wire)上，则导线自动被切断，并自动与元件两个引脚相连，这样可提高只有两个引脚的元件(如电阻、电容、电感、保险丝等)的放置效率。

(4) Pin Direction(Pin 输入/输出特性显示)复选项处于选中状态时，在原理图上将显示元件 I/O 引脚输入/输出特性信号流向的标识符，如图 2.2.12(a)所示，以便直观了解 I/O 引脚的信号流向。如果不希望元件引脚出现 I/O 信号流向标识符，则可关闭该复选项，显示效果如图 2.2.12(b)所示。

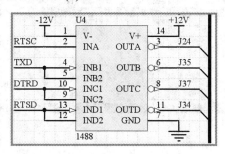 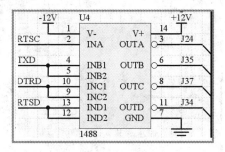

(a) 元件 I/O 引脚带有信号流向标识　　　　　(b) 元件 I/O 引脚不带信号流向标识

图 2.2.12　元件 I/O 引脚信号流向标志的有无

(5) 设置模板文件。用户除了使用 SCH 编辑器提供的缺省模板文件作底图外，还可以选择 Altium Designer 提供的其他模板文件作底图，甚至使用自己建立的模板文件作底图。

模板数据库文件存放在\Altium Designer Winter 09 \System\Template 目录下，扩展名为 .SchDot。单击图 2.2.10 中的"Browse…"按钮，在弹出的"Default Template File"对话窗内，选择相应的模板数据库文件并确认，所选择的模板文件即出现在图 2.2.10 的"Default Template File"文本栏内，然后单击"OK"退出，即可完成模板文件的装入过程。

但需要指出的是，新装入的模板文件，并不立即生效，只有重新打开一个新的电原理图文件时，才使用新装入的模板文件作底图。

(6) 电气不交叉显示。Display Cross-Overs(显示非电气交叉)复选项处于选中状态时，在原理图中处于非电气交叉状态的连线会出现跨越符号，如图 2.2.13 所示。

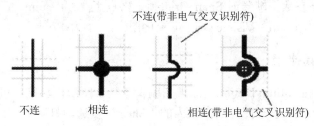

图 2.2.13　非电气交叉识别符

当需要两线相连时，可通过"Place"菜单下的"Manual Junction"命令，在连线交叉处放置"手工电气节点"。

7. 可视栅格形状、颜色及大小的选择

单击图 2.2.10 所示"Schematic"下的"Grids"标签，进入原理图编辑环境可视栅格设置页面，如图 2.2.14 所示，设置有关选项。

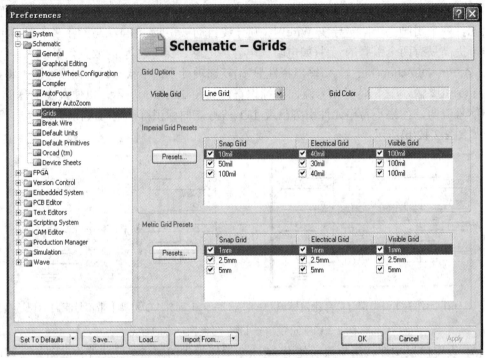

图 2.2.14　栅格设置

可视栅格设置仅影响屏幕视觉效果，打印时不打印栅格线。

(1) 栅格形状的设置。单击"Grid Options"(栅格选择)框内的"Visible Grid"(可视化栅格)右侧下拉按钮，选择可视栅格的形状：Dot Grid(点划线)；Line Grid(直线条)。

(2) 栅格颜色的设置。单击"Grid Color"(栅格颜色)选项框，可重新选择栅格的颜色(缺省时为灰色，对应的颜色值为 213)。

(3) 栅格大小的设置。在"Imperial Grid Presets"(英制栅格调整)框内，设置英制栅格参数，缺省时 Snap Grid(锁定格点距离)为 10 mil，Electrical Grid(电气格点自动搜索)范围为 40 mil，Visible Grid(可视化栅格)大小为 100 mil。在"Metric Grid Presets"(公制栅格调整)框内，设置公制栅格参数，缺省时 Snap Grid(锁定格点距离)为 1 mm，Electrical Grid(电气格点自动搜索)范围为 1 mm，Visible Grid(可视化栅格)大小为 1 mm。

2.2.4　图纸框及其使用

基于 DXP 平台的 Altium Designer 原理图编辑器具有图纸框功能，可通过 SCH 编辑器"状态"栏上的"SCH"原理图控制面板内的"Sheet"复选项打开或关闭。当"Sheet"复选项打开后，将鼠标移到图纸框内的"取景框"中，按下鼠标左键不放，即可移动"Sheet"窗口内的"取景框"，以便在原理图编辑区内迅速浏览取景框下原理图的局部区域，如图 2.2.15 所示。

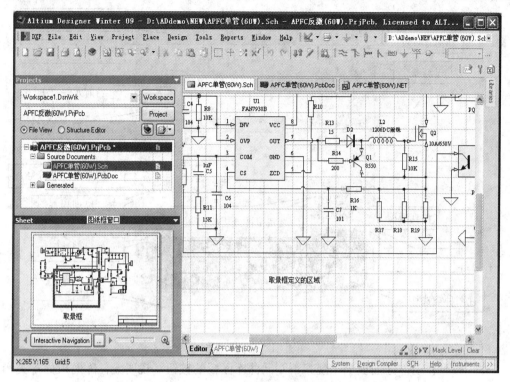

图 2.2.15　图纸框及显示效果

2.3　元件库管理

Altium Designer 收录了成千上万个电子元件，并以集成元件库形式存放在 Library 文件夹及其子目录内。在原理图编辑过程中，为迅速找出特定元件的电气图形符号、封装形式等信息，Altium Designer 借助"元件库面板"组织、管理数量众多的集成元件库文件(.IntLib)，以及未编译的原理图库文件(.SchLib)、未编译的 PCB 封装图库文件(.PcbLib)、未编译的 3D 视图库文件(PCB3DLib)等。

编辑原理图的第一步就是从集成元件库文件中找出所需元件的电气图形符号，并把它们逐一放到原理图编辑区内。但初学者往往并不知道正在编辑的原理图中的元器件，如图 2.1.1 中的核心元件 NPN 三极管存放在哪一个集成元件库文件中，为此，本节以"确定目标元件所在元件库文件→将对应元件库文件变成当前库文件→在当前库文件中找出目标元件→将目标元件放到原理图编辑区"为主线，介绍 Altium Designer 元件库的基本操作方法。

2.3.1　元件库面板

1. 打开元件库面板

进入图 2.2.1 所示的原理图编辑状态后，单击"工作区面板"上的"库"(Libraries)按钮，打开元件库面板，如图 2.3.1 所示。

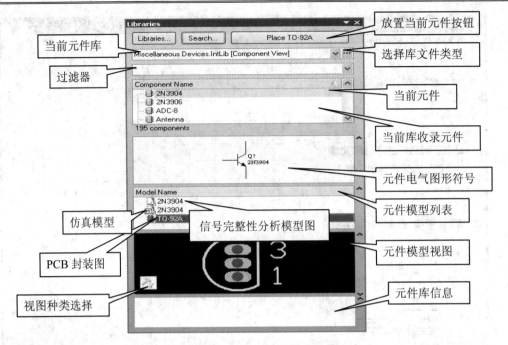

图 2.3.1　元件库面板

注: 如果在工作区面板上, 观察不到元件库面板的按钮, 说明元件库面板处于关闭状态, 可采用如下三种方式之一打开元件库面板:

(1) 单击主工具栏上的" "(Browse Component Libraries)按钮;

(2) 单击状态栏上"System"(系统控制面板)按钮, 并选择"Libraries"标签;

(3) 单击"View"菜单, 并选择 Workspace Panels\System\Libraries 工具。

2. 元件库面板认识

"当前元件库"窗口内显示了当前正在使用的元件库文件(简称当前元件库), 如图 2.3.1 中的 Miscellaneous Devices.IntLib 文件。

"Component Name"(元件名)窗口内显示了当前元件库收录的元件与当前元件(如图 2.3.1 中的 2N3904 双极型三极管), 拖动窗口右侧的上下滚动按钮, 即可浏览当前元件库收录的全部元器件。

如果元件同一封装内含有两套或以上的单元电路, 如 LM339(四比较器)、LM358(双运算放大器)、74HC00(四-2 输入与非门)等 IC 芯片, 那么在元件名前还含有可展开的"+"号, 展开后即可看到该元件封装套内的全部单元(用 Part A、Part B 等作为单元电路名), 如图 2.3.2 所示。

"当前元件"电气图形符号及封装图(或 3D 视图)分别显示在"元件电气图形符号"、"元件模型视图"窗口内。单击元件库面板右上角"放置当前元件按钮", 如图 2.3.2 中的"Place LM 339DB", 即可将当前元件放入原理图编辑区内。

为迅速在当前元件库中找出目标元件, 也可以在"过滤器"文本盒内输入元件名称中一个或多个字符, 如"2N*"、"NPN*"、"74HC*"、"1N414*"、"*39"等, 其中"*"(星号)表示任意长度的字符串, 这时元件名列表窗口内仅显示符合条件的元件, 如图 2.3.3 所示。

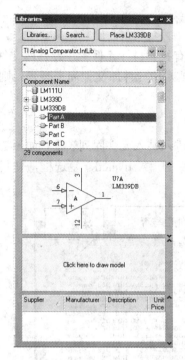

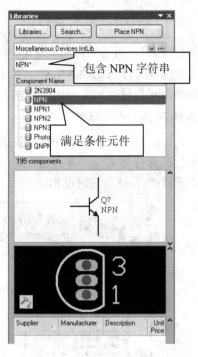

图 2.3.2　同一封装内具有多套电路的元件　　　图 2.3.3　过滤器限制作用

2.3.2　从可用元件库中选定当前元件库

　　若当前元件库没有目标元件电气图形符号，可在元件库面板上单击"当前元件库"右侧的下拉按钮，在图 2.3.4 所示的可用元件库文件列表中找出并单击目标元件所在元件库文件名，使之成为当前元件库文件。

　　由于 Altium Designer 采用集成元件库形式组织、管理与元件有关的信息，装入某一特定集成库文件(.IntLib)时，也就装入了该集成库文件包含的所有库文件。因此，在可用元件库列表中可能包含了 Component View(元件电气图形符号)、Footprint View(PCB 封装图)、PCB 3D View(PCB 3D 视图)等相应编辑状态下所需的元件库信息，如图 2.3.4 所示。为此，在原理图编辑状态下，可单击"选择库文件类型"按钮，仅选择其中的"Components"类型，以便迅速在图 2.3.4 所示的可用库文件列表中找到指定的电气图形库文件。

　　值得注意的是，图 2.3.4 中列出的可用元件库信息与装入的集成元件库文件有关。

图 2.3.4　可用库文件列表

2.3.3　元件库启用、装入及移出

如果在图 2.3.4 所示的可用元件库列表中，没有找到目标元件所在元件库文件，原因可能是特定元件库文件虽已装入但处于禁用状态，或对应元件库文件尚未装入，则这时可通过如下操作方式把目标元件库选为当前元件库。

1. 启用已装入的元件库

单击元件库面板左上角"Libraries…"按钮，进入装入元件库列表窗，如图 2.3.5 所示，从中找出目标元件库文件，并点击元件库文件名后的"Activated"复选框，使其处于激活状态，然后按"Close"按钮退出。

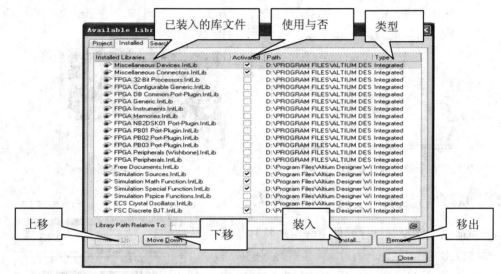

图 2.3.5　已装入元件库列表

已装入元件库文件处于激活状态后，在图 2.3.1 所示元件库面板中，单击当前元件库右侧下拉按钮，在可用元件库文件列表中将会看到目标元件库文件名，将鼠标移到元件库文件名上单击，就可以使它成为当前元件库。

2. 元件库装入

如果已装入元件库列表中没有出现目标元件库文件，则说明对应的元件库文件没有装入，可单击图 2.3.5 所示的已装入元件库列表窗口内的"Install…"(装入)按钮，装入所需的目标元件库文件。

可装入的文件类型有：已编译的集成元件库(.IntLib)、电气图形符号库(.SchLib)、PCB封装图库(.PcbLib)等，但不能装入未编译的集成元件库文件(.LibPkg)。

3. 移出已装入的元件库

在特定项目设计过程中，涉及的电子元器件一般仅分散在几个或十几个元件库文件中，为提高软件运行速度，在已装入元件库文件列表窗口内，选择一个或多个暂时不用的元件库文件后，单击图 2.3.5 中的"Remove"(移出)按钮，可将这些暂时用不到的元件库卸载下来。

"Remove"(移出)按钮的作用仅仅是将指定元件库从已装入元件库文件列表中移出，

并不会删除 Library 文件夹下对应的集成元件库文件，需要时仍可通过"Install…"按钮装入。

为提高软件运行速度，强烈建议将暂时不用的库文件从已装入元件库列表中移出。

2.3.4　元件查找

如果操作者实在无法确定目标元件存放在哪一个元件库文件中，那么可单击元件库面板上的"Search…"(查找)按钮，在图 2.3.6 所示窗口内，输入元件名相关信息、设置查找条件后，启动查找进程。

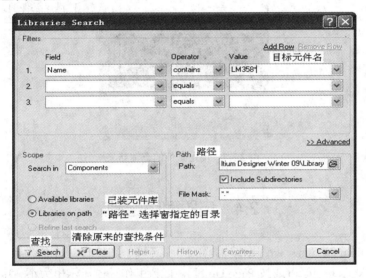

图 2.3.6　元件查找

注：执行"Tools"菜单下的"Find Component…"命令，同样可以进入元件查找操作状态。

下面以查找 LM358 双运算放大器位于哪一个元件库文件为例，介绍元件查找的操作过程：

(1) 在"Filters"选项区内的"Value"栏上输入元件名(全名或部分元件名)，如"LM358"；在"Field"下拉列表窗口内选择查找依据，如"Name" (元件名)；在"Operator"下拉列表窗内，选择查找匹配条件，如 contains(包含)、equals(相等)、starts with(以指定字符串开头)、ends with(以指定字符串结束)。为避免遗漏，建议选择 contains(包含)。

(2) 在"Scope"选项区内设置查找范围，当选择"Libraries on path"(查找的目标元件库文件所在文件夹由 path 路径指定)时，需要设置 path 目录路径(缺省时为 Atium Designer 安装目录下的 Library 目录，原因是该文件夹存放了 Altium Designer 收录的元件库文件)。

(3) 单击"Search"按钮，启动查找进程。

在查找元件进程中，元件库面板上的"Search…"(查找)按钮会自动变成"Stop"(停止)按钮，操作者可随时终止查找进程(当查找操作正在进行时，除"Stop"按钮外，其他操作无效)。

查找结束后，查询结果将显示在元件库面板窗口内的元件名列表中，如图 2.3.7 所示。

(4) 可直接单击"Place xxxx"按钮，将查询到的目标元件直接放入原理图编辑区内。此时，如果元件所在元件库文件没有装入，则系统给出是否要装入该元件库文件的提示信息。

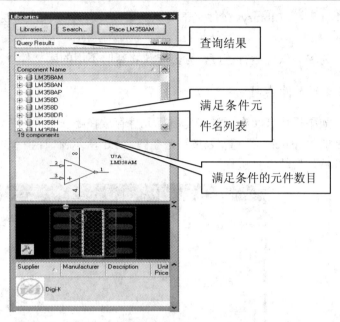

图 2.3.7　满足条件的查询结果

2.4　电原理图绘制

设置了 Altium Designer 原理图编辑器的工作环境、图纸尺寸等参数后，不断单击主工具栏内的"放大工具"按钮(或按 Page Up 键)，直到工作区内显示出大小适中的可视栅格线为止，然后即可进行原理图的绘制操作。下面以绘制、编辑图 2.4.1 所示电路为例，介绍电原理图编辑的基本操作。

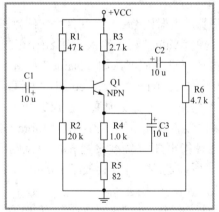

图 2.4.1　原理图编辑操作演示电路

2.4.1　放置元件

1. 放置元件的操作过程

编辑原理图的第一步就是从当前元件库文件中找出所需元件的电气图形符号，并把它们逐一放到原理图编辑区内。下面以图 2.4.1 所示的分压式偏置放大电路为例，介绍元件放置操作过程。

(1) 选择待放置元件所在的集成元件库文件作为当前元件库文件。由于图 2.4.1 所示电路仅包含电阻、电容、三极管等分立元件，而分立元件电气图形符号存放在\Altium Designer Winter 09\Library\Miscellaneous Devices.IntLib 集成元件库文件中，因此，首先单击元件库面板上当前库文件文本窗口右侧下拉按钮，在可用元件库文件列表窗内，找出并单击"Miscellaneous Devices.IntLib"集成元件库文件，使其成为当前库文件。

(2) 在元件列表内找出并单击所需的元件。在放置元件操作过程中，一般优先放置原理图中核心元件的位置。在图 2.4.1 所示电路中，核心元件是 NPN 三极管，因此，通过滚动元件列表窗内的上下滚动按钮，在元件列表窗口内找出并单击"NPN"元件，如图 2.4.2 所示。

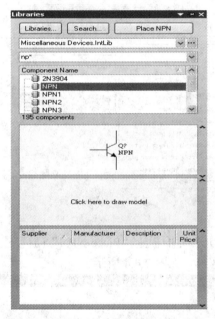

图 2.4.2　在元件列表窗内选择目标元件

为提高操作效率，也可以在图 2.4.2 所示的元件过滤器文本盒输入"NP*"(不区分过滤字符的大小写)，这样元件列表窗内将只显示以"NP"作为元件名前两个字符的元件。

对于没有经验的初学者来说，往往不知道所需元件位于哪一个元件库内，也不知道库内元件名(往往是简称)与元件电气图形符号之间的对应关系。

对于通用元器件，如 74 系列、CD4000 系列数字 IC 以及通用 BJT 三极管、二极管、运算放大器、模拟比较器、三端线性稳压器芯片等，生产厂家往往不只一个，只要知道器件类型，就可以在多个厂家的特定元件库文件中找到。例如 74HC00 芯片，可在"TI Logic Gate.IntLib"元件库中找到，也可以在"ST Logic Gate.IntLib"元件库文件中找到；又如 LM358 通用运算放大器，可在"ST Operational Amplifier.IntLib"元件库文件中找到，同样也可以在"TI Operational Amplifier.IntLib"元件库文件中找到。

对于某些专用器件，如非 MCS-51 类 MCU 芯片、AC-DC 控制器、DC-DC 控制器芯片，只要知道生产商和元件类型，就可以判断出元件所在集成元件库，如 PIC16C58 芯片，其

中的 "PIC16" 是 Microchip 公司生产的 PIC16 系列 8 位 MCU 芯片的标识符,这样即可判断出该元件电气图形符号应该放在 MicroChip Microcontroller 8-bit PIC16.IntLib 集成元件库文件中。

对于通用的分立元件,如电阻、电容、电感、变压器等,一律存放在 Miscellaneous Devices.IntLib 集成元件库中,元件名一般是元件功能英文的缩写,例如用 "RES" 作为电阻器(Resistor)元件名,用 "CAP" 作为电容器(Capacitor)元件名,用 "Inductor" 作为电感器(Inductor)元件名等。

当然,某些非标元件或新近出现的元件,只能依靠用户自己创建。关于如何创建原理图元件电气图形符号,第 3 章将详细介绍。

此外,在 Altium Designer 中,对于电阻、电容等分立元件以及部分数字 IC、信号源等,既可以通过元件库面板放置,也可以借助原理图编辑器窗口,如图 2.4.3 所示的实用工具放置。

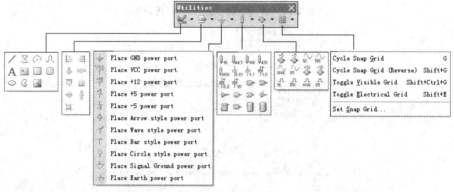

图 2.4.3　实用工具

(3) 放置元件。

① 放置三极管。单击元件库面板上 "Place NPN" (放置)按钮,将 NPN 三极管的电气图形符号拖到原理图编辑区内,如图 2.4.4 所示。

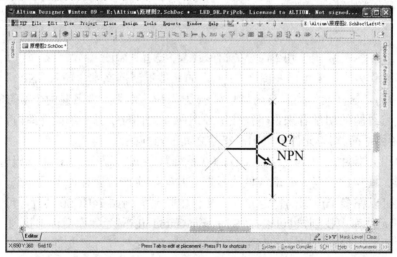

图 2.4.4　从当前元件库中取出元件电气图形符号

从元件电气图形库中拖出的元件,在单击鼠标左键前,一直处于激活状态,元件位置会随鼠标的移动而移动。移动鼠标,将元件移到编辑区内指定位置后,单击鼠标左键固定,然后单击鼠标右键或 Esc 键，退出元件放置状态，这样就完成了元件放置操作，如图 2.4.5 所示。

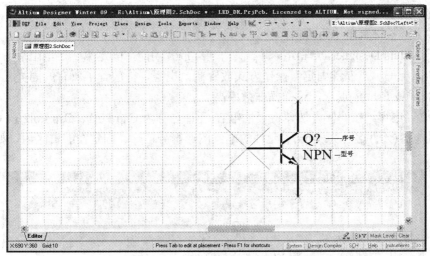

图 2.4.5　在原理图编辑区内放置了 NPN 三极管电气图形符号

在图 2.4.5 中，三极管电气图形符号上的"NPN"是元件型号(即注释信息)，"Q?"是元件序号，显然不是我们所期望的。为此，可在单击"Place"按钮后，未单击左键固定元件前，按下键盘上的 Tab 键，进入元件属性设置窗修改。关于如何修改元件属性，后面将详细介绍。

执行"Place"(放置)菜单下的"Part…"命令，同样可以执行元件放置操作，但远不如通过元件库面板上的"Place xxxx"按钮操作方便。

由于 Altium Designer 原理图编辑器具有连续操作功能，执行了某一操作后，须单击鼠标右键或按 Esc 键结束当前操作，返回空闲状态。

② 放置电阻。滚动元件列表窗内的上下滚动按钮，在元件列表窗口内找出并单击"RES2"元件，然后单击"Place RES2"按钮(单击实用工具栏内的电阻元件也能实现相同操作)，将电阻器的电气图形符号放置到编辑区内，如图 2.4.6 所示。

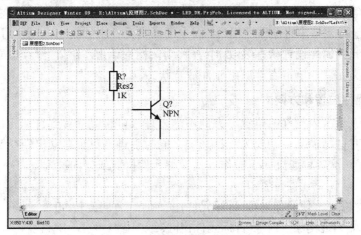

图 2.4.6　放置到编辑区内的电阻元件

在元件未固定前，可通过下列按键调整元件的方向：

空格键：每按一次空格键，元件按逆时针方向旋转 90°；

X 键：左右对称；

Y 键：上下对称。

通过上述按键调整电阻方向，移到适当位置后，单击鼠标左键固定。

由于 Altium Designer 原理图编辑器具有连续放置功能，固定第一个电阻后，可不断重复"移动鼠标→单击左键固定"操作方式放置剩余电阻，待放置了所有的同类元件后，再单击右键(或按 Esc 键)退出，这样操作效率高。

③ 放置电容。按同样方法，将极性电容(元件名称为 Cap Pol1、Cap Pol2 或 Cap Pol3)和无极性电容(元件名称为 Cap)等元件的电气图形符号粘贴、固定在编辑区内，如图 2.4.7 所示。

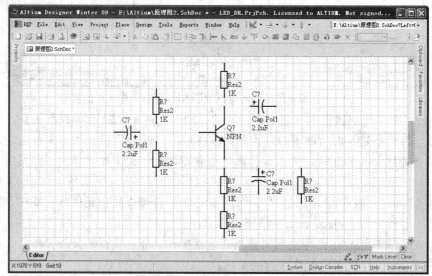

图 2.4.7　放置了元件后的编辑区

可见，放置单个元件的操作过程可概括为：选择(在元件列表窗内找出并单击要放置的目标元件)→单击"Place xxxx"按钮→必要时按下 Tab 键进入元件属性设置状态，修改元件序号、型号等属性→移动鼠标到编辑区指定位置→单击左键固定→单击右键退出放置状态；而连续放置同类元件的操作过程为：固定了同类元件中的第一个元件后，不断重复"按下 Tab 键进入元件属性设置状态(必要时)→移动鼠标→单击左键"，继续放置后续元件，直到最后一个同类元件→单击右键退出元件放置状态。

2．调整元件位置和方向

如果感到编辑区内元件的位置、方向不尽合理，可将鼠标移到目标元件上，按下鼠标左键不放，这时鼠标箭头自动变为光标形式，同时引脚端点也自动出现交叉的"十"字，如图 2.4.8 所示，这时可通过如下操作方式调整元件位置或方向：

(1) 拖动鼠标调整元件位置；

(2) 按下空格键，使操作对象(目标元件)按逆时针方向旋转 90°；

(3) 按 X 或 Y 键使操作对象(目标元件)沿 X 或 Y 轴对称；

当操作对象(目标元件)调整到位后，松开左键即可。

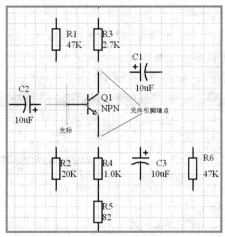

图 2.4.8　按鼠标左键锁定操作对象(目标元件)

注意：为了确保元器件之间正确连接，在放置、移动元件操作时，必须保证彼此相连的元件引脚端点间距大于或等于 0，即两元件引脚端点可以相连或相离(靠导线连接)，但不允许重叠。

3．删除多余的元件

当需要删除图中一个或多个元件时，可通过如下方式实现：

(1) 先将鼠标移到待删除的元件上，单击鼠标左键，选定待删除的目标元件，然后按"Del"键删除。

(2) 先执行"Edit"(编辑)菜单下的"Delete"命令，然后将光标移到待删除的元件上，单击鼠标左键即可迅速删除光标下的元件，再单击右键退出删除状态(执行了 Altium Designer 原理图编辑器中的某一命令后，一般需要通过单击右键或按下 Esc 键退出命令状态)。该方法的特点是执行了"Edit\Delete"命令后，通过"移动→单击"方式迅速删除多个元件，操作结束后，再单击右键退出命令状态。

在删除操作过程中，如果误删了其中的某一元件，可单击主工具栏内的"恢复"工具(等同于"Edit"菜单下的"Undo"命令)恢复。

(3) 当需要删除某一矩形区域内的多个元件时，最好单击主工具栏内的"标记"工具，然后将光标移到待删除区的左上角，单击左键，移动光标到删除区右下角，单击左键，标记待删除区域内包括元件在内的全部对象；再执行"Edit"菜单下的"Clear"命令。

(4) 当需要删除的多个对象无法用矩形区标记时，可执行"Edit"菜单下的"Toggle Selecting"命令，然后不断重复"移动光标到待删除的元件上，单击左键"过程，直到选中了所有待删除的元件后，执行"Edit"菜单下的"Clear"命令(或按下键盘上的"Delete"键)删除。

4．修改元件选项属性——序号、封装形式、型号(或大小)

细心的读者可能发现，图 2.4.7 中元件电气图形符号上的"R?""C?""Q?"各代表什么？它们就是元件的序号。在缺省状态下，元件序号用"R?""C?""Q?"表示，这显然不是我们所期望的，因为图 2.4.1 中的 NPN 三极管的序号是 Q1。可通过如下方法修改元件的序号、封装形式、型号(或大小)等元件选项属性。

1) 在放置元件操作过程中修改

在放置元件操作过程中，单击元件库面板上的 "Place xxxx" 按钮，将元件从电气图形库文件中拖出后，没有单击鼠标左键前，元件一直处于激活状态，这时按下键盘上的 "Tab" 键，即可调出元件属性设置窗，如图 2.4.9 所示。

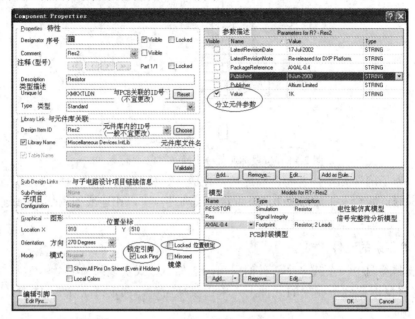

图 2.4.9　元件属性设置窗

图 2.4.9 中各栏目含义如下：

(1) Designator：元件序号(有时也称为元件标号)。缺省时，Altium Designer 用 "R?" "C?" "Q?" "U?" 等表示。

元件序号，即元件在电路图中的顺序号，一般均需要给出。在放置元件操作时，可以立即给出，也可以暂时用缺省的 "R?" "C?" "Q?" 或 "U?" 等表示，待整个电路编辑结束后，逐个修改或启动 Altium Designer 自动编号功能修改。

在 Altium Designer 中，对元件序号命名没有限制，可以是任意长度的字符串，但为了提高电路图的可读性，元件序号命名最好遵守如下规则：

根据功能将整个电路系统划分为若干子电路，并用数字编号。例如早期电视机电路图就可以分为整机电源电路、行扫描电路、场扫描电路、显像管附属高压电路及控制电路、伴音电路、中放电路、视放电路等多个子系统，分别用数字 1、2、3 等作为子电路系统的序号，如电源部分的编号为 "1"；中放电路编号为 "2"；视放电路编号为 "3" 等，于是就可以用如下方法表示：

电阻用 "Rnxx" 表示，其中的 n 是子电路编号，xx 作为该电阻在 n 号子电路中的顺序号。例如 R301 表示该电阻位于 3 号子电路内，其顺序为 01，即 R301 是 3 号子电路中的第一个电阻。

电容用 "Cnxx" 表示。

电感用 "Lnxx" 表示。

电位器用 "VRnxx" 表示。

二极管用"Dnxx"或"Vnxx"表示；稳压二极管用"Znxx"或"Vnxx"表示。

三极管用"Qnxx"、"Tnxx"或"Vnxx"表示。

集成电路用"Unxx"或"ICnxx"表示。

对于一个复杂的设计项目来说，可能含有多张电路图，如果每一子电路分别绘制在不同的原理图文件中，则元件序号可以采用缺省值，待所有元件调入后借助"Tools"菜单内的"自动编号"功能，对元件重新编号，使元件序号格式为 Rnxx、Cnxx、Unxx 等。

尽管在 Altium Designer 中元件序号长度没有严格限制，但元件序号也不宜太长，否则在 PCB 板上可能没有空间存放，尤其是在高密度的 PCB 板上。

但确定电路图中元件序号的工作往往不是由原理图编辑、印制电路板设计者承担，而是电路设计工程师在构造线路时就已经拟定，除非 CAD 操作者就是线路的设计者。

(2) Comment：注释信息，可以是器件型号或大小。缺省时，Altium Designer 将元件名称作为型号。对于电阻、电容、电感等元件来说，最好屏蔽(不显示)该选项，因为电阻、电容、电感元件大小，如 10 Ω、1 kΩ(电阻阻值)、10 μF(电容容量)、10 μH(电感量)显示在参数描述窗口内的"Value"选项中；对于二极管、三极管、集成电路芯片来说，可以在该文本盒内输入元件的型号，如 1N4148(二极管型号之一)、9013(三极管型号之一)、74HC00(74 系列数字集成电路芯片中的四-2 输入与非门电路)、LM358 等。

(3) Part 1/n：当前采用了同一封装中的第几套电路。许多集成电路芯片，同一封装内含有多套单元电路，例如 74HC00 芯片内就含有四套 2 输入与非门电路，这时就需要指定选用了其中的哪一套电路(在原理图编辑过程中可随机指定其中的一套，在 PCB 设计时根据连线交叉情况再做调整)。

(4) Unique Id：系统自动随机生成的与 PCB 文件关联的惟一 ID 号，是原理图与 PCB 文件关联的依据，一般不宜改动。

(5) 与元件库关联的"Design Item ID"：是元件在电气图形符号库中的名称，不能删除，但可以更换为库内的另一元件名。

(6) Location：元件在原理图中的 X、Y 位置坐标，无需更改。

(7) Orientation：元件在原理图中的方向(即旋转角度)，一般无需更改。

(8) Locked：元件位置锁定复选项。

(9) Lock Pins：锁定引脚复选项。为避免元件在移动、旋转操作过程中引脚移位，一般要锁定引脚。该选项处于非锁定状态时，可调整引脚位置、修改引脚属性。

(10) Edit Pins…：编辑引脚电气特性。利用元件属性窗口"Edit Pins…"按钮修改元件引脚电气特性时不会改变元件库信息，也不会改变原理图中的同类元件，仅仅影响当前原理图内的当前元件。

(11) Mirrored：镜像对称操作复选项，对于原理图中的元件，可以进行镜像对称操作；但在 PCB 编辑状态下，一般不能对元件封装图进行镜像对称操作，否则无法安装。

(12) Show All Pins On Sheet(Even if Hidden)：当选择该项时，显示隐含的元件引脚，如集成电路芯片中的电源引脚 VCC 和地线 GND。

在元件属性窗口内，当该选项处于非选中状态时，不显示定义为隐藏属性的元件引脚名称及编号。大多数分立元件，如电阻、电容、二极管、三极管等的引脚编号定义为隐含属性；多数 IC 芯片的电源 VCC 和地线 GND 引脚一般也定义为隐含属性。

(13) Parameters 选项区：显示元件其他参数信息，如模型版本、修改日期等。对于电阻、电容、电感元件来说，该窗口内的"Value"(值)才是元件的真实值。在电性能仿真时，电阻、电容、电感元件实际大小由该参数定义。

(14) Models 选项区：显示元件仿真模型(Simulation)、PCB 3D 模型、信号完整性分析模型(Signal Integrity)、元件封装图模式(Footprint)信息。需要指出的是，大部分元件可能只有 PCB 3D 模型和 Footprint 模型，表明这类元件没有相应的 Simulation、Signal Integrity 模型，不能进行相应的操作。

不过，在 Altium Designer 中，包括元件封装图模型在内的所有模型名不允许通过键盘输入，只能借助 Models 选项区内的"Add..." "Remove..." "Edit..."按钮添加、删除、编辑。详细操作方法可参阅 2.4.7 节。

2) 激活后修改

将鼠标移到元件上，直接双击也可以调出如图 2.4.9 所示的元件选项属性设置窗，重新设定元件序号、型号(或大小)以及封装形式等选项参数后的结果如图 2.4.10 所示。图中，uF 即同 μF，K 即同 k，以下同。

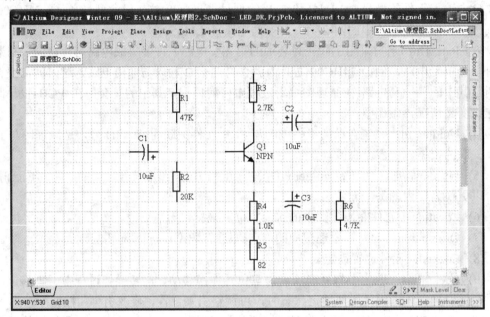

图 2.4.10　元件属性修改结果

3) 修改、调整元件序号/型号(或大小)

在 Altium Designer 中，许多对象(如元件、元件序号、型号等)均具有相同或相似的属性和操作方法。

例如，将鼠标移到电阻 R4 的序号"R4"上，按下鼠标左键不放，移动鼠标即可将该序号移到另一位置。在移动过程中，按下空格键还可以旋转序号字符串(字符对象，如序号、型号只有旋转功能，没有对称功能)。

将鼠标移到序号上，双击鼠标左键，还可以调出"序号"的选项属性设置窗。例如将鼠标移到"R1"序号上，双击左键即可调出 R1 序号的选项属性设置窗，如图 2.4.11 所示。

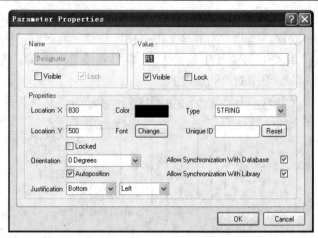

图 2.4.11　元件序号选项属性设置窗

其中，

(1) Value：当前序号。可以输入新的序号，也可以删除，即不输入任何字符。

(2) Location X：序号在图中位置的 X 轴坐标。

(3) Location Y：序号在图中位置的 Y 轴坐标。

(4) Orientation：序号中的字符方向(0 表示水平放置，没有旋转；90、180、270 表示旋转了相应的角度)。

(5) Font Change…：单击该按钮，将调用 Windows 字体设置窗，修改序号的字体、字型及字号(即大小)。

(6) Color：表示序号字体的颜色，缺省时为蓝色(对应的颜色值为 223)。修改序号颜色与修改图纸底色操作方法相同。

(7) Visible 选项：当 Visible 选项处于选中状态时，表示该序号处于显示状态，否则处于隐藏状态(注意隐藏与不存在不同)。

(8) Lock 选项：当 Lock 选项处于选中状态时，表示序号信息处于锁定状态，未解除"锁定"功能前，不能修改。

型号选项属性设置窗与序号选项属性设置窗相同，修改方法也相同。

由于元件属性具有继承性(即封装形式、型号、大小等不变，序号自动递增)，因此，当原理图中的元器件序号需要人工编号时，强烈推荐在放置元件过程中，按下 Tab 键调出元件属性设置窗，给出序号、封装形式、型号(或大小)等参数，这样放置了同类元件的第一个元件后，即可通过"移动、单击鼠标"方式放置图中剩下的同类型元件。在放置后续同类元件时将会发现：元件的序号自动递增，如第一个电阻的序号为 R101，再单击鼠标放置第二个电阻时，其序号自动设为 R102，省去了每放一个元件前均需按 Tab 键修改元件选项属性的操作过程，提高了效率。

2.4.2　连线操作

完成元件放置及位置调整操作后，就可以开始连线、放置电气节点、电源及地线符号等操作。

在 Altium Designer 原理图编辑器中，原理图绘制工具，如导线、总线、总线分支、电气节点、网络标号等均集中存放在"Wiring"(画线)工具中(如图 2.4.12 所示),不必通过"Place"菜单下相应操作命令放置。因此,当屏幕上没有出现画线工具时,可执行"View"菜单下的"Toolbars\Wiring"命令打开画线工具窗(栏),然后直接单击画线工具中的相应工具来执行相应的操作,以提高原理图的绘制速度。

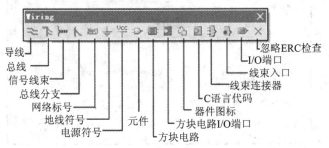

图 2.4.12　画线工具

在"画线"工具中,"导线""电气节点"属于物理连接方式;"网络标号""I/O 端口""接地符号""电源符号"等属于逻辑连接方式;而"总线""总线分支""信号线束""方块电路"等属于示意性连接符,并没有实现导线与导线或导线与元件引脚的电气连接,尚需借助网络标号确认电气连接关系。

为确保连线端点对准元件引脚端点,在连线前最好执行"Design"菜单下的"Document Options..."命令,启用"自动搜索电气节点"功能和"栅格锁定"功能,并执行"Edit"菜单下的"Select\All"命令使所有元件的电气图形符号处于选中状态,再执行"Edit"菜单下的"Align\Align To Grid"命令,强迫各元件电器图形符号的引脚端点对准锁定的格点。

1. 连线

单击画线工具中的 ≈(导线)工具(注意在连线时一定要使用"Wiring"工具中的导线),SCH 编辑器自动进入连线状态,将光标移到元件引脚的端点、导线的端点以及电气节点附近时,光标下将出现一个小的"十"字(当光标为 45°时)或"十"字叉(当光标为 90°时),表示该点为电气节点所在位置,如图 2.4.13 所示。

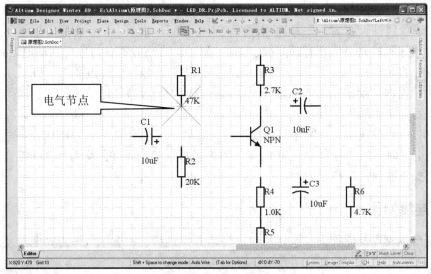

图 2.4.13　元件引脚端点、导线端点的电气连接点

连线操作过程如下：

(1) 单击导线工具。

(2) 必要时按下"Space"(在"90°开始"与"90°结束"之间切换)或"Shift + Space"(六种方式之间)切换连线方式。Altium Designer 提供了 Any Angle(任意角度)、45 Degree Start(45°开始)、45 Degree End(45°结束)、90 Degree Start(90°开始)、90 Degree End(90°结束)和 Auto Wire(自动)六种连线方式，如图 2.4.14 所示。一般可以选择"任意角度"外的任一连线方式。

(3) 当需要修改导线选项属性(宽度、颜色)时，双击鼠标左键即可调出导线选项属性设置对话窗，如图 2.4.15 所示。

导线属性选项包括导线宽度、导线颜色等，其中，

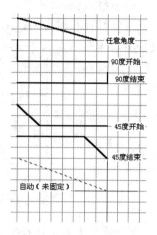

图 2.4.14　连线方式示意图

① Wire Width：导线宽度，缺省时为 Small，SCH 提供了 Smallest、Small、Medium、 Large 四种导线宽度。当需要改变导线宽度时，可单击 Wire Width(导线宽度)，指向并单击相应规格的导线宽度即可。一般情况下，选择 Small，即细线，以便与总线相区别。

② Color：导线的颜色，缺省时为蓝色(颜色值为 223)。

③ Locked：锁定，一般不用。删除、移动处于"锁定"状态的对象时，系统会给出图 2.4.16 所示的"原对象处于锁定状态，是否要继续"的提示信息。

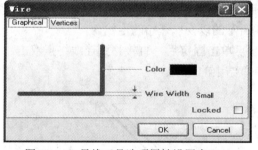

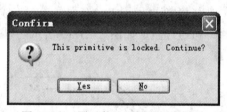

图 2.4.15　导线工具选项属性设置窗口　　　　图 2.4.16　原对象处于锁定状态提示

(4) 连接起终点。先将光标移到连线起点并单击鼠标左键固定，然后可将光标直接移到连线终点，单击左键固定导线的终点，并自动断开。如果起点、终点的 X 坐标或 Y 坐标相同，则自动生成一条水平线段或垂直线段；如果起点、终点的 X 坐标与 Y 坐标不同，则会自动生成 L 形走线。可见，Altium Designer 连线智能化程度很高。

因此连线操作可归纳为：单击"导线"工具；"在起点处单击→移动光标→到终点处单击"。

在连线操作过程中，必须注意：

① 只有画线工具栏(窗)内的"导线"工具具有电气连接功能，而实用工具栏(窗)内的"直线"、"曲线"等均不具有电气特性，不能用于表示元件引脚之间的电气连接关系。同样也不能用画线工具栏(窗)内的"总线"工具连接两个元件的引脚。

② 从元件引脚(或导线)的端点开始连线，不要从元件引脚、导线的中部连线。

Altium Designer 连线操作智能化程度比 Protel 99 SE 高，能识别相互重叠的导线段，并自动将两段相互重叠的导线连成一条完整的导线。

③ 连线时最好不要在元件引脚端点处走线，否则会自动加入电气节点，造成误连。

在连线操作过程中，Altium Designer 自动在导线与导线、导线与元件引脚的 T 形连接处放置"电气节点"，完成两条导线或导线与元件引脚的连接，如图 2.4.17 所示。

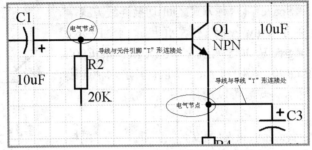

图 2.4.17　T 形连接处自动放置的电气节点

④ 连线方式选择规则。

在连线状态下，通过"Space"或"Shift+Space"即可在六种连线方式中进行切换。一般说来，可以使用除"任意角度"外的任一种连线方式，按上面描述的操作方法生成直角或 45° 连线。但为了提高连线效率，应根据需要采用相应的连线方式，如图 2.4.18 所示。

选择"45 Degree Start"方式，在连线起点单击固定后，直接移到连线终点双击，再右击，即可迅速生成如图 2.4.18(a)所示的以 45° 开始的连线。

选择"45 Degree End"方式，在连线起点单击固定后，直接移到连线终点双击，再右击，即可迅速生成如图 2.4.18(b)所示的以 45° 结束的连线。

选择"90 Degree Start"方式，在连线起点单击固定后，直接移到连线终点双击，再右击，即可迅速生成如图 2.4.18(c)和 2.4.18(d)所示的以 90° 开始的连线。

选择"90 Degree End"方式，在连线起点单击固定后，直接移到连线终点双击，再右击，即可迅速生成如图 2.4.18(e)所示的以 90° 结束的连线。

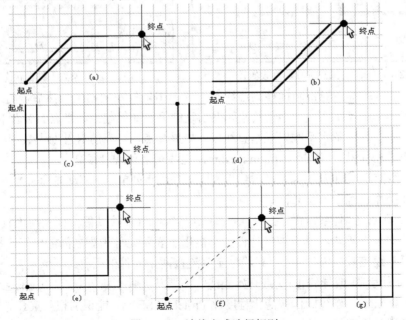

图 2.4.18　连线方式选择规则

选择"Auto Wire"方式，在连线起点单击固定后，直接移到连线终点，即可发现连线起点和终点间出现了一条虚线，如图 2.4.18(f)所示，单击后虚线即可变为实线，如图 2.4.18(g)所示，且连线终点也随之固定，单击右键结束。

2. 删除连线

将鼠标移到需要删除的导线上，单击鼠标左键，导线即处于选中状态(导线两端、转弯处将出现一个绿色的小方块)，如图 2.4.19 所示，然后按下 Del 键即可删除被选中的导线。

此外，也可以使用其他方式删除导线，详细的操作方法可参阅 2.6.2 节"单个对象的编辑"和 2.6.3 节"多个对象的标记、删除与移动"相关内容。

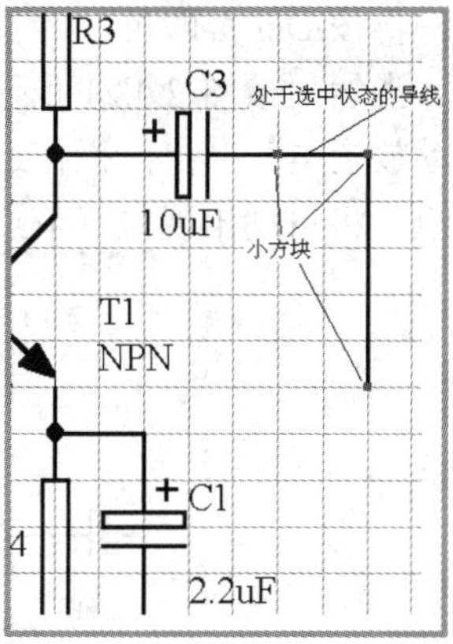

3. 调整导线长短和位置

当发现导线长短不合适时，可将鼠标移到导线上，单击左键，使导线处于选中状态；然后将鼠标移到小方块上，鼠标箭头立即变为光标形状；按下鼠标左键不放，移动光标到另一位置，即可调节线段端点、转折点的位置，使导线被拉伸或压缩。

图 2.4.19　处于选中状态的导线段

将鼠标移到导线上，按下左键不放，移动鼠标也可以移动导线的位置。

2.4.3　放置手工电气节点

在连线操作过程中，Altium Designer 自动在导线与导线、导线与元件引脚的 T 形连接处放置一个"电气节点"，以实现两条导线或导线与元件引脚的电气连接，如图 2.4.17 所示。但为避免混乱，原理图编辑器不会在两条"十"交叉的导线交点处放置"电气节点"，如图 2.4.20(a)所示，当确实需要将两条"十"交叉的导线连在一起时，可借助"Place"菜单下的"Manual Junction"命令在导线交点处放置一个手工电气节点，如图 2.4.20(b)所示。

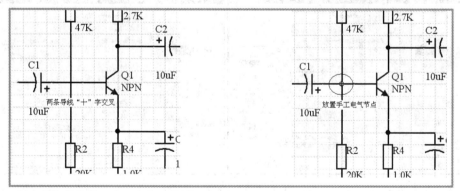

(a) 没有电气节点的"十"字交叉导线　　　　　　　　(b) 放置手工电气节点

图 2.4.20　放置手工电气节点

在放置电气节点操作过程中，必要时也可以按下 Tab 键激活电气节点选项属性设置框，在电气节点选项属性设置窗内，选择节点大小、颜色以及锁定状态(当"Lock"处于选中状态时，表示相应的电气节点处于锁定状态，在移动与节点相连的元件或导线时，电气节点留在原处不动；而处于非锁定状态时，移动与节点相连的元件或导线时，电气节点会自动消失)。

删除电气节点：将鼠标移到某一电气节点上，单击鼠标左键，选中需要删除的电气节点，再按 Del 键即可。

当然，按图 2.4.21 所示连线方式来完成"十"字交叉导线的连接操作时，编辑器将会自动放置电气节点。操作过程可概括为：先连接 A、D 两点，再连接 C、B 两点，那么在交点处将自动出现电气节点。

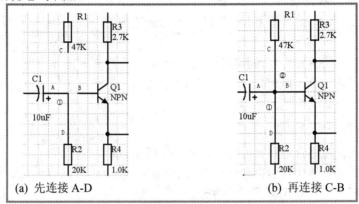

(a) 先连接 A-D　　　　　　　　　　　　(b) 再连接 C-B

图 2.4.21 　"十"字交叉互连导线的一种连线策略

需要指出的是，在 GB 4728—85 标准中，"导线与导线"或"导线与元件引脚"的 T 形连接处不需要放置电气节点，然而在电子 CAD 原理图编辑器中，一定要放置电气节点，否则不能建立电气连接关系。

2.4.4 　放置电源和地线

单击画线工具中的电源(VCC)、地线(⏚)工具，然后按下 Tab 键，调出电源、地线选项属性设置窗口，如图 2.4.22 所示。

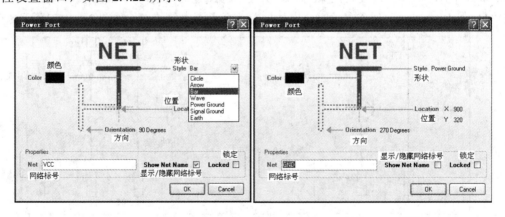

(a) 电源 VCC 属性　　　　　　　　　　(b) 地线 GND 属性

图 2.4.22 　电源、地线选项属性设置窗

其中，

(1) Net：网络标号，缺省时为 VCC 或 GND。在 Altium Designer 中，将电源、地线视为一个元件，通过电源或地线的网络标号区分，也就是说即使电源、地线符号形状不同，

但只要它们的网络标号相同，也认为是彼此相连的电气节点。因此，在放置电源、地线符号时要特别小心，否则电源和地线网络会通过具有相同网络标号的电源和地线符号连在一起，造成短路，或通过具有相同网络标号的电源符号将不同电位的电源网络连接在一起，造成短路。

　　一般情况下，电源的网络标号定义为"VCC"，地线的网络标号定义为"GND"，因为多数集成电路芯片的电源引脚名称为"VCC"，地线引脚名为"GND"。但也有例外情况，有些集成电路芯片，如多数 CMOS 集成电路芯片的电源引脚名为"VDD"，地线引脚名为"VSS"，另一些集成电路芯片的电源引脚名为"VS"，甚至为"VSS"，而地线引脚名为"GND"；又如集成运算放大器电路芯片的电源引脚为"V+"(正电源引脚)、"V−"(负电源引脚)。因此，了解原理图中集成电路芯片电源引脚和地线引脚名称最可靠的办法是进入SCHLib 编辑状态，打开相应元件的电气图形符号。当然，直接双击原理图编辑区内相应集成电路芯片，进入元件选项属性设置窗，然后单击"Show All Pins On Sheet(Even if Hidden)"复选框，显示芯片隐藏的引脚，再单击"OK"按钮退出，也可以迅速了解到相应芯片的电源、地线引脚名称，如图 2.4.23 所示。

　　确认了电源、地线引脚名称后，再双击相应芯片，在对应元件选项属性设置窗内，取消"Show All Pins On Sheet(Even if Hidden)"复选框内的"√"，不显示芯片隐藏引脚。

　　如果电源、地线符号的网络标号与原理图中集成电路芯片电源引脚与地线引脚名称不一致，则会造成集成电路芯片的电源、地线引脚不能正确连接到电源和地线节点上。

　　当原理图中存在集成电路芯片电源引脚或地线引脚名称不一致时，根据实际情况可采用如图 2.4.24 所示的连接方法。

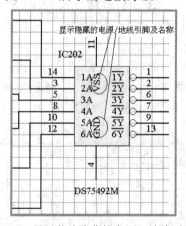

图 2.4.23　显示芯片隐藏的电源、地线引脚

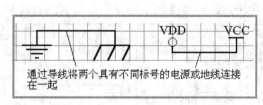

图 2.4.24　电源、地线处理方法

　　(2) Style：选择电源、地线的形状。

　　Altium Designer 原理图编辑器提供了七种电源/地线符号，可单击"Style"列表框下拉按钮选择。

　　完成连线并放置电源、地线符号后，图 2.4.1 所示的单管放大电路就算画好了，如图 2.4.25 所示。

　　在电路图编辑过程中以及结束后，单击主工具栏内的"存盘"工具或"File"(文件)菜单下的"Save"命令将正在编辑的电原理图文件存盘。

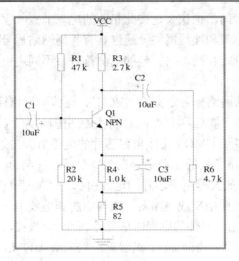

图 2.4.25　完成原理图编辑后看到的结果

2.4.5　总线、总线分支、网络标号工具的使用

当原理图中含有集成电路芯片时，常用"总线"代替多条平行的导线，以减少连线占用的图纸面积。但"总线"毕竟只是一种示意性连线，通过总线连接的元件引脚在电气上并没有相连，还需要使用"I/O 端口""总线分支""标号"等作进一步的说明。

1．放置总线(Place Bus)

例如在图 2.4.26 所示电路中，当需要将 IC1 的 P20～P26 引脚分别与 IC3 的 A8～A14 相连时，除了用平行导线外，也可以使用总线、总线分支以及网络标号来描述它们彼此的电气连接关系。

画总线与画导线的操作过程完全相同：单击画线工具栏内的放置总线(▶)工具，将光标移到总线的起点并单击(固定起点)，移动光标到转弯处单击(固定转折点)，移动光标到总线终点并单击(固定终点)，然后单击右键，结束总线放置操作(与画导线类似，此时仍处于画总线状态，可继续画总线，当不需要画总线时，单击右键退出)，如图 2.4.27 所示。

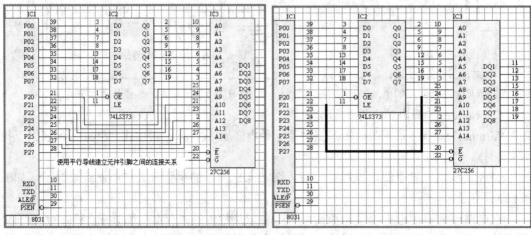

图 2.4.26　用导线连接的原理图　　　　　图 2.4.27　绘制了一条总线

导线删除、移动、长短调整等操作，对总线同样适用。

2．放置总线分支(Place Bus Entry)

使用"总线"来描述元件连接关系时，一般还需要用"总线分支"连接元件引脚或导线。放置总线分支的操作过程如下：

单击画线工具栏内的放置总线分支工具，总线分支即附在光标上，如图 2.4.28 所示，通过空格键、X 或 Y 键调整总线分支方向后，移动光标到需要放置总线分支的元件引脚或导线的端点，再单击左键固定。

与总线配合使用的总线分支往往需要多个，可不断重复"移动光标→单击"操作，就可以连续放置多条总线分支，当所需的总线分支放置完毕后，再单击右键，退出总线分支放置状态，操作结果如图 2.4.29 所示。

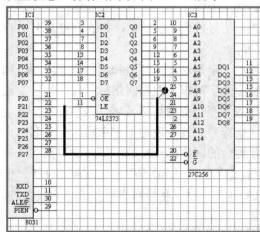

图 2.4.28　处于激活状态的总线分支

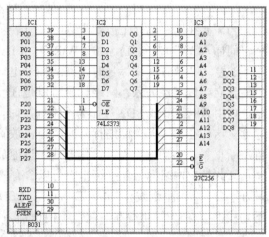

图 2.4.29　用总线和总线分支实现元件引脚间的连接

当需要在元件引脚放置网络标号时，在总线分支与元件引脚之间往往需要插入一段导线，以便有空间放置网络标号。

删除总线分支的操作很简单：将鼠标移到总线分支上，单击鼠标左键，选中待删除的总线分支(被选中的总线分支两端将出现一个小方块)，再按 Del 键即可。

3．放置网络标号(Place Net Label)

总线、总线分支毕竟只是一种示意性的连线，元件引脚之间的电气连接关系并没有建立，还需要通过网络标号(Net Label)来描述两条线段或线段与元件引脚，即两电气节点之间的连接关系。在导线或引脚端点放置两个相同的网络标号后，导线与导线(或元件引脚)之间就建立了电气连接关系。原理图中具有相同网络标号的电气节点均认为电气上相连，这样可以使用网络标号代替实际的连线。

放置网络标号的操作过程如下：

单击画线工具栏内的放置网络标号工具，一个虚线框就会出现在光标附近，虚线框内的字符串就是最近一次输入的网络标号名称。

按下 Tab 键，进入网络标号选项属性设置窗口，如图 2.4.30 所示，设置网络标号名称、颜色、字体及大小等属性后，将光标移到需要放置这一网络标号的引脚端点或导线上，单击左键即可完成。

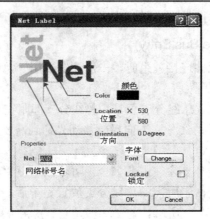

图 2.4.30　网络标号选项属性

当需要在网络标号上放置上划线，以表示该点信号低电平有效时，可在网络标号名称字符间插入"\"(左斜杠)，如"W\R\""R\D\"等。

注意：在放置网络标号时，网络标号电气节点一定要对准元件引脚端点或导线，否则不能建立电气连接关系；网络标号可以是任一长度的字符串，但当网络标号以"数字"结尾，如用 A8、D0 或 SD2 等作为网络标号时，在放置了当前网络标号后，网络标号会自动递增，这样在放置多个网络标号时，单击放置网络标号工具，设置第一个网络标号名后，可不断重复"移动→单击"操作方式，迅速放置剩余的网络标号，效率很高，如图 2.4.31 所示。此外，网络标号名字符串中可以含有"-"(减号)，如 LED-VCC、LED-CON 等，但最好不含"_"(下划线)，如 LED_VCC、LED_CON 等，原因是当网络标号放在连线上时，下划线"_"与连线重叠在一起，不便识别。

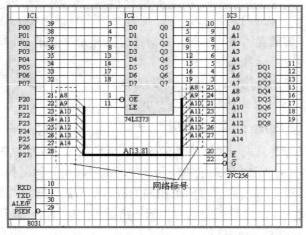

图 2.4.31　用网络标号指示电气连接关系

当然，也可以在总线上放置与网络标号相对应的总线标号，如 A[13..8]。

删除网络标号的操作很简单：将鼠标移到网络标号名上，单击鼠标左键，选中待删除的网络标号(选中的网络标号周围被一个虚线框包围)，再按 Del 键即可。

2.4.6　I/O 端口

如果原理图中的元件数目较多，使用实际导线连接显得很凌乱时，除了使用网络标号来表示元件引脚之间的连接关系外，还可以使用 I/O 端口描述导线与导线或元件引脚(包括任何两个电气节点)之间的连接关系。

与网络标号相似，电路中具有相同 I/O 端口名的元件引脚(或导线)在电气上被认为相连。I/O 端口既可以用于表示同一张电路图内任何两个元件引脚之间的电气连接关系，也可用于表示同一电路系统中(即第 4 章介绍的层次电路编辑)各分电路图中元件引脚之间的连接关系。但 I/O 端口具有方向性，使用 I/O 端口表示元件引脚之间的连接关系时，也指出了引脚信号的流向。因此，I/O 端口的含义比网络标号更明确。

例如，在图 2.4.31 中，可以使用导线连接 IC1 的 29 引脚与 IC3 的 20 引脚，也可以使用 I/O 端口表示 IC1 的 29 引脚与 IC3 的 20 引脚的连接关系，操作过程如下：

(1) 单击画线工具栏内的放置 I/O 端口(Place Port)工具，可观察到带方向的 I/O 端口框，如图 2.4.32 所示。

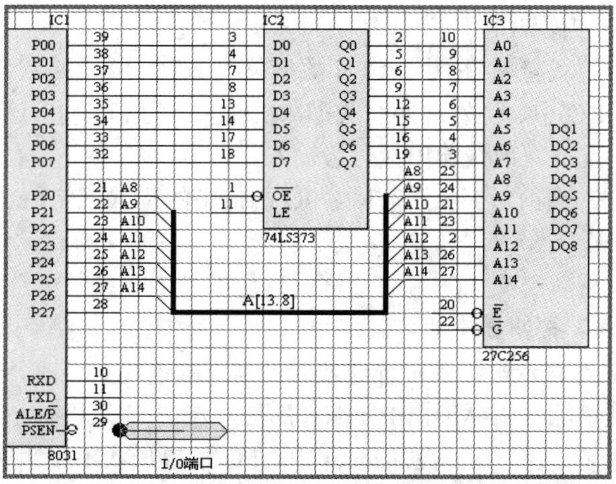

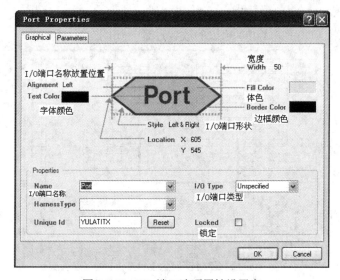

图 2.4.32　单击"I/O 端口"工具后出现的 I/O 端口框

(2) 按下 Tab 键，进入 I/O 端口选项属性设置窗，如图 2.4.33 所示，设置 I/O 端口名、输入/输出特性，然后单击"OK"按钮，关闭 I/O 端口选项属性设置窗口。

图 2.4.33　I/O 端口选项属性设置窗

① Name：I/O 端口名称，缺省时为"Port"。在电路图中，具有相同 I/O 端口名称的 I/O 端口在电气上相连(与网络标号类似)。

当需要在 I/O 端口名称上放置上划线，表示该 I/O 信号低电平有效时，可在 I/O 端口名称字符间插入"\"(左斜杠)，如"W\R\""R\D\"等。

② Style：I/O 端口形状，共有 8 种。当选择"None"时，I/O 端口外观为长方形；选择"Left"时，I/O 端口向左；选择"Right"时，I/O 端口向右；选择"Left & Right"时，I/O 端口外形为双向箭头，如图 2.4.34 所示。

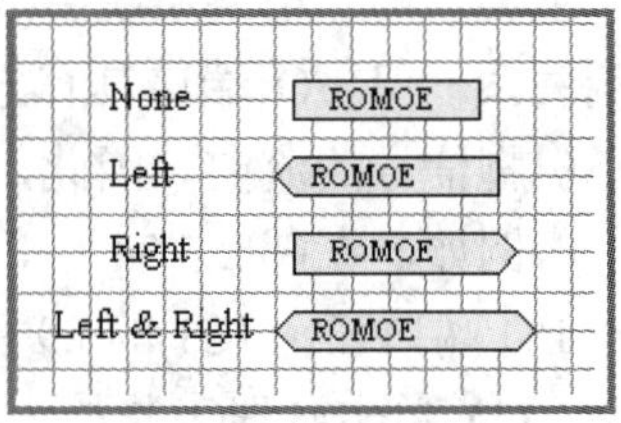

③ I/O Type：I/O 端口电气特性类型。

Unspecified	I/O 端口电气特性没有定义
Output	输出口
Input	输入口
Bidirectional	双向端口(例如 CPU 数据总线 D7～D0 就是双向引脚)

图 2.4.34　I/O 端口形状

在电气法检查(ERC)中，当发现两个类型为"输入"的 I/O 端口连在一起时，将给出提示信息，因为正常情况下，前级输出接后级输入。

④ Alignment：指定端口名称字符串在 I/O 端口中的位置，有 Left(靠左)、Right(靠右)、Center(中间)三种情况。

根据需要还可以重新定义 I/O 端口边框、体色以及 I/O 端口名称字符串的颜色等其他选项，然后单击"OK"按钮退出即可。

当使用"I/O 端口"表示电路图中导线或元件引脚的连接关系时，I/O 端口的形状和 I/O 端口电气类型的合理搭配，将体现出 I/O 端口的信号流向(输入、输出还是双向)信息。

不过值得注意的是，在 Altium Designer 中，I/O 端口形状不仅由 Style 选项决定，还与 I/O Type 有关，且 I/O Type 优先。例如，当 I/O Type 定义为"Input"、"Output"、"Bidirectional"时，Style 选项无效，只有当 I/O Type 定义为"Unspecified"时，I/O 端口形状才由 Style 选项决定。

(3) 将光标移到适当位置，单击左键，固定 I/O 端口的一端，移动光标，再单击左键，固定端口的另一端，即可完成 I/O 端口的放置过程，如图 2.4.35 所示。

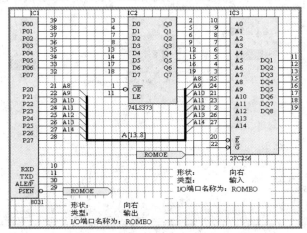

图 2.4.35　用"I/O 端口"表示电气连接关系

删除 I/O 端口的操作很简单：将鼠标移到 I/O 端口上，单击鼠标左键，选中待删除的 I/O 端口(选中的 I/O 端口周围被一个虚线框包围)，再按 Del 键即可。

在层次电路设计中，当需要将总线与 I/O 端口(Port)连接时，必须在总线上放置总线标号，格式为"总线标号名[起始编号..终了编号]"，如 PA[0..7]或 PA[7..0]，含义是定义了 PA0～PA7 八个网络标号，并且总线标号与 I/O 端口名、网络标号必须一致，如图 2.4.36 所示。

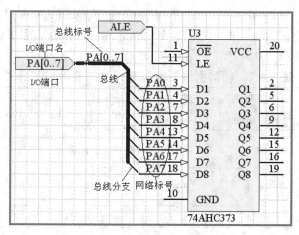

图 2.4.36　总线网络标号

可见，在多原理图层次电路设计中，总线(Bus)与 I/O 端口(Port)相连，而总线分支(Bus Entry)用于实现总线(Bus)与连线(Wire)之间的连接，具体可参阅第 4 章。

在绘制原理图操作过程中，可随时单击主工具栏内的"撤消"工具，返回上一步操作状态，缺省时 Altium Designer 记录了前 50 步的操作结果，即可以向后退 50 步。或者删除后，重新放置或连线。有关连线过程中或连线后重新调整元件位置的操作技巧可参阅 2.6 节内容。

2.4.7　元件模型管理

在 Altium Designer 中，元件属性窗口内的元件仿真模型(Simulation)、PCB 3D 模型、信号完整性分析模型(Signal Integrity)、元件封装图模型(Footprint)名称不允许通过键盘输入，只能借助元件属性窗口内 Models 选项框下的"Add…""Remove…""Edit…"按钮添加、删除或编辑。下面以元件封装图模型为例，介绍元件模型的管理操作。

Models 选项区内的元件封装模型是印制板编辑过程中元件布局操作的依据，必须给出，除非不打算做印制板，如仅用 Altium Designer 原理图编辑器绘制电原理图而已。

对于集成电路芯片来说，常见的封装形式有 DIP(Dual In-line Package，即双列直插式)；SIP(Single In-line Package，即单列直插式，主要用于电阻排以及一些数字/模拟混合集成电路芯片的封装)；SOP(Small Outline Package，即小外形封装，引脚间距只有 50 mil，多见于数字集成电路芯片)；SOIC(Small Outline Integrated Circuit，即小尺寸集成电路封装，引脚间距与 SOP 相同，也主要用于数字集成电路芯片)；TSSOP(Thin Shrink Small Outline Package，即超薄小尺寸封装，多见于数字 IC 和部分 MCU 芯片)以及 PQFP(塑料四边引脚扁平封装)、PLCC(塑料有引线芯片载体封装)、PGA(插针网格阵列)、BGA(球形网格阵列)等。

为适应不同的应用场合,大部分集成电路芯片提供了两种或两种以上的封装形式。

对于分立元件,如电阻、电容、电感来说,元件封装尺寸与元件大小、耗散功率、安装方式等因素有关。

例如,轴向引线(即传统穿通式 AXIAL 封装形式)电阻器为 AXIAL0.3～AXIAL1.0,对于常用的 1/8 W、1/16 W 小功率轴向引线电阻来说,可采用 AXIAL0.25 或 AXIAL0.3(即两引线孔间距为 6.35～7.62 mm);对于 1/4 W 电阻来说,可采用 AXIAL0.3 或 AXIAL0.4(即两引线孔间距为 7.62～10.16 mm),如表 2.4.1 所示。对于大尺寸电阻来说,当采用竖直安装方式时,也可采用 AXIAL0.3 封装方式。

表 2.4.1　轴向引线封装电阻尺寸与参考封装形式

电阻种类	电阻体长度 L/mm	电阻体直径 D/mm	最佳跨距/mm	最大跨距/mm	参考封装形式
1/16 W、1/8 W、1/4 W	3.2	1.5	6.35(250 mil)	7.5	AXIAL0.25 (AXIAL0.3)
1/4 W、1/2 W	6.0	2.3	8.89(350 mil)	10.0	AXIAL0.35 (AXIAL0.4)
1/2 W、1 W	9.0	3.0	12.70(500 mil)	15.0	(AXIAL0.5)

电解电容封装形式一般采用 RB.2/.4(两引线孔距离为 0.2 英寸,而外径为 0.4 英寸)到 RB.5/1.0(两引线孔距离为 0.5 英寸,而外径为 1.0 英寸)等径向封装方式。大容量及小容量电容封装尺寸应根据实际尺寸选择,例如一些 10 μF/10 V 小尺寸电容引线孔距仅为 0.05 英寸,外径仅为 0.1 英寸。

普通二极管封装形式为 DIODE0.3～DIODE0.7。

三极管的封装形式由三极管型号决定,常见的有 TO-39、TO-42、TO-54、TO-92A、TO-92B、TO-220 等。

小尺寸设备多采用表面封装器件,如电阻、电容、电感等一般采用 SMC 无引线封装方式。例如,1/16 W 或 1/10 W 小功率贴片电阻多采用 0402 或 0603 封装规格;1/8 W 小功率贴片电阻多采用 0805 封装规格;而 1/4 W 贴片电阻多采用 1206、1210 封装规格(部分 1/8 W、1/4 W 电阻也采用 1005 封装规格)。

对于三极管、集成电路来说,多采用 SMD 封装方式。例如,小功率三极管及某些具有三个引脚的集成电路多采用 SOT(小外形晶体管),如 SOT-23、SOT-25、SOT-89 等封装形式,引脚排列有 ECB(最常见)和 EBC(比较少)两种。

1. 给元件添加 PCB 封装图模型

在 Altium Designer 中,添加元件封装图的操作过程如下:

(1) 在图 2.4.9 所示的元件属性窗口内,单击 Models 选项框下的"Add..."按钮,在图 2.4.37 所示的 "Add New Model" 选择框内,选择相应的模型类型,如 Footprint(元件封装图)。

(2) 在图 2.4.38 所示的窗口内,单击 "Browse..." 按钮,在图 2.4.39 所示元件封装图列表窗内找出并单击元件目标封装图模型后,再单击 "OK" 按钮退出,即可发现所选的元件封装图模型将出现在图 2.4.38 所示窗口内。

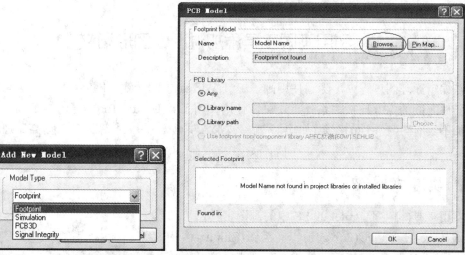

图 2.4.37　选择模型种类　　　　　　图 2.4.38　选择 PCB 模型

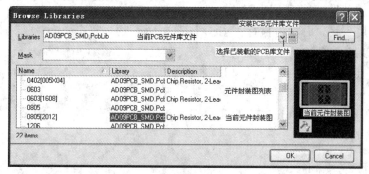

图 2.4.39　浏览 PCB 库元件

可重复执行添加操作，给同一元件指定多个封装图模型。

2. 选择当前封装模型

在 Altium Designer 中，可对同一元件添加多个不同的封装图模型。在这种情况下，相应模型前将存在"下拉按钮"，如图 2.4.40 所示。用户可单击"下拉按钮"，选择相应封装图模型作为当前元件的封装模型。

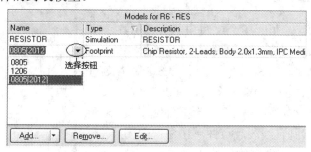

图 2.4.40　同一元件含有多个封装模型

3. 删除、编辑元件的模型

在模型列表窗口，选定了特定模型名后，单击"Remove..."按钮即可删除指定模型；而单击"Edit..."按钮可编辑指定模型，如重新选择模型名或模型所在库文件。

2.5　利用画图工具添加说明性图形和文字

在编辑原理图过程中，除了使用画线工具(Wiring)中的导线、网络标号、I/O 端口等描述元器件之间的电气连接关系外，还可以使用实用工具(Utility Tools)窗内的工具在原理图上添加不具有电气属性的图形(如输入/输出波形、屏蔽盒)、文本等信息，提高原理图的可读性。

2.5.1　实用工具介绍

实用工具(相当于 Protel 99 SE 中的画图工具)，如直线(Line)、多边形(Polygon)、椭圆弧(Elliptical Arcs)、椭圆(Ellipses)、毕兹曲线(Bezier)等均存放在实用工具窗内，如图 2.5.1 所示。因此，当工具栏上没有出现"实用工具"时，可执行"View"菜单下的"Toolbars\Utilitesy"命令打开实用工具窗，然后直接单击实用工具窗内的工具执行相应的操作(与执行 Place\Drawing Tools 菜单下相应的画图工具命令效果相同，但直接单击 Utility Tools 工具窗内相应的画图工具要方便得多)。

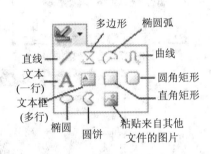

图 2.5.1　实用工具

2.5.2　常见图形绘制技巧

通过下面的几个实例，介绍画图工具的基本使用方法，而绘图工具更详细的使用方法可参阅第 3 章内容(Altium Designer 中所有元件的电气图形符号均使用画图工具绘制)。

可利用直线、曲线、文字等画图工具在图 2.4.25 所示电路中添加如图 2.5.2 所示的输入/输出信号波形，其操作过程如下：

(1) 单击画图工具(Utility Tools)窗内的直线工具，按下 Tab 键，进入直线选项属性设置窗口(如图 2.5.3 所示)，选择线条粗细，如 Small(小)、Smallest(最小)、Medium(中等)、Large(粗))、形状(Solid(实线)、Dashed(虚线)、Dotted(点画线)，以及线段的起点、终点形态后，将光标移到直线段起点并单击左键(固定直线段的起点)，移动光标到直线段终点并单击左键(固定直线段的终点)，单击右键(这时仍处于画直线状态，如果要退出画线状态，必须再单击右键)，形成 X 轴线段。其实画图工具中的直线和画线工具中的导线具有相同的操作方法。

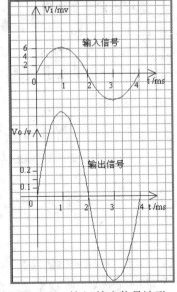

图 2.5.2　输入/输出信号波形

(2) 将光标移到 Y 轴的起点并单击，移动光标到 Y 轴的终点并单击，然后单击右键，即可完成 Y 轴直线段的绘制。

(3) 利用同样方法，绘出 X 轴、Y 轴箭头(当然也可以直接在直线属性窗口内将 X、Y 轴线段的终点设为箭头形态)表示坐标刻度的直线段，然后单击右键或 Esc 键，退出直线绘制状态。

(4) 单击画图工具内的曲线工具，必要时按下 Tab 键，进入曲线选项属性设置窗口，选择线条粗细、颜色。

(5) 将光标移到正弦曲线的起点，如图 2.5.4 中的 1 点，单击左键固定→将光标移到图中的 2 点，并单击左键→将光标移到图中的 3 点，并单击左键，即可看到正弦信号的正半周，再单击左键，固定正弦信号正半周的形状(即 3、4 点重合)；将光标移到图中的 5 点，并单击左键，将光标移到图中的 6 点，并单击左键，即可看到正弦信号的负半周，再单击左键，固定正弦信号负半周的形状(即 6、7 点重合)。

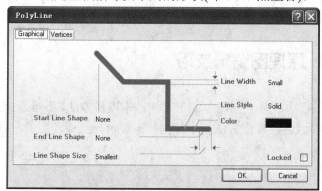

图 2.5.3　直线工具选项属性　　　　　　图 2.5.4　正弦信号波形的绘制顺序

(6) 单击右键或按下 Esc 键，退出曲线绘制状态，即可获得一个周期的正弦波信号。

一些常见曲线的绘制步骤如图 2.5.5 所示，其中，图(a)的绘制步骤为：在 1 点单击，2 点单击，3 点单击，再单击，然后单击右键结束；图(b)、(e)绘制步骤与(a)的相同；图(c)的绘制步骤为：1 点单击，2 点单击，3 点单击 + 单击，4 点单击，5 点单击 + 单击，6 点单击，

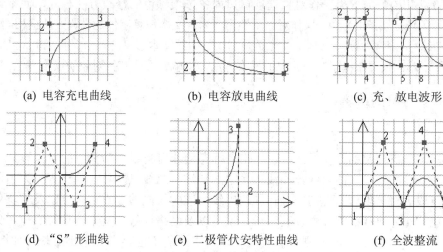

(a) 电容充电曲线　　　　(b) 电容放电曲线　　　　(c) 充、放电波形

(d) "S"形曲线　　　　(e) 二极管伏安特性曲线　　　　(f) 全波整流

图 2.5.5　常见曲线的绘制顺序

7 点单击 + 单击，8 点单击，9 点单击 + 单击，再单击右键结束；图(d)的绘制步骤为：1 点单击，2 点单击，3 点单击，4 点单击 + 单击，再单击右键结束；图(f)的绘制步骤为：1 点单击，2 点单击，3 点单击 + 单击，4 点单击，5 点单击 + 单击，再单击右键结束。

而脉冲波、三角波、梯形波等可用直线绘制，操作简单，这里不再详述。

对图 2.5.5(c)、(f)所有周期信号来说，画出一个周期的波形图后，用复制、粘贴、旋转(必要的话)、对称(必要的话)、平移等操作方式获得后续更多周期的波形，可能会更加迅速。

(7) 单击画图工具窗内的文本(Place Text String)工具，按下 Tab 键，进入文本选项属性设置窗口，输入文本信息(缺省时是最近一次输入的文本信息)，设置文本字体颜色、字体大小等选项后，单击"OK"按钮，退出即可(文本信息选项属性设置窗口与网络标号选项属性设置窗口相同)。

(8) 将光标移到适当放置，单击鼠标左键，固定文本信息即可。然后不断按下 Tab 键，输入 X 轴、Y 轴单位及坐标刻度等文本信息。

利用同样办法制作输出特性曲线，最终获得图 2.5.2 所示的输入、输出信号波形。

2.6　原理图编辑技巧

前面介绍了编辑电原理图操作过程中涉及到的命令或工具的基本操作方法，不难看出，在 Altium Designer 中很多工具的选项属性、操作方法基本相同。下面再介绍原理图的一些编辑技巧。

2.6.1　操作对象概念

在 Altium Designer 原理图编辑器中，将画线、画图工具栏内的各种工具统称为操作对象，在选择(标记)、删除、移动(包括平移和旋转)等操作中，所有对象的操作方式相同；性质相同或相近的操作对象，如画线工具中的导线、总线以及画图工具中的直线、曲线等的选项属性窗内各设置项的含义也相同或相近。不同操作对象选项属性窗口内含义相同的选项的设置方法相同，如各类操作对象选项窗口内各选项颜色的修改方法相同，而不论它们是字体的颜色还是线条的颜色；操作对象属性窗口内各文本信息字体的设置方法也相同，而不管它们是网络标号名称、I/O 端口名称，还是画图工具中的文本信息。因此，掌握 Altium Designer 的基本操作不难，只要掌握了某一对象的操作方法，也就掌握了其他对象的操作方法。

2.6.2　单个对象的编辑

1.　当前操作对象

将鼠标移到待选定的操作对象上，单击鼠标左键即可将鼠标箭头下的对象设为当前操作对象。当把画图工具中的直线，画线工具中的导线、总线以及总线分支等作为当前操作对象时，线段上将出现一条走向完全相同的虚线，同时线段的起点、终点以及转弯处均出现一个绿色的小方块；而将元件及其序号、型号以及网络标号、文本信息等操作对象设为当前操作对象时，其四周将出现一个虚线框，虚线框四角也存在四个小方块，如图 2.6.1 所示。

　　当图 2.2.9 所示的"Schematic Graphical Editing(原理图图形编辑)"窗口内的"单击清除选择(Click Clears Section)"处于选中状态时，任何时候，只能选定图中的一个操作对象作为当前操作对象；反之，当该选项处于非选中状态时，借助鼠标不断重复"移动→单击左键"操作方式，可同时选中多个对象。

　　选定当前操作对象后，就可以删除、移动。将鼠标移动编辑区内空白处并单击左键，将取消选定的当前操作对象。单击左键，能否取消选定的对象，同样受图 2.2.9 所示的"单击清除选择"项控制。

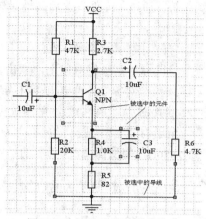

图 2.6.1　当前操作对象的状态

2．删除单个对象

　　将鼠标移到待删除的对象上，单击鼠标左键，然后按下 Del 键(或执行 Edit 菜单下的 Clear 命令)，即可删除。但需要注意的是：不能单独删除元件序号、注释信息、参数，原因是元件序号、注释信息、参数等是元件的组成部分，只有删除元件本身，才能删除与元件关联的序号和型号。

　　执行"Edit"菜单下的"Delete"后，将光标移到待删除的对象上，单击左键，也能迅速删除光标下的对象。当需要删除多个对象时，可不断重复"移动→单击"操作过程，连续删除多个对象。删除操作结束后，单击右键，退出命令状态。

3．移动

　　① 将鼠标移到需要移动的操作对象上，按住鼠标左键不放(鼠标箭头将变为光标)，移动鼠标，光标下的操作对象也跟着移动，这样就可以直接将操作对象移到编辑区内的指定位置。

　　② 执行"Edit"菜单下的"\Move\Move"或"\Move\Drag"，然后将光标移到需要移动的对象上，单击左键，移动光标，可直接将操作对象移到另一位置，然后单击左键固定。当需要移动多个对象时，可不断重复"单击→移动→单击"的操作过程，连续移动多个对象。操作结束后，单击右键，退出命令状态。

　　"Edit\Move\Move"(移动)与"Edit\Move\Drag"(拖动)命令的作用不完全相同，当通过"Edit\Move\Move"命令移动元件、I/O 端口时，在移动过程中，与元件引脚或 I/O 端口相连的导线不会移动，即移动后将出现"断线"现象；而通过"Edit\Move\Drag"命令拖动元件或 I/O 端口时，在移动过程中，与元件引脚或 I/O 端口相连的导线会随着元件或 I/O 端口的移动被拉伸或压缩，即移动后元件的电气连接关系不变。因此，连线后，需要移动元件或 I/O 端口时，使用"Edit\Move\Drag"命令拖动元件、I/O 端口时可避免移动后需要重新修改连线的麻烦。

4．修改对象的属性

　　在 Altium Designer 中，任何操作对象均具有选项属性设置窗，通过它可以重新设置、修改操作对象的选项。例如，通过"直线"选项属性设置窗，可以重新选择直线的形式(实线、点画线、虚线)、宽度、颜色、线段起点及终点形状等；通过"文字"(注释文字、元件序号、类型或数值)选项属性设置窗，可以重新设置"文字"信息的字体、字型、字号、颜色等；通过"元件"选项属性设置窗，可以重新设置元件的封装形式、序号、型号(或大小)、颜色，等等。

修改对象属性的操作方法如下：

将鼠标移到操作对象上，双击鼠标左键，即可调出操作对象的属性设置窗。或者将鼠标移到操作对象上，单击鼠标右键，调出常用操作命令，将光标移到常用操作命令上的"Properties…"(属性)上，单击鼠标左键也能调出对象属性对话框。

至于将鼠标移到操作对象上双击后是进入对象"属性设置窗"还是运行"检查器"(Inspector)，将受图 2.2.9 所示的"双击运行检查器"选项的控制。

2.6.3　多个对象的标记、删除与移动

1．对象的标记及解除

对多个操作对象进行移动(平移)、旋转(包括对称)、删除、重新排列等操作之前，均需要标记参与操作的对象，以确定哪些对象将要参与相应的操作。标记操作对象的方法很多，如：

(1) 单击主工具栏的"标记"工具(与执行菜单命令"Edit\Select\Inside Area"的效果相同)，然后将鼠标移到待标记区域的左上角，单击鼠标左键，移动鼠标即可看到矩形框的右下角随鼠标的移动而移动，如图 2.6.2 所示。当矩形框覆盖了全部待标记的对象后，单击鼠标左键固定矩形框右下角，矩形框内的对象即被选中，在缺省状态下，被选中的对象显示为蓝色，如图 2.6.3 所示。

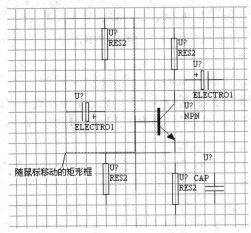

图 2.6.2　矩形框的大小随鼠标的移动而移动

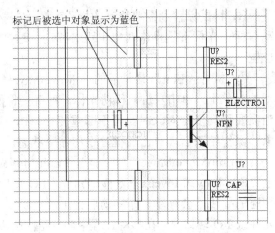

图 2.6.3　被选中对象显示为蓝色

(2) 将鼠标移到待标记区域的左上角，按住鼠标左键不放，移动鼠标，同样会出现一个大小随鼠标移动而变化的矩形框，当矩形框覆盖了所有待标记的对象后，松开左键，也可以迅速标记矩形框内的操作对象。

(3) 执行"Edit\Toggle Selecting"命令，使 SCH 编辑器处于选择命令状态，将光标移到待标记的对象上，单击鼠标左键选定(一个对象被选定后，再单击时将取消选定)，然后再移动光标到下一操作对象上，单击左键。如此下去，直到选择了所有需要标记的对象。该方法的特点是灵活，可以有选择地标记彼此不相邻的对象(即无法用矩形框标记的对象)。

(4) 当需要选定矩形框外的操作对象时，可执行"Edit\Select\Outside Area"命令，然后将光标移到矩形框的左上角，并单击左键，再移动光标到矩形框的右下角，再单击左键。结果将发现矩形框外的对象全部被选中。

解除被选在一起的对象(即取消标记)：单击主工具栏内的"解除"选定工具(与"Edit"菜单下的"DeSelect\All"命令等效)。如果仅需解除部分对象的选定状态，则可执行"Edit\Toggle Selecting"命令，然后将鼠标移到需要解除选定状态的对象上，单击左键即可(此时仍处于命令状态，可继续选定或解除其他对象，然后单击右键，退出命令状态)。

2．删除多个对象

标记后，执行"Edit"菜单下的"Clear"命令(或按下键盘上的"Delete"键)，即可迅速删除已标记的多个操作对象。

3．移动/拖动多个对象

标记后，单击主工具栏内的"移动选定对象"工具(与"Edit"菜单下的"Move\Move Selection"命令等效)，再将鼠标移到标记块内，单击左键，标记块即处于激活状态，然后就可以：

(1) 通过移动光标使标记块平移，再单击左键固定。

(2) 按空格键使标记块旋转，按 X、Y 键可使标记块关于左右、上下对称翻转。

与移动/拖动单个对象类似，连线后，最好使用"Edit\Move\Drag Selection"命令拖动包含元件或 I/O 端口的标记块，使连接在元件引脚端点的导线也一起移动，从而保证在拖动标记块操作过程中不改变电路图中元件的电气连接关系。

2.6.4 利用"查找相似对象命令"与"Filter"面板标记多个操作对象

基于 DXP 平台的 Altium Designer 与 Protel 99 SE 及以前版本不同，在对象属性窗口内取消了全局属性选项按钮及其对应的设置框，如图 2.6.4 所示。这对于习惯了通过全局属性实现批量选定、修改具有相同或相似特性的多个对象的用户来说似乎有点不习惯。

(a) Protel 99 SE

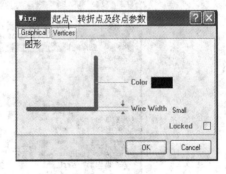

(b) Altium Designer

图 2.6.4 Protel 99 SE 与 Altium Designer 导线属性的区别

不过，在 Altium Designer 中，除了可通过"Edit"主菜单下的"Select"命令系列，如"Toggle Selection"标记(选定)特定操作对象外，还可以利用 DXP 平台新增的"Find Similar Objects…"(查找相似对象)命令、"SCH Filter"(过滤器)面板快速标记(选定)满足特定条件或具有某一特征的操作对象。

1. 借助"Find Similar Objects…"命令标记操作对象

下面通过具体实例介绍"Find Similar Objects…"命令的操作方法。

例 2-1 借助"Find Similar Objects…"命令,选定图 2.6.1 中的所有导线。其操作步骤如下:

(1) 在原理图编辑区内,单击鼠标右键,调出原理图编辑控制命令,选择并单击"Find Similar Objects…"命令后,鼠标箭头立即变成"十"字光标,如图 2.6.5 所示。

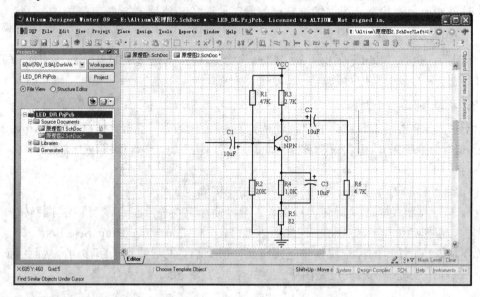

图 2.6.5 执行"Find Similar Objects…"命令后出现的"十"字光标

(2) 将"十"字光标移到其中一个待选定的对象上(本例为导线)并单击左键,系统即可弹出如图 2.6.6 所示的"Find Similar Objects"(查找相似对象)设置框。

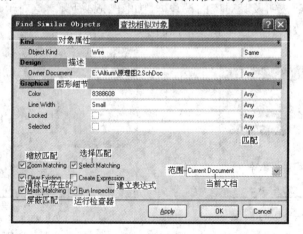

图 2.6.6 导线"查找相似对象"设置

(3) 设置选择条件:将"Line Width"的匹配条件由"Any"选为"Same",如图 2.6.7 所示。

在"Find Similar Objects"(查找相似对象)窗口内,可设置多个匹配条件,各匹配条件彼此之间呈逻辑"与"关系,即满足所有条件的操作对象才能被选中。

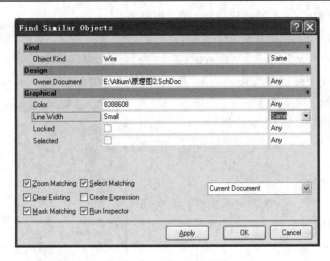

图 2.6.7　设置选择条件

(4) 单击"OK"按钮退出，即可看到被选中对象处于"高亮"状态，而未被选中对象变为灰色，这样就完成了对象的选定操作过程；同时还自动打开了"检查器"面板(当"查找相似对象"窗口内的"Run Inspector"复选项处于非选中状态时，则不会自动打开 Inspector 面板)，如图 2.6.8 所示。

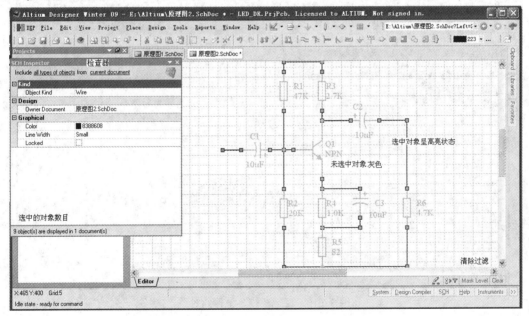

图 2.6.8　选中对象的显示状态

注：执行"Apply"按钮，也能看到图 2.6.8 所示的显示效果，只是没有关闭"查找相似对象"窗口。

当需要恢复正常显示状态时，可执行编辑区窗口右下角的"Clear"命令(或主工具栏内的"解除选定"工具)，解除对象的选定状态，并恢复为正常显示状态。

完成了对象的选定(标记)操作后，可在"SCH Inspector"(原理图检查器)面板或"SCH List"(原理图列表器)面板中批量修改对象属性。

例2-2　假设图2.6.5中的电阻元件除R6封装形式为 AXIAL-0.3 外，其他电阻封装形式均为 AXIAL-0.4，借助"Find Similar Objects…"命令标记(选定)图 2.6.5 中封装形式为 AXIAL-0.4 的所有电阻元件。其操作步骤如下：

(1) 在原理图编辑区内，单击鼠标右键，调出原理图编辑器控制命令，选择并单击"Find Similar Objects…"命令。

(2) 将"十"字光标移到除 R6 外的任一电阻元件上并单击"左键"，系统即可弹出图 2.6.9 所示的"Find Similar Objects"(查找相似对象)设置框。

(3) 移动上下滚动条，将"Object Specific"(对象特性)栏目下"Current Footprint"选项的匹配条件由"Any"选为"Same"，并单击"OK"按钮退出，即可观察到如图 2.6.10 所示的选定结果。

图 2.6.9　电阻"查找相似对象"设置

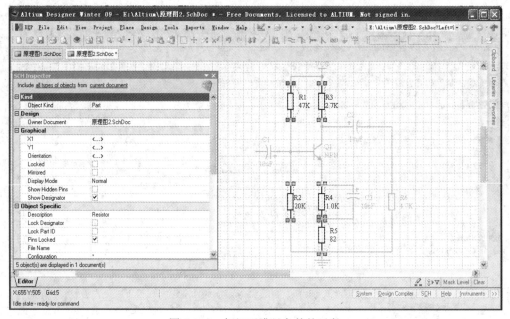

图 2.6.10　标记了满足条件的对象

通过"查找相似对象"操作可以迅速选定具有某一特征的多个对象，对于"多选一"选项属性，如"Orientation"(方向)，只能选择其中的四种方式之一；对于文本类选项属性，如"Component Designator"(元件名)可用"*"代替未给出的字符串，如"R*"(表示以 R 开头的所有元件)、"R1*"(表示以 R1 开头的所有元件)等，以扩大查找范围。

2. 借助"SCH Filter"面板标记操作对象

"SCH Filter"(SCH 过滤器)功能很强，借助过滤器可标记具有某一特性的不同类操作对象，惟一缺点是需要在过滤器窗口内输入查找命令语句才能实现，显得有点不便。

借助过滤器标记多个对象的操作过程如下：

(1) 如果过滤器面板处于关闭状态，可单击原理图编辑器状态栏上的"SCH"按钮，选择并单击其中的"SCH Filter"，打开原理过滤器面板，如图 2.6.11 所示。

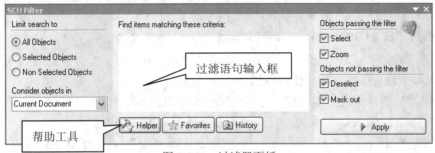

图 2.6.11　过滤器面板

(2) 在过滤语句输入窗口内输入查找命令，如"PartDesignator Like 'C*' Or PartDesignator Like 'R*'"等(元件名以 C 或 R 开头)，如图 2.6.12 所示，设置查找条件。

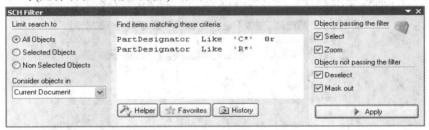

图 2.6.12　输入查找命令语句

注：如果用户不熟悉命令语句，则可单击"Helper"(帮助)工具按钮，获得相关的提示信息。

(3) 单击"Apply"按钮，即可观察到所有电阻、电容元件处于选中状态，如图 2.6.13 所示。

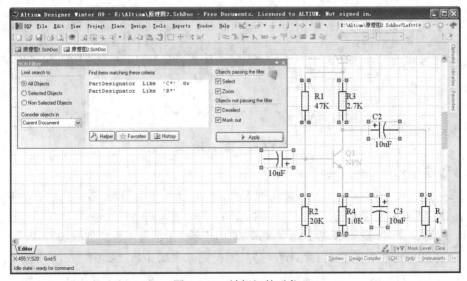

图 2.6.13　被标记的对象

2.6.5　在 Inspector(检查器)与 List(列表器)面板中修改标记对象的参数

在完成了操作对象的标记(即选定)操作后，可通过"SCH Inspector"(原理图检查器)或"SCH List"(原理图列表器)批量修改操作对象中的一个或多个参数。下面通过几个典型示例，说明如何批量修改多个对象的属性。

1．通过"SCH Inspector"(检查器)修改

例 2-3　借助"SCH Inspector"(检查器)将图 2.6.5 中封装形式为 AXIAL-0.4 的电阻改为 AXIAL-0.3 封装形式。其操作步骤如下：

(1) 如果检查器面板处于关闭状态，则可单击原理图编辑器状态栏上"SCH"按钮，选择并单击"SCH Inspector"面板，打开检查器面板，如图 2.6.14 所示。

(2) 在"SCH Inspector"窗口内，将"Object Specific"(对象细节)栏目下的"Current Footprint"选项改为"AXIAL-0.3"，回车后将发现所有选中对象的封装形式已经改为 AXIAL-0.3。

当然，在 Inspector 面板中，能同时修改选中对象的多个选项。

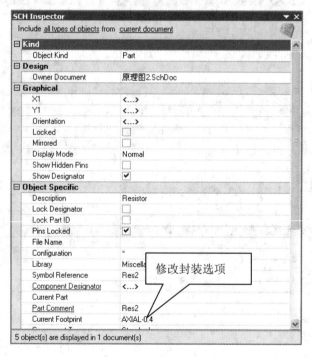

图 2.6.14　检查器面板

2．通过"SCH List"(列表器)修改

例 2-4　借助"SCH List"(原理图列表器)将图 2.6.5 中封装形式均为 AXIAL-0.4 的电阻改为 AXIAL-0.3 封装形式。其操作步骤如下：

(1) 如果原理图列表器面板处于关闭状态，则可单击原理图编辑器状态栏上的"SCH"按钮，选择并单击其中的"SCH List"，打开原理图列表器窗口，如图 2.6.15 所示。

(2) 如果"列表器"左上角显示为"View"，则单击并将其改为"Edit"(编辑)状态。

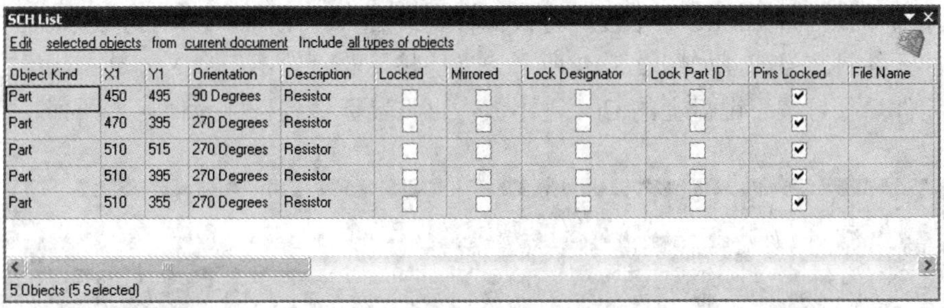

SCH List
Edit selected objects from current document Include all types of objects

Object Kind	X1	Y1	Orientation	Description	Locked	Mirrored	Lock Designator	Lock Part ID	Pins Locked	File Name
Part	450	495	90 Degrees	Resistor	☐	☐	☐	☐	☑	
Part	470	395	270 Degrees	Resistor	☐	☐	☐	☐	☑	
Part	510	515	270 Degrees	Resistor	☐	☐	☐	☐	☑	
Part	510	395	270 Degrees	Resistor	☐	☐	☐	☐	☑	
Part	510	355	270 Degrees	Resistor	☐	☐	☐	☐	☑	

5 Objects (5 Selected)

图 2.6.15　原理图列表器窗口

(3) 左右移动滚动条，找到要修改的选项(此处为 Footprint)，如图 2.6.16 所示。

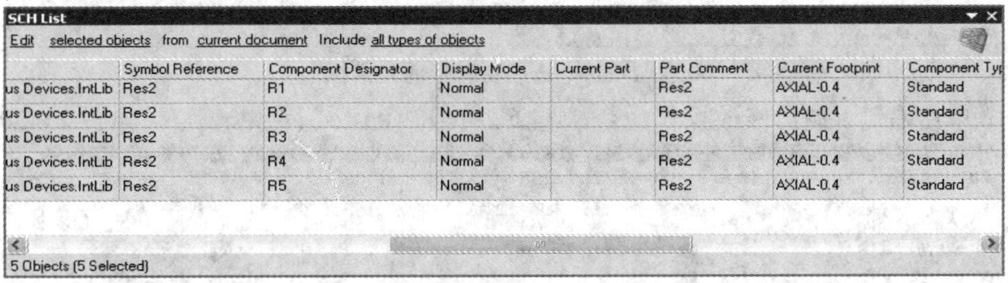

SCH List
Edit selected objects from current document Include all types of objects

	Symbol Reference	Component Designator	Display Mode	Current Part	Part Comment	Current Footprint	Component Typ
us Devices.IntLib	Res2	R1	Normal		Res2	AXIAL-0.4	Standard
us Devices.IntLib	Res2	R2	Normal		Res2	AXIAL-0.4	Standard
us Devices.IntLib	Res2	R3	Normal		Res2	AXIAL-0.4	Standard
us Devices.IntLib	Res2	R4	Normal		Res2	AXIAL-0.4	Standard
us Devices.IntLib	Res2	R5	Normal		Res2	AXIAL-0.4	Standard

5 Objects (5 Selected)

图 2.6.16　移动滚动条找到目标选项

(4) 直接单击待修改选项内容，如将某一元件的封装方式由“AXIAL-0.4”改为“AXIAL-0.3”，如图 2.6.17 所示。

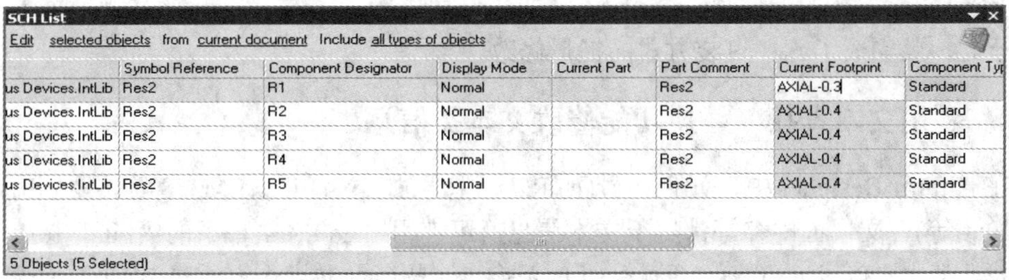

SCH List
Edit selected objects from current document Include all types of objects

	Symbol Reference	Component Designator	Display Mode	Current Part	Part Comment	Current Footprint	Component Typ
us Devices.IntLib	Res2	R1	Normal		Res2	AXIAL-0.3	Standard
us Devices.IntLib	Res2	R2	Normal		Res2	AXIAL-0.4	Standard
us Devices.IntLib	Res2	R3	Normal		Res2	AXIAL-0.4	Standard
us Devices.IntLib	Res2	R4	Normal		Res2	AXIAL-0.4	Standard
us Devices.IntLib	Res2	R5	Normal		Res2	AXIAL-0.4	Standard

5 Objects (5 Selected)

图 2.6.17　修改了其中元件的参数

值得注意的是，表格参数修改后，回车或将鼠标移到该参数栏目外单击左键，修改内容才会生效。当然，可不断重复“修改→回车(或单击)”操作过程，逐一修改剩余元件的封装方式，不过，当需要批量修改多个元件的封装方式时，最好按如下操作步骤快速修改。

(5) 将鼠标移到“AXIAL-0.3”表格栏内，单击右键，调出修改操作命令，选择并单击“Copy”(复制)命令。

(6) 将鼠标移到待修改第一元件的封装方式栏内，单击选中，如图 2.6.18 所示。

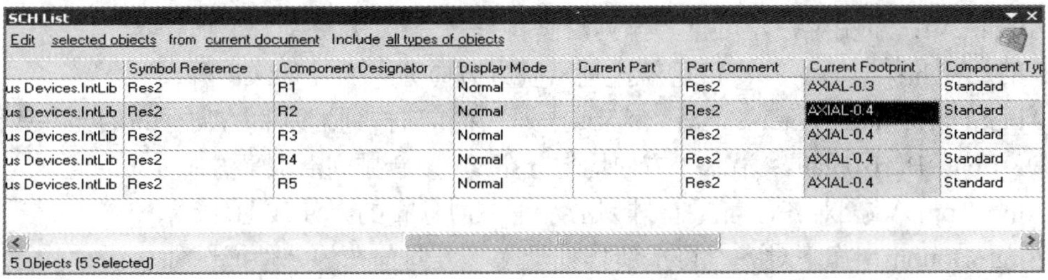

SCH List
Edit selected objects from current document Include all types of objects

	Symbol Reference	Component Designator	Display Mode	Current Part	Part Comment	Current Footprint	Component Typ
us Devices.IntLib	Res2	R1	Normal		Res2	AXIAL-0.3	Standard
us Devices.IntLib	Res2	R2	Normal		Res2	AXIAL-0.4	Standard
us Devices.IntLib	Res2	R3	Normal		Res2	AXIAL-0.4	Standard
us Devices.IntLib	Res2	R4	Normal		Res2	AXIAL-0.4	Standard
us Devices.IntLib	Res2	R5	Normal		Res2	AXIAL-0.4	Standard

5 Objects (5 Selected)

图 2.6.18　单击第一个需要修改元件的封装方式

(7) 按下键盘上的 Shift 键不放，将鼠标移到最后一个元件参数单击，选择表中相邻的待替换的元件封装方式，如图 2.6.19 所示。当待替换的元件不相邻时，单击鼠标左键确定第一个元件后，可按下键盘上的 Ctrl 键不放，再将鼠标移到目标元件封装图列表栏内逐一单击选定。

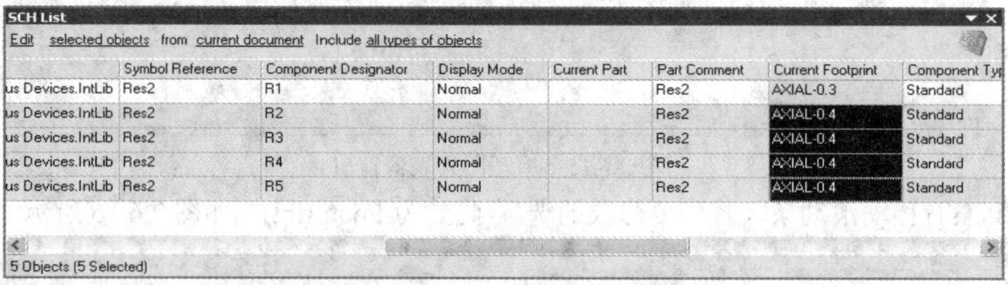

图 2.6.19　选中待替换的表格栏

(8) 单击右键，调出修改操作命令，选择并单击"Paste"(粘贴)，结果如图 2.6.20 所示。

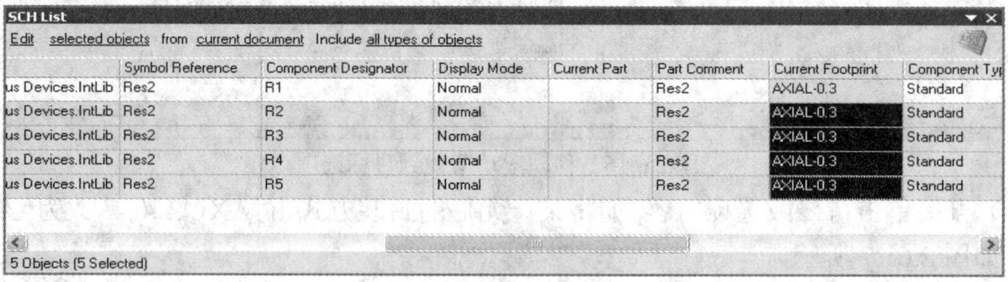

图 2.6.20　粘贴结果

至此，就完成了元件封装方式的批量修改。

2.6.6　利用文本查找、替换功能修改文本类信息

在 Altium Designer 中，元件序号(如 R2)、型号(如 1N4148、LM358 等)、网络标号(如 A1、Out 等)、文本框内容等都属于文本信息，可使用"Edit"菜单下的"Find Text…"命令查找，使用"Replace Text…"命令批量替换。这些命令的操作方式与 Word 中的"查找""替换"命令完全相同，无须详细解释。

2.6.7　元件及图件自动对齐

在放置元件或其他图形的操作过程中，依靠手工调整元件位置，使元件或图形排列整齐不是一件容易的事。为此，选定后通过"Edit"菜单下的"Align"命令能迅速、准确地调整元件或图形的位置，使元件靠左或右、上或下对齐。

Edit\Align 子菜单下包含了如下图件排列命令：

Align Left：靠左对齐，可重新排列沿垂直方向分布的元件或图件。

Align Right：靠右对齐，可重新排列沿垂直方向分布的元件或图件。

Align Horizontal Centers：沿一条竖线排列，可重新排列沿垂直方向分布的元件或图件。

Distribute Horizontally：沿水平方向均匀分布，可重新排列沿水平方向分布的元件或图件。

Align Top：靠上对齐，可重新排列沿水平方向分布的元件或图件。

Align Bottom：靠下对齐，可重新排列沿水平方向分布的元件或图件。

Align Vertical Centers：沿一条水平线排列，可重新排列沿水平方向分布的元件或图件。

Distribute Vertically：沿垂直方向均匀分布，可重新排列沿垂直方向分布的元件或图件。

Align…：使图件沿水平和垂直方向重新排列(但需要在"Align Objects"对话框内指定排列方式)。

Align To Grid：把图件移到图纸编辑区的格点上。在格点处于锁定状态下，执行该命令可将原理图中不在锁定格点位置的已标记的元件移到最近的格点上。

1．靠左对齐

如果元件或图形沿垂直方向排列，但左右不对齐，如图 2.6.21(a)所示，可执行"Edit"菜单下的"Align\Align Left"命令，使所有元件靠左对齐(以最靠左侧元件为基准)，操作过程如下：

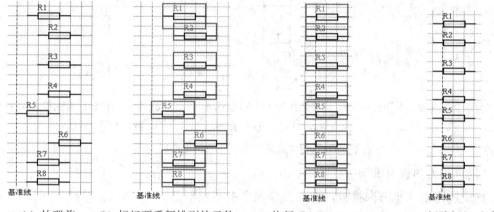

(a) 处理前　　(b) 标记要重新排列的元件　　(c) 执行"Edit\Align\Align Left"命令后的结果　　(d) 解除标记后看到的最终结果

图 2.6.21　使图件靠左重新排列的操作过程和结果

(1) 选定 R1～R8，如图 2.6.21(b)所示。

(2) 执行"Edit\Align\Align Left"命令，使标记块内的元件靠左重新排列，结果如图 2.6.21(c)所示。

(3) 单击主工具栏内的"解除选定"工具，将观察到如图 2.6.21(d)所示的结果。

2．靠右对齐

靠右对齐的操作过程与靠左对齐相同，区别仅在于执行了"Edit\Align\Align Right"命令后，标记块内的元件靠右重新排列。

但必须注意：对于沿水平方向排列的图件，执行靠左、靠右对齐命令后，图件将重叠在一起，如图 2.6.22 所示。因此，靠左右对齐命令不适合重排沿水平方向排列的元件或图件。

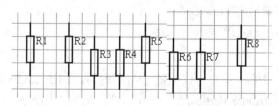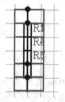

(a) 执行靠左右排列命令前，　　　　　　　(b) 执行靠左右排列命令后，
　　沿水平方向排列的图件　　　　　　　　　　沿水平方向排列的图件重叠

图 2.6.22　对水平方向排列图件实施靠左右排列结果

3．沿垂直方向靠中排列

元件或图形沿垂直方向排列，当各图件垂直中心线不重合时，标记后，执行"Edit"菜单下的"Align\Align Horizontal Centers"命令，可使标记块内的图件垂直中心线重合，最终使图件沿一条竖线分布，如图 2.6.23 所示。

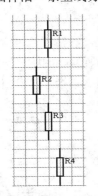 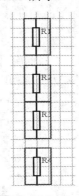 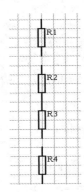

(a) 沿垂直方向排列的图件　　(b) 标记并执行了"Edit\Align\　　(c) 解除块标记后看到的
　　　　　　　　　　　　　　　　Center Horizontal"命令后　　　　　最后效果

图 2.6.23　使垂直排列的图件沿竖线排列

4．沿水平方向靠中排列

元件或图形沿水平方向排列，但各图件水平中心线不重合，标记后，执行"Edit"菜单下的"Align\Align Vertical Centers"命令，可使标记块内的图件水平中心线重合，最终使图件沿一条水平线分布，如图 2.6.24 所示。

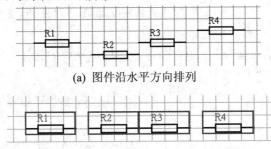

(a) 图件沿水平方向排列

(b) 标记并执行了"Edit\Align\Center Vertical"命令，使图件沿水平中心线重合

R1　　R2　　R3　　R4

(c) 解除块标记后看到的结果

图 2.6.24　使水平分布的图件水平中心线重合

5．沿垂直方向均匀排列

元件或图形沿垂直方向排列，但各图件在垂直方向上的分布不均匀，如图 2.6.25 (a)所示，可执行"Edit"菜单下的"Align\Distribute Vertically"命令，使标记块内的图件以上、下两图件为上、下边界，沿垂直方向重新排列，操作过程如图 2.6.25 所示。

(1) 调整并固定最上和最下两电阻的位置，以确定图件重新排列的间距。垂直均匀分布操作的结果在不改变最上和最下两个元件位置的情况下，仅重新调整位于这两者之间的元件或图件位置。

(2) 标记需要重新排列的图件，如图 2.6.25(b)所示。

(3) 执行"Edit\Align\Distribute Vertically"命令，使标记块内的元件沿垂直方向均匀排列，操作结果如图 2.6.25 (c)所示。

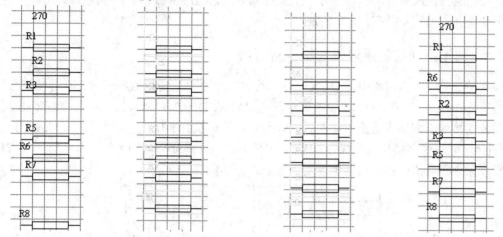

(a) 重新排列前　　(b) 标记需重新排列的对象　(c) 执行"Edit\Align\Distribute　(d) 解除块标记后的结果
Vertically"命令后

图 2.6.25　使图件沿垂直方向均匀排列

(4) 单击主工具栏内的"解除选定"工具，即可观察到如图 2.6.25(d)所示的最终结果。

6. 沿水平方向均匀排列

元件或图形沿水平方向排列，但各图件在水平方向上的分布不均匀，如图 2.6.26 (a)所示，可通过"Edit"菜单下的"Align\Distribute Horizontally"命令，使标记块内的图件以左、右两图件为左、右边界，沿水平方向重新排列，操作过程如图 2.6.26 所示。

(1) 调整并固定最左边和最右边两电阻的位置，以确定图件重新排列的间距。水平均匀分布操作的结果不改变最左边和最右边两元件的位置，仅重新调整位于这两者之间的元件或图件位置。

(2) 标记待重新排列的图件，如图 2.6.26(b)所示。

(3) 执行"Edit\Align\Distribute Horizontally"命令，使标记块内的元件沿水平方向均匀排列，操作结果如图 2.6.26(c)所示。

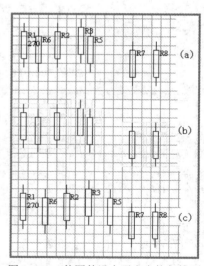

图 2.6.26　使图件沿水平方向均匀排列

7. 靠上或靠下重新排列沿水平方向分布的图件

元件或图形沿水平方向排列，但上、下不对齐，如图 2.6.26(a)所示，标记后，执行"Edit"菜单下的"Align\Align Top"命令使标记块内的图件靠上对齐，或执行"Edit"菜单下的"Align\Align Bottom"命令使标记块内的图件靠下对齐。

但必须注意：对于沿垂直方向排列的图件，执行靠上、靠下对齐命令后，将使图件重叠在一起。因此，靠上、下对齐命令不适合重排沿垂直方向排列的元件或图件。

8．使图件同时沿水平和垂直方向重新排列

为了提高操作效率，可执行"Edit"菜单下的"Align\Align…"命令，在弹出的对话窗内，选定图件在水平方向和垂直方向上的排列方式，然后单击"OK"按钮，即可使图件沿水平和垂直方向重新排列。

2.6.8 利用拖动功能迅速画一组平行导线

在图 2.6.27 所示电路中，当集成电路芯片 IC1、IC2 之间需要借助一组平行导线连接时，可直接将 IC2 左移(或执行"Edit"菜单下的"Move\Drag"、"Move\Move"命令)，使两芯片需要连接的引脚端点重叠，如图 2.6.28 所示。然后执行"Edit"菜单下的"Move\Drag"命令(但这时不能直接移动或执行"Edit"菜单下的"Move\Move"命令)，将 IC2 平行右移，将发现原来重叠的引脚端点间出现了一组连线，如图 2.6.29 所示。

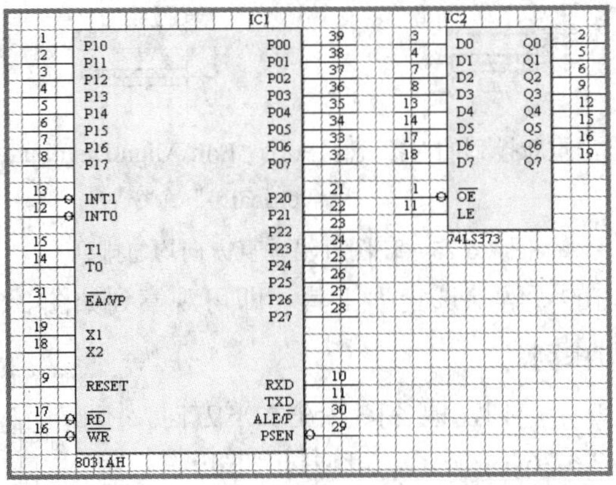

图 2.6.27   IC1 的 P00～P07 引脚与 IC2 的 D0～D7 引脚需要通过一组平行导线相连

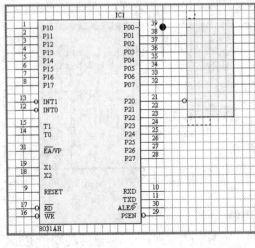

图 2.6.28   IC2 左移使 IC1 与 IC2 引脚端点相连

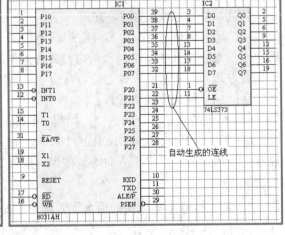

图 2.6.29   执行"Edit"菜单下的"Move\Drag"
命令并将 IC2 右移

当 IC2 移到指定位置后，单击左键固定并单击右键退出命令状态，然后删除多余的连

线，即可获得所需的电气连接关系。

2.6.9　画图工具内"阵列粘贴"工具的特殊用途

利用 Altium Designer 原理图编辑器的元件连续放置功能和图件重排命令，可以较快地放置一组水平排列或垂直排列的元件，但利用"Edit"菜单下的"Smart Paste"(灵巧粘贴)命令放置一组平行导线或一组沿水平或垂直方向排列的元件时，效率似乎更高。

1. 放置一组元件

下面以放置图 2.6.30 中电阻 R201～R206 为例，介绍借助"Edit"菜单下的"Smart Paste"命令放置一组元件的操作过程。

(1) 在元件库面板窗内，将电阻元件"RES2"所在电气符号图形库文件"Miscellaneous Device.IntLib"作为当前元件库。

(2) 在元件列表窗内，找出并单击"RES2"。

(3) 单击元件库面板的"Place RES2"按钮，将电阻元件移到原理图编辑区内。

(4) 按下 Tab 键，进入 RES2 元件选项属性对话窗，设置好元件序号(这里设为 R201)、封装形式(这里设为 AXIAL-0.4)、大小(这里为 270 Ω)后，单击"OK"按钮，关闭元件属性选项设置窗。

(5) 通过移动鼠标，按空格、X、Y 键，将 R201 电阻放到编辑区内适当位置，如图 2.6.31 所示。

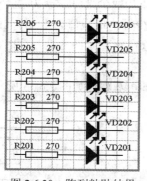

图 2.6.30　阵列粘贴结果

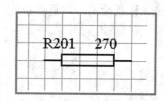

图 2.6.31　设置并调整好第一个电阻 R201

(6) 分别调整好元件序号、型号的字符串位置和大小。

(7) 执行"Edit"菜单下的"Toggle Selection"命令，然后将鼠标移到 R201 电阻上，单击左键，选择 R201，再单击右键，退出连续选择命令状态。

(8) 执行"Edit"菜单下的"Cut"(剪切)命令(注意不能用"Copy"命令，否则执行"灵巧粘贴"后，粘贴来的元件序号与第一个元件序号重复)。

(9) 执行"Edit"菜单下的"Smart Paste"(灵巧粘贴)命令，在如图 2.6.32 所示"Paste Array"(灵巧粘贴)属性选项框内，输入需要的数目、各粘贴单元之间水平与垂直距离等参数后，单击"OK"按钮确认。

如果 Cut(剪切)或 Copy(复制)了多个对象，则执行"灵巧粘贴"命令后，图 2.6.32 所示的"Schematic Object Type"(原理图对象类型)列表窗口内将显示出所有被剪切或复制对象信息，用户可根据需要选择。

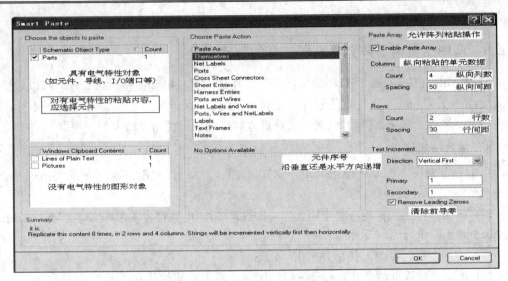

图 2.6.32　"灵巧粘贴"选项框

对于具有电气特性的元件、导线，如果选择图形粘贴方式，则粘贴得到的图件将失去电气特征，只能作为一般图形使用。

① 纵向参数：纵向列数定义了在水平方向上粘贴了多少个对象，最小值为 1；纵向间距定义了各粘贴对象在水平方向上的间距，即列间距，当间距小于粘贴对象在水平方向上的尺寸时，粘贴后在水平上各粘贴对象将部分(间距 > 0)或全部(间距 = 0)重叠在一起。

② 行参数：行数定义了在垂直方向上粘贴了多少行，最小值为 1；行间距定义各对象垂直方向上的间距，即行间距，当间距小于粘贴对象在垂直方向上的宽度时，粘贴后各行图件将部分(间距 > 0)或全部(间距 = 0)重叠在一起。

(10) 将鼠标移到绘图区内适当位置，单击左键，即可观察到如图 2.6.33 所示的粘贴结果。

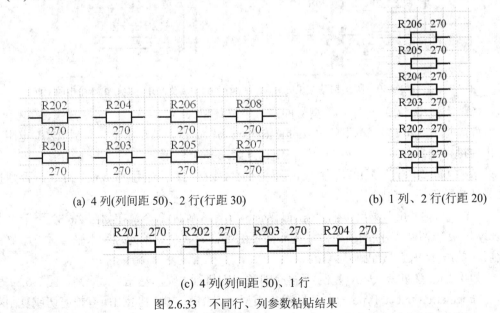

图 2.6.33　不同行、列参数粘贴结果

2．放置组合元件

下面以放置图 2.6.30 中电阻 R201～R206 及发光二极管 VD201～VD206 为例，介绍借助"Edit"菜单下的"Smart Paste"(灵巧粘贴)命令，放置组合元件的操作过程。

(1) 在元件列表窗内，找出并单击"RES2"。

(2) 单击元件库面板右上角"Place RES2"按钮，将电阻元件移到原理图编辑区内。

(3) 按下 Tab 键，进入 RES2 元件选项属性设置窗，设置好电阻元件序号(这里设为 R201)、封装形式(这里设为 AXIAL-0.4)、大小(这里为 270 Ω)后，单击"OK"按钮，关闭元件选项属性设置窗。

(4) 通过移动鼠标，按空格、X、Y 键旋转操作，将 R201 电阻放到编辑区内适当位置，如图 2.6.31 所示。

(5) 在元件列表窗内，找出并单击"LED"。

(6) 单击元件库面板右上角"Place LED"按钮，将 LED 移到原理图编辑区内。

(7) 按下 Tab 键，进入 LED 元件选项属性对话窗，设置好发光二极管 LED 的序号(这里设为 VD201)、封装形式(这里设为 LED-0.1)、型号(空白)后，单击"OK"按钮，关闭元件选项属性设置窗。

(8) 通过移动鼠标，按空格、X、Y 键旋转操作，将 VD201 发光二极管放到编辑区内适当位置。

(9) 用画线工具内的"导线"将电阻 R201 和发光二极管 VD201 连线在一起，如图 2.6.34 所示。

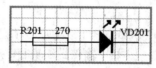

图 2.6.34　设置并调整好第一个电阻 R201 和第一个 LED VD201

(10) 分别调整好元件序号、型号等字符串位置和大小。

(11) 利用主工具栏内"块标记"工具，使电阻 R201、导线段及 VD201 处于"选中"状态。或执行"Edit"菜单下的"Toggle Selection"命令，依次移到电阻 R201 上单击、导线段上单击、发光二极管 VD201 上单击，使 R201、DV201 和导线段处于"选中"状态，然后单击右键，退出连续选择命令状态。

(12) 执行"Edit"菜单下的"Cut"(剪切)命令，将粘贴对象复制到剪贴板中。

(13) 执行"Edit"菜单下的"Smart Paste"(灵巧粘贴)命令，在如图 2.6.35 所示的"Paste Array"(阵列粘贴)属性选项框内，输入粘贴数目、各粘贴单元之间水平与垂直距离等参数后，单击"OK"按钮。

(14) 将光标移到编辑区内适当位置，单击左键，即可观察到如图 2.6.36 所示的粘贴结果。可见，通过"灵巧粘贴"功能可迅速画出一组元件，甚至局部电路。

3．迅速画出一组平行导线

当需要画出如图 2.6.29 所示的一组平行导线时，除了可通过手工方式逐一绘制外，还可以通过"灵巧粘贴"命令迅速绘制，效率也很高。下面以连接图 2.6.29 中 IC1 与 IC2 之间的一组平行导线为例，说明利用"灵巧粘贴"命令迅速绘制一组导线的操作过程。

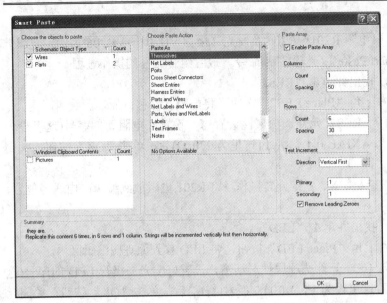

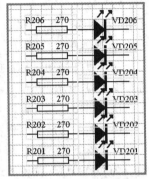

图 2.6.35　组合元件"灵巧粘贴"属性选项框　　　　图 2.6.36　组合元件粘贴结果

(1) 在原理图编辑区内，先画出如图 2.6.37 所示的第一条导线。

(2) 执行"Edit"菜单下的"Toggle Selection"命令，然后将光标移到第一条导线上，单击左键，使导线处于选中状态，再单击右键，退出连续选择命令状态。

(3) 执行"Edit"菜单下的"Cut"(剪切)命令，再将光标移到被选中的导线上，单击左键，确定复制操作的参考点。

(4) 执行"Edit"菜单下的"Smart Paste"(灵巧粘贴)命令，在如图 2.6.32 所示的"Smart Paste"(灵巧粘贴)属性选项框内，输入粘贴数目(纵向 1 列，列间距无须定义；8 行，行间距为 10)等参数后，单击"OK"按钮。

(5) 将光标移到编辑区内适当位置，单击左键，即可观察到自动生成的一组导线段。

(6) 执行移动操作，将粘贴到的导线组移到指定位置后，单击主工具栏内"解除选中"工具后，即可获得如图 2.6.38 所示的结果。

图 2.6.37　绘制第一条导线　　　　　　　　　　　　图 2.6.38　粘贴结果

2.6.10　迅速恢复系统缺省设置

如果在使用过程中，有意或无意修改了某对象的参数，如导线颜色、系统参数、各类编辑器环境参数等，则可通过"DXP"菜单下的"References"命令，进入相应的设置选项，然后单击设置窗口内的"Set To Defaults"(恢复缺省设置)按钮，即可恢复系统缺省设置状态。

2.7　利用 Navigator 导航器快速浏览原理图

对于一个复杂电路系统的原理图，可能包含数十个甚至数百个各类元器件，以及多个网络标号。在 Altium Designer 中，可利用"Navigator"面板快速查找、定位特定元件或网络标号所在原理图及具体位置。

下面以 Exampls\Reference Designs\4 Port Serial Interface 文件下的 4 Port Serial Interface.PrjPcb 项目文件为例，介绍如何通过"Navigator"面板快速浏览、查找特定元件或网络标号的操作过程。

(1) 打开 4 Port Serial Interface.PrjPcb 项目文件。

(2) 在原理图编辑状态下，单击状态栏上"Design Complier"(设计编译)控制面板按钮，并选择其中的"Navigator"。如果项目文件未编译，将观察到如图 2.7.1 所示的只有栏目没有内容的"Navigator"面板。

单击其中的"Interactive Navigation"(交互式导航)按钮，强迫编译后，即可观察到含有元件信息、连接关系的 Navigator 面板，如图 2.7.2 所示。

当然，如果在打开 Navigator 面板前，项目文件已编译过，则打开 Navigator 面板时，将直接观察到如图 2.7.2 所示的信息。

在原理图文件列表窗内，显示了该项目文件中原理图文件名及隶属关系。其中"Flattened Hierarchy"(单一层次)文件是编译后系统自动生成的总原理图文件，该文件包含了项目文件全部原理图文件的元件信息及连接关系。

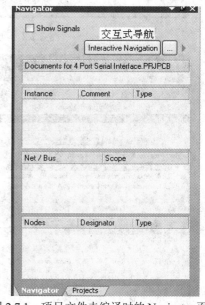

图 2.7.1　项目文件未编译时的 Navigator 面板

在当前原理图元件列表窗内，显示了当前原理图中的元件信息(包括了元件名、注释信息、类型)。滚动元件列表右侧按钮，即可迅速浏览当前原理图文件中的元件。

在当前元件连接关系列表窗内，显示了当前元件的连接关系。

(3) 利用 Navigator 面板迅速确定某一元件在原理图中的位置。例如，单击元件列表窗内标号为"C2"的元件，将发现在原理图编辑区内 C2 元件显示为高亮状态，而其他元件显示为灰色状态，这样即可迅速确定 C2 元件在原理图中的位置，如图 2.7.3 所示。

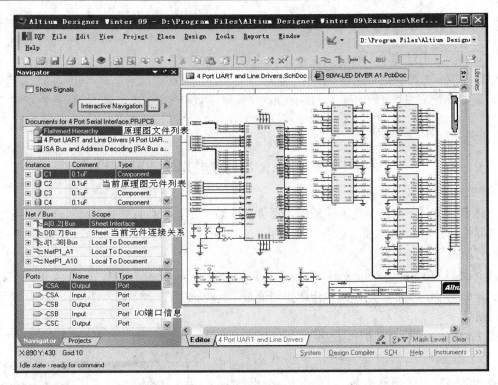

图 2.7.2　项目文件编译后的 Navigator 面板

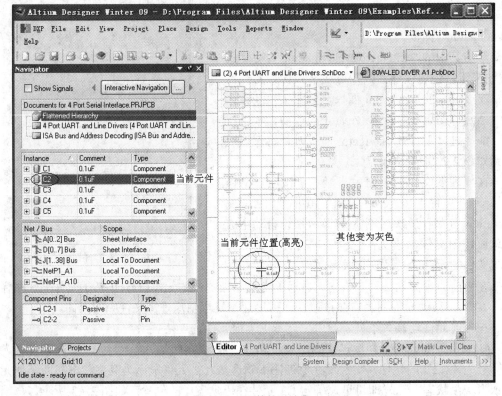

图 2.7.3　元件快速定位

2.8　元件自动编号

在放置元件操作过程中，如果没有按下"Tab"键，在元件属性设置窗口内指定元件的序号，Altium Designer 将使用元件序号的缺省设置，如用"U?"作为集成电路芯片的元件序号，用"R?"作为电阻元件序号，用"C?"作为电容元件序号，用"L?"作为电感元件序号，用"D?"作为二极管类元件序号，用"Q?"作为三极管类元件序号。对于没有缺省序号的元件，将使用前一元件的序号作为当前元件的序号。前面已经介绍了手工输入、修改元件序号的操作方法，如在元件属性设置窗内输入元件序号，或直接双击"元件序号"字符串，然后在序号属性窗口内修改等。但当电路图中包含的元件数目较多时，手工编号可能会出现重号(两个或两个以上元件序号相同)或跳号(同类元件的序号不连续)。而采用自动编号时，除了可以避免重号和跳号外，还提高了元件编号的效率，因为采用自动编号时，在放置元件操作过程中，可不必输入元件序号，采用缺省值，如"C?""R?""D?""Q?""U?"等。

下面以图 2.4.1 所示电路为例，介绍元件重新编号的操作过程。

(1) 执行"Tools"菜单下的"Annotate Schematic…"命令，在如图 2.8.1 所示元件自动编号设置窗口内，指定重新编号范围、编号规则等。

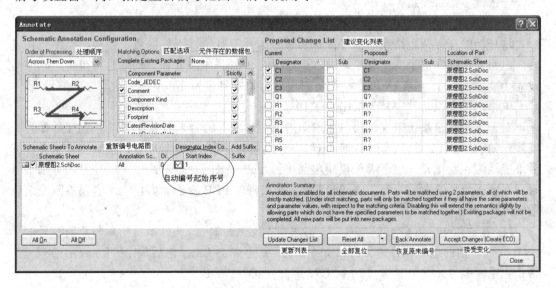

图 2.8.1　元件自动编号设置

(2) 单击"Order of Processing"(处理顺序)列表窗右侧下拉按钮，选择元件自动编号顺序，其中，

① Up Then Across：按照元件在原理图上的位置顺序，自下而上，接着从左到右自动编号。

② Down Then Across：按照元件在原理图上的位置顺序，自上而下，接着从左到右自动编号。

③ Across Then Up：按照元件在原理图上的位置顺序，自左到右，接着从下到上自动编号。

④ Across Then Down：按照元件在原理图上的位置顺序，自左到右，接着从上到下自动编号(缺省方式)。

这四种方式自动编号顺序如图 2.8.2 所示。

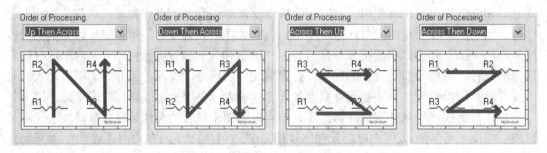

图 2.8.2　自动编号顺序特征

(3) 在"Schematic Sheets To Annotate"(重新编号电路图)窗口内，选择待重新编号的原理图文件。

① 如果同一设计项目内"Source Documents"文件夹中包含了多张原理图，那么执行元件自动编号命令后，SCH 编辑器自动将多张原理图元件序号统一处理，用户可根据需要选择一张或多张原理图。

② 设置起始序号。缺省时，从"1"开始编号，可根据需要设置编号起点，如 100 开始。

这一功能在复杂电路系统原理图编辑过程中非常有用，不仅完成了模块电路中元件编号，也明确了元件位于哪一子电路内。例如，对 1 号子电路元件自动编号时可将起始序号设为 100，对 2 号子电路元件自动编号时可将起始序号设为 200，……这样完成编号后，1 号子电路内的电阻元件序号为 R100、R101、……。

对于复杂电路系统来说，将各原理图内的元件统一编号，且从 1 开始，则元件序号长度短，如 R1、R12 等，在 PCB 板的丝印层上容易找到空余位置放置，但缺点是从元件编号不能迅速判断该元件位于哪一模块电路中；反之，采用"子电路号＋顺序号"分别编号时，元件序号长度大，如 R101、R112 等，在高密度 PCB 板的丝印层上不容易找到空余位置放置。

(4) 在"Proposed Change List"(建议变化列表)窗口内，选择不希望参与重新编号的元件(在元件名前的选项框打"√"，如图 2.8.1 中的 C1～C3)；然后单击"Reset All"按钮，将希望重新编号元件恢复为"R?""C?""U?""Q?"等形式。

由于"Annotate Schematics"命令仅对元件名中最后一个字符为"?"(问号)的元件重新编号，因此在执行元件自动编号前，尚可采用如下方法之一复位待自动编号元件的序号：

① 执行"Tools"菜单下的"Reset Schematic Designators... "命令，将所有元件序号恢复为"R?""C?""U?""Q?"形式——希望对所有元件自动编号时。

② 执行"Tools"菜单下的"Reset Duplicate Schematic Designators..."命令，将序号重复元件的序号恢复为"R?""C?""U?""Q?"形式——用于处理序号的重复元件。

③ 借助"查找相似对象"命令，通过 Inspector 面板将满足条件的元件序号设为"R?"

"C?" "U?" "Q?" 形式——这种方式灵活，仅复位满足特定条件的元件序号。

(5) 单击 "Update Change List" (更新列表)按钮，即可看到如图 2.8.3 所示的提示信息。

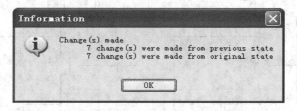

图 2.8.3　更新变化提示

单击 "OK" 按钮退出，发现 "变化列表" 窗内，目标元件序号已经发生变化，如图 2.8.4 所示。

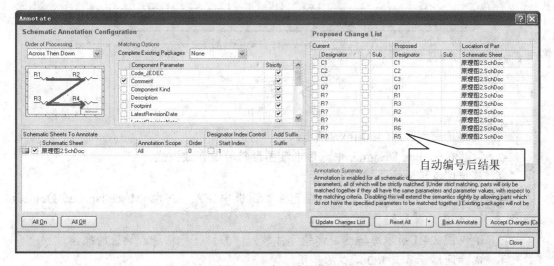

图 2.8.4　自动编号结果

(6) 单击 "Accept Changes" (接受变化)按钮，将显示出工程变化顺序，如图 2.8.5 所示。

图 2.8.5　工程变化顺序

(7) 确认无误后，单击图 2.8.5 中的 "Execute Changes" 按钮，元件自动编号操作结束，可以看到参与自动编号元件的序号已发生变化，如图 2.8.6 所示。

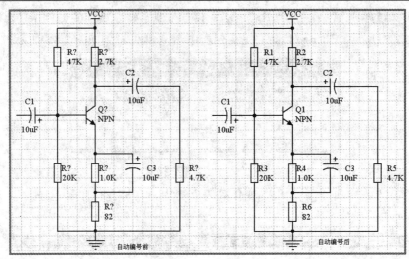

图 2.8.6 元件自动编号后

习 题 2

2-1 简述集成元件库(.IntLib)的概念。

2-2 简述在 Altium Designer 中元件电气图形符号的存放方式。

2-3 简述图纸框的功能和使用方法。

2-4 简述元件库面板功能,演示在元件库面板中装入、卸载 Miscellaneous Devices. IntLib 集成元件库的操作过程。

2-5 绘制图 2.4.1 所示原理图,体验元件放置、移动、元件序号设置的操作过程。

2-6 简述网络标号与 I/O 端口的作用。

2-7 "SCH Inspector" (原理图检查器)有什么作用?如何利用原理图检查器批量修改具有相同属性的元件的一项或多项参数?

2-8 "SCH List" (原理图列表器)有什么作用?如何利用原理图列表器批量修改已选定元件的一项或多项参数?

2-9 简述 Navigaor 导航器的作用和使用方式。

2-10 对图 2.4.1 所示原理电路进行自动编号,体验元件自动编号的操作过程。

第 3 章　元件电气图形符号编辑与创建

✦✦✦✦✦✦✦✦✦✦✦✦✦✦✦✦✦✦✦✦✦✦✦✦✦✦✦✦✦✦✦✦✦

在原理图编辑过程中，由于下列原因，可能需要修改已有元件的电气图形符号或创建新元件的电气图形符号：

(1) Altium Designer 提供的元件电气图形符号库文件中没有收录用户所需元器件的电气图形符号，如某些特殊的非标元器件以及新近进入市场的元器件。

(2) 元件电气图形符号不符合某一标准或规范，例如分立元件电气图形库 Miscellaneous Devices.IntLib 中的二极管、三极管电气图形符号与 GB4728-85 标准不一致。

(3) 元件电气图形符号库内引脚编号与 PCB 封装库内的元件引脚编号不一致。

(4) 元件电气图形符号尺寸偏大，如引脚太长，占用 SCH 编辑区以及图纸面积多。

其实有经验的电子 CAD 软件操作者，在完成了相应电子 CAD 软件，如 Altium Designer 安装后，并不直接使用电子 CAD 软件提供的原理图元件库文件、PCB 封装图元件库文件，而是借助相应类型库元件编辑器创建自己的原理图元件库文件、PCB 封装图元件库文件，并在使用过程中通过创建、复制、修改等方式逐步完善自己的元件库。例如，在原理图编辑过程中，仅打开用户自己创建的原理图元件库文件，当发现所需元件电气图形符号不存在时，才通过元件库面板窗口内的"Search…"按钮查找软件提供的库文件是否含有该元件的电气图形符号，如果存在则打开元件所在库文件，并通过复制方式将其复制到用户元件库文件中，然后随手关闭系统库文件。

这样做不仅提高了效率，也方便了库元件的维护和管理，只要定期备份，即使 CAD 软件系统或硬盘崩溃了，也不会殃及用户创建的库文件。

3.1　原理图元件库文件编辑器启动与界面认识

在 Altium Designer 状态下，可选择如下方式之一，启动原理图元件库文件编辑器。

(1) 执行"File"菜单下的"Open…"命令，选择并单击用户自己创建的未编译的原理图元件库文件(.SchLib)、未编译的集成库文件(.LibPkg)或已编译的集成元件库文件(.IntLib)。

(2) 执行"File"菜单下的"New\Library"命令，在创建原理图元件库文件的同时自动进入原理图元件库文件编辑状态。

3.1.1　修改原理图元件库文件

为避免意外损坏 Miscellaneous Devices.IntLib、Miscellaneous Connectors.IntLib 这两个

集成元件库文件，可先将这两个库文件复制到硬盘上某一文件夹下，如 ADLib，然后打开并编辑这两个库文件。

打开集成元件库文件，进入原理图元件库文件编辑状态的操作过程如下：

(1) 执行"File"菜单下的"Open…"命令，在"Choose Document to Open"窗口内选定目标库文件所在文件夹及库文件名。

库文件可以是用户自己创建的未编译的原理图元件库文件(.SchLib)、未编译的集成元件库(.LibPkg)，也可以是已编译的集成元件库文件(.IntLib)。当打开的库文件为已编译的集成库文件(.IntLib)时，系统将给出图 3.1.1 所示的提示信息。

图 3.1.1　打开已编译集成元件库文件时给出的提示信息

其中的"Install Library"(安装)按钮的含义是将该文件装入到元件库面板中，作用等同于在元件库面板中执行了"Libraries…"后的装入操作；而"Extract Sources"(提取源文件)按钮用于提取元件库源文件。

单击"Extract Sources"(提取源文件)按钮，获取已编译集成元件库文件(.IntLib)的源文件，如果该库文件已装入，系统还会给出图 3.1.2 所示的提示信息，要求将该文件移出(从原理图编辑器环境下已装入的库文件中卸载下来)。

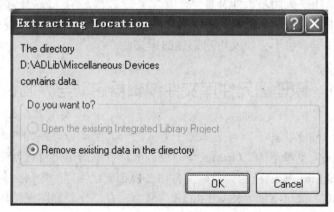

图 3.1.2　打开一个已装入集成元件库文件的提示

单击"OK"按钮后，即可在项目管理器(Projects)窗口内观察到已打开的集成元件库文件，如图 3.1.3 所示。

从图 3.1.3 可以看出：Altium Designer 集成元件库文件往往包含了不同操作状态下用到

的不同元件库文件。

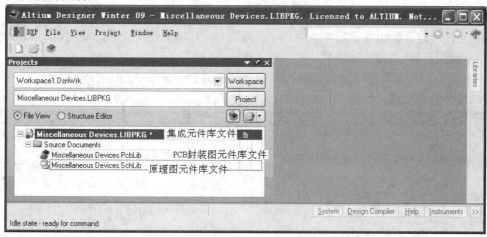

图 3.1.3 打开集成元件库文件

集成元件库文件打开后，Altium Designer 会在集成元件库文件(.IntLib)所在文件夹内自动创建与集成元件库文件同名的文件夹(如图 3.1.4 所示)，以便存放从集成元件库文件中提取出来的各类元件库源文件，如图 3.1.5 所示。

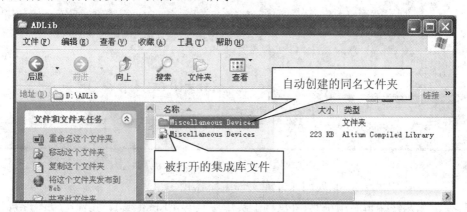

图 3.1.4 自动创建同名文件夹

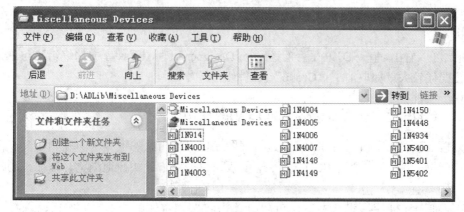

图 3.1.5 提取出的各类元件库源文件

提取出的源文件种类、数量与集成元件库文件内容有关，主要有元件电气图形符号库

(.SchLib)、元件 PCB 封装图库(.PcbLib)、电性能仿真模型库(.mdl 或 .ckt)、3D 模型 (.Pcb3DLib)、信号完整性分析模型(.SiLib)等。

对元件库进行编辑修改后存盘时，为避免集成元件库文件被意外改动，Altium Designer 还会提示存放目录路径及文件名。

(2) 双击项目文件管理器窗口内的 Miscellaneous Devices.SchLib 文件，即可进入原理图元件库文件编辑状态，如图 3.1.6 所示。

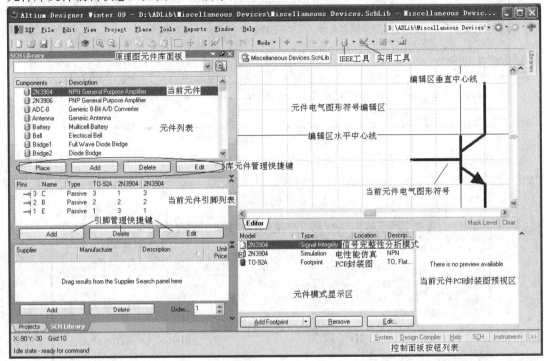

图 3.1.6　原理图元件库文件编辑器界面

从图 3.1.6 可以看出：原理图元件库文件编辑器由主菜单栏(包含了多个菜单命令)、标准工具栏、库文件编辑专用工具栏(包含了实用工具、IEEE 工具)、元件电气图形符号编辑区、元件模式显示区、当前元件 PCB 封装图预视区等部分组成。

进入原理图元件库文件编辑状态后，系统还自动打开了原理图元件库面板(SCH Library)。

由此可以看出，基于 DXP 平台的 Altium Designer 原理图元件库文件编辑器与 Protel 99 SE 相比变化较大，如取消了"Group"(元件组)操作。

3.1.2　原理图元件库面板(SCH Library)的使用

原理图元件库面板(SCH Library)是原理图元件库编辑状态下专用的控制面板，在原理图元件库编辑状态下，通过 SCH Library 面板可以非常方便快捷地浏览、添加、删除、修改元件及其引脚。

在原理图元件库编辑状态下，可随时单击状态栏右侧的"SCH"按钮，选择"SCH Library"，即可打开原理图元件库面板，如图 3.1.7 所示。

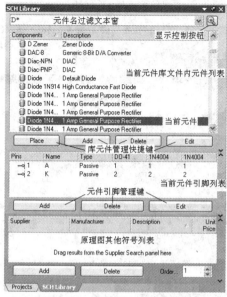

图 3.1.7　原理图元件库面板

1. 元件列表窗

在元件列表窗口内，列出了当前原理图元件库包含的元件，如图 3.1.7 中的"Diode 1N4…"元件，其下四个按钮作用分别是：

Place(放置)：用于将元件列表窗内当前元件放置到当前原理图编辑区中。这样就可以在元件电气图形符号编辑过程中，直接将元件电气图形符号快速放入原理图中。

Add(增加)：增加新元件电气图形符号(与实用工具窗口内的"Create Component"工具，以及"Tools"菜单下的"New Component"命令作用相同)。通过该按钮可直接在当前元件库文件中增加一个空白的新元件。

Delete(删除)：删除当前元件电气图形符号(与"Tools"菜单下的"Remove Component"命令作用相同)。

Edit(编辑)：进入当前元件属性编辑状态(与 Tools 菜单下的"Component Properties…"命令作用相同。在元件属性设置窗口内，可以设置元件缺省序号、型号及参数等信息)。

2. 过滤器窗口

当原理图元件库文件所包含的元件数目很多时，可在过滤器文本窗内输入元件名部分字符串，如：RES(以 RES 开头的元件)、*NPN(元件名中含有 NPN 字符串的元件，其中*为通配符，表示任意长度的字符串；"NPN"字符串在元件名中的位置没有限制)等。这时元件列表窗内只显示满足条件的元件名，如图 3.1.8 所示，以便迅速找到目标元件。

3. 元件引脚列表窗

在元件引脚列表窗内，显示了已定义的元件引脚信息，包括了引脚编号(Pins)、引脚名(Name)、引脚电气属性(Type)(如输入(Input)、输出(Output)、双向(IO)、集电极开路(Open Collector)、被动(Passive)、电源(Power)引脚等、PCB 封装图中引脚排列顺序。

通过引脚列表窗下的"Add"按钮就可以给元件增加一个新的引脚(与"Place"菜单下的"Pin"命令作用相同)；通过"Delete"按钮可删除当前引脚；通过"Edit"按钮可编辑

当前引脚属性。

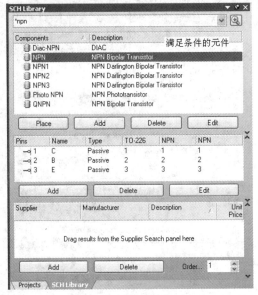

图 3.1.8　过滤器作用

3.1.3　修改原理图元件库元件

原理图元件库文件打开后，就可在编辑区内修改元件电气图形符号的形状、引脚长度。下面以修改 Miscellaneous Devices.SchLib 原理图元件库文件内的 1N4006 二极管为例，介绍元件的修改过程。

1. 一次修改元件电气图形符号中的一个图件

(1) 在 SCH Library 面板的元件列表窗内，找出并单击目标元件，使它成为当前元件，如图 3.1.9 所示。

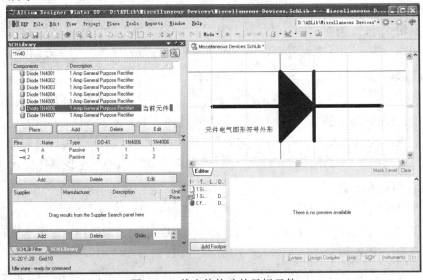

图 3.1.9　找出待修改的目标元件

(2) 在编辑区内，修改图件属性、调整图件位置或形状，必要时再借助相应的实用工具，添加新的图件。

例如，直接双击图 3.1.9 中的多边形，在图 3.1.10 所示的多边形属性窗口内，去掉"Draw Solid" (实心)复选项前的"√"号，并单击"OK"按钮确认，使它成为空心多边形，如图 3.1.11 所示。

然后，再利用实用工具中的"直线"工具，绘制一条短直接，即可获得与国标接近的二极管电气图形符号，如图 3.1.12 所示。

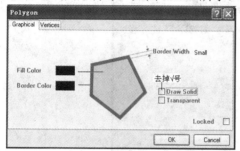

图 3.1.10　多边形属性

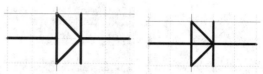

图 3.1.11　空心多边形　　图 3.1.12　添加直线段后

(3) 在 SCH Library 控制面板的元件引脚列表窗内，直接双击元件的引脚，在图 3.1.13 所示引脚属性列表窗口内，直接修改引脚长度。

图 3.1.13　引脚属性窗口

单击引脚列表窗内某一引脚后，执行其下的"Edit"命令，同样会进入引脚属性编辑状态。

当然也可以在元件编辑区内，直接双击包括引脚在内的任一图件，进入相应图件的属性设置窗，修改图件的参数。

2. 批量修改

当需要修改同一元件多个具有相同(包括相似)属性的对象，或不同元件同一属性的图件时，除了可按上述方式逐个元件逐个图件修改外，最方便、快捷的修改方式是先使用"Find Similar Object…"命令选定具有相似属性的对象，然后借助"SCHLIB Inspector"(电气图形符号库检查器)或"SCHLIB List"(电气图形符号库列表器)批量修改。

　　下面以修改元件所有引脚长度为例,介绍相似图件批量修改的操作过程。

　　(1) 在编辑区窗口内,单击右键调出常用操作命令,选择并单击"Find Similar Object…"命令,将鼠标移到目标图件(本例为某一引脚)上单击,进入图 3.1.14 所示"Find Similar Objects"设置窗口。

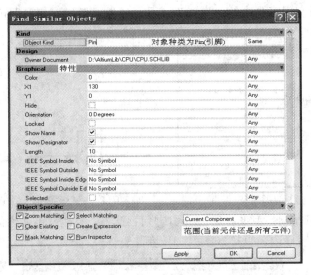

图 3.1.14　查找相似对象属性设置窗

　　(2) 在特性列表窗内,设定选中条件,并设定选择范围(当仅需要修改当前元件时,选择"Current Component",当需要修改库中所有元件时,选择"All Component")后,单击"OK"按钮退出(单击"Apply"按钮时,没有关闭窗口),运行"SCHLIB Inspector"(检查器)。

　　(3) 在图 3.1.15 所示"SCHLIB Inspector"(检查器)窗口内修改对象属性即可。

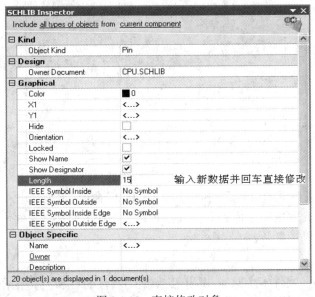

图 3.1.15　直接修改对象

　　值得注意的是,引脚长度最好取 5 或 10 的整数倍,以保证原理图连线的准确性。

3.1.4　批量更新原理图内元件

修改了电气图形符号库文件中某一元件的电气图形符号后，可借助"Tools"菜单下的"Update Schematics"(更新原理图)命令，批量更新项目管理器(Projects)窗口内多个处于打开状态的原理图文件中所有"Design Item ID"与电气图形符号库"Symbol Reference"相同的元件，操作过程如下：

(1) 在图 3.1.7 所示的元件库面板窗口内，单击需要更新的元件，使它成为当前元件。

(2) 执行"Tools"菜单下的"Update Schematics"命令，原理图编辑器将给出类似图 3.1.16 所示的提示信息。

(3) 单击"OK"按钮后，将发现原理图文件中对应元件电气图形符号已被更新。

图 3.1.16　被更新的元件数与原理图数

3.1.5　创建原理图元件库文件

单击"File"菜单下的"New"(新建)命令，在图 3.1.17 所示窗口内选择"Library"文件类型标签中的"Schematic Library"(原理图库文件)，即可创建一个文件名为"Schlib1.SchLib"的原理图电气图形符号库文件，并自动进入原理图电气图形符号编辑状态，如图 3.1.18 所示。

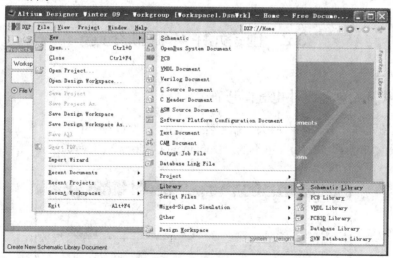

图 3.1.17　创建原理图电气图形符号库文件命令

创建新元件库文件时，原理图元件库编辑器会自动在该文件内添加一个名为"Component_1"的空白元件，操作者可从"原理图元件库面板"中观察到该元件信息。

执行"File"(文件)菜单下的"Save As..."命令，即可将新创建的默认的原理图元件库文件改名并保存到硬盘上特定文件夹下。如何在新创建原理图元件库文件中添加新元件，下节将详细介绍。

提示：用户自己创建的任何文件最好存放在用户盘上特定文件夹内，不要放在 Altium Designer 系统文件夹中，这样不仅方便用户文件的管理，也保证了用户文件的安全。

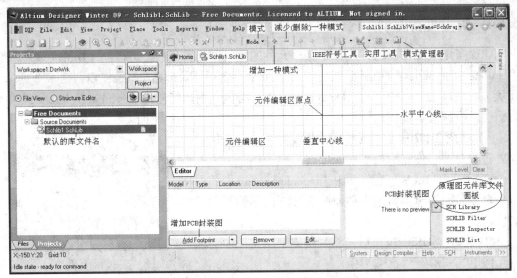

图 3.1.18　原理图元件库编辑器界面

　　当然，为方便各类型用户元件库文件(如原理图编辑用电气图形符号库文件.SchLib、PCB 设计用元件封装图库文件 PcbLib、Sim 仿真库文件以及 3D 库文件)的管理，也可以先创建可容纳多种类型库文件的集成元件库文件包(.LibPkg)，然后在集成元件库文件包(.LibPkg)的"Source Documents"文件内再创建图 3.1.17 所示的原理图库文件(.SchLib)。集成元件库文件包(.LibPkg)的创建步骤可参阅 8.1.1 节。

3.2　创建元件电气图形符号

3.2.1　从头开始创建元件电气图形符号

　　在原理图元件库编辑区内从头开始创建一个元件电气图形符号的操作过程大致如下：

　　(1) 执行"Tools"(工具)菜单下的"Document Options"(文档选项)命令，在图 3.2.1 所示窗口内，设置编辑区参数。

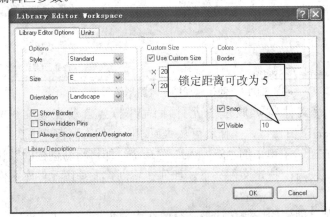

图 3.2.1　设置编辑区参数

可视栅格线(Visiable)最好取 10(或 10 的整数倍)个单位，格点锁定距离取 5 或 10。不过这一步并非必须，完全可用缺省工作区参数，除非缺省的编辑区参数不满足用户要求。在创建元件电气图形符号时，同样不建议使用值缺省(DXP Defaults)以外的英制或公制单位作为可视栅格线的单位。

(2) 单击"SCH Library"面板元件列表窗下的"Add"按钮，增加一个新的空白的元件电气图形符号(与实用工具窗口内的"Create Component"工具，以及"Tools"菜单下的"New Component"命令作用相同)，在图 3.2.2 所示窗口内输入新创建的元件电气图形符号名。

执行了创建命令后，系统自动用 "Component_1"作为新元件名，用户可在该文本框内输入元件电气图形符号名。

图 3.2.2　输入创建的元件名

(3) 使用实用工具窗内的画图工具，如矩形、圆弧、直线、曲线等，绘制元件电气图形符号的外框，如图 3.2.3 所示。

(4) 单击引脚信息列表窗口下的"Add"按钮，添加元件引脚，即可观察到随光标移动的元件引脚，如图 3.2.4 所示。

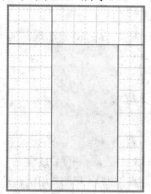

图 3.2.3　绘制元件的边框

图 3.2.4　元件引脚

按下 Tab 键，进入图 3.2.5 所示的引脚属性设置窗，输入引脚名、编号、长度，设置引脚的电气属性、输入/输出特性指示符等信息后，单击"OK"按钮退出。

元件引脚属性设置窗内各主要设置项的含义如下：

① Display Name：引脚名称。元件引脚名一般为字符串信息，但也可以是数字，甚至空白(不输入)。当需要在引脚名称上放置上划线，表示该引脚低电平有效时，可在引脚名称字符后插入"\"(左斜杠)，如"W\R\"、"R\D\"等。引脚名称自动放在不具有电气属性引脚的一端。

当 Display Name 右侧"□Visible"复选框处于非选中状态时，将不显示引脚名称字符串。

② Designator：引脚序号。一般用数字作为引脚序号，但也可以用字符串表示，例如对 BJT 三极管来说，分别用 E、B、C 作为三个引脚的序号可能更加明了。在原理图文件中元件的连接关系就是通过引脚序号与 PCB 元件封装图的引脚序号建立连接关系，因此引脚序号不能缺省，且电气图形符号的引脚序号与 PCB 封装图的引脚编号必须一致。引脚序号自动放在具有电气属性引脚一端的上、下或左、右侧。

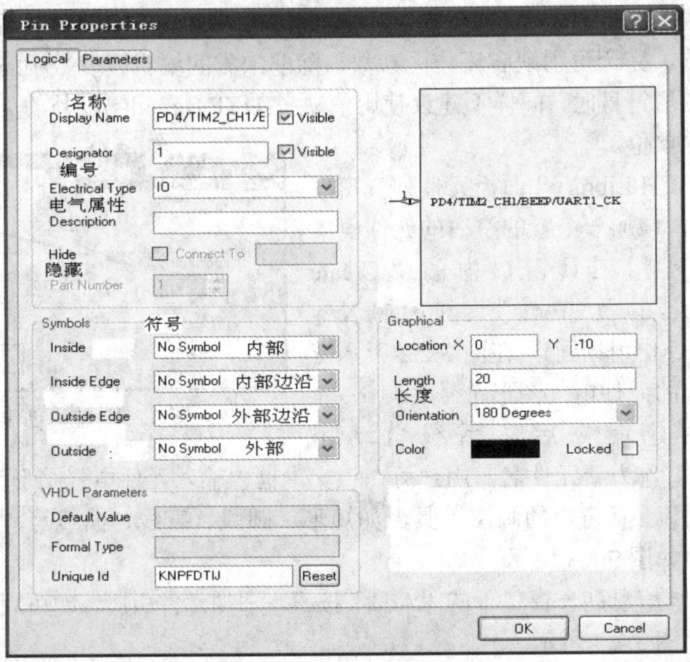

图 3.2.5　引脚属性设置窗

在添加元件引脚操作过程中，元件引脚序号不能重复，否则将无法通过原理图设计规则检查。

③ Electrical Type：引脚电气属性类型。主要包括：

I/O——输入/输出引脚，双向，如 MCU、CPU 的数据线。

Input——输入引脚。

Output——输出引脚。

Open Collecto——集电极开路输出(也用于定义 MOS 工艺器件的 OD 输出特性引脚)。

Emitter——发射极开路输出(也用于定义 MOS 工艺器件源极开路输出引脚)。

Passive——被动引脚。当引脚的输入/输出特性由外部电路确定时，可定义为被动属性，如电阻、电容、电感、BJT 晶体管、MOS 场效应管等分立元件的引脚。

元件引脚电气属性必须正确，如果不能确定该引脚是"输入"还是"输出"属性时，可将其定义为被动引脚。原因是在设计规则检查中，当两个电气属性为"输出"的引脚并联在一起，形成"线与"关系时，系统将给出警告信息(提醒设计者是否存在不合理的"线与"逻辑，如 CMOS 反相输出端、TTL 输出端等具有类似推挽输出结构的电路，不允许存在"线与"连接，否则将会损坏器件的输出级电路)。

Hiz——三态，输出。

Power——电源、地线引脚。

④ Hide：隐藏。当 Hide 选项处于选中状态时，该引脚处于隐藏状态，即在元件电气图形符号上不显示该引脚。标准封装集成电路芯片的电源(VCC)引脚、地线(GND)引脚常处于隐藏状态。

⑤ Length：引脚长度。缺省时为 20 个单位，一般取 5 或 10 的整数倍，如 5、10、15、20、25、30 等，以保证原理图连线对准，原因是 SCH 编辑器格点锁定距离一般取 5 或 10(若

引脚长度取 5、10、15、20 等造成引脚与特定图件不相连时,可用实用工具中的直线段连接)。

⑥ 必要时在"符号"窗口内指定引脚符号,如时钟、表示低电平有效的小圆圈等。

而 Location(引脚位置)、Orientation(方向)等无须指定,完全可通过鼠标操作实现。引脚电气节点必须位于格点上或 0.5 倍格点处,为此在放置元件引脚时最好执行"Tools"(工具)菜单下的"Document Options"(文档选项)命令,进入图 3.2.1 所示的文档选项设置窗,单击"Snap"(锁定)复选框,使鼠标按约定的距离移动,以保证引脚电气节点对准格点。

(5) 不断重复单击引脚信息列表窗下的"Add"按钮,继续放置其他引脚,最终可获得图 3.2.6 所示的元件电气图形符号。

为保证元件所有引脚端点对准格点,完成引脚放置后,最好执行"Tools"菜单下的"Document Options..."命令,进入图 3.2.1 所示的文档选项设置窗,单击"Snap"(锁定)复选框,启用"栅格锁定"功能,然后在编辑区内单击右键,借用"Find Similar Object..."命令选中元件的所有引脚,再执行"Edit"菜单下的"Align\Align To Grid"命令,强迫元件各引脚端点对准锁定的格点。

(6) 必要时执行"Tools"菜单下的"Rename Component"(重命名)命令,在图 3.2.7 所示窗口内重新设置元件名称。

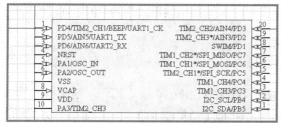

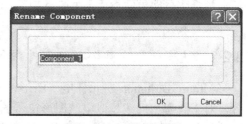

图 3.2.6 放置了全部引脚的元件 　　　　图 3.2.7 元件重新命名

(7) 执行元件列表窗下的"Edit"按钮(直接双击元件列表中的目标元件名或执行"Tools"菜单下的"Component Properties..."命令),在图 3.2.8 所示窗口设置元件缺省序号、型号(或大小)等信息。

图 3.2.8 设置元件属性

完成元件电气图形符号创建后，最好在元件属性设置窗口内，指定缺省时元件的序号，否则在原理图编辑状态下，从元件库中调出该元件时，元件序号空白，给原理图元件分类带来不便，容易引起混乱。

元件缺省序号与元件属性有关。例如，电阻习惯用"R?"、电感用"L?"、电容用"C?"(无极性电容)或"E?"(电解电容)、二极管用"D?"、三极管用"Q?"、集成电路用"U?"或"IC?"作为元件缺省序号。

Comment(注释信息)为可选项，可以是元件大小(对 RLC 元件)或型号(对 IC 类元件、三极管、二极管等)。

Description(描述)为可选项，可在该文本盒内输入元件属性的简短描述信息。

(8) 必要时，单击"Models for xxx"(xxx 元件模型)显示窗下的"Add…"按钮，添加 PCB 封装图(Foot Print)、电性能仿真模式(Simulation)等信息。

到此，已经完成了一个元件电气图形符号的创建过程。接着就可以不断重复执行元件名列表窗下的"Add"按钮，添加其他的元件。

不过，多数情况下，并不需要从头开始创建元件的电气图形符号，而是从已有元件电气图形符号库中，复制相似或相近元件的电气图形符号到新创建的原理图元件库文件中，经适当修改后即可获得所需元件的电气图形符号。关于如何复制元件电气图形符号，下节将详细介绍。

3.2.2　从当前库文件中复制元件电气图形符号

Altium Designer 在元件电气图形符号编辑器(SCH Library)中取消了"元件组"的概念，对于具有相同或相似电气图形符号的元件，可通过"复制→修改→重命名"方式迅速生成其电气图形符号，只是库文件占用存储空间较大而已。例如，快恢复二极管 FR106 电气图形符号与 Diode 1N4006 相同，因此可通过如下操作步骤获得 FR106 二极管的电气图形符号。

(1) 将鼠标移到 SCH Library 编辑器面板元件列表窗内，找到并右击"Diode 1N4006"元件，调出图 3.2.9 所示"库元件管理操作常用命令"，选中并单击其中的"Copy"(复制)命令。

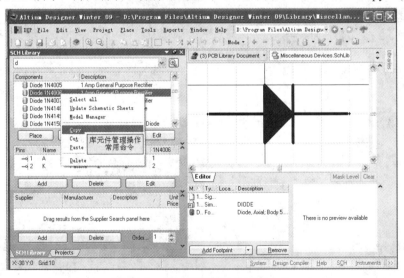

图 3.2.9　库元件管理操作常用命令

(2) 单击右键，再度调出图 3.2.9 所示"库元件管理操作常用命令"，选中并单击其中的"Paste"(粘贴)命令，即可发现元件列表窗内出现了"Diode 1N4006_1"元件(系统用源元件名_n 作为粘贴得到的元件名)，如图 3.2.10 所示。

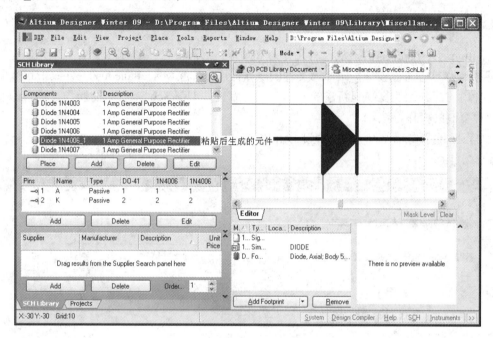

图 3.2.10　粘贴后自动生成的元件

注意：元件整体复制、粘贴操作不能用"Edit"菜单下的"Copy"、"Paste"命令，原因是"Edit"菜单下的命令仅对编辑区内的图件有效。

当然，也可以一次复制、粘贴多个元件，操作过程可概括为"选定→复制→粘贴"，具体如下：

① 选定待复制的多个元件。当复制的多个元件彼此相邻时，在元件名列表窗内找出并单击第一个元件名，然后按下键盘上的 Shift 键不放，借助鼠标，在元件列表窗内找出并单击最后一个元件名，即可完成相邻元件的选定操作；反之，当待复制的多个元件彼此不相邻时，在元件名列表窗内，找出并单击第一个元件名，然后按下键盘上的 Ctrl 键不放，在元件名列表窗内，逐一找出并单击待复制的目标元件名，直到最后一个元件，即可完成多个不相邻元件的选定操作。

② 复制。在 Shift 或 Ctrl 键未释放的情况下，将鼠标移到在元件列表窗内空白处，单击右键调出图 3.2.9 所示的"库元件管理操作常用命令"，选中并单击其中的"Copy"(复制)命令。

③ 粘贴。在 Shift 或 Ctrl 键未释放的情况下，再单击右键调出图 3.2.9 所示的"库元件管理操作常用命令"，选中并单击其中的"Paste"(粘贴)命令，即可发现元件列表窗内出现了多个带有后缀"_n"的同名元件。

(3) 执行"Tools"菜单下的"Rename Component"命令，在图 3.2.2 所示文本窗内输入新的元件名。

必要时，再使用相关工具或命令在元件电气图形编辑区内添加、修改构成元件电气图形的图件(包括引脚和没有电气属性的图形)，即可获得最终的元件电气图形符号。

当然，也可以用"Tools"菜单下的"Copy Component…"命令完成，操作过程详见3.2.3 节。

3.2.3　从已有元件库文件中复制元件电气图形符号

Altium Designer 提供了从已有元件电气图形符号库文件中复制一个或多个元件电气图形符号到另一电气图形符号元件库文件的操作，下面以将 Miscellaneous Devices.IntLib 元件库文件内的部分元件复制到新建的原理图元件库文件 UserSch.SchLib 的操作过程为例，介绍元件复制的操作方法。

(1) 打开待添加元件的目标原理图元件库文件(下面简称目标库文件)，如 UserSch.SchLib，如图 3.2.11 所示。

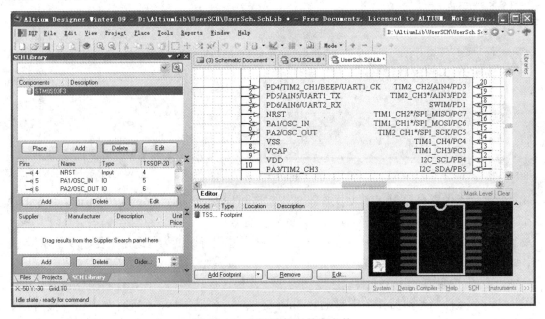

图 3.2.11　打开目标元件库文件

(2) 打开元件来源库文件 Miscellaneous Devices.IntLib (下面简称源库文件)。

源库文件可以是用户自己创建的未编译的原理图元件库文件(.SchLib)、未编译的集成库文件(.LibPkg)，也可以是已编译的集成元件库文件(.IntLib)。当打开的源库文件为已编译的集成元件库文件(.IntLib)时，系统将给出图 3.1.1 所示的提示信息。

单击"Extract Sources"(提取源文件)按钮获取集成元件库文件(.IntLib)的源文件，如果该库文件已装入，系统还会给出图 3.1.2 所示的提示信息，要求将该文件移出。单击"OK"按钮后，即可在项目管理器(Projects)窗口内观察到已打开的集成元件库文件，如图 3.2.12 所示。

(3) 进入源文件 SCH Library 面板，在元件名列表窗内，选定待复制的一个或多个目标元件。

① 当仅需要复制一个元件时：滚动元件名列表窗右侧的上下滚动按钮，在元件名列表窗内找出并单击目标元件，使之成为当前元件。

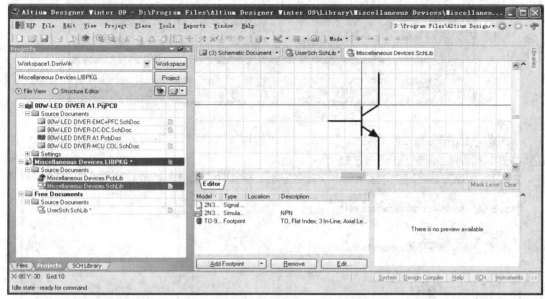

图 3.2.12　打开了集成元件库文件

② 当需要复制多个位置相邻的元件电气图形符号时：在元件名列表窗内，找出并单击第一个元件名，然后按下键盘上的[Shift]键不放，借助鼠标，在元件列表窗内找出并单击最后一个元件名，即可完成相邻元件的选定操作。

③ 当需要复制多个彼此不相邻的元件时：在元件名列表窗内，找出并单击第一个元件名，然后按下键盘上的[Ctrl]键不放，在元件名列表窗内，逐一找出并单击待复制的目标元件名，直到最后一个元件，即可完成多个不相邻元件的选定操作，如图 3.2.13 所示。

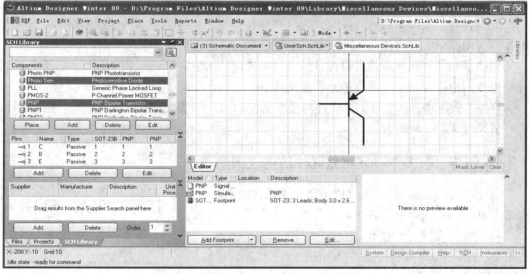

图 3.2.13　同时选定了两个不相邻元件

(4) 选定了一个或多个源元件名后，执行 "Tools" 菜单下的 "Copy Component..." 命令，在图 3.2.14 所示的目标库文件列表窗内，单击目标库文件，并单击 "OK" 按钮确认，编辑器自动将已选定的一个或多个元件电气图形符号同时复制到目标库文件中。

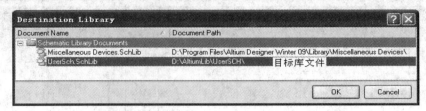

图 3.2.14　选定目标库文件

至此，已完成了元件的复制过程，可在目标库文件 SCH Library 面板中观察到从源库文件复制得到的元件，如图 3.2.15 所示。

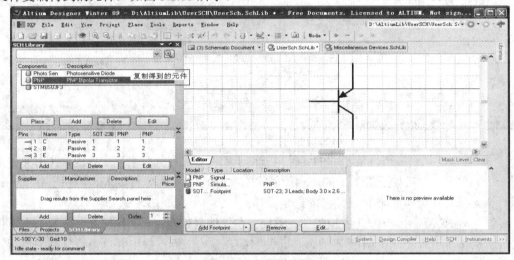

图 3.2.15　复制结果

提示：

如果打开了系统集成元件库文件，复制操作结束后，为避免意外改动系统库文件，最好立即关闭源库文件(不保存)。

完成了元件复制后，就可以在目标元件库文件的 SCH Library 控制面板内修改、编辑元件电气图形符号，生成用户的元件库文件。

在图 3.2.14 中，如果目标库文件与源库文件相同，则相当于在同一库文件中复制元件，操作效果与 3.2.2 节相同。

3.2.4　制作含有多个单元电路元件的电气图形符号

数字 IC 门电路、集成运算放大器、模拟比较器、功率驱动器等集成电路芯片内部往往含有多套单元电路(不同单元可能完全相同，也可能略有差别)，例如 LM358 内部就含有两套功能完全相同的单元电路，如图 3.2.16 所示。

对于这类元件，可按如下步骤创建元件电气图形符号：

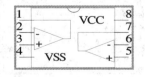

图 3.2.16　一个封装管座内含有两套单元电路

(1) 打开将要存放该元件电气图形符号的原理图元件库文件(.SchLib)，如 UserSch.SchLib，进入原理图元件库文件编辑状态。

(2) 执行 SCH Library 面板中元件列表窗下的"Add"按钮(或执行"Tools"菜单下的"New Component…"命令),在图 3.2.2 所示提示窗口内输入元件名,如 LM358。

(3) 在编辑区内,利用实用工具栏内的直线、多边形、文字等工具画出第一单元电路电气图形符号外形;再通过 SCH Library 面板中引脚列表窗下的"Add"按钮添加引脚信息,即可获得如图 3.2.17 所示的第一单元电路的电气图形符号。

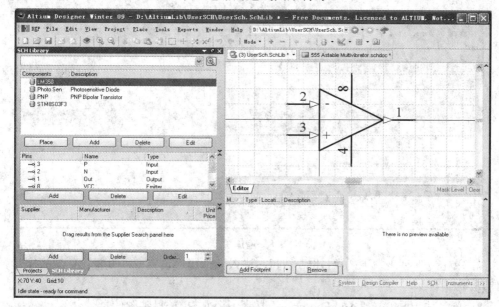

图 3.2.17　在编辑区画出其中的一个单元电路

在绘制电气图形符号外框、放置说明文字过程中,可能需要执行"Tools"菜单下的"Document Option…"命令,在图 3.2.1 所示的编辑区参数设置窗口中关闭或打开电气格点锁定状态,以方便调整图件或字符信息的位置。但在放置或调整元件引脚位置操作过程中,一定要使"格点"处于锁定状态,以保证引脚端点准确落在网格或 0.5 倍格点上。

(4) 执行"Tools"菜单下的"New Part"(增加子电路)命令(或实用工具中的"Add Component Part"按钮),系统自动将当前单元电路变为 Part A,并新增 Part B,同时在元件名 LM358 前显示"+"(表示该元件存在多个单元电路)。

在新单元电路编辑区内,原则上可使用实用工具栏内的直线、多边形、曲线、字符等工具从头开始绘制新单元电路的外观,然后再添加引脚信息,获得新单元电路的电气图形符号。但当各单元电路差别不大,如仅仅是引脚编号、个别图件形态不同时,完全可通过复制、粘贴、修改方式获得新单元电路的电气图形符号,如本例。

(5) 在 SCH Library 面板的元件列表窗内,单击"Part A",执行"选定→复制"操作,将 Part A 单元复制到剪贴板中。

(6) 在 SCH Library 面板的元件列表窗内,单击"Part B"单元,执行"粘贴"操作,将 Part A 单元图件复制到 Part B 编辑区内。然后再修改引脚属性(引脚名称、引脚序号),即可迅速获得 Part B 单元电路的电气图形符号,如图 3.2.18 所示。

对于含有两套以上单元电路的元件,在创建了 Part B 单元后,可继续执行"Tools"菜单下的"New Part"(增加子部件)命令(或实用工具中的"Add Component Part"按钮)，继续增加 Part C、Part D 等。

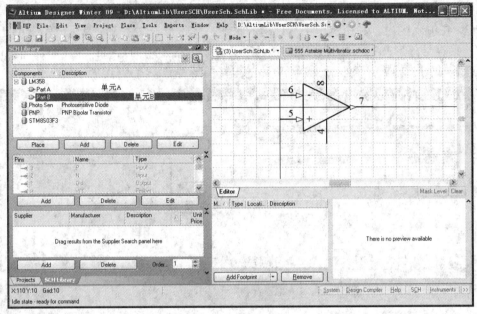

图 3.2.18　增加了单元 B

(7) 单击元件列表窗下的"Edit"按钮，进入元件属性设置窗，设置元件缺省序号、注释信息。

(8) 必要时，再单击"Add Footprint"按钮，添加 PCB 封装图信息。

3.3　创建原理图项目元件库

在一个相对复杂、元件较多的原理图文件中，所用元件电气图形符号可能来自多个原理图元件库文件，某些非标元件又来自用户创建的原理图元件库文件(.SchLib)，这给元件库文件管理带来了不便，也给用户间技术交流、协作、审核带来了一定的困难。为此，最好在编辑原理图过程中，创建项目元件库文件。

创建项目元件库文件操作过程如下：

(1) 打开相应设计项目文件(.PrjPcb)。

(2) 打开设计项目中的原理图文件，进入原理图编辑状态。

(3) 执行原理图编辑器"Design"菜单下的"Make Schematic Library"(生成原理图元件库)命令。SCH 编辑器自动查找原理图中的元件，并将这些元件添加到即将生成的项目原理图库文件中。

在处理元件过程中，如果遇到相同元件，还会弹出图 3.3.1 所示的问讯窗，选择了相应的处理方式后，会立即给出项目元件库创建结束的提示信息。

(4) 执行保存操作，将生成的设计项目元件库文件保存。

创建了设计项目原理图库文件后，就可以按相应类型库文件进行管理、编辑。

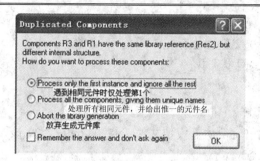

图 3.3.1　遇到相同元件时提示选择方式

3.4　添加各类模型

完成元件电气图形符号设计后，可在元件属性窗口内给元件添加电性能仿真分析模型 (.mdl 或.ckt)、PCB 封装模型、3D 显示模型、信号完整性分析模型。

3.4.1　添加电性能仿真分析模型

下面以给 2N3904 双极型三极管添加电性能仿真分析模型 2N3904.mdl 为例，介绍添加仿真模型的操作过程。

1. 获取仿真模型文件(.mdl 或.ckt)

元件仿真模型文件可从下列渠道获得：

(1) 在 Altium Designer 集成元件库文件中查找，有关如何查找集成元件库文件中是否含有特定元件仿真模型文件的操作方法，可参阅第 5 章有关内容。

如果 Altium Designer 集成元件库文件中含有元件的仿真模型，则用 "File" 菜单下的 "Open" 命令，打开相应的集成元件库文件 (.IntLib)，如 \Altium Designer Winter 09\Library\Miscellaneous Devices.IntLib，在图 3.1.1 所示提示窗内，选择 "Extract Sources" (提取源文件)，Altium Designer 自动在集成元件库文件所在目录下创建了一个与库文件同名的子目录，如\Altium Designer Winter 09\Library\Miscellaneous Devices，以便存放从该库文件中提取出来的所有源文件，如图 3.4.1 所示。

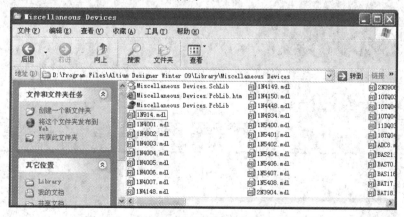

图 3.4.1　从集成元件库文件中提取出的源文件

然后即可关闭集成元件库文件。当然，如果以前已打开过该集成元件库文件，则无须再执行打开操作，因为源文件已经存在。

(2) 从元件供应商官网上查找。

(3) 用户自己创建。

2. 复制仿真模型文件

在源文件列表中找出元件仿真模型文件 2N3904.mdl，并将该文件拷贝到当前用户库文件所在目录下，如图 3.4.2 所示。

图 3.4.2　复制元件仿真模型

3. 添加仿真模型

在图 3.4.3 所示原理图用元件库编辑状态下，单击模型列表窗口内的"Add Simulation"按钮，在图 3.4.4 所示窗口内选择模型种类。

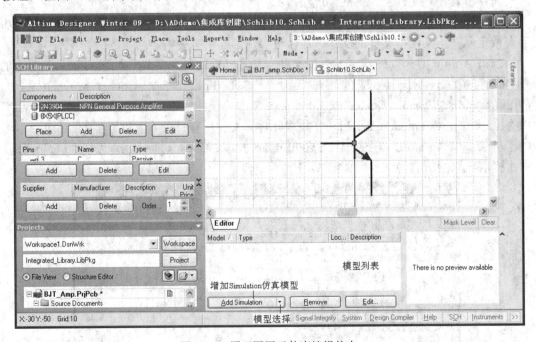

图 3.4.3　原理图用元件库编辑状态

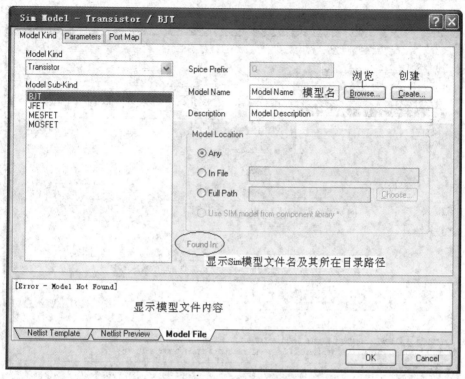

图 3.4.4　选择模型种类

由于 2N3904 为双极型三极管，因此"Model Kind"选"Transistor"(三极管)，"Model Sub-Kind"选"BJT"。如果"Found In"未显示模型所在目录及模型名，"Model File"显示为"Error-Model Not Found"，则说明模型未找到，可单击"Browse..."按钮，在图 3.4.5 所示窗口内查找、安装指定模型文件。

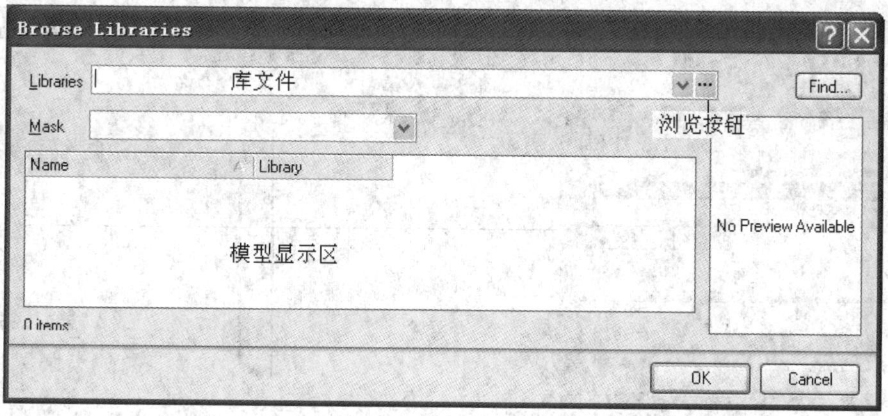

图 3.4.5　模型库文件列表

如果模型库文件列表空白，则单击"..."(浏览)按钮，装入当前用户库文件目录下指定的模型文件，如 2N3904.mdl。返回后，即可观察到模型种类窗口内显示出模型完整信息，如图 3.4.6 所示。

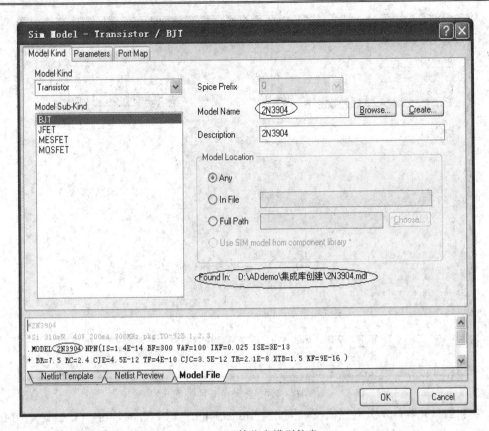

图 3.4.6　元件仿真模型信息

当确认元件仿真模型正确后，单击"OK"按钮退出，就完成了仿真模型添加过程，可在元件模型列表窗内观察到添加的仿真模型，如图 3.4.7 所示。

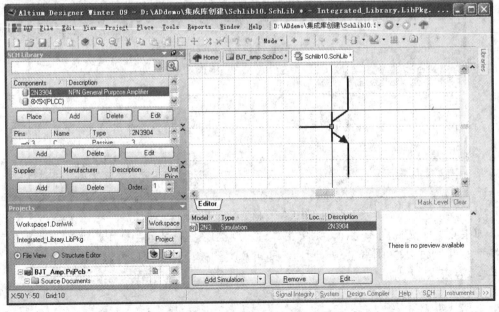

图 3.4.7　添加了 Simulation 仿真模型

3.4.2 添加 PCB 封装图

如果已经创建了元件 PCB 封装库文件(关于如何创建 PCB 封装库文件可参阅第 8 章有关内容)，就可以按照如下步骤给元件添加 PCB 封装图。

(1) 单击图 3.4.3 所示模型列表区内的"模型选择"按钮，并选择"Footprint"类型模型，在图 3.4.8 所示窗口内，单击"Browse…"按钮。

图 3.4.8 添加 PCB 封装模型窗

(2) 在图 3.4.9 所示窗口内，选择包含目标 PCB 模型的 PCB 库元件文件。

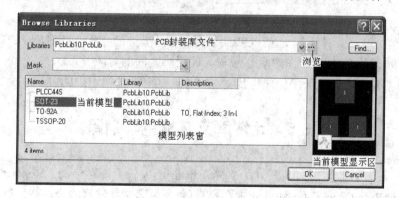

图 3.4.9 浏览 PCB 库文件

如果对应的 PCB 封装库文件没有安装，可单击"…"(浏览)按钮，装入相应的 PCB 库文件。

(3) 在 PCB 模型列表中选中相应 PCB 封装模型后，单击"OK"按钮退出，即可观察到如图 3.4.10 所示的 PCB 模型。

图 3.4.10　已指定了 PCB 封装模型

(4) 单击图 3.4.10 中的"Pin Map…"按钮，进入如图 3.4.11 所示的元件引脚映射表，检查元件 PCB 封装图焊盘编号与元件引脚编号之间的对应关系是否正确，否则必须调整。

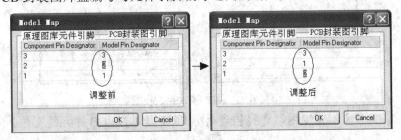

图 3.4.11　元件引脚编号与 PCB 封装图焊盘编号对应关系

假设在本例中，元件 1 脚对应 PCB 封装图第 2 焊盘，而元件 2 脚对应 PCB 封装图第 1 焊盘，则必须调整 PCB 封装图焊盘序号与元件引脚之间的对应关系。

至此基本完成了 PCB 封装模型的装入，单击"OK"按钮退出即可。

3.5　元件库文件检查与编译

完成了原理图用电气图形符号库文件(.SchLib)的编辑后，可借助"Reports"菜单下的"Component Rule Check"(元件设计规则检查)命令对库文件进行检查，找出其中可能存在的错误并纠正；然后再借助"Project"菜单下的"Compile Document xxxx.SchLib"命令，对电气图形符号库文件进行编译，进一步查找并纠正其中的错误。

3.5.1　电气图形符号库检查

执行"Reports"菜单下的"Component Rule Check"命令，在图 3.5.1 所示窗口内设置

检查项目后，单击"OK"按钮，启动元件库的检查操作。

图 3.5.1　元件检查项目设置

其中元件名、引脚名重复错误属于严重错误，必须检查；而信息丢失错误选项，可根据需要设置，不过元件引脚编号、缺省元件序号、丢失的引脚序号(即引脚序号不连续)等一般要检查。

常见错误主要有：Duplicate Pin Number(引脚编号重复)、No Footprint(没有封装形式)、Missing Pin Number(丢失引脚编号)等，应根据错误原因修改元件图形符号或忽略。

如果所有元件全部指定检查项目没有错误，则生成的错误报告文件(.ERR)没有列出错误信息(空白文件)，否则会详细列出存在错误的元件名及具体错误原因。

3.5.2　电气图形符号库编译

执行"Project"菜单下的"Compile Document xxxx.SchLib"命令，对指定的电气图形符号库文件进行编译，进一步查找并纠正其中的错误。

3.5.3　集成元件库文件(.LibPkg)编译与集成库文件(.IntLib)的生成

在集成元件库项目文件(.LibPkg)中分别创建了元件电气图形符号库文件(.SchLib)及PCB 封装图库文件(.PcbLib)后，就可以执行"Project"菜单下的"Compile Integrated Library xxxx.LibPkg"命令，对指定的集成元件库文件(.LibPkg)进行编译，检查是否存在错误。如果存在错误，则纠正，并重新编译。当没有错误时，将自动生成集成库文件(.IntLib)，缺省情况下，自动生成的集成库文件(.IntLib)存放在.LibPkg 文件所在目录的"Project Outputs for Integrated_Library"文件夹中。

习　题　3

3-1　元件电气图形符号由什么图件构成？

3-2　简述元件引脚电气属性类型。

3-3　在指定元件引脚电气属性类型时，用"Passive"代替"Input"或"Output"有什么优缺点？

3-4　绘制如图 3.2.6 所示的元件电气图形符号。

3-5　简述元件电气图形符号复制操作过程。

3-6　简述集成库文件(.IntLib)的创建过程。

第 4 章   层次电路原理图编辑

＊＊＊＊＊＊＊＊＊＊＊＊＊＊＊＊＊＊＊＊＊＊＊＊＊＊＊＊＊＊＊＊

在层次电路设计思想出现以前，编辑电子设备，如电视机、计算机主板等原理图时，遇到的问题是电路元件很多，不能在特定幅面的图纸上绘制出整个电路系统的原理图，于是只好改用更大幅面的图纸。然而打印时又遇到了另一问题，即打印机最大输出幅面有限，如多数喷墨打印机和激光打印机的最大输出幅面为 A4。为了能够在一张图纸上打印出整个电路系统的原理图，又只好缩小数倍打印，但因线条、字体太小又给阅读带来不便。此外，采用大幅面图纸打印输出的原理图也不便于存档保管。对于更复杂电路的原理图，如计算机主板电路，即使打印机、绘图机可以输出 A0 幅面图纸，恐怕也无济于事，我们总不能无限制地扩大图纸幅面来绘制含有成千上万个电子元器件的电路图。

采用层次电路设计方法后，这一问题就迎刃而解了。所谓层次电路设计，就是把一个完整的电路系统按功能分成若干子系统，即子功能电路模块，需要的话，把子功能电路模块再分成若干个更小的子电路模块，然后用方块电路的输入/输出端口将各子功能电路连接起来，即可在较小幅面的多张图纸上分别编辑、打印各模块电路的原理图。

4.1   层次电路设计概念

Altium Designer 支持单层次和多层次两种形式的层次电路设计。

4.1.1   单层次电路

在单层次电路设计中，Source Documents 文件夹下含有两张或多张原理图文件(.SchDoc)，它们彼此地位相同、互不隶属，各原理图之间可通过 I/O 端口、网络标号等逻辑连接符建立起电气连接关系。例如，\Altium Designer Winter 09\Examples\Reference Designs\4 Port Serial Interface 目录下的 4 Port Serial Interface.PrjPcb 项目文件就属于单层次电路，如图 4.1.1 所示。

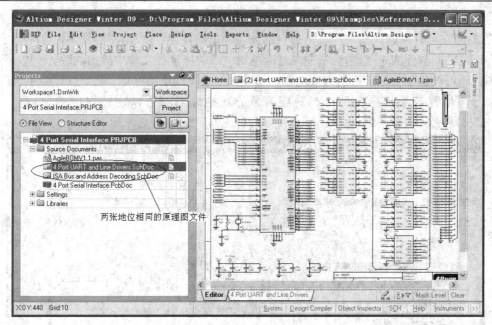

图 4.1.1　单层次电路结构

4.1.2　多层次电路

在多层次电路设计中，在项目原理图(即总电路图)文件中，各子功能模块电路用"方块电路"表示，且每一模块电路有唯一的模块名和文件名与之对应，其中模块文件名指出了相应模块电路原理图文件的存放位置。例如，\Altium Designer Winter 09\Examples\Reference Designs\Multi-Channel Mixer\ Mixer.PrjPcb 就属于多层次电路，如图 4.1.2 所示。

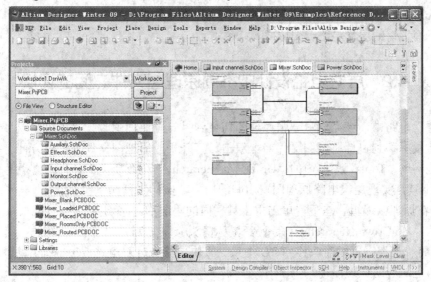

图 4.1.2　多层次电路结构

可见，在多层次电路设计中，项目文件电路总图非常简洁，主要有表示各模块电路的方块电路和方块电路内的 I/O 端口，以及表示各模块电路之间电气连接关系的导线、总线、信号线束、线束连接器、线束入口等。当然，项目文件电路总图内也允许存在少量元器件及连线(即在项目总原理图中也可以含有部分实际电路)。而方块电路的具体内容(包含什么元件以及各元器件的电气连接关系)在对应模块电路的原理图文件中给出，甚至模块电路原理图内还可以包含更低层次的方块电路，形成更多层次的电路结构。

方块电路与原理图文件一一对应，且方块电路名与方块电路对应的原理图文件(.SchDoc)名必须保持一致，如图 4.1.3 所示。

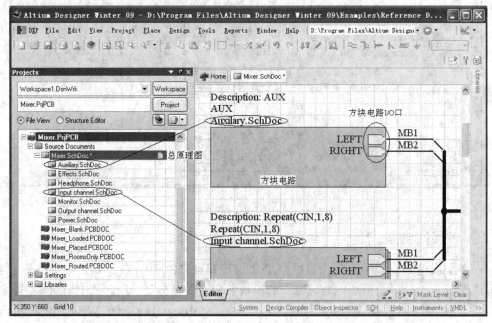

图 4.1.3　多层次电路中的方块电路与原理图文件名之间的关系

Altium Designer 原理图编辑器支持层次电路设计、编辑功能，可以采用"自上而下"或"自下而上"的层次电路编辑方式。

4.2　层次电路设计中不同原理图文件之间的切换

在层次电路中，当需要从一张原理图切换到另一张原理图时，除了可在项目管理器窗口内，将鼠标移到目标原理图文件名上双击，打开相应原理图文件外，最方便、直观的操作方式是借助"Tools"菜单内的"Up\Down Hierarchy"命令或主工具栏的"　"(层次电路切换)工具，实现层次电路原理图窗口间的切换，操作过程如下：

(1) 在原理图编辑状态下，单击主工具栏内的"层次电路切换"工具(或执行"Tools"菜单内的"Up\Down Hierarchy"命令)，鼠标箭头立即变为"十"字。

(2) 将"十"字鼠标箭头移到 I/O 端口、方块电路或方块电路 I/O 端口上，单击，即可切换到与之对应的原理图内。

① 将鼠标箭头移到某一 I/O 端口上，如图 4.2.1 所示，单击。如果目标原理图已打开，则可切换到与之对应的另一张原理图特定区域内；反之，当目标原理图文件处于关闭状态时，则将当前原理图内与指定 I/O 端口无关的元件、连线显示为灰色，同时自动打开目标

原理图文件。

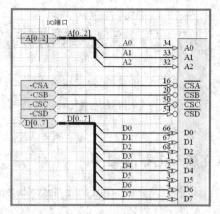

图 4.2.1   通过 I/O 端口切换

② 将鼠标箭头移到某一方块电路上，如图 4.2.2 所示，单击，即可切换到与方块电路对应的原理图文件中。

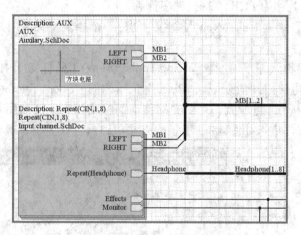

图 4.2.2   通过方块电路切换

③ 将鼠标箭头移到某一方块电路 I/O 端口上，如图 4.2.3 所示，单击，即可切换到与方块电路 I/O 端口对应的原理图文件特定区域内。

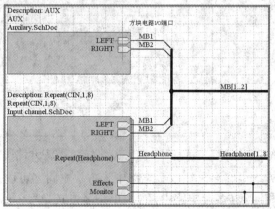

图 4.2.3   借助方块电路 I/O 端口切换

(3) 如果不再需要切换操作，可单击鼠标右键，退出"层次电路切换"命令状态。

4.3　层次电路编辑方法

Altium Designer 支持"自上而下"(即先创建、编辑设计项目的总电路图，然后分别创建、编辑各模块电路图)与"自下而上"(即先创建、编辑各模块电路图，然后创建设计项目总电路图)两种方式编辑层次电路。

4.3.1　自上而下方式建立层次电路原理图

上面通过浏览\Altium Designer Winter 09\Examples\ Reference Designs\Multi-Channel Mixer\ Mixer.PrjPcb 项目设计文件，对层次电路设计概念、文件结构等方面有了一个初步的认识，下面具体介绍采用"自上而下"方式建立层次电路原理图的操作过程。

(1) 执行"File"菜单下的"New"命令，创建一个 PCB 项目文件(.PrjPcb)，并以 hierarchyDemo.PrjPcb 作为 PCB 项目文件名保存。

(2) 执行"File"菜单下的"New"命令，创建一个原理图文件，并以 Mixer.SchDoc 作为原理图文件名保存。

(3) 在原理图编辑状态下，执行"Wiring Tools"(画线)工具栏(窗)内的" "(Place Sheet Symbol，放置方块电路)工具(或执行"Place"菜单内的"Sheet Symbol"命令)后，移动光标到原理图编辑区内，即可看到一个随光标移动而移动的方框，如图 4.3.1 所示。

(4) 按下 Tab 键，进入如图 4.3.2 所示的方块电路属性设置窗，其中：

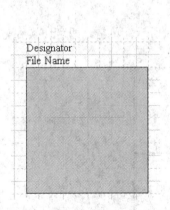

图 4.3.1　方块电路

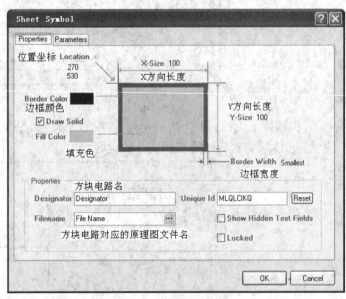

图 4.3.2　方块电路属性设置窗

① Designator：方块电路名。在单套电路中，方块电路名可以是任一长度字符串，一般与方块电路文件名相同。在多套电路中，方块电路名格式为"Repeat(方块电路别名[可选]，起始编号，终了编号)"。如：Repeat(PA,1,3)的含义是方块电路别名为 PA，电路套数编号从

1 到 3，即方块电路对应的原理图电路有三套，假设方块电路对应的原理图电路中存在序号为 R1 的电阻，则 R1 电阻在三套电路中的编号分别为 R1_PA1、R1_PA2、R1_PA3；而 Repeat(,1,2)的含义是方块电路别名为空，电路套数编号从 1 到 2，即方块电路对应的原理图电路有两套，假设方块电路对应的原理图电路中存在序号为 R1 的电阻，则 R1 电阻在两套电路中的编号分别为 R1_1、R1_2。

② Filename：方块电路文件名(包括扩展名.SchDoc)，即方块电路原理图文件名，如"Input channel.SchDoc""Serial Interface.SchDoc"等。在输入方块电路文件名时，只需给出文件名及扩展名(.SchDoc)，不用给出文件存放的目录路径，原因是在 Altium Designer 中，所有设计文件的存放位置由设计项目文件指定并记录。

③ Border Width：方块电路边框线条宽度，可以选择"Smallest"(最小)、"Small"(小)、"Medium"(中)、"Large"(大)。

④ Border Color：方块电路边框线条的颜色，缺省时为黑色。

⑤ Fill Color：方块电路填充色，缺省时为浅蓝色。

⑥ Draw Solid：方块电路填充色显示开/关，当该项处于非选中状态时，不显示方块电路的填充色，只显示方块电路的边框。

⑦ Unique Id：原理图编辑器指定的唯一 ID 号，不用修改。

(5) 移动光标将方块电路放到指定位置后，单击鼠标左键，固定方块电路的左上角；再移动光标，调整方块电路的大小，然后单击左键，固定方块电路的右下角，一个完整的方块电路就画出来了，如图 4.3.3 所示。

这时仍处于方块电路放置状态，重复(3)～(5)步，继续绘制项目文件原理图中的其他方块电路，即可获得如图 4.3.4 所示的结果，然后单击鼠标右键，退出命令状态。

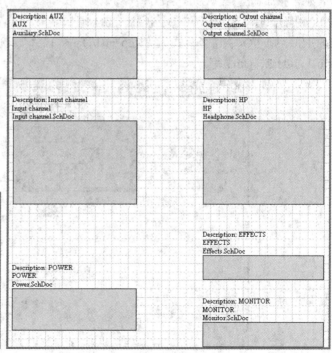

图 4.3.3　绘制结束后的方块电路　　　　图 4.3.4　完成了方块电路绘制后的电路总图

　　必要时，可重新调整方块电路名、方块电路文件名的位置，或重新设定其字体和大小，这些操作方法与元件序号、型号的编辑方法相同。

　　(6) 单击"画线"工具栏(窗)内的"  "(放置方块电路 I/O 端口)工具(或执行"Place"菜单内的"Add Sheet Entry"命令)，然后将光标移到需要放置 I/O 端口的方块内，单击鼠标左键，即可看到一个随光标移动而移动的方块电路 I/O 端口，如图 4.3.5 所示。

图 4.3.5　方块电路 I/O 端口

　　(7) 按下 Tab 键，进入如图 4.3.6 所示的方块电路 I/O 端口属性设置窗，其中：

　　① Name：方块电路 I/O 端口名。当需要在方块电路 I/O 端口名上放置上划线，以表示该端口 I/O 信号低电平有效时，可在方块电路 I/O 端口名字符间插入"\"(左斜杠)，如"W\R\""R\D\"等；对于以总线方式连接的方块电路 I/O 端口名，用"端口名[n1..n2]"表示，例如"D[0..7]"(表示数据总线 D0～D7)、"A[8..15]"(表示地址总线 A8～A15)、"AD[0..7]"(表示数据/地址总线 AD0～AD7)。

　　对于含有多套电路的方块电路的 I/O 端口名，如果希望每一套电路的 I/O 端口独立对外引出，则 I/O 端口名格式为"Repeat(I/O 端口名)"，例如 Repeat(Out)，编译时自动生成 Out1、Out2、Out3 等。

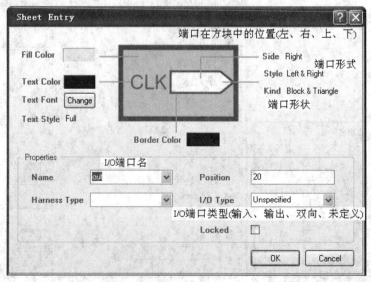

图 4.3.6　方块电路 I/O 端口属性设置窗

② Style：定义方块电路 I/O 端口的形状。当选择"None"时，方块电路 I/O 端口外观为长方形；选择"Left"时，方块电路 I/O 端口向左；选择"Right"时，方块电路 I/O 端口向右；选择"Left & Right"时，方块电路 I/O 端口为双向箭头，如图 4.3.7 所示。

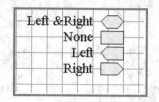

图 4.3.7　方块电路 I/O 端口形状

不过，只有当 I/O 端口类型为"Unspecified"(未定义)时，才可选择方块电路 I/O 端口形状，这与 I/O 端口属性类似。

③ I/O Type：设置方块电路 I/O 端口的电气特性类型，其中，Unspcified 表示电气特性未定义，Output 表示输出口，Input 表示输入口，Bidirectional 表示双向口。例如，CPU 数据总线 D7～D0 就是双向口，对于这样的方块电路，I/O 端口的电气特性类型就可以设为双向。

在电气法检查(ERC)中，当发现两个电气类型为"输入"的方块电路 I/O 端口连在一起时，将给出提示信息。

④ Side：方块电路 I/O 端口名在方块中的位置，有 Left(左边)、Right(右边)、Top(上边)、Bottom(下边)四种情况。方块电路 I/O 端口只能放在方块的四边，不允许放在方块外。

⑤ Position：方块电路 I/O 端口与方块上边框之间的距离，单位是格点数。

根据需要还可以重新定义 I/O 端口边框、体色以及 I/O 端口名字符串的颜色等其他选项，然后单击"OK"按钮退出。

当使用"方块电路 I/O 端口"表示项目文件原理图中各功能模块电路的连接关系时，方块电路 I/O 端口的形状和 I/O 端口电气类型的合理搭配，将提供 I/O 端口的信号流向(输入、输出还是双向)信息。

(8) 将光标移到方块内适当位置后，单击左键，固定方块电路 I/O 端口，如图 4.3.8 所示。

图 4.3.8　放置了一个方块电路 I/O 端口

这时仍处于放置方块电路 I/O 端口状态，重复(6)～(8)步，继续放置其他方块电路 I/O 端口，即可获得如图 4.3.9 所示的结果，然后单击鼠标右键，退出命令状态。

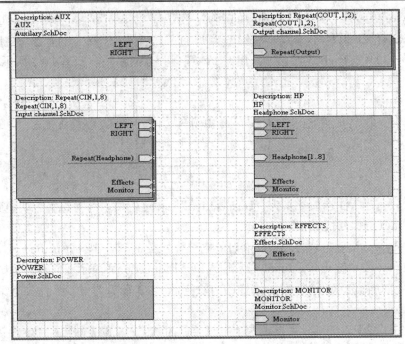

图 4.3.9 定义了全部方块电路 I/O 端口

(9) 连线。分别使用导线将不同方块中端口名称相同的方块电路 I/O 端口连接在一起；使用总线将不同方块中端口名称相同且为总线形式的方块电路 I/O 端口连接在一起，就获得了一个设计项目的电路总图，如图 4.3.10 所示。

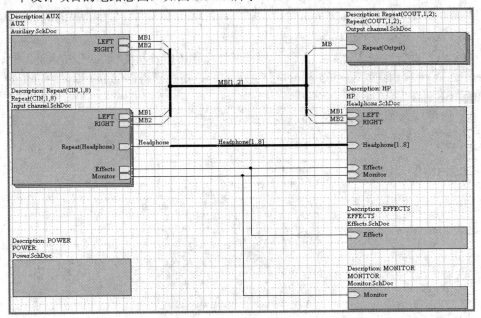

图 4.3.10 完成了连线后的方块电路

在输入方块电路 I/O 端口名称时，必须正确使用总线标号，如 Headphone[1..8]或 Headphone[8..1]，否则不能保证两个方块电路之间电气连接的正确性。连线时，也只能使用"画线"工具栏内的导线、总线，不能使用"画图"工具栏内的"直线"或"曲线"等其他画图工具。

(10) 项目电路图编辑结束后，单击主工具栏内的"存盘"工具或执行"File"菜单下的"Save"命令保存。

4.3.2　编辑模块电路

建立了项目文件(.PrjPcb)原理图后，原则上就可以采用建立、编辑单张电路原理图的方法在同一文件夹内生成各模块电路的原理图，只要各模块电路原理图文件名(.SchDoc)与项目文件(.PrjPcb)中相应"方块电路"文件名一致，就可在原理图编辑状态下，单击"设计项目文件管理器"窗口内相应的模块电路文件名，并执行"Tools"菜单内的"Up\Down Hierarchy"命令或主工具栏的"🔼🔽"(层次电路切换)工具，Altium Designer 原理图编辑器则会自动在当前文件夹内搜索与之匹配的项目文件，并将该原理图文件(.SchDoc)置于包含方块电路的原理图文件下，获得类似图 4.1.2 所示的层次电路设计结构。

但为了保证各模块电路中 I/O 端口与相应项目文件方块中的"方块电路 I/O 端口"一一对应，最好使用"Design"菜单下的"Create Sheet Form Symbol"(从方块电路产生原理图)命令创建各模块电路的原理图文件，这样不仅省去了在模块电路原理图中重新输入"I/O端口"的操作，也保证了模块电路中的"I/O 端口"与项目文件中的"方块电路 I/O 端口"一一对应。这就是所谓的"自上而下"的层次电路设计方法，其操作过程如下：

(1) 创建包含方块电路的类似图 4.3.9(未连线)或图 4.3.10(已连线)所示的原理图文件(.SchDoc)。

(2) 在包含方块电路的原理图文件编辑窗口内，单击"Design"菜单下的"Create Sheet Form Symbol"命令。

(3) 将光标移到相应方块电路上，如图 4.3.10 中的 Input channel 方块电路，单击鼠标左键，Altium Designer 原理图编辑器自动创建了与方块电路同名的原理图文件，并将方块电路 I/O 端口转化为原理图电路的 I/O 端口，如图 4.3.11 所示。

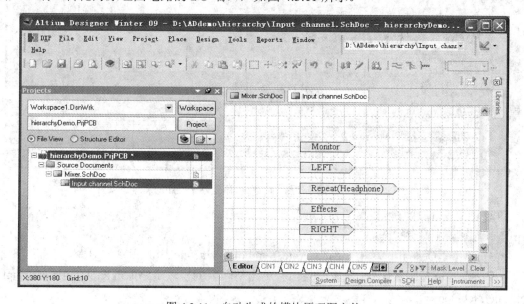

图 4.3.11　自动生成的模块原理图文件

可见，自动生成的模块电路原理图文件名与方块电路名相同，并将相应方块电路全部的"方块电路 I/O 端口"转换为模块电路的"I/O 端口"，这样既保证了两者的一致性，又避免了重新输入 I/O 端口名的麻烦。

保存后就可以使用前面介绍的原理图编辑方法，输入、编辑相应模块电路的内容。不过，需要注意的是，在层次电路设计中，由于 I/O 端口已用作各模块之间的连接，因此不宜用 I/O 端口实现同一模块电路内的电气连接。

4.3.3 自下而上编辑层次电路

Altium Designer 支持"自下而上"方式创建层次电路。所谓"自下而上"方式，就是先创建、编辑各模块电路的原理图文件(采用自下而上设计方式时，同一模块原理图中不允许使用"I/O 端口"(Port)表示元件引脚之间的电气连接关系，即"I/O 端口"只用于表示不同模块电路之间信号的连接关系)。在拟放置方块电路的原理图文件中执行"Design"菜单下的"Create Symbol Form Sheet or HDL"(从原理图生成方块电路)命令，即可将特定模块电路原理图文件中的"I/O 端口"转化为"方块电路 I/O 端口"并放置在自动生成的方块电路内。从模块电路原理图中生成方块电路的操作过程如下：

(1) 在 PCB 设计项目文件(.PrjPcb)内，分别创建、编辑各自模块电路的原理图文件(.SchDoc)，如图 4.3.12 所示。

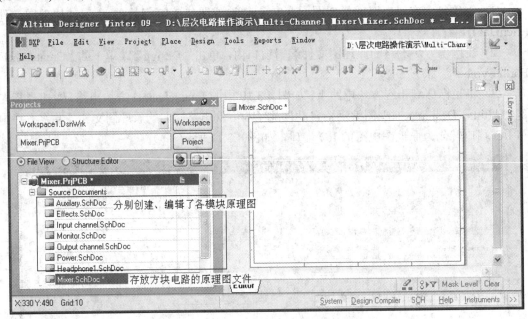

图 4.3.12　创建了各模块原理图文件与存放方块电路的原理图文件

(2) 在项目设计管理器窗口内，双击存放方块电路的原理图文件，切换到存放方块电路的原理图文件编辑状态。

(3) 单击"Design"菜单下的"Create Symbol Form Sheet or HDL"命令，在图 4.3.13 所示模块电路原理图文件列表窗内，找出并单击待转换的模块电路原理图文件名，如"Input channel.SchDoc"。

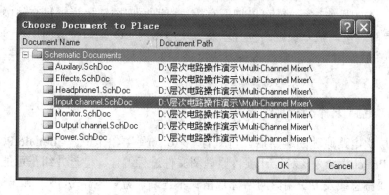

图 4.3.13　找出并单击待转换的模块电路原理图文件

(4) 单击"OK"按钮，关闭图 4.3.13 所示原理图文件列表窗，在当前原理图文件窗口内出现了一个随光标移动而移动的方块电路(必要时也可按下 Tab 键，修改方块电路的属性)，将光标移到适当位置后，单击左键固定，即可获得包含方块电路 I/O 端口的方块电路，如图 4.3.14 所示。

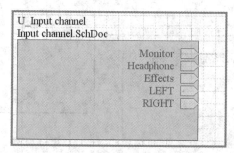

图 4.3.14　由 Input channel.SchDoc 模块电路原理图文件生成的方块电路

可见，通过"Create Symbol Form Sheet Or HDL"命令生成的方块电路 I/O 端口名与模块电路原理图中的 I/O 端口名一致，且用模块电路原理图文件名作为"模块名"。

当方块电路对应多套原理图电路时，可双击生成的方块电路，进入图 4.3.2 所示方块电路属性设置窗，将 Designator(方块电路名)设置项修改为"Repeat(CIN,1,8)"；将鼠标移到需要独立对外引出的方块电路 I/O 端口上，双击，进入图 4.3.6 所示的方块电路 I/O 端口属性设置窗，将 Name 设置项改为"Repeat(端口名)"形式，即可获得如图 4.3.15 所示的方块电路。

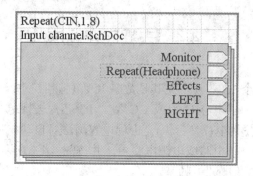

图 4.3.15　对应多套电路原理图文件的方块电路

重复(3)、(4)的操作过程,就可以把所有模块电路原理图转化为项目文件中的方块电路。

(5) 必要时,可调整方块电路位置以及方块电路内 I/O 端口位置(但不宜修改 I/O 端口电气属性),然后使用导线、总线将各方块电路 I/O 端口连接在一起,即可获得项目文件原理图。

4.3.4　层次电路编译与 PCB 设计

完成了层次电路原理图编辑后,可执行"Project"菜单下的"Compile PCB Project 设计项目文件.PrjPcb"命令,对设计项目原理图文件进行编译,检查并纠正可能存在的错误。常见错误主要有总线及 I/O 端口网络标号格式不正确,方块电路 I/O 端口(Sheet Entry)、模块电路中的 I/O 端口(Port)电气类型不匹配,多模块方块电路 I/O 端口电气类型冲突等。例如,当电路图中某一方块电路对应多套电路时,对应方块电路的 I/O 端口以及与之相连的其他方块电路 I/O 端口的电气类型均可能需要定义为"Unspecified"(未定义),否则编译时可能会因多个输出端"线与"而产生错误,如图 4.3.16 所示。

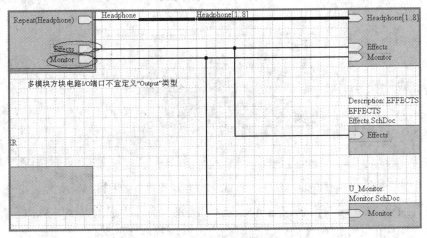

图 4.3.16　方块电路 I/O 端口类型定义错误

原理图编译通过后,即可在设计项目中创建新的 PCB 文件(.PcbDoc);放置边框并保存后,执行"Design"菜单下的"Update PCB Document xxxx.PcbDoc"命令,Altium Designer 会自动把设计项目内 Source Documents 文件夹所有原理图文件中的元件封装信息及电气连接关系装入指定的 PCB 文件。

4.4　去耦电容画法

在电路系统中,每个 IC 芯片,尤其是数字 IC、存储器芯片、MCU、模拟放大器等电源引脚对地一般都接有去耦电容(C 型或 CC 型)。IC 芯片去耦电容一端接芯片的电源引脚 VCC,另一端接 GND(公共电位参考点)。去耦电容画法对自动布局影响很大,一般来说,去耦电容可单独放在一个子电路或电源电路中,并按图 4.4.1 所示形式绘制,在 PCB 布局时,随机分配到相应 IC 的电源引脚旁。

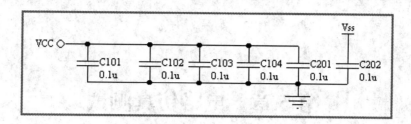

图 4.4.1 IC 芯片去耦电容表示法

图 4.4.1 中，VCC、Vss 与层次电路中 IC 芯片的电源引脚名称相同。

习 题 4

4-1 在 Altium Designer 状态下，打开\Altium Designer Winter 09\Examples\ Reference Designs\Multi-Channel Mixer\ Mixer.PrjPcb 项目设计文件，浏览该项目设计文件结构，从中了解层次电路原理图结构及切换方法。

4-2 将\Altium Designer Winter 09\Examples\ Reference Designs\Multi-Channel Mixer 目录下的所有文件复制到硬盘上的某一文件夹内，分别按"自上而下"及"自下而上"两种方式生成层次电路。

第 5 章　电路仿真测试

✦✦✦✦✦✦✦✦✦✦✦✦✦✦✦✦✦✦✦✦✦✦✦✦✦✦✦✦✦✦✦✦

在传统电子线路设计过程中，当完成原理图构思后，必须使用实际元器件、导线按原理图中规定的连接关系在万能板上搭接实验电路(或在 PCB 板上焊接实际元件)，然后借助有关的电子仪器仪表，在特定环境下对电路功能、性能指标进行测试，以验证电路功能是否正常、各项性能指标是否达到设计要求，否则必须修改原理图或更换电路中的元器件。这种方法工作量大，研发周期长，且所需仪器仪表多，只有在设备齐全的专业实验室中才能完成，成本很高。

随着计算机技术的飞速发展，电子设计自动化(EDA)成为可能，目前绝大多数电子线路实验均可通过电路仿真测试方式进行验证。"电路仿真"以电路分析理论为基础，通过建立元器件的数学模型，借助数值计算方法，在计算机上对电路功能、性能指标进行分析计算，然后以文字、表格、波形等方式在屏幕上显示出电路性能的指标。这样无需元器件、电路板和仪器设备，电路设计者就可以通过电路仿真软件对电路性能进行各种分析、校正。一个功能完备的电路仿真软件就相当于一个设备齐全的电子线路实验室，可以对电路系统及 VLSI(超大规模集成电路)的整个设计过程进行逼真的模拟，为电路设计者提供一个创造性的工作环境，不仅提高了电子产品电路设计质量和可靠性，降低了开发费用，也减轻了线路设计工作者的劳动强度，缩短了开发周期。

目前电路仿真软件种类很多，功能强弱、操作难易程度各有不同，如 Multisim(前身为 EWB，后被美国国家仪器公司 NI 并购)、Saber(系统级仿真软件，涉及电子、机械、光学等多个领域)、Cadence、OrCAD、Psim、Simplis、PSpice 等。由于电路仿真测试是电子设计自动化的重要环节之一，因此许多 EDA 软件内嵌了电路仿真测试功能，如在国内具有广泛用户的 Protel 99 SE、Altium Designer、OrCAD、Cadence 等 EDA 软件包内就集成了电路仿真测试功能。

Altium Designer 内嵌仿真引擎为乔治亚技术研究所(GTRI)开发的基于伯克里 Spice 3 代码的增强版事件驱动型 XSpice 算法，与 Spice 3f5 完全兼容。其中模拟器件仿真模型采用 Spice 3f5 模拟器件模型、PSpice 模拟器件模型或 XSpice 模拟器件模型，仿真结果真实、可信；但数字 IC 器件仿真模型采用 SimCode 语言编写，仅体现了仿真结果的逻辑性，但无法体现实际器件的输入、输出特性，导致负载能力与真实器件可能有较大的差别。

SimCode 是一种由事件驱动型 XSpice 模型扩展而来专门用于仿真数字器件的特殊的描述语言，是一种类 C 语言，可实现对数字器件的行为及特征的描述，参数可以包括传输时延、负载特征等信息；行为可以通过真值表、数学函数和条件控制参数等来描述。它来源于标准的 XSpice 代码模型。在 SimCode 中，仿真文件采用 ASCII 码字符并保存为 .txt 后缀的文件，编译后生成*.scb 模型文件。可以将多个数字器件模型写在同一个文件中。

Altium Designer 内嵌仿真器，功能很强，操作也很方便、直观，任何不正确的设置或操作都会及时给出提示信息，它不仅是电路设计工程师的好帮手，也是电路初学者的好工具，借助 Altium Designer 电路仿真功能，可加深理解有关电子线路的工作原理，对学好电路基础、模拟电子技术、数字电子技术等课程都大有帮助。

Altium Designer 电路仿真程序具有如下特点：

(1) 与原理图编辑(Schematic Edit)融为一体，即只要原理图中所用元器件的电气图形符号具有仿真模型，在完成原理图编辑后即可启动仿真操作，无须再次输入仿真电路，避免了重复劳动。这是内嵌电路仿真功能 CAD 软件的优点。

(2) 提供了数十种仿真激励源、多种工业标准仿真元器件(即这些元器件的电气图形符号具有相应的仿真模型)，可对模拟电路、数字电路及数/模混合电路进行仿真分析。

(3) Altium Designer 还允许用户使用数学运算符，创建仿真波形函数，以便能直接观察到更复杂的电路参数。

(4) 提供了工作点分析、瞬态特性分析(即时域分析，在瞬态特性分析时，允许使用傅立叶分析，从而获得复杂信号的频谱)、交流小信号分析(即频域分析，包括幅频、相频特性)、阻抗分析(通过交流小信号分析获得)、直流扫描分析、温度扫描分析、参数扫描分析、极点-零点分析、噪声分析、蒙特卡罗统计分析等多种仿真分析方式。可以只执行其中的一种分析方式，也可以同时执行多种分析方式。

(5) 以图形方式输出仿真结果，直观性强；仿真波形管理方便，能以多种方式，从不同角度观察分析结果。例如，在交流小信号分析过程中，可同时获得幅频特性、相频特性曲线。

(6) 智能化程度高。仿真波形纵坐标(即 Y 轴)刻度及单位将依据仿真波形性质自动选择；能依据绘图框尺寸自动调节仿真波形大小。

5.1　电路仿真操作步骤

在 Altium Designer 中进行电路仿真分析的操作过程可概括为以下七个步骤。

1. 编辑原理图

在原理图编辑器(Schematic Edit)状态下，输入、编辑仿真原理图。在编辑原理图过程中，除了导线、电源符号、接地符号外，原理图中包括激励源在内的所有元器件的电气图形符号均需具有仿真模型(由于在 Altium Designer 中采用集成元件库，原理图元件库中任一元件，只要模型列表窗内具有仿真模型，就表明该元件可以用于原理图仿真操作)，如图 5.1.1 所示，否则仿真时因找不到元件模型参数(如三极管的放大倍数、C-E 结反向漏电流等)会给出错误提示并终止仿真过程。

在元件放置操作过程中，未固定前，一般要按下 Tab 键进入元件属性设置窗口(元件固定后，双击元件也同样会进入元件属性设置窗口)，指定元器件序号及仿真参数(对部分元件来说，需要双击元件属性窗口中模型列表窗内的"Simulation"仿真模型，才能进一步设置元件的仿真参数)。

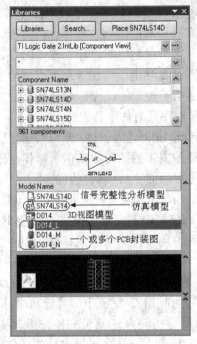

图 5.1.1　模型列表窗内显示出"仿真模型"

2. 放置仿真激励源(包括直流电压源)

在仿真测试电路中,必须包含至少一个仿真激励源。仿真激励源被视为一个特殊的元件,放置、属性设置、位置调整等操作方式与一般元件(如电阻、电容等)完全相同。仿真激励源电气图形符号位于仿真测试专用集成库文件夹 Simulation 下的 Simulation Sources.IntLib 集成库文件中。其中常用的直流激励源、脉冲信号激励源、正弦波信号激励源等还以"工具"按钮形式出现在"Simulation Sources"(激励源)工具窗(栏)内,单击"激励源"工具窗内相应的激励源后,即可迅速将对应的激励源移到原理图编辑区内(通过"View"菜单下的"Tool Bar\Utilities"命令可迅速打开或关闭激励源工具栏)。

3. 放置节点网络标号

在需要观察电压波形的节点上,放置网络标号,以便观察指定节点的电压波形,否则 Altium Designer 仿真软件自动用"net-xx"作为节点的网络标号,不直观。

4. 选择仿真方式及仿真参数

在原理图编辑窗口内,单击"Design"菜单下的"Simulate\Mixed-Sim"命令(或直接单击仿真工具栏内的"仿真设置"工具),进入"Analyses Setup"仿真设置窗口,根据被测电路特征和实际需要,选择仿真方式及仿真参数。当"傅立叶分析"被选中时,在"收集数据类型"列表栏内,一般可选择不包含器件功率的数据类型,如"节点电压、支路电流、器件电流及功率"外的数据类型,否则可能报告出错,并终止仿真过程。

5. 执行仿真操作

在原理图编辑窗口内,单击仿真测试工具栏内的"运行混合信号仿真"(Run Mixed-

Signal Simulation)工具启动仿真测试过程，等待一段时间后即可在屏幕上看到仿真测试结果。在仿真测试过程中，仿真程序自动在同一文件夹内创建 SDF 文件(仿真数据文件)，存放仿真测试数据。由于仿真操作需要进行大量、复杂的计算，所需时间长短不仅与计算机运行速度有关，而且与仿真方式、参数设置有关。

6. 观察、分析仿真测试数据

仿真操作结束后，自动启动波形编辑器并显示仿真数据文件(.SDF)内容。在波形编辑器窗口内，观察仿真结果，如果不满意，可修改仿真参数或元件参数后再执行仿真操作。

7. 保存或打印仿真波形

仿真结果除了保存在 SDF 文件外，还可通过打印机打印出来。

5.2　元器件仿真参数设置

5.2.1　元件仿真模型

与 Protel 99 SE 以前版本不同，基于 DXP 平台的 Altium Designer 取消了仿真测试专用元件库，而是将仿真模型嵌入到集成库文件(.IntLib)中。Altium Designer 将原理图编辑过程中用到的元件电气图形符号、PCB 设计过程中用到的元件封装图与 3D 视图、电路性能仿真测试过程中需要的元件仿真模型(.mdl 或.ckt)以及在高速 PCB 板上进行信号完整性分析用到的元件信号完整性分析模型等统一存放在各类集成库文件(.IntLib)中。因此，在仿真原理图编辑过程中，没有经验的初学者往往不知道在哪一集成元件库文件中可以找到具有仿真模型的目标元件的电气图形符号。

1. 元件仿真模型数量及分布

据不完全统计，Altium Designer 各类集成库文件中所收录的元件电气图形符号中约有数千个元件具有仿真模型，特征如下：

(1) \Library Miscellaneous Devices.IntLib 中所有无源器件，如电阻、电容、电感、变压器、晶体振荡器等均具有仿真模型。

(2) 常用器件，包括常用二极管(如 1N4000 系列、1N5400 系列、1N4148 以及稳压二极管、发光二极管)、三极管、线性稳压器等元件仿真模型均存在于\Library Miscellaneous Devices.IntLib 库文件中。

(3) 工业标准的二极管、三极管有多个生产厂家，可在对应生产厂家的集成库文件中找到，如：

\Library\ST Microelectronics\ST Discrete BJT.IntLib

\Library\ Philips\Philips Discrete BJT-Low Power

\Library\ Philips\Philips Discrete BJT-Darlington

\Library\ Philips\Philips Discrete BJT-Medium Power

\Library\ Philips\Philips Discrete BJT-RF Transistor

\Library\ Philips\Philips Discrete Diode-Schottky

\Library\ Philips\Philips Discrete Diode-Switching

\Library\ Philips\Philips Discrete JFET

\Library\ Philips\Philips Discrete MOSFET-Low Power

\Library\ Philips\Philips Discrete MOSFET-Power

对于标准器件，同一型号可能有多个生产厂家，其仿真模型可在多个厂家的集成库文件中找到，如 1N5408 二极管，在 Miscellaneous Devices.IntLib、FSC Discrete Rectifier.IntLib 集成库文件中均可找到其仿真模型。

又如 LM358、MC4558、LM324 等常用集成运算放大器的仿真模型，在 NSC Amplifier.IntLib、ST Operational Amplifier.IntLib、TI Operational Amplifier.IntLib、LT Operational Amplifier.IntLib 等集成库文件中也能找到。

(4) 74 系列 TTL 数字 IC 芯片，如 74LSxx、74xx、74Fxx 的仿真模型，存放在 TI Logic Gate 2.IntLib 集成库文件中(没有提供 74HCxx 系列数字 IC 芯片的仿真模型，遇到 74HCxx 系列芯片时，可用 74LSxx 系列替代，毕竟在 Altium Designer 中数字 IC 仿真模型采用 SimCode 语言编写)。

(5) CD4000 系列标准 CMOS 数字 IC 芯片，如 CD4011、CD4093 等元件的仿真模型，存放在 FSC Logic Gate.IntLib 集成库文件中。

(6) 线性稳压器，如 78L05、7805、7905 以及精密基准电压源(如 TL431)的仿真模型存放在 TI Power Mgt Voltage Regulator.IntLib 集成库文件中。

(7) 标准模拟比较器，如 LM339 等的仿真模型存放在 TI Analog Comparator.IntLib 集成库文件中。

(8) 仿真激励源及特殊数学函数集成库(.IntLib)文件存放在 \Library\Simulation 文件夹下。

2. 元件仿真模型查找

当实在无法确定哪一类集成库文件中含有目标元件的仿真模型时，可借助"元件查找"操作实现。

下面以查找 2N2222 双极型 NPN 三极管为例，介绍查找特定元件仿真模型的操作过程。

(1) 单击元件库面板窗口内的"Search…"(查找)按钮，进入如图 5.2.1 所示的元件查找窗口。

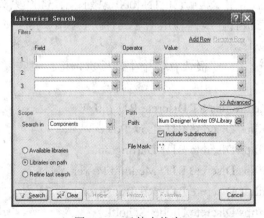

图 5.2.1　元件查找窗口

(2) 单击图 5.2.1 所示窗口内的 ">>Advanced" 按钮，在图 5.2.2 所示的高级查找设置窗内的 "查找条件语句文本窗" 内输入查找命令，并启动查找进程。

图 5.2.2　元件高级查找窗口

其中 HasModel('SIM','*2N2222*',False)或 HasModel('SIM','*2N2222*',True)语句的含义是查找仿真模型名中包含有 "2N2222" 的元件，如果去掉仿真模型名中代表任意长度字符串的通配符 "*"，那么就仅查找仿真模型为 2N2222 的元件。当需要查找全部元件的仿真模型时，可用 HasModel('SIM','*',False)作为查找条件。

设置查找范围及查找路径后，单击图 5.2.2 窗口内的 "Search" 按钮，启动查找进程，如果找到满足条件的元件，将显示在元件库面板中，如图 5.2.3 所示。

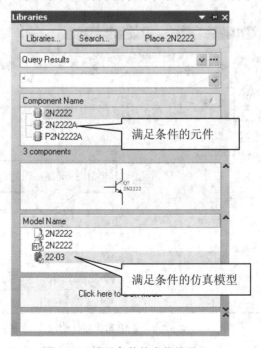

图 5.2.3　满足条件的查找结果

(3) 在元件库面板窗口内将找到的元件放置到原理图编辑区内。如果元件所在集成库文件未安装，系统将提示是否要安装该集成库文件，一般要选择安装，否则仿真时可能找不到元件的仿真模型。

5.2.2　物理量单位及数据格式

在设置元件仿真参数、仿真运行参数时，往往使用定点数形式输入，且不用输入参数的物理量单位，即电容容量默认为 F(法拉)、阻值为 Ω(欧姆)、电感为 H(亨)、电压为 V(伏特)、电流为 A(安培)、频率为 Hz(赫兹)、功率为 W(瓦)等，但可以使用如下的比例因子(大小写含义相同)：m(1E−3)，即 10^{-3}；μ(1E−6)，即 10^{-6}；n(1E−9)，即 10^{-9}；p(1E−12)，即 10^{-12}；f(1E−15)，即 10^{-15}；k(1E+3)，即 10^3；M(1E+6)，即 10^6；G(1E+9)，即 10^9；T(1E+12，即 10^{12}。

例如，"22 μ"对电容容量来说是 22 μF(微法)，对电感来说是 22 μH(微亨)，对电压来说是 22 μV(微伏)，对电流来说是 22 μA(微安)等。

在仿真测试数据中，将使用定点数、浮点数两种形式表示，例如某节点电压为 1.22 mV 时，可能显示为 1.22 mV，也可能显示为 1.22E−3。

5.2.3　元件参数设置操作

在运行仿真测试前，一般需要设置仿真测试原理图中元件的序号与仿真参数。下面以设置电阻元件序号与参数为例，介绍元件仿真参数设置操作过程。

在元件放置操作过程中，未单击鼠标左键固定前，可按下 Tab 键进入如图 5.2.4 所示的元件属性设置窗口(如果元件为固定状态，双击元件也同样会进入元件属性设置窗口)，指定元器件序号及仿真参数。

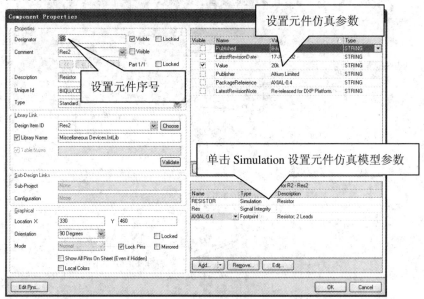

图 5.2.4　电阻元件属性窗口

对于固定电阻、电感、非可变电容，以及大部分标准元件，如特定型号二极管、三极管、IC 芯片来说，可能仅需要设置序号(Designator)与大小(Value)；而对于可变电阻、电容、电感、变压器，以及正弦信号、脉冲信号等元件(或激励源)尚需要设置仿真模型参数，这时可单击图 5.2.4 中的 Simulation(仿真模型)，再单击"Edit..."按钮，进入如图 5.2.5 所示的模型种类选择窗口，选择"Parameters"(参数)标签，在图 5.2.6 所示窗口内，进一步设置元件的仿真参数。

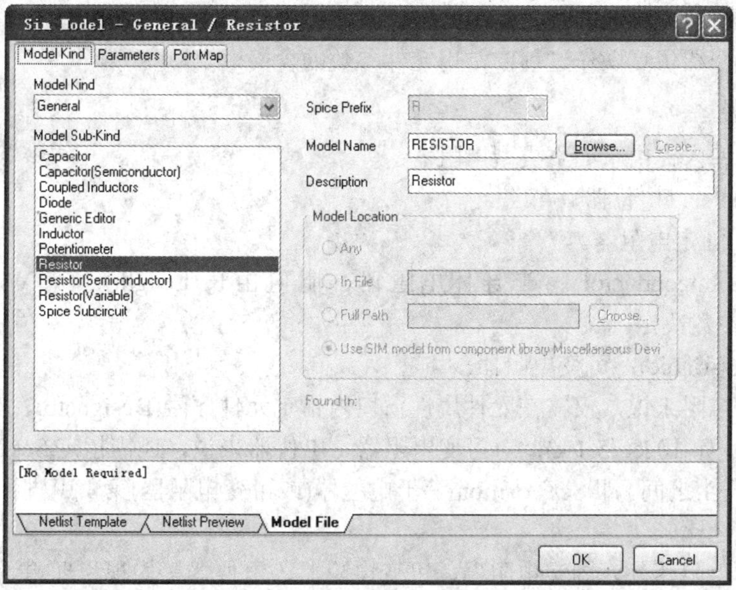

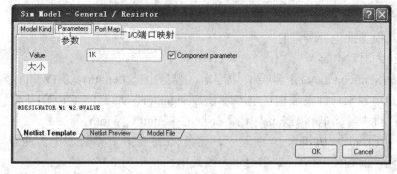

图 5.2.5　模型种类

图 5.2.6　固定电阻元件参数窗口

可见在 Altium Designer 中，各类元件仿真模型设置界面相同。其中"Model Kind"(模型种类)包括：Current Source(电流源)、General(通用)、Initial Condition(初始条件)、Switch(开关)、Transistor(晶体管)、Transmission Line(传输线)、Voltage Source(电压源)等七大类，其中每一大类模型又包含若干子类型，如 General(通用)大类的"Model Sub-Kind"(子类)中就包含 Capacitor(电容)、Diode(二极管)、Inductor(电感)、Resistor(电阻)、Spice Subcircuit(Spice 子电路)等多个子类型。

模型种类与元件类型必须一致，否则在仿真过程中可能会找不到相应的仿真模型或导致仿真结果异常。

元件仿真参数的多寡、类型及含义与元件属性有关，对于大小固定的 RLC 线性元件，只有 Value(大小)参数，而对于正弦激励源来说，需要设置的参数就很多，后面将详细介绍。每个参数后均包含"Component parameter"(元件参数)复选项，其含义是当该复选项处于"选中"状态时，可在图 5.2.4 所示的元件属性窗口中的"参数列表"栏内观察到该参数(选中与否并不影响仿真操作)。

对于二极管、三极管、IC 等元件来说，元件属性设置窗内模型列表中指定的仿真模型名与模型类型窗口内显示的仿真模型必须一致，否则将找不到仿真模型。

下面简要介绍仿真操作过程中常用元件参数的含义。

1．电阻器

仿真元件库内提供了如下类型电阻器：

Potentiometer：电位器。

Resistor：固定电阻器。

Resistor(Semiconductor)：半导体电阻器，阻值由长(Length)、宽(Width)以及温度(Temperature)参数决定。

Resistor (Variable)：可变电阻器。

对于固定电阻来说，仅需在元件属性窗口内指定元件序号(Designator，如 R1、R2 等)及阻值(Value，如 10 k、5.1 k)；对可变电阻器、电位器来说，还需指定 Set Position 参数，取值范围在 0～1 之间，即 Set Position 等于电位器(或可变电阻器)第 1 引脚到触点处阻值与电位器总阻值之比。

除半导体电阻器外，固定电阻器、可变电阻器、电位器等均视为理想元件，即电阻温度系数为 0，不考虑寄生电感 L 和寄生电容 C。

2．电容器

具有仿真模型的电容类型有：

Capacitor：固定电容。

Capacitor(Semiconductor)：半导体电容器，容量由长(Length)、宽(Width)参数决定。

对于固定电容来说，仅需指定电容序号(Designator，如 C1、C2 等)及容量(Value，如 10 μ、22 μ)；对半导体电容器来说，还需要指定 Length、Width 两参数。在瞬态特性分析及傅立叶分析(Transient/Fourier) 过程中，可能还需要指定零时刻电容两端电压的初值(Initial Voltage，即初始电压)，缺省时电容两端电压初值为 0 V。

以上电容器均视为理想电容器，即温度系数为 0，且不考虑寄生电阻 R(如表面漏电阻、介质漏电阻、引线电阻、介质极化损耗等效电阻)及寄生电感 L。

3．电感器

具有仿真模型的电感类型包括：

Inductor：固定电感。

Coupled Inductor：耦合电感，即变压器。

对于固定电感来说，在元件属性窗口内仅需指定电感序号(Designator，如 L1、L2 等)及电感量(Value，如 4.7 m、22 μ 等)。在瞬态特性分析及傅立叶分析(Transient/Fourier)过程中，可能还需指定零时刻电感中的电流初值(Initial Current)，缺省时电感中的电流初值为 0 A。

对于耦合电感，即变压器来说，元件仿真模型参数如下：

Designator：元件序号(如 TF1、TF2 等)。

Inductance A：A 绕组电感量，缺省值为 10 mH。

Inductance B：B 绕组电感量，缺省值为 10 mH。

Coupling Factor：A 绕组对 B 绕组的耦合系数，缺省值为 0.99，即 99%，这意味着 A 绕组对 B 绕组漏感为 0.01。

电感也被认为是理想元件，即温度系数为 0，忽略寄生电阻 R(绕线电阻、引线电阻)和寄生电容 C(绕线层间、同一绕线层内匝与匝之间的寄生电容)。

4．二极管

工业标准各类二极管(Diode)，包括通用整流二极管、稳压二极管、LED 发光二极管等仿真参数包括：

Area Factor：面积因子(可选)。

Initial Voltage：零时刻二极管端电压(可选)。

Starting Condition：静态工作点分析时，管子的初始状态(缺省时为关闭状态，可选)。

Temperature：环境温度(可选)，缺省时为 27℃。

对于这类元件来说，一般仅需要在元件属性窗口内给出 Designator(元件序号，如用 D1、D2 等作为二极管序号)。除非绝对必要，否则不要指定可选项参数，即一律采用缺省值(空白)。

5．三极管及结型场效应管

双极型晶体管(BJT)、结型场效应管(JFET)仿真参数包括：

Area Factor：面积因子(可选)。

Initial B-E Voltage：零时刻三极管 B-E 极电压(可选)。

Initial C-E Voltage：零时刻三极管 C-E 极电压(可选)。

Starting Condition：静态工作点分析时，管子的初始状态(缺省时为关闭状态，可选)。

Temperature：环境温度(可选)，缺省时为 27℃。

对于这类元件来说，一般仅需要在元件属性窗口内给出 Designator(元件序号，如用 Q1、Q2 等作为三极管序号)。除非绝对必要，否则不要指定可选项参数，即一律采用缺省值。

6．MOS 场效应管

各类 MOS 场效应管(MOSFET)元件仿真参数包括：

Drain Area：漏区面积(可选)。

Drain Perimeter：漏区周长(可选)。

Initial B-S Voltage：衬底 B 与源极 S 之间的初始电压(分立 MOS 管衬底 B 与源极 S 通常相连，一般无须指定)。

Initial D-S Voltage：D-S 极之间初始电压(可选)。

Initial G-S Voltage：G-S 极之间初始电压(可选)。

Length：沟道长度(可选)。

Width：沟道宽度(可选)。

Source Area：源区面积(可选)。

Source Perimeter：源区周长(可选)。

Nrd：漏极扩散长度(可选)。

Nrs：源极扩散长度(可选)。

Starting Condition：初始条件(可选)。

Temperature：环境温度(可选)，缺省时为 27℃。

对于这类元器件来说，一般只需要在元件属性窗口内给出 Designator(元件序号，如 Q1、Q2 等)。除非绝对必要，否则不改变可选参数，一律采用缺省值。

7. 保险丝

保险丝(Fuse)元件仿真模型参数如下：

Designator：元件序号，如 F1、F2 等。

Current：电流容量(缺省值为 1.0 A)。

Resistance：串联电阻(缺省值为 1 mΩ)。

8. 继电器

继电器类元件仿真模型参数如下：

Designator：元件序号，如 RLY1、RLY2 等。

Pullin：吸合电压(可选)。

Dropoff：释放电压(可选)。

Contact：接触电阻(可选)。

Resistance：线圈电阻(可选)。

Inductance：线圈电感(可选)。

9. 晶体振荡器

石英晶体振荡器元件仿真模型参数如下：

Designator：元件序号。

Freq：振荡频率。

RS：串联电阻(可选)。

C：等效电容(可选)。

Q：品质因数(可选)。

10. 工业标准模拟 IC

工业标准模拟 IC，如运算放大器、比较器等元件一般仅需要指定元件序号(如 U1、U2 或 IC1、IC2 等)，无须指定其他仿真参数。

11. TTL 及 CMOS 数字集成电路

74 系列 TTL 集成电路芯片元件仿真模型存放在 TI Logic Gate 2.IntLib 集成库文件内；4000 系列 CMOS 集成电路芯片仿真模型存放在 FSC Logic Gate.IntLib 集成库文件中。

在放置这两类数字集成电路元器件前，需按 Tab 键进入元件属性设置窗，指定下列仿真参数：

Designator：元件序号(如 U1、U2 或 IC1、IC2 等)，必须指定。

Propagation：延迟时间，可选，缺省时取典型值，可以设为 MIN(最小值)、*或空白(典型值)、Max(最大值)。

Loading：输入特性参数，可选，缺省时取典型值。这一设置项影响所有输入参数的取值范围，如输入低电平电流 IIL、输入高电平电流 IIH 等，可以设为 MIN(最小值)、*或空白(典型值)、Max(最大值)，一般取典型值即可。

Drive：输出特性参数，可选，缺省时取典型值。这一设置项影响所有输出参数的取值范围，如输出高电平电流 IOH、输出低电平电流 IOL、输出短路电流 Ios 等，可以设为 MIN(最小值)、*或空白(典型值)、Max(最大值)，一般取典型值即可。

Current：电源电流，可选，缺省时取典型值，可以设为 MIN(最小值)、*或空白(典型值)、Max(最大值)。这一设置项影响 ICCL(输出低电平时电源电流)、ICCH(输出高电平时电源电流)，一般取典型值即可。

PWR value：电源电压(在指定电源电压时，必须指定地电平)，可选(TTL 集成电路芯片为 +5 V，CMOS 集成电路芯片为 +15 V)。一般不用指定，即设为 *。当需要改变电源电压时，可在图 5.3.6 所示的高级选项框内指定，或直接在仿真原理图中给出电源供电电路。

GND value：地电平，可选，一般不用指定，即设为*即可。当指定地电平时，必须指定电源电压。

VIL value：输入低电平电压，可选，缺省时取典型值(一般不用修改，取缺省即可，TTL 电路输入低电平最大值为 0.8 V；CMOS 电路输入低电平最大值为 0.2VDD)。

VIH value：输入高电平电压最小值，可选，缺省时取典型值(对于 TTL 电路约 1.4 V，对于 CMOS 电路来说，约为 0.7VDD)。

VOL value：输出低电平电压，可选，缺省时取典型值(对于 TTL 电路，不指定时，为 0.2 V；对于 CMOS 电路，不指定时，为 0 V)。

VOH value：输出高电平电压，可选，缺省时取典型值(对于 TTL 电路，不指定时为 4.6 V；对于 CMOS 电路，不指定时，等于电源电压 VDD)。

WARN：警告信息，可选。

12. 节点电压初始值(.IC)

初始条件 .IC 可视为一个特殊元件，存放在 Simulation Sources.IntLib 集成库文件中，用于定义瞬态分析过程中零时刻某节点的电压初值(如电容上的电压初值)，须直接放置在指定节点上。在.IC 元件属性窗口内仅需指定元件序号(Designator，如 IC1、IC2 等)及初值(Part，如 1、0.5 m 等)。

在原理图中，用 .IC 元件定义各节点电压初值后，进行瞬态分析时如果采用初始条件的话(即选中了瞬态分析参数设置窗内的"Use Initial Conditions"复选项)，将不再计算电路直流工作点，而采用 .IC 元件定义的节点电压初值以及器件仿真参数中的初值 IC(器件仿真参数中的 IC 优先于 .IC 元件定义的节点电位初值)作为瞬态分析的初始条件。

反之，如果瞬态分析时没有选择"Use Initial Conditions"复选项，则进行瞬态分析前依然要进行直流工作点分析，以便获得瞬态分析零时刻各节点电位的初值。但在计算直流工作点时，将使用.IC 元件定义的电压值作为对应节点电压的初值，即.IC 值同样会影响瞬态特性。

值得注意的是，.IC 元件不影响直流工作点分析(Operating Point Analysis)结果。

初始条件 .IC 属于单端元件，只能用于定义瞬态分析时节点电压的初值，不能用于定义零时刻的支路电流(例如，当需要定义零时刻电感中的电流时，可直接在电感元件属性窗口内给出 IC 值)。

13. 节点电压设置(.NS)

.NS 也是一个特殊的元件，存放在 Simulation Sources.IntLib 集成库文件中。在分析双稳态或不稳定电路瞬态特性时，用于定义某些节点电位直流解的预收敛值，即先假设对应节点电位收敛于 .NS 指定的数值，然后进行计算，收敛后又去掉 .NS 约束继续迭代，直到真正收敛为止，也就是说.NS 并没有影响到节点电压的最终计算值。

此外，尚有许多的其他元器件，这里就不一一穷举了，在编辑原理图过程中，可通过元件属性窗口了解仿真参数的含义。

5.2.4 仿真信号源及参数

在电路仿真过程中，需要用到各种各样的激励源，这些激励源存放在\Library\Simulation Sources.IntLib 集成库文件中，包括了直流电压源 VSRC(voltage source)与直流电流源 ISRC(current source)、正弦波电压信号源 VSIN(voltage source)与正弦波电流信号源 ISIN (current source)、周期性脉冲信号源 VPULSE (voltage source)与 IPULSE(current source)、分段线性激励源 VPWL(voltage source) 与 IPWL(current source)以及各种受控源等。

由于所有激励源电气图形符号均作为元件存放在\Library\Simulation Sources.IntLib 集成库文件中，选择 Simulation Sources.IntLib 作为当前元件图形库后，即可在元件列表窗内找到相应的激励源，单击鼠标左键选中后，再单击"Place"按钮，即可将它拖到原理图编辑区内(与放置元件电气图形符号操作方法相同)。

对于常用的直流电压源 VSRC、正弦电压信号源 VSIN、脉冲电压信号源 VPLUS 来说，也可以通过"实用工具"中的"Simulation Source"工具按钮放置。

值得注意的是，Altium Designer 内的仿真激励源均是理想信号源，即对于电压源来说，内阻为 0；对于电流源来说，内阻为无穷大；所有信号源的温度系数为 0。

1. 直流电压源 VSRC 与直流电流源 ISRC

这两种激励源作为仿真电路工作电源，在属性窗口内，只需指定序号(Designator，如 VDD、Vss 等)、型号(Value，即大小，如 5、12、5 m 等)，而 AC Magnitude(AC 小信号分析振幅)及 AC Phase(AC 小信号分析相位)完全可以忽略(空白或输入 0)，如图 5.2.7 所示。

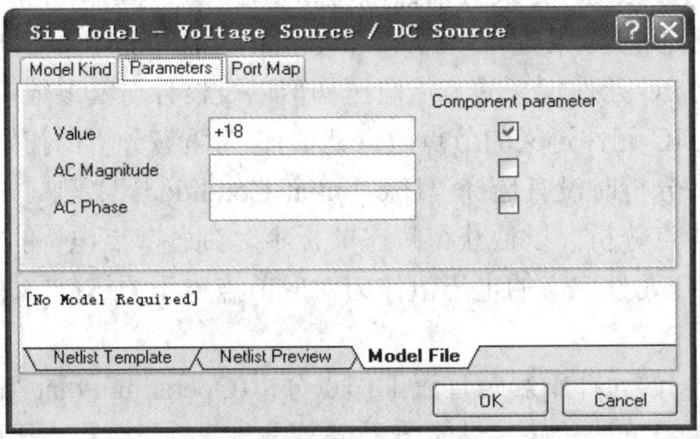

图 5.2.7　直流电源参数设置窗

当仿真参数为"空白"(即不输入任何信息)时，表示使用系统默认的缺省值。

2．正弦波信号源(Sinusoid Waveform)

正弦波信号源在电路仿真分析中常作为瞬态分析、交流小信号分析的信号源，仿真参数如图 5.2.8 所示。

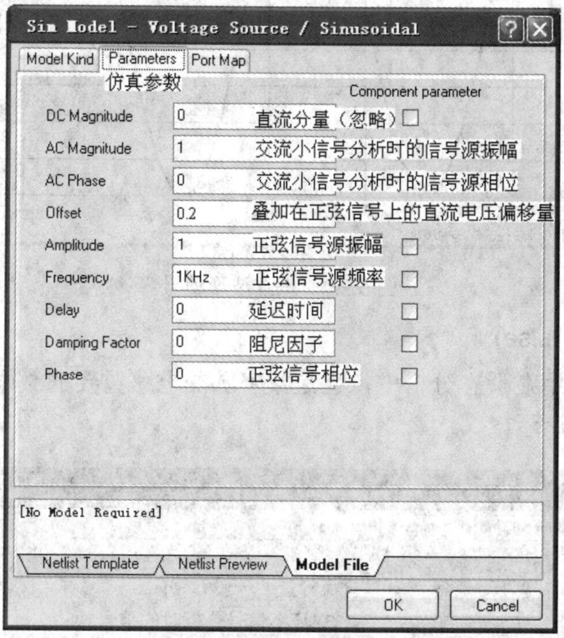

图 5.2.8　正弦信号源仿真参数

对于正弦信号激励源以及后面介绍的脉冲信号激励源、分段线性激励源来说，一般只需给出序号与仿真参数。

DC Magnitude：对于正弦信号来说，可忽略 DC 参数(即保留缺省值 0)。

AC Magnitude：AC 小信号分析时的信号源振幅，典型值为 1，即 1 V(对正弦电压源)或 1 A(对正弦电流源)。不需要进行 AC 小信号分析时可设为 0(缺省值)。对于放大器来说，一般取 1 V 以下，如 1 mV、10 mV 等，具体数值与放大器本身放大倍数有关，目的是为了防止 AC 分析时放大器因输入信号太大，进入饱和或截止状态。

AC Phase：AC 小信号分析时的信号相位(缺省值为 0)。

Offset：叠加在正弦信号上的直流电压偏移量(缺省值为 0)。

Amplitude：正弦波信号的振幅。

Frequency：正弦波信号的频率。

Delay：延迟时间，在延迟期内信号大小等于直流电压偏移量 Offset(缺省值为 0)。

Damping Factor：阻尼因子(缺省值为 0)。当阻尼因子大于 0 时，振荡幅度逐渐减小；当阻尼因子小于 0 时，振荡幅度逐渐增加。

Phase：正弦信号相位，单位为度。如该项设为 90，就变成余弦信号源。

由图 5.2.8 所示参数描述的正弦信号源的波形特征如图 5.2.9 所示，可见当直流偏压 Offset 大于 0 时相当于波形上移。

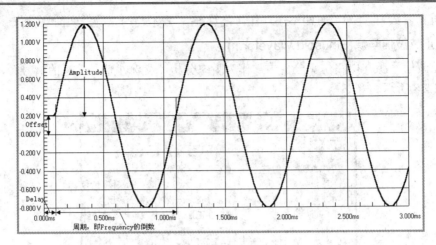

图 5.2.9　正弦波形信号

3．脉冲激励源(Pulse)

脉冲激励源主要用在瞬态分析中，也是数字脉冲电路重要的激励源，脉冲信号激励源仿真参数如图 5.2.10 所示。

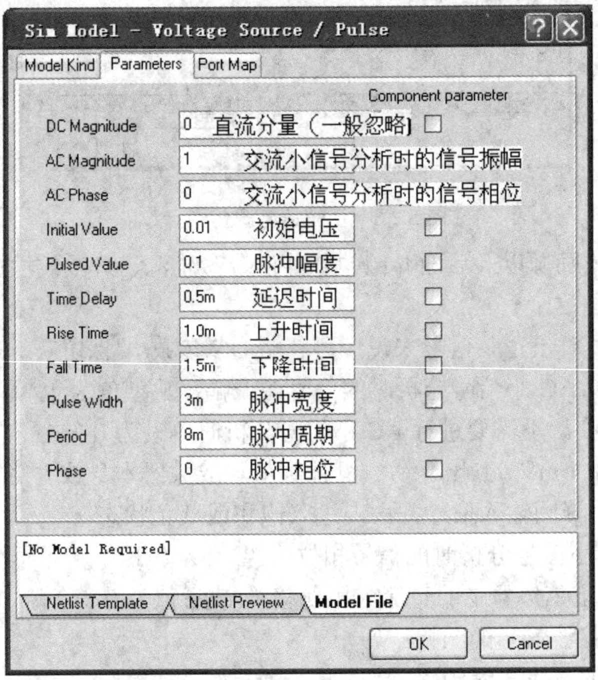

图 5.2.10　脉冲信号激励源仿真参数

DC Magnitude：忽略不用(填 0 或空白)。

AC Magnitude：　AC 小信号分析时的信号振幅，典型值为 1 V。

AC Phase：AC 小信号分析时的信号相位。

Initial Value：脉冲起始电压。

Pulsed Value：脉冲信号幅度。

Time Delay：延迟时间，可以为 0 或空白。

Rise Time：上升时间(必须大于 0，当需要上升沿很陡的脉冲信号源时，可将上升沿设为 1 ns 或更小。在 Altium Designer 中，当脉冲信号边沿过渡时间被设为 0 时，系统将使用缺省参数代替用户参数)。

Fall Time：下降时间(必须大于 0，当需要下降沿很陡的脉冲信号源时，可将下降沿设为 1 ns 或更小)。

Pulse Width：脉冲宽度。

Period：脉冲周期。

Phase：脉冲相位。

上述参数描述的脉冲信号激励源波形特征如图 5.2.11 所示(其中 Pulsed Value = 100 mV，Period=8 ms，脉冲宽度 Pulse Width = 3 ms)。

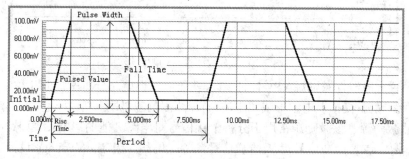

图 5.2.11　脉冲信号激励源波形图

4. 分段线性激励源 VPWL 与 IPWL(Piece Wise Linear)

分段线性激励源的波形由几条直线段组成，是非周期信号激励源。为了描述这种激励源的波形特征，需给出线段各转折点"时间/电压(或电流)"参数(对于 VPWL 信号源来说，转折点坐标由"时间/电压"构成；对于 IPWL 信号源来说，转折点坐标由"时间/电流"构成)，如图 5.2.12 所示。

图 5.2.12　分段线性激励源仿真参数

DC Magnitude：直流电压，一般可忽略(缺省值为 0)。

AC Magnitude：交流小信号分析时的信号幅度。

AC Phase：交流小信号分析时的信号相位。

Time/Voltage Pairs：转折点时间/电压坐标序列，图 5.2.12 所示坐标为：(0 μs，5 V)、(2.5 μs，5 V)、(5.0 μs，2 V)、(7.5 μs，5 V)、(10 μs，1 V)等。由图 5.2.12 所示参数描述的分段线性激励源的波形特征如图 5.2.13 所示。

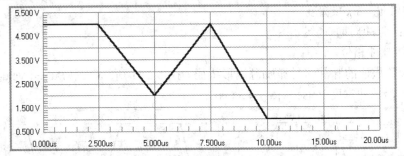

图 5.2.13　分段线性激励源波形

通过设置分段线性激励源 VPWL 的参数，就可以获得电路分析所需的几种常用信号源，如阶跃函数激励源(模拟上电波形或掉电波形)、冲击响应激励源(脉冲幅度大，持续时间短的单个脉冲激励源，该激励源常用于分析干扰信号对电路性能的影响)、单脉冲激励源(如复位脉冲信号、置位脉冲信号)以及阶梯信号源等。例如，当 Time/Voltage 设为"0 μs 0 V；0.001 μs 5.0 V"就是阶跃函数。在分段线性激励源中，电压或电流是时间的单值函数，或者说信号下降沿或上升沿时间不能设为 0。例如，当 Time/Voltage 设为"0 μs 5.0 V; 20 μ 5.0 V; 20 μs 0 V"(含义是时间 t 为 0 时，电压为 5.0 V；在 0~20 μs 期间，电压为 5.0 V；时间 t 大于 20 us 后，电压为 0 V)，仿真时将给出错误提示，可改为"0 μs 5.0 V; 20 μs 5.0 V; 20.001 μs 0 V"。

5．调频波激励源——VSFFM(电压调频波)和 ISFFM(电流调频波)

调频波激励源也是高频电路仿真分析中常用到的激励源，调频波激励源仿真参数如图 5.2.14 所示。

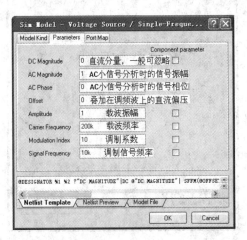

图 5.2.14　调频波激励源仿真参数设置

在调频波激励源仿真参数设置窗内，需要指定下列参数：

Designator：在原理图中的序号(如 INPUT 等)。

DC Magnitude：可以忽略的直流电压(缺省值为 0)。

AC Magnitude：交流小信号分析时的信号振幅。

AC Phase：交流小信号分析时的信号相位。

Offset：叠加在调频波上的直流偏压。

Amplitude：载波振幅。

Carrier Frequency：载波频率。

Modulation Index：调制系数。

Signal Frequency：调制信号频率。

由以上参数确定的调制波信号的数学表示式为：

$$V(t) = VO + VA \times \sin(2 \times \pi \times Fc \times t + MDI \times \sin(2 \times \pi \times Fs \times t))$$

其中，VO = Offset；VA = Amplitude；Fc = Carrier Frequency；MDI = Modulation Index(也就是最大频偏与调制信号频率比，即调制系数)；Fs = Signal Frequency。

由图 5.2.14 仿真参数定义的调频波激励源波形如图 5.2.15 所示，其频谱特性如图 5.2.16 所示。

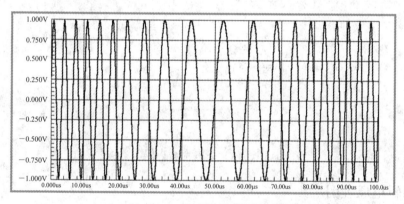

图 5.2.15　调频波激励源波形

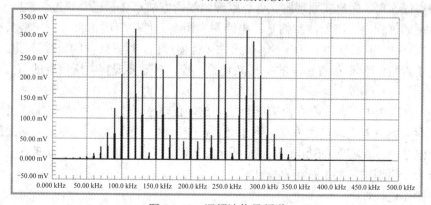

图 5.2.16　调频波信号频谱

此外，Simulation Sources.IntLib 集成元件库内尚有其他激励源，如受控激励源、指数函数、频率控制的电压源等，这里就不一一列举了，根据需要可从该集成库文件中获取。

如果实在无法确定某一激励源或元件参数如何设置时，除了从"帮助"菜单中获得有关信息外，还可以从 Altium Designer 的仿真实例中受到启发。在\Example\Circuit Simulation 文件夹内含有数十个典型仿真实例，打开这些实例，即可了解元件、仿真激励源参数的设置方法。

5.3　电路仿真操作初步

在介绍了电路仿真操作步骤、元件及激励源属性设置方法后，下面以图 5.3.1 所示的共发射极放大电路为例，说明 Altium Designer 仿真操作过程。

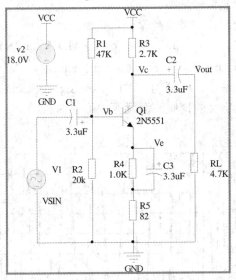

图 5.3.1　分压式偏置电路

5.3.1　编辑电原理图

在仿真操作前，先建立原理图文件。原理图编辑方法第 2 章已介绍过，这里不再重复。在编辑原理图过程中，需要注意的是：电路图中所有元件电气图形符号一定要具有仿真模型；在元件未固定前必须按下 Tab 键，在元件属性窗口内，设置元件的属性选项(Designate、仿真模型及参数)，然后放置相应的仿真激励源；接着在需要观察电压信号的节点上，放置网络标号。

此外，电路图中不允许存在没有闭合的回路，必要时可通过高阻值电阻，使回路闭合；也不允许存放电位差不确定的节点，例如必须在变压器、光耦等输入/输出回路之间加接地符号。再就是，仿真项目"Source Documents"文件夹下只能存在一个原理图文件，即每次只能对一个原理图文件进行仿真操作。

具体操作过程如下：

(1) 执行"File"菜单下的"New\Project\PCB Project"命令，创建一个新的 PCB 项目设计文件。

这一点非常重要，尽管在 Altium Designer 中可创建单一的原理图文件，但编译位于 Free

Document 项目内 Source　Document 文件夹下的原理图文件.SchDoc 将看到一系列的错误信息，如图 5.3.2 所示，而实际上原理图文件可能根本没有任何错误。

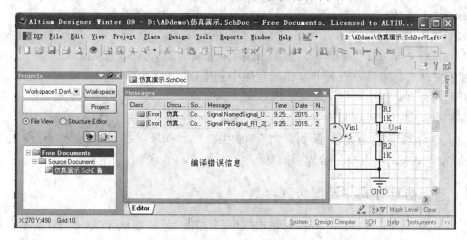

图 5.3.2　编译自由原理图文件给出的提示信息

(2) 执行"File"菜单下的"Save Project As…"命令，保存新创建的 PCB 项目设计文件(假设项目设计文件保存在 AD Sim Demo\文件夹下，文件名为 BJT_Amp.PrjPcb)。

(3) 执行"File"菜单下的"New\Schematic"命令，在新建的 PCB 设计项目文件下创建原理图设计文件 Sheet1.SchDoc(执行"New\Schematic"命令时，系统自动用 Sheet1.SchDoc、Sheet2.SchDoc…作为原理图文件名)，同时也启动了原理图编辑器。

(4) 执行"File"菜单下的"Save As…"命令，将新建的原理图设计文件 Sheet1.SchDoc 改名并保存到 AD Sim Demo\文件夹下，假设文件名为 BJT_Ampce.SchDoc。

(5) 单击窗口右侧"Library"按钮，进入"Library"(元件库)面板(如果窗口上没有出现"Library"按钮，元件库面板可能处于关闭状态，可借助窗口下的"System"控制按钮，选择并打开"Library"面板)。

(6) 在元件库面板中，单击"当前元件库"文件下拉按钮，检查是否已装入了原理图中具有仿真模型的各元件、激励源所在集成库文件(.IntLib)。

\Library\Miscellaneous Devices.IntLib 库文件中(包括 RLC 在内)的大部分元件具有仿真模型；\Simulation\Simulation Sources.IntLib 集成库文件包含了全部的仿真激励源；图 5.3.1 中序号为 Q1 的 NPN 三极管 2N5551，存放在\Library\Fairchild Semiconductor \FSC Discrete BJT.IntLib 中，因此需要在元件库面板中装入这三个集成库文件。

如果这三个集成元件库文件未装入，可单击"元件库面板"的"Libraries…"按钮分别装入这三个集成库文件。

(7) 在元件列表窗内找出并单击特定的元件名称后，再单击"Place xx"按钮，将选定的元件拖到原理图编辑区内。

(8) 在元件未固定前，按下 Tab 键进入元件属性设置窗。在属性窗口内，设置元件序号及仿真参数。在设置元件仿真参数时，对于可选参数，一般用缺省值，除非对元件仿真参数各项含义非常熟悉，并认为确有必要修改，否则在仿真过程中可能出错。

设置了元件有关属性选项后，单击"OK"按钮，关闭元件属性窗口，返回编辑状态。

移动鼠标将元件移到工作区内适当位置后，单击左键固定即可。

(9) 在元件库面板中，单击"当前元件库"下拉按钮，找出并选择 Simulation Sources.IntLib 集成库为当前元件库，放置仿真激励源，并设置其仿真参数。

(10) 放置网络标号。

(11) 执行"Project"菜单下的"Compile Document BJT_Ampce.SchDoc"命令，对指定的原理图文件进行编译，查找并纠正原理图中的错误，直到编译通过。如果在编译过程发现错误，则会自动弹出"Messages"信息窗。

常见错误有：元件序号重复(两个或两个以上元件序号相同，"Messages"窗给出提示信息)、元件序号未定义(元件序号带"?"，如"R?")、标号重复(同一网络节点存在两个网络标号名，"Messages"窗不给提示信息)。

5.3.2 选择仿真方式并设置仿真参数

在完成原理图编辑后，下一步就是根据电路性质及具体测试要求，选择仿真方式并设置仿真参数：在原理图编辑窗口内，指向并单击"Mixed-Sim"工具栏内的"Setup Mixed-Singal Simulation"(混合信号仿真设置)按钮，进入如图 5.3.3 所示的"Analyses Setup"仿真设置窗口，选择仿真方式及仿真参数。

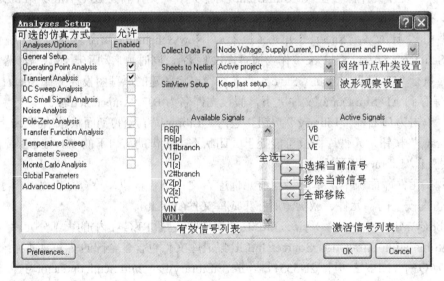

图 5.3.3 仿真方式设置窗

Altium Designer 提供了如下 12 种仿真方式：

Operating Point Analysis：工作点分析(即计算电路静态工作点 Q)。

Transient Analysis(包含了 Fourier Analysis)：瞬态特性分析(包含了傅立叶分析)。

DC Sweep Analysis：直流扫描分析(也称为直流传输特性分析)。

AC Small Signal Analysis：交流小信号分析，常用于获取电路幅频、相频特性曲线。

Impedance Plot Analysis：阻抗分析(不单独列出，通过 AC 小信号分析获得)。

Noise Analysis：噪声分析。

Pole-Zero Analysis：极点-零点分析。

Transfer Function Analysis：传递函数分析。

Temperature Sweep：温度扫描分析。

Parameter Sweep：参数扫描分析。

Monte Carlo Analysis：蒙特卡罗统计分析。

在"Available Signals"(有效信号)列表窗口内，除了显示已定义的网络标号，如 VIN、VOUT 等信号名外，还列出了元器件电流——带后缀"(i)"、功率——带后缀"(p)"以及激励源阻抗——带后缀"(z)"等参量，其中激励源阻抗定义为激励源电压瞬时值与流过激励源的电流瞬时值之比，即激励源阻抗等于被分析电路的输入阻抗 Zi，例如：

C1(i)——表示电容 C1 的电流，当器件电流从第 1 引脚流向第 2 引脚时为正，反之为负。

C1(p)——表示电容 C1 的瞬态功率。

VCC#branch——表示流过 VCC 支路电流，流入正极时为正，流出正极时为负。

Net r1-2——表示电阻 R1 第 2 引脚节点电压。对于没有定义的节点电压，Altium Designer 仿真程序用"Net 元件名-元件引脚编号"形式表示对应节点的电压。

1．选择仿真分析方式

在"General Setup"标签窗口，单击相应仿真方式后面的选项框，即可允许或禁止相应仿真方式。本例仅选择"Operating Point Analysis"(工作点分析)和"Transient Analysis"(瞬态特性/傅立叶分析)。

可以只选择其中的一种仿真分析方式。但为了获得更多的电路参数，往往需要根据被测电路特征、性质同时执行多种仿真分析方式，例如当被测电路为模拟放大电路时，可组合使用 Operating Point Analysis、Transient Analysis、Parameter Sweep、AC Small Signal Analysis、Temperature Sweep 等多种仿真分析方式。

2．选择计算和立即观察的信号

1) 选择仿真过程需要计算的信号类型

在仿真过程中仅计算"有效信号"列表窗内的信号，设置过程如下：

在图 5.3.3 所示窗口内，单击"Collect Data For"(收集数据类型)下拉按钮，选择仿真过程中需要计算的数据类型，可选择的数据类型包括：

Node Voltage and Supply Current：计算所有节点电压和激励源提供的电流信号(这时"有效信号"列表窗内，仅列出各节点电压和激励源电流信号)。

Node Voltage, Supply and Device Current：计算节点电压、激励源及器件电流(这时"有效信号"列表窗内，将列出各节点电压、激励源电流以及元器件中的电流信号)。

Node Voltage, Supply Current, Device Current and Power：计算节点电压、激励源电流，器件电流和功率(这时"有效信号"列表窗内，将列出各节点电压、激励源电流、元器件电流以及每一器件消耗的功率，如 R2(p)——表示电阻 R2 消耗的功率)。

Node Voltage, Supply Current and Subcircut：计算节点电压、激励源及子电路电流(这时"有效信号"列表窗内，将列出各节点电压、激励源电流以及子电路电流)。

Active Signal：激活信号(包含元件电流、功率、阻抗、已定义节点电压信号等，但不包含没有定义的节点电压以及支路电流)。

计算参数越多，仿真运行时间就越长，因此选择的信号类型只要包括将要分析的信号即可。

2) 选择仿真后可立即观察的信号

仿真后仿真波形窗口内仅显示"Active Signals"(激活信号)窗口内的信号或最近允许显示的信号，由"SimView Setup"设置框的选项控制，其中，

Keep last setup：选择该项时，显示最近处于显示状态的信号。

Show active signal：选择该项时，仅显示"激活信号"列表窗内的信号。

激活信号编辑：在"有效信号"列表窗内，单击待观察的信号名后，再单击">"按钮，待观察信号即可出现在"激活信号"列表窗口内。其中">>"的含义是将"有效信号"列表窗内的所有信号选到"激活信号"列表窗口内；而"<"按钮的作用与">"按钮相反，在"激活信号"列表窗内，单击某一信号后，再单击"<"按钮，即可将指定信号从"激活信号"列表窗内移到"有效信号"列表窗内；"<<"按钮的作用与">>"按钮也相反，单击"<<"按钮后，"激活信号"列表窗内的全部信号将移到"有效信号"列表窗内。

当然，也可以不选择激活信号，原因是在仿真过程中自动计算并保存了全部有效信号数据，在波形观察窗口内可随时关闭或显示任一有效信号的波形。

3．设置仿真模型文件目录

单击图 5.3.3 仿真方式设置窗口内的"Preferences…"(选项设置)按钮，在图 5.3.4 所示窗口内将仿真模型文件目录设为"Library\Sim\"，否则在仿真操作过程中，将无法找到数字 IC 元件的仿真模型。

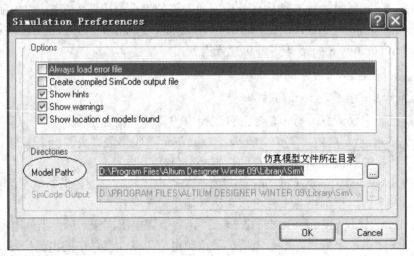

图 5.3.4　设置仿真模型文件所在目录

4．设置仿真参数并执行仿真操作

除了"Operating Point Analysis"仿真方式不需要设置仿真参数外，选择了其他某一仿真方式后，尚需要设置其仿真参数。

在本例中，单击"Transient Analysis"仿真方式，在如图 5.3.5 所示的"Transient Analysis Setup"(瞬态特性/傅立叶分析)参数设置窗口内，设置相应的参数。

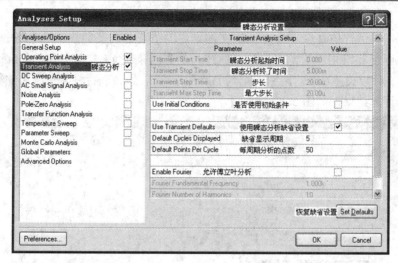

图 5.3.5   "Transient Analysis"(瞬态特性/傅立叶分析)参数设置

由于激励源为正弦信号源，且被测电路为线性放大器，这里无需进行傅立叶分析。

5．高级选项设置(可选)

必要时，在图 5.3.3 所示的"仿真方式设置"窗口内，单击"Advanced Options"(高级选项)按钮，在图 5.3.6 所示的高级选项设置框内，选择仿真计算模型、数字集成电路电源引脚对地参考电压、瞬态分析参考点、缺省的仿真参数等，但必须注意，一般并不需要修改高级选项设置，尤其是不熟悉 Spice 电路分析软件定义的器件参数含义、取值范围以及仿真算法的初学者，更不要随意修改高级选项设置，否则将引起不良后果。

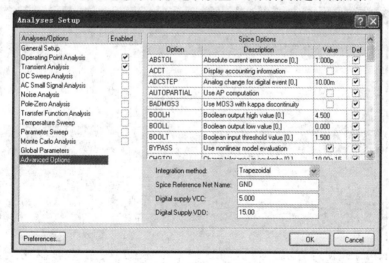

图 5.3.6   高级选项设置

6．启动仿真计算过程

设置了仿真参数后，单击"OK"按钮，关闭仿真设置窗口，在原理图编辑状态下，指向并单击"Mixed-Sim"工具栏内的"Run Mixed-Singal Simulation"(运行混合信号仿真)按钮，启动仿真过程。

运行仿真操作时，将自动创建高级仿真网络表文件 .nsx，该文件包含了一系列 Spice 仿真命令语句。运行仿真后，将按.nsx 文件设定的仿真方式及参数，对电路进行一系列的仿真计算，以便获得相应的电路参数、曲线。仿真结果记录在 .SDF(Simulation Data File) 文件内，该文件以文本(如工作点仿真分析)或图形方式(如瞬态特性、直流传输特性分析等)记录了仿真计算结果，如图 5.3.7 所示。

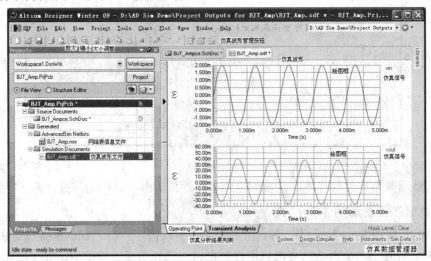

图 5.3.7　仿真波形观察窗口

为方便管理仿真数据及波形，可单击控制面板上的"仿真数据"(Sim Data)按钮，进入如图 5.3.8 所示的"仿真数据"面板窗口。

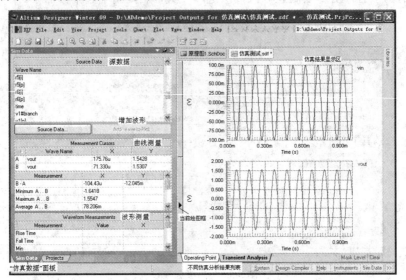

图 5.3.8　仿真数据面板

5.3.3　仿真操作常见错误与纠正

在原理图编辑过程中，违反原理图绘制规则的错误，在编译时会发现。这里简要介绍在仿真设置、操作过程中常见的错误。

1. 卸载或禁用了原理图中元件集成库文件(.IntLib)

在仿真操作时，原理图中除 RLC、激励源外的元件，如二极管、双极型三极管、MOS 管、可控硅、IC 等所在集成库文件(.IntLib)必须处于打开状态，否则仿真时将找不到对应元件的仿真模型文件。

例如，在元件库面板中，禁用或卸载\Library\Fairchild Semiconductor \FSC Discrete BJT.IntLib 后，单击"Mixed-Sim"工具栏内的"Run Mixed-Singal Simulation"按钮，对图 5.3.1 所示放大电路进行仿真操作时，将显示"Errors occurred during netlist generation"(创建仿真列表文件发现错误)，如图 5.3.9 所示。

单击"OK"按钮后，在图 5.3.10 所示的"Messages"(消息)窗口内，将看到具体错误原因为"Q1-Could not find SIM model 2N5551"(未找到 2N5551 的仿真模型)。

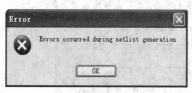

图 5.3.9　创建列表文件发生错误　　　　图 5.3.10　"Messages"(消息)窗口内提示的错误原因

解决方法：

(1) 在原理图状态下，双击 Q1 元件，进入 Q1 属性设置窗，如图 5.3.11 所示，检查模型列表窗口内是否存在仿真模型。如果仿真模型不存在，则必须找到具有仿真模型的元件库，并安装，删除 Q1 元件后，重新添加。

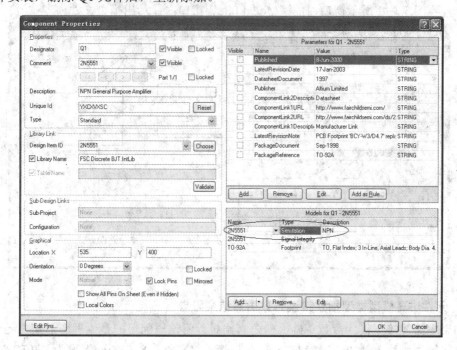

图 5.3.11　确认仿真模型

(2) 如果存在仿真模型，在模型列表窗口内选择"Simulation"，再单击"Edit..."按钮，进入如图 5.3.12 所示的"Sim Model"窗口，检查模型种类、存放位置是否正确。

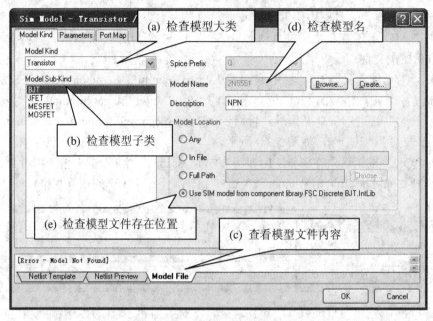

图 5.3.12　检查仿真模型类型

对于双极型三极管来说，"Model Kind"为"Transistor"、"Model Sub-Kind"为"BJT"正确，但"Model File"报告没发现模型，一般是模型名或模型存放位置出现错误。可单击"Model Name"文本盒右侧的"Browse..."按钮，在图 5.3.13 所示窗口内选择并确定仿真模型，直到图 5.3.12 所示窗口内的"Model File"窗口内显示出模型文件内容。

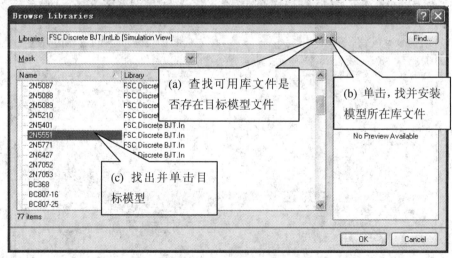

图 5.3.13　浏览元件库

2. 元件仿真模型类型指定错误导致仿真结果异常

如果电路连接无误、参数正确，但仿真结果异常，原因可能是原理图中某一元件模型种类选择错误所致。例如，误将 NPN 型三极管的"Model Sub-Kind"设为"JFET"，则仿真结果就不正确。所幸的是，这类错误，一般会给出提示信息，如图 5.3.14 所示。

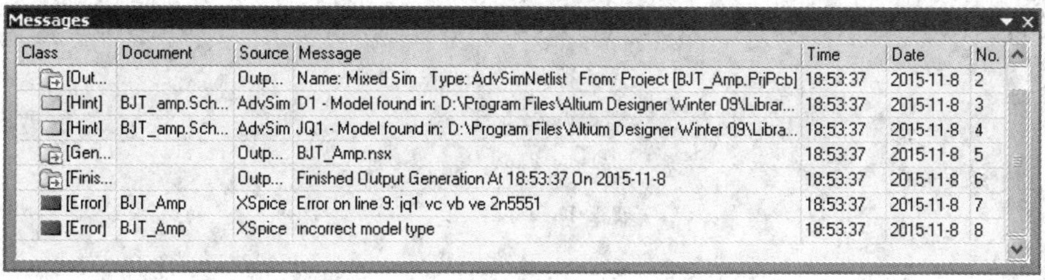

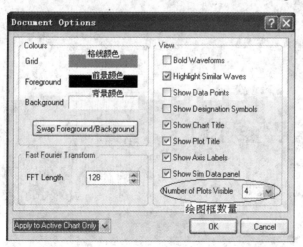

图 5.3.14　错误提示

当然，并非所有错误仿真时都给出提示信息，如误把电阻的"Model Sub-Kind"设为 "Capacitor"(电容)、电容的"Model Sub-Kind"设为"Resistor"(电阻)或其他时，仿真时 就没有提示信息。

5.3.4　仿真结果观察及波形管理

在仿真波形窗口内，通过如下方式观察仿真结果：

1．选择仿真结果

单击仿真波形窗口下方相应的"仿真分析方式"列表，即可观察到特定仿真分析方式 的结果(波形或文字)。

2．仿真波形文档选项设置

执行"Tools"菜单下的"Document Options…"命令，在图 5.3.15 所示窗口内指定显 示的绘图框数量，绘图框格线(Grid)、前景(Foreground)、背景(Background)颜色等。

图 5.3.15　波形文件选项设置

可选择的绘图框数量为 1(即显示一个绘图框)、2、3、4 及 ALL(显示所有的绘图框)。 当然，也可以重新选择"View"选项列表中与波形相关的其他选项。

3．绘图框添加与删除

除直流工作点分析外，其他分析方式多以波形方式给出分析结果，而被测信号仿真波 形显示在相应的绘图框内。

利用"Edit"菜单下的"Insert"命令，或在波形显示区内单击右键，调出如图 5.3.16 所示的仿真波形管理常用命令，并选择"Add Plot..."命令插入一个新的绘图框。

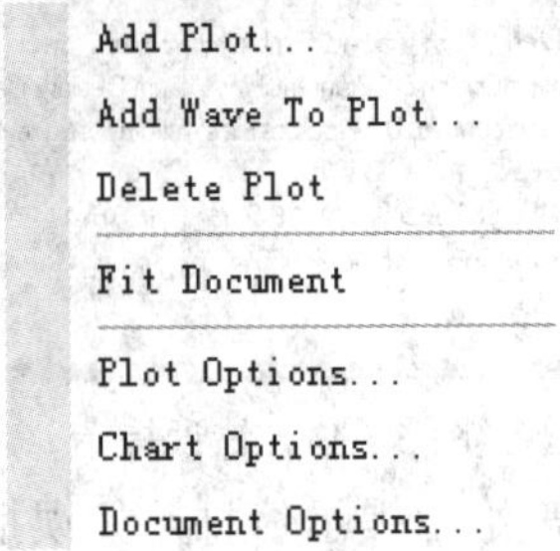

```
Add Plot...

Add Wave To Plot...

Delete Plot
─────────────────
Fit Document
─────────────────
Plot Options...

Chart Options...

Document Options...
```

图 5.3.16　仿真波形管理常用命令

单击目标绘图框，执行"Tools"菜单下的"Delete"命令，或在波形显示区内单击右键，调出如图 5.3.16 所示的仿真波形管理常用命令，并选择"Delete Plot"命令，即可删除相应的绘图框。

4．绘图框内波形管理

通过"Wave"菜单下的命令，可将新波形加入绘图框，也可对绘图框内的仿真波形进行删除、编辑、测量等操作。

1) 增加新的仿真波形

在"Source Data"(源数据)列表窗口内，单击目标信号名，如 vin；然后再单击"Add Wave to Plot"按钮，即可将目标波形 vin 加入到当前目标绘图框内，如图 5.3.17 所示。

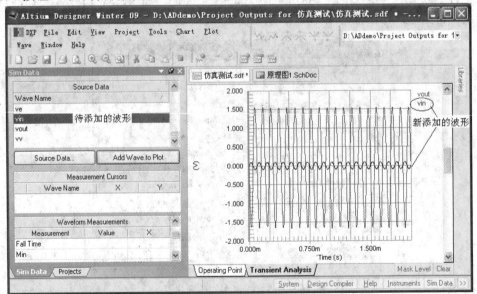

图 5.3.17　同一绘图框显示多个待观察信号的波形(重叠显示)

当需要将"Source Data"窗口内多个相邻的信号波形同时加入到当前绘图框内时，按如下步骤操作：将鼠标移到"Source Data"窗口内第一个需要显示的信号名上→单击左键→按下 Shift 键不放→再将鼠标移到最后一个需要显示的信号名上单击左键，即可选择多个相邻的信号→释放 Shift 键，然后再单击"Add Wave to Plot"按钮即可。

当需要将"Source Data"窗口内多个不相邻的信号波形同时加入到当前绘图框内时，按如下步骤操作：将鼠标移到"Source Data"窗口内第一个需要显示的信号名上→单击左键→按下 Ctrl 键不放→再将鼠标移到需要显示的下一个信号名上并单击左键，直到选中了所有需要显示的信号→释放 Ctrl 键，然后再单击"Add Wave to Plot"按钮即可。

2) 创建函数波形

当需要创建一个以仿真波形，如某一节点电压、某一元件或支路电流为变量的函数波形时，最好借助执行"Wave"菜单下的"Add Wave…"命令，在图 5.3.18 所示波形设置窗口内创建仿真波形，然后再单击"Create"按钮，即可获得指定的波形。

图 5.3.18　创建仿真波形

在创建以仿真波形为变量的函数波形过程中，原则上可使用"运算符及函数"列表窗中提供的运算或函数构成复杂波形，如 vout/vin、vb-ve、vout^2 等。

但基于 DXP 平台的 Altium Designer 系列软件中，在 DC 扫描窗口内创建复合函数波形时，出现错误，具体表现为：在运行仿真瞬间可观察到正确的目标函数的波形，但在仿真结束后函数波形被直线化，无法显示目标函数的波形。

3) 游标设置

为获得指定位置波形的精确参数，可选中"Wave"菜单下的"Cursor A""Cursor B"选项，使波形上出现游标 A 及游标 B，如图 5.3.19 所示。

将鼠标移到测量游标 A 或 B 上，按下左键不放移动鼠标器，即可从游标 A 或游标 B 的 X、Y 坐标上了解到波形任一点处的准确数值。

当用户同时设置游标 A、游标 B 时，测量窗口内还给出了"B − A"(同一信号两点之间的差或不同信号两点的差)、"Minimum A..B"(最小值)、"Maximum A..B"(最大值)、"Average A..B"(平均值)、"RMS A..B"(均方值)、"Frequency A..B"(频率差)等参数。显示的参数种类与仿真波形的性质有关，例如对于 DC 扫描波形，可能只有最小值、最大值以及平均值。

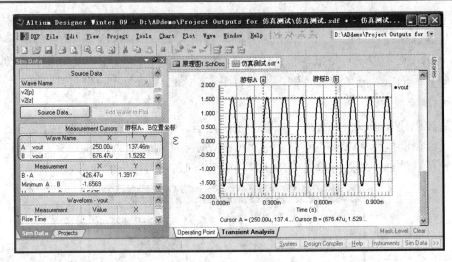

图 5.3.19　测量游标

4) 波形删除

将鼠标移到绘图框内目标波形名上单击,然后再执行"Wave"菜单下的"Remove Wave"命令,即可将目标波形从当前绘图框内移除。

5) 编辑 X、Y 刻度

如果缺省的 X 或 Y 坐标刻度不能体现波形特征,可直接双击绘图框下的横坐标刻度,在如图 5.3.20 所示窗口内,修改横轴坐标轴名称、刻度等。

双击绘图框右侧的纵坐标刻度,在如图 5.3.21 所示窗口内,修改 Y 轴坐标刻度。

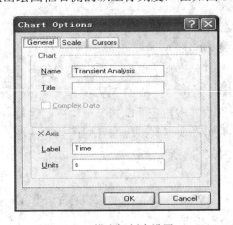

图 5.3.20　横坐标刻度设置

图 5.3.21　Y 轴设置

5.4　常用仿真方式及应用

5.4.1　工作点分析

在进行工作点分析(Operating Point Analysis)时,仿真程序将电路中的电感元件视为短路，电容视为开路，然后计算出电路中各节点对地电压、各支路(每一元件)电流，这就是常说的静态工作点分析。

在图 5.3.3 所示的仿真方式设置窗口内，单击"Operating Point Analysis"选项前复选框，选中"工作点分析"选项；执行仿真操作后，单击图 5.3.7 所示仿真波形观察窗口下方"仿真分析结果列表"栏内的"Operating Point"，即可在仿真波形窗口内观察到工作点计算结果，如图 5.4.1 所示。

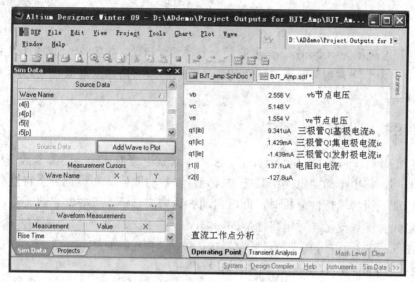

图 5.4.1　工作点分析结果

工作点分析是一种常用的仿真分析方式，例如在确定图 5.3.1 所示放大电路元件参数时，通过工作点分析，从三极管 Q1 集电极电位 V_C 与发射极电位 V_E 的差(即 V_{CE})就可直观地了解到放大电路中三极管的工作状态。

在进行瞬态特性分析、交流小信号分析时，仿真程序先执行工作点分析，以便确定电路中非线性元件(如二极管、三极管等有源器件)线性化参数的初值。在 Altium Designer 中，进行工作点分析时，无须设置分析参数。

5.4.2　瞬态特性分析与傅立叶分析

瞬态特性分析(Transient Analysis)属于时域分析，用于获取电路中各节点对地电压、支路电流或元件功率等信号的瞬时值，即被测信号随时间变化的瞬态关系，相当于在示波器上直接观察各节点电压(对地)信号的波形，因此 Transient Analysis 是一种最基本、最常用的仿真分析方式。

对输出波形幅度进行测量即可获得输出信号的大小，从而计算出电路的增益，如 Vout/Vin 为电压放大倍数，Po(负载消耗功率)/Pi(信号源输入功率)即为功率增益。不过精确测量波形幅度有一定困难，因此从"AC 小信号分析"中获得的幅频特性曲线来了解电路的增益更直观。

傅立叶分析(Fourier Analysis)属于频域分析，主要用于获取非正弦信号(包括激励源、节点电压波形)的频谱。进行傅立叶分析时，除了能直接在仿真波形窗口内显示信号各分量(即直流分量、基波、二次谐波…)的振幅(或相位)外，还自动生成.sim 文件，该文件记录了被测信号中直流、基波、二次谐波等各频率分量的振幅、初相等信息。

在设置 Fourier Analysis 参数时，对于周期信号来说，基波就是被测信号周期的倒数，分析的最大谐波与信号性质有关，对于方波来说，取 10 次谐波已足够；而对于调幅、调频波来说，为了获得正确结果，基波按下列关系选择：

$$基波 = \frac{载波频率}{调制信号频率}$$

例如，载波频率为 100 kHz，而调制信号频率为 1 kHz，则基波 = 100 kHz/1 kHz，即基波取 100 Hz，为了观察到载波左右两个边频，分析的最大谐波取基波频率的两倍，如本例可设为 200 次。

5.4.3　参数扫描分析

参数扫描分析(Parameter Sweep Analysis)用于研究电路中某一元器件参数变化时，对电路性能的影响，常用于确定电路中某些关键元件参数的取值。在进行瞬态特性分析、交流小信号分析或直流传输特性分析时，同时启动参数扫描分析，可非常迅速、直观地了解到电路中特定元件参数变化，对电路性能的影响。

在如图 5.3.3 所示的仿真参数设置窗口内，单击"Parameter Sweep"标签，即可获得如图 5.4.2 所示的 Parameter Sweep(参数扫描)设置窗口。

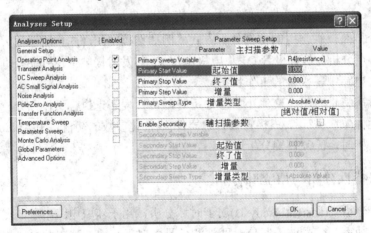

图 5.4.2　参数扫描设置窗口

参数扫描设置过程如下：

(1) 单击"Primary Sweep Variable"(主扫描参数)选择框内"Value"下拉列表盒右侧的下拉按钮，选择参数变化的元件，如 R1、C1、Q1(BF)等，其中 Q1(BF)表示三极管 Q1 的电流放大倍数为 β。

(2) 在"Primary Start Value"文本盒内输入元件参数的初值；在"Primary Stop Value"文本盒内输入元件参数的终值；在"Primary Step Value"文本盒内输入参数变化增量；在"Primary Sweep Type"文本盒内选择增量类型(绝对值还是相对值，即百分比)，当选择

"Absolute Values" 时增量按绝对值变化，反之，当选择 "Relative Values" 时增量按百分比变化。

例如，在图 5.4.2 中，三极管 Q1 共发射极电流放大倍数 β 的初值为 10，终值为 200，增量为 40，即分别计算 Q1 放大倍数 β 为 10、50、90、130、170、200 时电路的工作点及瞬态特性，结果如图 5.4.3 所示。

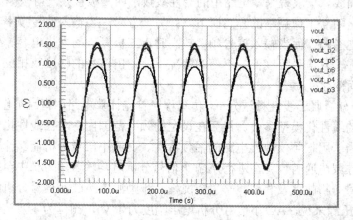

图 5.4.3　三极管 Q1 放大倍数 β 变化时对应的输出信号

从图 5.4.3 中可以看出：在图 5.3.1 所示放大电路中，三极管 Q1 放大倍数 β 对电路性能指标影响不大，当 β > 50 时，放大器输出信号 Vout 基本重叠。

当选择 R5 作为主扫描参数时，即可获得交流负反馈电阻对放大器放大倍数的影响，例如 R5 从 30 Ω 增加到 100 Ω(增量为 10)时，输出信号 Vout 振幅如图 5.4.4 所示。

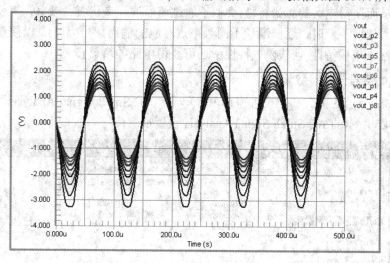

图 5.4.4　电阻 R5 变化时对应的输出信号

在参数扫描分析时，除了主扫描参数外，也可以选择第二扫描参数，但计算量将呈几何级数增加。当选择第二参数时，分别计算主参数不同增量点处第二参数的变化。

在图 5.3.1 所示电路中，当其他元件参数不变时，选择 R4 作为主扫描参数(如初值取 200 Ω，终值为 1.5 kΩ，增量取 100)，在工作点分析中，从集电极电位 V_C 的值，即可容易确定电阻 R4 的最佳参数(为了获得最大的动态范围，集电极电压 V_C 近似为 VCC 的一半)。

5.4.4　交流小信号分析

1．AC 小信号分析的主要功能

AC 小信号分析(AC Small Signal Analysis)用于获得电路(如放大器、滤波器等)的幅频特性、相频特性曲线。一般说来，电路中的器件参数，如三极管共发射极电流放大倍数 β 并不是常数，而是随着工作频率的升高而下降；另一方面，当输入信号频率较低时，耦合电容的影响就不能忽略，而当输入信号频率较高时，三极管极间寄生电容、引线电感同样不能忽略，因此在输入信号幅度保持不变的情况下，输出信号的幅度或相位总是随着输入信号频率的变化而变化。

AC 小信号分析属于线性频域分析，仿真程序首先计算电路的直流工作点，以确定电路中非线性器件的线性化模型参数。然后在设定的频率范围内，对已线性化的电路进行频率扫描分析，相当于用扫频仪观察电路的幅频特性。交流小信号分析能够计算出电路的幅频及相频特性或频域传递函数。在进行 AC 小信号分析时，输入信号源中至少给出一个信号源的 AC 小信号分析幅度及相位，一般情况下，激励源中 AC 小信号分析幅度设为 1 个单位(例如对于电压源来说，AC 小信号分析电压幅度为 1 V)，相位为零，这样输出量就是传递函数。但在分析放大器频率特性时，由于电压放大倍数往往大于 1，且电源电压有限，因此信号源中 AC 小信号分析电压幅度须小于 1 V，如取 1 mV、10 mV 等，以保证放大器不因输入信号幅度太大，使输出信号出现截止或饱和失真。

进行 AC 小信号分析时，保持激励源中 AC 小信号振幅不变，而激励源的频率在指定范围内按线性或对数变化，计算出每一频率点对应的输出信号的振幅，这样即可获得频率-振幅曲线，从而获得电路的频谱特性(类似于通过信号源、毫伏表、频率计等仪器仪表，在保持输入信号幅度不变时，逐一测量不同频率点对应的输出信号幅度)，以便直观地了解电路的幅频特性、相频特性(且从幅频特性中还可获得电路的增益)。

2．AC 小信号分析参数设置

在图 5.3.3 所示的仿真参数设置窗口内，单击"AC Small Signal Analysis"标签，即可进入如图 5.4.5 所示的 AC Small Signal Analysis 设置框。

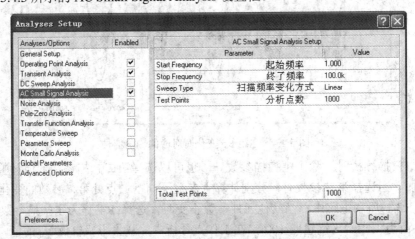

图 5.4.5　AC 小信号分析参数设置

Start Frequency：扫描起始频率。

Stop Frequency：扫描终了频率。

Test Points：分析频率点的数目，当"Sweep Type"按线性变化时，则测试点数就是总的测试点数，如图 5.4.5 所示；当"Sweep Type"按级数(十倍频，即对数刻度)时，则 Test Points 为每 10 倍频内测试点的个数，总测试点个数是 Test Points × (Stop Frequency – Start Frequency)/10，如果每十倍频测试点取 1000 个，则总测试点约为 4700 个。

扫描起始频率可从 1(即 1 Hz)开始，但不能为零；终了频率大小与电路性质及输入信号可能包含的最大谐波分量有关；测试点个数必须合理，当测试点数太少时，分辨率低，甚至可能因此得出一个错误的结论，而测试点数太多时，计算量太大，需要等待很长时间才获得结果。

图 5.4.6 给出了由 R1、C1 构成的低通滤波及其 AC 小信号分析结果(其中 AC 小信号分析参数为：Start Frequency = 10 Hz，Stop Frequency = 10 kHz，Test Points = 4000)。

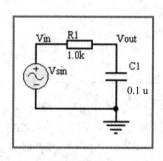

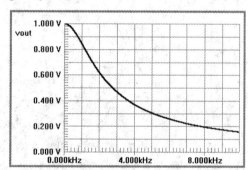

(a) 低通滤波器   (b) 幅频特性曲线

图 5.4.6 低通滤波器及其幅频特性

由图 5.4.6(b)看出：电容 C1 上输出电压 Vout 有效值随输入信号频率升高而下降，截止频率约为 1.6 kHz。

利用 AC 小信号分析获取图 5.4.7 所示并联谐振电路的谐振曲线非常方便、直观，如图 5.4.8 所示(其中 AC 小信号分析参数为：Start Frequency = 1 Hz，Stop Frequency = 1 MHz，Test Points = 1000)。

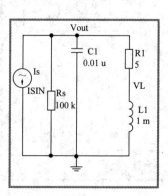

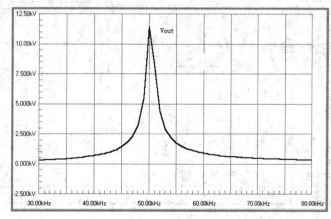

图 5.4.7 并联谐振电路   图 5.4.8 谐振特性曲线

在 AC 小信号分析中，结合参数扫描分析，能非常直观地了解到电路中某一元件参数对电路幅频特性的影响。例如，在如图 5.3.1 所示电路中，选择发射极交流旁路电容 C3 作为主扫描参数(初值取 0.1 μ，终值取 2 μ，增量为 0.3 μ)，并将 AC 小信号分析参数设为：Star Frequency = 1 Hz，Stop Frequency = 10 kHz，测试点数取 1000，即可迅速了解到电容 C3 对放大器低频特性的影响，如图 5.4.9 所示。

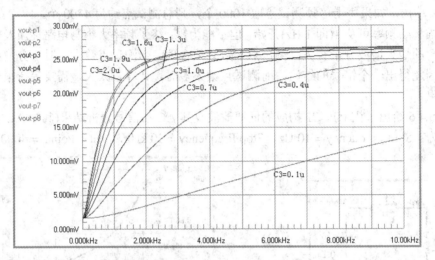

图 5.4.9　电容 C3 对放大器低频特性的影响

在 AC 小信号分析中，当然也可以在对数坐标下观察某节点信号的幅频特性和相频特性曲线。例如，在图 5.3.1 所示放大电路中，执行 AC 小信号分析后，按如下步骤操作即可获得输出信号 Vout 的幅频特性和相频特性曲线。

(1) 双击图 5.4.10 所示 Vout 信号名，进入图 5.4.11 所示波形编辑窗。

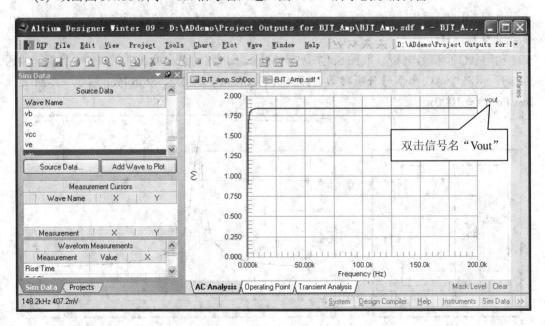

图 5.4.10　线性坐标下输出信号波形

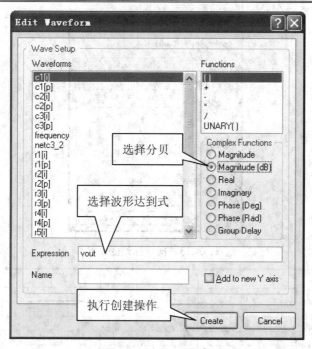

图 5.4.11　波形编辑窗

（2）在波形编辑窗内，选择"Magnitude(dB)作为 Y 坐标刻度，设置波形表达式后，单击"Create"(创建)按钮，即可观察到信号 Vout 纵坐标已变为分贝形式，如图 5.4.12 所示。

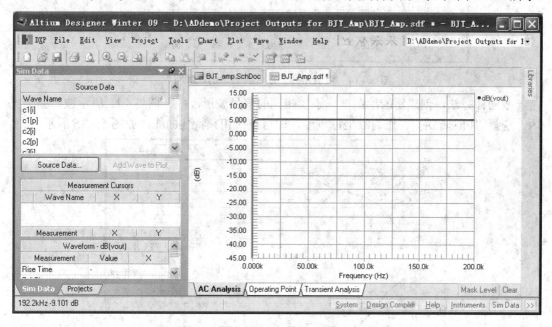

图 5.4.12　用分贝表示

（3）如果希望横坐标(频率)以对数方式显示，可双击横坐标刻度(或执行"Chart"菜单下的"Chart Option"命令)，在图 5.4.13 所示横坐标设置窗口内将"Grid Type"由线性改为底数为 10 的对数，即可获得图 5.4.14 所示对数坐标。

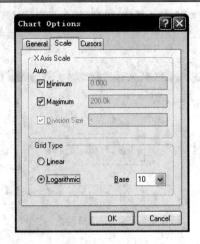

图 5.4.13　横坐标刻度设置

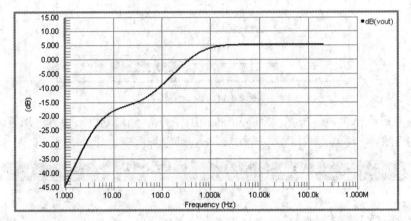

图 5.4.14　对数坐标下以分贝表示的幅频特性

按同样方法，创建新的绘图框，添加相同的信号波形，并在图 5.4.11 所示波形编辑窗内，选择"Phase(Deg)"作为纵坐标刻度，即可获得相频特性曲线，如图 5.4.15 所示。

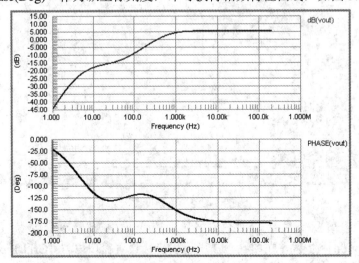

图 5.4.15　同时显示信号的幅频、相频特性

5.4.5　阻抗特性分析

Altium Designer 仿真程序提供阻抗特性分析(Impedance Plot Analysis)功能，只是不单独列出，而是放在 AC 小信号分析方式中，即在 AC 小信号波形窗口内选择激励源阻抗，如 Vin(z)、Vcc(z)等作为观察对象，即可得到电路的输入、输出阻抗曲线。

由于电路输入阻抗是前一级电路或信号源的负载，而电路输出阻抗体现了电路输出级的负载驱动能力，因此在电路设计中常需要了解电路的输入、输出阻抗。

1. 求输入阻抗 Ri

根据电路输入阻抗 Ri 的定义(即 Ri = u_i/i_i)，求电路输入阻抗 Ri 时，无须改动电路结构，在 AC 小信号分析窗口内，选择输入信号源阻抗，如图 5.3.1 中的 V1(z)作为观察对象，即可获得放大器输入阻抗 Ri 曲线，如图 5.4.16 所示(中频段约为 7.4 kHz)。

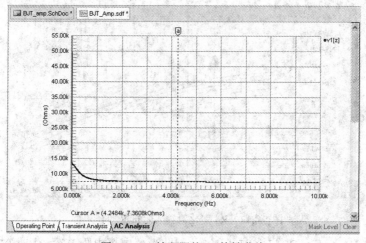

图 5.4.16　输入阻抗 Ri 特性曲线

可见，图 5.3.1 所示放大器输入阻抗 Ri 随输入信号(即信号源)频率的增大而减小，并非固定不变。

当输入信号频率较低时，隔直电容 C1 容抗较大，发射极交流旁路电容 C3 容抗也较大，对输入阻抗 Ri 的影响较大，输入阻抗 Ri 也不是纯电阻。随着输入信号频率的升高，C1、C3 容抗迅速下降，结果 Ri 随输入信号频率的升高而迅速减小。

在中频段，隔直电容 C1、发射极交流旁路电容 C3 的容抗较小，可以忽略不计，输入阻抗 Ri 近似为一常数。在中频段，根据电路分析理论可知：

$$Ri = R1//R1//[r_{be} + (1+\beta) \times R5]$$

而 $r_{be} = r_{bb}' + (1+\beta) \times (r_e + r_e')$，其中 r_e 为发射结电阻，常温下 $r_e = \dfrac{26}{I_E}$ (I_E 单位为 mA)；r_e' 为发射极串联电阻(包括发射区体电阻和引线电阻)；r_{bb}' 是基区横向体电阻，由于基区很薄，基极电流又从横向流过，因而 r_{bb}' 较大，约为数百欧姆，显然 r_{bb}' 大小受集电结反向偏压影响较大。

当忽略 r_e' 后，并考虑到 $I_E = (1+\beta)I_B$，则 $r_{be} = r_{bb}' + 26/I_B$($I_B$ 单位为 mA)。

当 r_{bb}' 取 300 Ω，I_B = Q1(ib)，β = Q1(ic)/Q1(ib)，从直流工作点分析报告中得知 Q1(ib) = 17.95 μA，Q1(ic) = 2.002 mA。将有关参数代入 Ri 表示式，计算得 Ri = 6.4 kΩ，与仿真分析结果基本相同。

在高频段，三极管极间电容(包括势垒电容和扩散电容)的分流作用不能忽略，导致输入阻抗 Ri 随输入信号频率的升高而降低。实验和阻抗仿真分析均表明：输入阻抗 Ri 总是随输入信号频率的升高而降低，只是在中频段 Ri 随频率变化缓慢一些而已。

在输入阻抗、放大倍数估算过程中，将三极管 B-E 极电阻 r_{be} 近似为常数，但实际上 r_{be} 随发射极电流 I_E(引起 r_e 变化)的增大而减小、随集电结偏压 VCB(引起 r_{bb} 变化)的增大而增大。例如，在图 5.3.1 所示的分压式偏置电路中，基极电压基本保持不变，当发射极电阻 R4 增大时，发射极电流 I_E 减小，导致发射结电阻 r_e 增大，结果输入阻抗 Ri 增大，如图 5.4.17 所示。

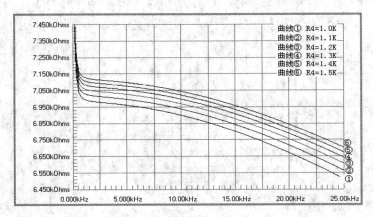

图 5.4.17　R4 变化对输入阻抗 Ri 的影响

由于 V_{CE} = Vcc−I_C×R3−I_E×(R4+R5)，因此当集电极电阻 R3 增大时，V_{CE} 将减小，即集电结反向偏压 V_{CB} 变小，使集电结耗尽层减小，导致基区厚度增加，使 r_{bb} 减小，最终使输入阻抗 Ri 减小，如图 5.4.18 所示。

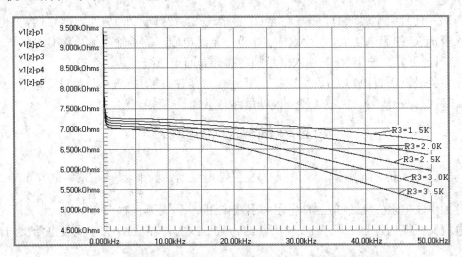

图 5.4.18　R3 变化对输入阻抗 Ri 的影响

因此，一些电子线路教科书中详细介绍输入阻抗 Ri、放大倍数 Au 的计算方法、过程，意义实在有限。

2. 求输出阻抗 Ro

根据输出阻抗的定义，求输出阻抗时，需要修改电路结构：

(1) 用导线将输入信号源短路，但要保留输入信号源的内阻。

(2) 负载 R_L 开路(即输出阻抗 Ro 与负载无关)。

在操作上，可先删除 R_L，将输入信号源移到 R_L 位置，用导线连接与输入信号源相连的两个节点，删除因连线改变后与 GND 短路的节点标号，如本例中的 Vin 标号。

(3) 在输出端接一信号源，这样信号源端电压与流过该信号源电流之比，就是输出电阻 $Ro = v_i / i_i$。

(4) 执行 AC 小信号分析，在 AC 小信号分析窗口内，选择信号源阻抗作为观察对象即可。

按上述原则对图 5.3.1 放大电路改动后，获得了图 5.4.19 所示的输出阻抗仿真电路，而输出阻抗特性曲线如图 5.4.20 所示。

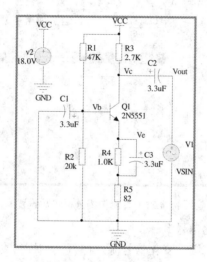

图 5.4.19　输出阻抗仿真电路

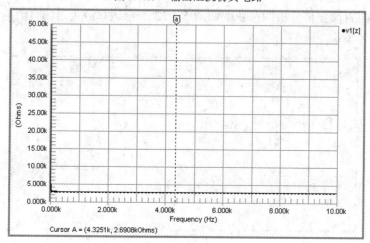

图 5.4.20　输出阻抗曲线

根据电路分析理论可知，在中频段该电路输出阻抗近似等于 R3，即 2.7 kΩ，而仿真分析结果给出的输出阻抗为 2.69 kΩ，与理论近似值非常接近。

5.4.6　直流扫描分析

直流扫描分析(DC Sweep Analysis)方法是在指定范围内，输入信号源电压由小到大或由负到正逐渐增加时，进行一系列的工作点分析以获得直流传输特性曲线，常用于获取运算放大器、TTL、CMOS 等电路的直流传输特性曲线，以确定输入信号的最大范围和噪声容限。直流扫描分析也常用于获取场效应管的转移特性曲线，但直流扫描分析不适用于获取阻容耦合放大器的传输特性曲线。

在图 5.3.3 所示的仿真参数设置窗口内，单击"DC Sweep Analysis"选项，即可进入图 5.4.21 所示的 DC Sweep Analyses 设置框。

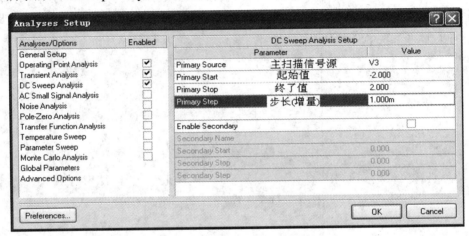

图 5.4.21　直流扫描分析参数设置

Primary Source：主变化信号源。

Enable Secondary：允许第二变化信号源，在直流扫描仿真分析中，允许两个信号源同时变化，然后再分别计算工作点。

例如，利用直流扫描分析即可获取如图 5.4.22 所示运算放大器的直流电压传输特性曲线，操作过程如下：

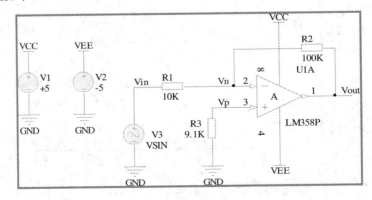

图 5.4.22　运算放大器

(1) 编辑原理图。在编辑原理图过程中，可用"搜索"功能查找具有仿真模型的 LM358 双运放电气图形符号，本例中 LM358 来自 TI Operational Amplifier.IntLib 集成库元件。

(2) 在原理图编辑窗口内，指向并单击"Mixed-Sim"工具栏内的"Setup Mixed-Singal Simulation"(混合信号仿真设置)按钮，进入图 5.3.3 所示的"Analyses Setup"仿真设置窗。

(3) 在图 5.3.3 所示的仿真参数设置窗口内，单击"DC Sweep Analysis"选项，在图 5.4.21 所示的 DC Sweep Analysis 设置框内设置直流扫描参数，如图 5.4.23 所示。

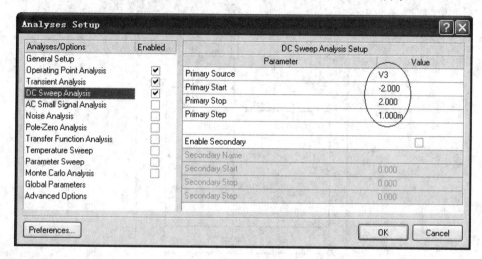

图 5.4.23　直流扫描分析参数

(4) 执行仿真分析操作后，打开.SDF 文件，并选择"DC Sweep"，即可观察到仿真结果，如图 5.4.24 所示。

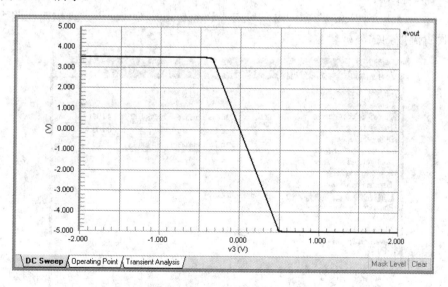

图 5.4.24　直流传输特性曲线

5.4.7　温度扫描分析

一般说来，电路中元器件的参数随环境温度的变化而变化，因此温度变化最终会影响电路的性能指标。温度扫描分析(Temperature Sweep Analysis)就是模拟环境温度变化时电路性能指标的变化情况，因此温度扫描分析也是一种常用的仿真方式，在瞬态分析、直流传输特性分析、交流小信号分析时，启用温度扫描分析即可获得电路中有关性能指标随温度变化的情况。

温度扫描分析应用举例：分析环境温度对图 5.4.25 所示基本放大电路放大倍数的影响。

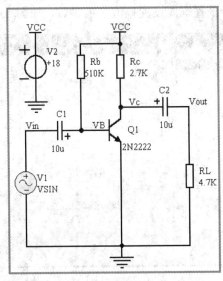

图 5.4.25　共发射极基本放大电路

操作过程如下：

(1) 编辑电路图。

(2) 在"Analyses Setup"窗口内，单击"Temperature Sweep"设置项，在图 5.4.26 所示窗口设置温度扫描分析参数。

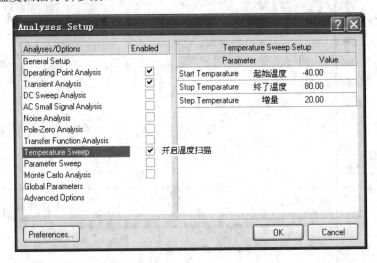

图 5.4.26　温度扫描分析参数设置窗口

(3) 设置了温度扫描参数后，启动仿真过程，输出信号 Vout 随温度变化趋势如图 5.4.27 所示。

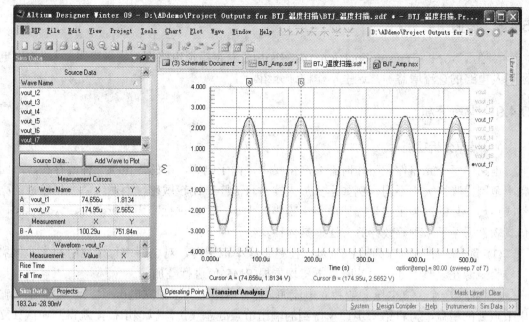

图 5.4.27　输出电压 Vout 随温度变化情况

其中 Vout-t01 对应的环境温度为 −40℃，输出信号幅度约为 1.813 V，放大倍数为 181 倍(输入信号幅度为 10 mV)。随着温度升高，输出信号幅度越来越大，Vout-t7 对应的环境温度为 80℃，输出信号幅度约为 2.565 V，放大倍数为 256 倍，可见温度对基本放大电路影响较大。此外，在图 5.4.28 所示工作点分析窗口内，可以看出：温度升高，V_B 下降，即 V_{BE} 减小；同时集电极静态电流 Ic 随温度的升高而增加，导致集电极电压 Vc 下降。可见，基本放大电路静态工作点受环境温度影响较大。正因如此，造成了图 5.4.25 所示基本放大电路的应用范围受到了很大的限制，而图 5.3.1 所示分压式偏置放大电路受温度影响要小得多。

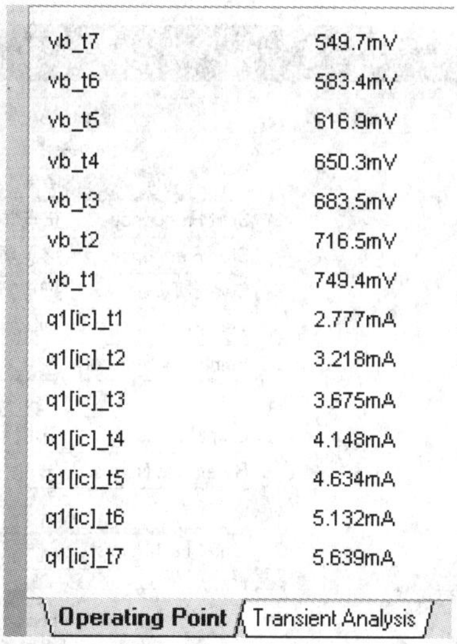

vb_t7	549.7mV
vb_t6	583.4mV
vb_t5	616.9mV
vb_t4	650.3mV
vb_t3	683.5mV
vb_t2	716.5mV
vb_t1	749.4mV
q1[ic]_t1	2.777mA
q1[ic]_t2	3.218mA
q1[ic]_t3	3.675mA
q1[ic]_t4	4.148mA
q1[ic]_t5	4.634mA
q1[ic]_t6	5.132mA
q1[ic]_t7	5.639mA

Operating Point　Transient Analysis

图 5.4.28　基极电压 V_B 与集电极电流 I_C 随温度变化趋势

5.4.8　传递函数分析

传递函数分析(Transfer Function Analysis)用于获得模拟电路直流输入电阻、直流输出电阻以及电路的直流增益等，这里不作详细介绍。

5.4.9　噪声分析

1．噪声分析功能

电路中每个元器件在工作时都会产生噪声，由于电容、电感等电抗元件的存在，不同频率范围内噪声大小不同，例如运算放大器对直流噪声比较敏感，而对频率变化较快的高频噪声反应迟钝。为了定量描述电路中噪声的大小，需要进行噪声分析(Noise Analysis)，仿真软件采用了一种等效计算方法，具体计算步骤如下：

(1) 选定一个节点作为输出节点，在指定频率范围内，对电路中每个电阻和半导体器件等噪声源在该节点处产生的噪声电压均方根(RMS)值进行叠加。

(2) 选定一个独立电压源或独立电流源，计算电路中从该独立电压源(电流源)到上述输出节点处的增益，再将第一步计算得到的输出节点处总噪声除以该增益，就得到在该独立电压源(或电流源)处的等效噪声。

由此可见，等效噪声相当于是将电路中所有的噪声源都集中到选定的独立电压源(或电流源处)。其作用大小相当于是在输入独立电源处加上大小等于等效噪声的噪声源，则在指定节点处产生的输出噪声大小正好等于实际电路中所有噪声源在输出节点处产生的噪声。

2．噪声分析的参数设置

在"Analyses Setup"窗口内，单击"Noise Analysis"选项，在如图 5.4.29 所示窗口设置噪声分析参数。

当参考节点(Reference Node)为 0 时，以接地点(GND)作为计算参考点，即输出节点噪声大小相对地电平而言。

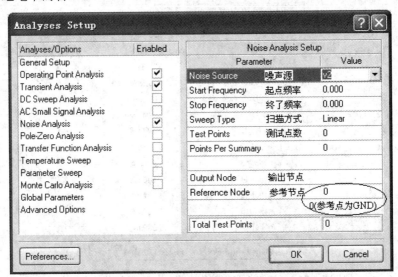

图 5.4.29　噪声分析参数设置窗口

图 5.4.25 所示共射放大器的噪声分析结果如图 5.4.30 所示，可见该电路在低频段噪声输出电压均方值较大。

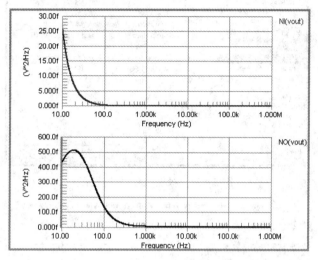

图 5.4.30　共射放大器噪声特性曲线

5.4.10　极点-零点分析

通过极点-零点分析(Pole-Zero Analysis)可以直接获取传递函数极点和零点参数，以便迅速判断传递函数的稳定性。

分析图 5.4.31 所示电路由输入 Vin 到输出 Vout 传递函数的极点和零点，操作过程如下：

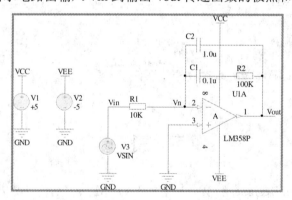

图 5.4.31　Ⅱ反馈补偿网络等效电路

(1) 编辑原理图。

(2) 在"Analyses Setup"窗口内，单击"Pole-Zero Analysis"选项，在图 5.4.32 所示窗口内，设置极点-零点分析参数。

传递函数类型可选 V/V 形式，如输出电压 Vout 对输入电压 Vin；也可以选择 V/I 形式，如输出电压 Vout 对输入电流 Iin。

分析种类可选 Pole and Zero，也可以选择 Pole Only(仅分析极点)或 Zero Only(仅分析零点)。

图 5.4.31 所示电路输入到输出传递函数 Vout/Vin 极点-零点分析结果如图 5.4.33 所示。

图 5.4.32　极点-零点分析设置

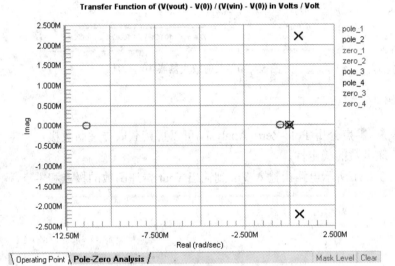

图 5.4.33　极点-零点分析结果

习　题　5

5-1　简述 Altium Designer 仿真分析用元件电气图形符号的存放方式。

5-2　指出在 Altium Designer 中进行电路仿真分析的操作步骤。

5-3　Altium Designer 提供了哪几种仿真分析方式?

5-4　对图 P5.1 所示差分放大电路进行工作点分析，验证集电极电流 I_{C1}、I_{C2} 基本上不随电阻 R1、R2 的变化而变化。

5-5　对图 P5.1 所示差分放大电路进行瞬态分析，验证对差模输入信号来说，无论是双端输出还是单端输出，发射极 E 上交流信号幅度均不大，可以认为是交流接地。如何直接观察到双端输出信号 $Uo = U_{O1} - U_{O2}$? 并通过温度扫描分析，验证差分放大电路集电极直流电压差对温度变化不敏感。

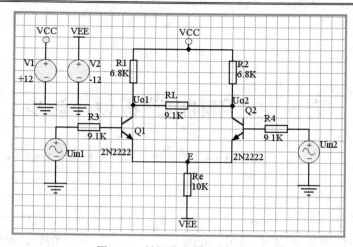

图 P5.1 射极耦合差分放大电路

5-6 对如图 P5.2 所示电源电路进行瞬态仿真分析，观察整流滤波后输出波形 Vi 以及三端稳压块输出 VSS 和 VCC 瞬态波形，以及整流二极管瞬态电流波形；通过参数扫描分析观察电源滤波电容 C301 容量对输出波形的影响。

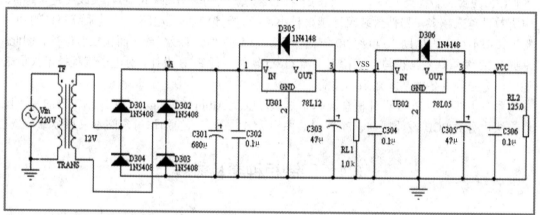

图 P5.2 电源电路

5-7 对含有变压器、光电耦合器件的电路仿真时，应注意什么问题？图 P5.2 中与 220 V 交流激励源(频率为 50 Hz)相连的接地符号能否取消？

5-8 通过哪一仿真分析方式可以获得放大器的输入、输出阻抗？请求出图 P5.1 所示差分放大器输入阻抗及单端输出阻抗。

第 6 章　印制电路板设计初步

❖❖❖❖❖❖❖❖❖❖❖❖❖❖❖❖❖❖❖❖❖❖❖❖❖❖❖❖❖❖❖❖

印制电路板(Printed Circuit Board，PCB)编辑是电子产品设计过程中的关键环节之一，编辑原理图的目的也是为了能够使用相关的 CAD 软件进行 PCB 编辑、设计，因此在电子线路 CAD 中，印制板设计才是最终目的。

随着电路系统工作频率的不断提高和电子产品体积的不断缩小，在电路系统中除了需要安装散热片的功率元件外，大量使用表面封装元件(SMC 封装的电阻、电容、电感等)、器件(SMD 封装的各类 IC 芯片)已成为一种必然选择；另一方面，IC 芯片集成度越来越高，引脚数目越来越多，器件封装尺寸越来越小，导致无论是单元电路，还是系统整体的功能验证，都不可能再借助 20 世纪 90 年代前广泛采用的"万能板"或"面包板"进行。因此，掌握 PCB 编辑基本常识与熟练使用主流 CAD 软件进行 PCB 设计，对电子工程技术人员来说已成为必须具备的基本知识和技能。

本章主要介绍 PCB 设计概念、基本知识，以及 Altium Designer PCB 编辑器的基本操作方法。有关 PCB 设计规则、PCB 封装图设计方法等方面的知识可参阅本书后续章节。

6.1　印制板种类及材料

印制板是印制线路板或印制电路板的简称，通过印制板上的印制导线、焊盘以及金属化过孔、填充区、敷铜区等导电图形，实现元器件引脚之间的电气互连。由于印制板上的导电图形、元件轮廓线以及说明性文字(如元件序号、型号)等均通过印制方式实现，因此称之为印制电路板。

通过一定的工艺，在绝缘性很高的基材上覆盖一层导电性能良好的铜箔，就构成了生产印制电路板所需的材料——覆铜板。按电路要求，在覆铜板上刻蚀出导电图形，并钻出穿通元件的引脚安装孔、用于实现不同布线层以及布线层与内电源层(包括内地线层)之间电气互连的金属化过孔、固定大尺寸元件以及整个电路板所需的螺丝孔等，就获得了电子产品所需的印制电路板。

6.1.1　印制板材料

覆铜箔层压板简称覆铜板，其种类很多，根据覆铜板的刚、挠特性，有刚性覆铜板和挠性覆铜板两大类。

根据刚性覆铜板基底材料的不同，可以将印制板分为纸基覆铜板、玻璃布基覆铜板、混合基覆铜板、金属基覆铜板及陶瓷基覆铜板等。使用粘结树脂将纸或玻璃布粘在一起，然后经过加热、加压工艺处理，就形成了纸质覆铜箔层压板和玻璃布覆铜箔层压板。

目前常用的粘结树脂主要有酚醛树脂、环氧树脂和聚四氟乙烯树脂三种。

使用酚醛树脂粘结的纸质覆铜箔层压板称为覆铜箔酚醛纸质层压板(简称纸基板)，典型品种为 FR-1(阻燃型，也称 UL94V0 基板、UL94V1 基板)、UL94-HB(非阻燃型)、XPC(非阻燃型)。纸基板的特点是成本低廉，主要用作收音机、电视机以及其他电子设备的印制电路板。

使用环氧树脂粘结的纸质覆铜箔层压板称为覆铜箔环氧纸质层压板，典型品种为 FR-3。覆铜箔环氧纸质层压板的电气性能和机械性能均比覆铜箔酚醛纸质层压板好，也主要用作收音机、电视机、遥控器以及其他低频电子设备的印制电路板。

复合基覆铜板绝缘基体的表层与绝缘基体分别采用不同的材料，典型产品有 CEM-1(表面为玻璃布，内层为棉纤维纸)及 CEM-3(价格最低廉的双面 PCB 板材，表面为玻璃布，内层为无纺玻璃纸)。CEM-3 分为通用型 CEM-3 和导热型 CEM-3(热导率为 1.0 W/(m·K)，CTI 指数在 600 V 以上，主要用作 LED 照明灯具的 PCB 板)两种，机械性能优良，可冲孔加工，性能指标、价格介于纸基与 FR-4 之间。

使用环氧树脂粘结的玻璃布覆铜箔层压板称为覆铜箔环氧玻璃布层压板(简称环氧-玻璃布基覆铜板)，代表性品种有 FR-4(阻燃型)、G-10(非阻燃型)以及耐热特性更好的 FR-5(阻燃型)、G-11(非阻燃型)。这是目前使用最广泛的印制电路板材之一，它具有良好的电气和机械性能，耐热、膨胀系数小、尺寸稳定，可在较高温度下使用，广泛用作各种电子设备、仪器的印制电路板，但板上的焊盘孔、金属化过孔、固定螺丝孔等必须通过钻孔方式实现，因此加工成本较高。

使用聚四氟乙烯树脂粘结的玻璃布覆铜箔层压板称为覆铜箔聚四氟乙烯玻璃布层压板。其介电性能好(介质损耗小、介电常数低、连线互容小)，耐高温(工作温度范围宽)，耐潮湿(可以在潮湿环境下使用)，耐酸、碱(即化学稳定性高)，是制作高频、微波电子设备印制电路板的理想材料，但价格略高。

为满足大功率贴片 LED 芯片的散热需求，近年来相继开发了导热性能良好的覆铜板，如金属基覆铜板(包括铝基覆铜板、铜基覆铜板、铁基覆铜板等)、高导热覆铜箔环氧玻璃布层压板(导热 FR-4，是目前较理想的高导热双面 PCB 板)。其中金属基覆铜板由铜箔层、添加特定导热材料(如 Al_2O_3 或 Si 粉)的绝缘树脂层、导热性能良好的金属层组成。目前广泛使用的铝基板热导率为 2.0～3.0 W/(m·K)；高导热 FR-4 基板热导率为 1.5 W/(m·K)，远高于通用 FR-4 基板(通用 FR-4 基板热导率约为 0.50 W/(m·K))，已接近通用型铝基板(热导率为 2.0 W/(m·K))，CTI 指数大于 600 V。由于绝缘需要，金属基覆铜板一般为单面结构，适合安装大功率高发热贴片元件，不适合安装穿通元件。

陶瓷基覆铜板导热性能良好，绝缘等级高，可以是单面，也可以是双面。其不足之处是加工困难，如不便钻孔、开槽；在外力作用下容易碎裂，不宜通过螺丝紧固。

此外，用挠性塑料作基底的印制板称为挠性印制板，常用作印制电缆，主要用于连接电子设备内可移动部件，如 DVD 机内激光头与电路板之间就通过挠性印制电缆连接。

覆铜板的主要性能指标有基板厚度(单位为 mm)、铜箔厚度(以 OZ 为单位，含义是每平方英尺含多少盎司的金属铜。1 盎司相当于 28.3 克，1 英尺为 12 英寸，1 英寸等于 25.4 mm，即 1 英尺相当于 304.8 mm，而铜密度为 8.9 g/cm³，因此 1 OZ 铜箔厚度约为 34.32 μm)、铜膜抗剥强度、翘曲度、介电常数 DK(越低越好)、介质损耗角正切 tan(越小越好)、玻璃化温度 Tg(越高越好)等。常用纸质、玻璃布覆铜箔层压板标准厚度在 0.2～6.4 mm 之间，可根据电路板用途、绝缘电阻及抗电强度等指标进行选择；铜箔标准厚度有 0.5 OZ(18 μm)、1 OZ(35 μm)、1.5 OZ(50 μm)、2 OZ(70 μm)、3 OZ(105 μm)(误差为 5 μm)。

6.1.2 印制板种类及结构

印制板种类很多，根据导电层数的不同，可将印制板分为单面电路板(简称单面板)、双面电路板(简称双面板)和多层电路板。

单面板结构如图 6.1.1(a)所示，所用的覆铜板只有一面敷了铜箔，另一面空白，因而也只能在敷铜箔面上制作导电图形。单面板上的导电图形主要包括固定、连接元件引脚的焊盘和实现元件引脚互连的印制导线，该面称为"焊锡面"(Solder Side)——在 Altium Designer PCB 编辑器中被称为 "Bottom Layer" (底层)。没有铜膜的一面用于安放穿通元件，因此该面称为"元件面"(Component Side)——在 Altium Designer PCB 编辑器中被称为 "Top Layer" (顶层)。由于单面板结构简单，没有过孔，生产成本低，因此，以穿通封装元件为主、工作频率较低的电子产品，如收录机、电视机、计算机显示器、LED 照明灯具等电路板一般采用单面板结构。尽管单面板生产成本低，但单面板布线操作难度最大，原因是只能在一个面内布线(包括信号线、电源线、地线均在一个面内)，布通率比双面板、多层板低；可利用的电磁屏蔽手段也非常有限(差分线平行走线)，电磁兼容性指标不易达到要求。理论上，平面网孔电路，在单面板上布线时，布通率为 100%；对于非平面网孔电路，在单面板上，实在无法通过印制导线连接的少量导电图形(如引脚焊盘)，可使用"跨接线"方式连接，但跨接线数目必须严格限制在一定的范围内，否则电路性能指标会下降，生产成本也会上升。有关在单面板中跨接线的设置原则，可参阅第 7 章的有关内容。

双面板结构如图 6.1.1(b)所示，基板的上、下两面均覆盖铜箔。因此，上、下两面都可以印制导电图形。导电图形中除了焊盘、印制导线外，还有用于使上、下两面导电图形互连的"金属化过孔"。在双面板中，元件一般也只安装在其中的一个面上(在特定情况下，也可以在焊锡面内放置厚度小、重量较轻的表面贴装元件)，该面也称为"元件面"，另一面称为"焊锡面"。在双面板中，需要制作连接上、下面印制导电图形(如导线、元件焊盘等)的金属化过孔，生产工艺流程比单面板多，成本略高，但由于能两面走线，布线相对容易，布通率较高。其借助于与地线相连的敷铜区能较好地解决电磁干扰问题，因此应用范围很广。多数电子产品，如 DVD 机、单片机控制板等均采用双面板结构。

随着集成电路技术的不断发展，元器件集成度越来越高，引脚数目迅速增加，电路图中元器件的连接关系越来越复杂。此外，器件的工作频率也越来越高，双面板已不能满足布线和电磁屏蔽的要求，于是出现了多层印制板。多层印制板中导电层的数目一般为 4、6、8、10 等，例如在四层板中，上、下面(层)是信号层(信号线的布线层)，在上、下两层之间还有内电源层、内地线层，如图 6.1.1 (c)所示。在六层板中，有 4 个信号层及 2 个内电源/地线层或 3 个信号层及 3 个内电源/地线层，如图 6.1.1 (d)所示。在多层印制板中，可充分利用电路板的多层结构解决电磁干扰问题，提高了电路系统的可靠性；由于可布线层数多，因此走线方便，布通率高，连线短，布线寄生参数小，工作频率高，印制板面积也较小(印制导线占用的面积小)。目前计算机设备，如主机板、内存条、显示卡、高速网卡、手机控制板等均采用四或六层印制电路板。

在多层电路板中，层与层之间的电气连接通过穿通封装元件的引脚焊盘和金属化过孔实现。除了元件引脚焊盘孔外，用于实现不同层电气互连的金属化过孔最好贯穿整个电路板(经特定工艺处理后，不会造成短路)，以方便钻孔加工。在图 6.1.1 (c)所示的四层板中，给出了五种不同类型的金属化过孔。例如，用于元件面上印制导线与电源层相连的金属化过孔中，为避免与地线层相连，在过孔经过的地线层上少了一个比过孔大的铜环(很容易通过刻蚀工艺实现)，这样该金属化过孔就不会与地线层相连。

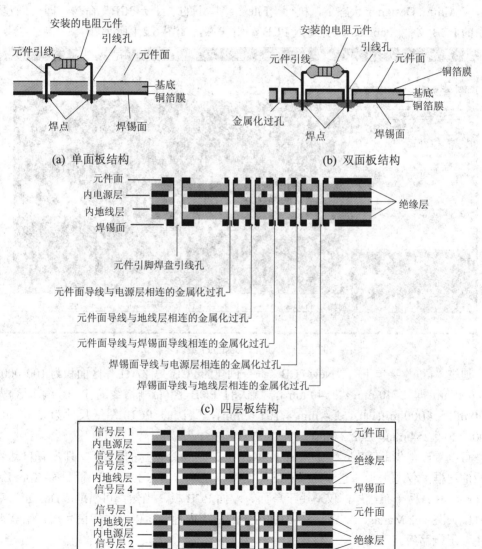

图 6.1.1　单面、双面及多层印制电路板剖面图

6.2　创建 PCB 文件启动 PCB 编辑器

在 Altium Designer 状态下，编辑、创建原理图的最终目的是为了编辑 PCB 印制板。在 Altium Designer 状态下，可通过菜单命令或 PCB Document Wizard(PCB 文档创建向导)创建新的 PCB 文件，进入 PCB 编辑状态。

6.2.1　利用菜单命令创建 PCB 文件

在 Altium Designer 状态下，执行"File"菜单下的"New\PCB"命令，即可创建新的、空白的 PCB 文件(.PcbDoc)，并进入 PCB 编辑状态，如图 6.2.1 所示。

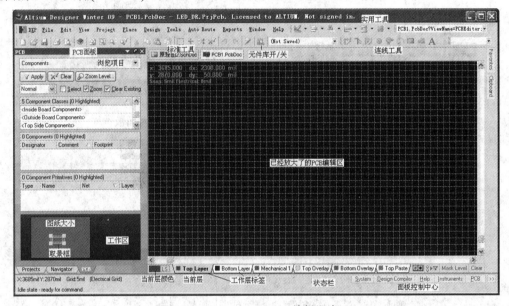

图 6.2.1　Altium Designer 编辑器窗口

通过"File"菜单下的"New\PCB"命令创建的 PCB 文件，工作区面积为 100 000 mil × 100 000 mil(即 2540 mm × 2540 mm)，默认的 PCB 图(带栅格线的 PCB 编辑区)大小为 6000 mil × 4000 mil(即 152.4 mm × 101.6 mm)，默认的 PCB 图纸尺寸为 10 000 mil × 8000 mil(即 254 mm × 203.2 mm)。

可以看出，借助"File"菜单下的"New\PCB"命令创建的 PCB 文件没有自动生成印制板的边框，仅适用于创建非标尺寸的印制板。在缺省状态下，PCB 板只有 Top Layer、Bottom Layer 两个布线层，仅适用于单面、双面 PCB 板。当然，可借助"Design"菜单下的"Layer Stack Manager..."命令，添加内电源层、内地线层以及中间信号层，来获得 4 层或更多层电路板。

6.2.2　利用 PCB Document Wizard 创建 PCB 文件

对于标准尺寸的印制板，如 ISA、PCI 总线扩展卡，最好通过"Home"主页内的"Printed

Circuit Board Design"(PCB 设计)标签下的"PCB Document Wizard"(PCB 文档创建向导)
或"Create PCB Form Template"(用模板文件创建 PCB 文件)命令创建标准尺寸的 PCB 文件,
然后借助原理图编辑器窗口内的"Up PCB xxxx..."(更新 PCB)命令,把原理图中的元件封
装图、电气连接关系等信息直接装入指定的 PCB 文件中。

　　PCB Document Wizard 功能完善,可通过交互式对话方式引导操作者迅速创建 PCB 文
件,操作过程如下:

　　(1) 如果当前状态处于 SCH、PCB 或库元件编辑状态,可执行对应编辑器"View"菜
单下的"Home"命令,进入"Home"主页面。

　　(2) 单击"Home"主页内"Printed Circuit Board Design"(PCB 设计)标签下的"PCB
Document Wizard",启动 PCB Board Wizard,如图 6.2.2 所示。

图 6.2.2　启动 PCB Board Wizard

　　(3) 单击图 6.2.2 中的"Next>"按钮,在图 6.2.3 所示窗口内选择度量单位。

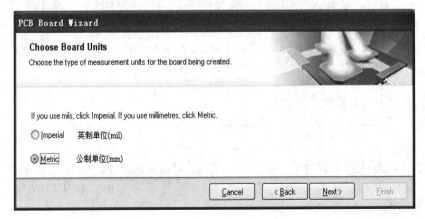

图 6.2.3　选择度量单位

(4) 单击图 6.2.3 中的 "Next>" 按钮，在图 6.2.4 所示窗口内选择 PCB 板类型。

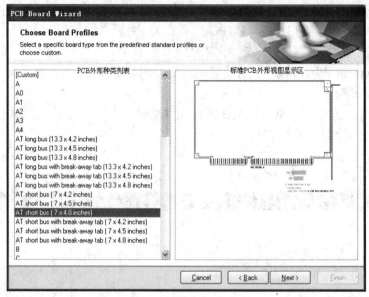

图 6.2.4   选择 PCB 板类型

对于标准尺寸 PCB 板来说，如 PCI Short Card 3.3V-64Bit、PCI Short Card 3.3V-32Bit 等的几何外形、尺寸已完全确定，可直接在图 6.2.4 所示窗口内选择相应规格的 PCB 板。

对于非标尺寸 PCB 板来说，可根据 PCB 板的大致尺寸选择相应规格，如 A4；也可以选择 "Custom"(用户自定义)类型，接着在图 6.2.5 所示窗口内指定电路板的几何形状、尺寸等参数。

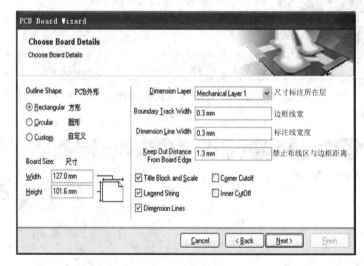

图 6.2.5   设置用户自定义类型 PCB 尺寸

(5) 选择 PCB 类型及尺寸后，在图 6.2.6 所示窗口内选择 PCB 的板层结构。

对于单面、双面板来说，信号层数量为 2，内电源层数为 0；对于四层板来说，信号层为 2，内电源层数为 2；对于四层以上 PCB 板来说，需要根据板层结构进行设置，参见第 7 章 7.3.3 节。

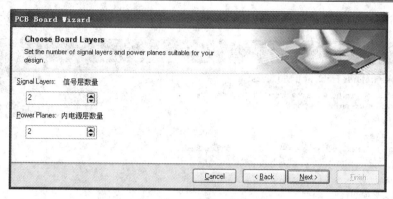

图 6.2.6　选择板层结构

(6) 设置了板层结构后，在图 6.2.7 所示窗口内设置过孔形式。

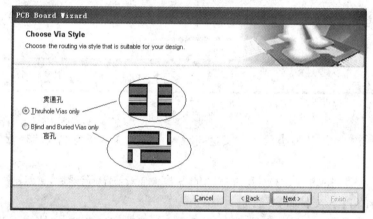

图 6.2.7　选择过孔形式

过孔形式选择操作仅对四层及以上 PCB 板有效。对于单面板来说，过孔不存在；对于双面 PCB 板来说，所有孔一定是贯通孔。在四层及以上电路板中，优先选择贯通孔，优点是加工难度低，只是过孔占用的 PCB 板布线区面积有所增加。当然，在布线密度很高的 PCB 板上，可能被迫选择盲孔，甚至埋孔。

(7) 设置了过孔形式后，在图 6.2.8 所示窗口内选择板上元件的安装方式。

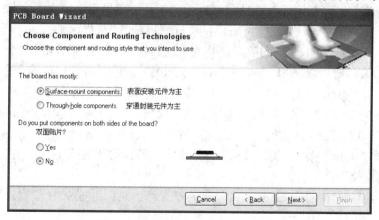

图 6.2.8　选择板上元件的安装方式

(8) 选择了板上元件的安装方式后，在图 6.2.9 所示窗口内设置基本的布线参数。

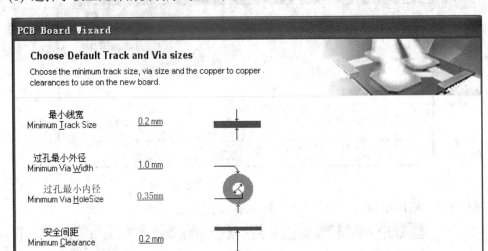

图 6.2.9　设置基本的布线参数

包括最小线宽、过孔最小尺寸、安全间距等在内的基本布线参数选择依据将在第 7 章逐一介绍。

此时，基本上完成了 PCB 创建过程中的参数设置，确认无误后，单击"Finish"按钮，即可获得空白的 PCB 文件。

值得注意的是：通过 PCB Document Wizard 创建的空白 PCB 文件位于 Free Document 文件夹内，并不隶属于任何设计项目，保存后，需单击指定设计项目文件夹，并执行"Project"菜单下的"Add Existing To Project…"命令，才能将保存在盘上特定文件夹下的 PCB 文件装入设计项目中。

6.2.3　PCB 编辑器界面

Altium Designer 印制板编辑器界面如图 6.2.1 所示，菜单栏内包含了"File"(文件操作)、"Edit"(编辑)、"View"(浏览)、"Project"(项目)、"Place"(放置)、"Design"(设计)、"Tools"(工具)、"Auto Route"(自动布线)等，这些菜单及其命令的用途随后将会逐一介绍。

与原理图编辑器相似，在印制板编辑、设计过程中，除了可使用菜单命令操作外，PCB 编辑器也将一系列常用的菜单命令以"工具"按钮形式罗列在"工具栏"内，用鼠标单击"工具栏"内的某一"工具"按钮，即可方便、快捷地执行"工具"对应的操作。PCB 编辑器提供了 PCB 标准工具栏(PCB Standard)、连线工具栏(Wiring)、实用工具箱(Utilities)等，必要时可通过"View"菜单下的"Toolbars"命令打开或关闭这些工具栏(箱)。缺省时这三个工具栏(箱)均处于打开状态。

PCB 标准工具栏(PCB Standard)内包含的工具种类及作用与 SCH 编辑器标准工具栏的相同或相近，如图 6.2.10 所示。

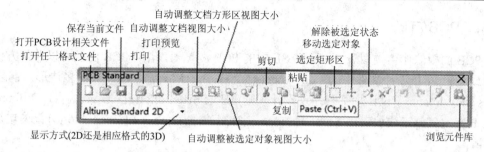

图 6.2.10　PCB 标准工具栏内的工具

连线工具栏(Wiring)内包含了交互式连线、多路等长布线、差分连线、焊盘、过孔、矩形填充区、多边形敷铜区等工具，如图 6.2.11 所示。连线工具栏内的工具除文字工具外，其他工具均具有电气特性。

实用工具箱(Utilities)内包含了实用工具袋(Utilities Tools)、排列工具袋、尺寸工具袋等，功能相近的各种实用工具集中存放在相应的小工具袋中，如图 6.2.12 所示。实用工具箱内的工具一般不具有电气特性。

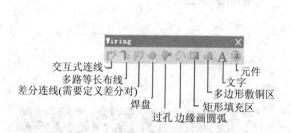

图 6.2.11　连线工具栏内的工具

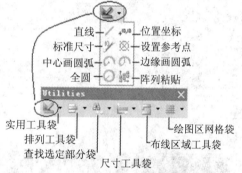

图 6.2.12　实用工具箱内的工具

PCB 编辑器内工具栏的位置也可移动，例如将鼠标移到工具栏上的空白位置，按下鼠标左键不放，移动鼠标，即可调整工具栏的位置。当工具栏移到工作区内时，会自动变成"工具窗"；反之，将"工具窗"移到工作区边框时又会自动变成工具栏。

在 PCB 编辑状态下，可通过连线工具栏(Wiring)内的工具快速完成手工布线、放置填充区、多边形敷铜区等操作，通过实用工具箱(Utilities)内的工具可绘制没有电气属性的直线、圆、圆弧段等。

启动后，PCB 编辑区内的栅格线形状(细实线、点)、间距均可以重新设置。在编辑区下方列出了目前已打开的工作层和当前所处的工作层。

在 Altium Designer 编辑器中，单击"Design"菜单下的"Board Options…"命令，在"Measurement Unit"(测量单位)选择窗内选择英制(单位为 mil，即 1/1000 英寸)或公制(单位为 mm)作为长度计量单位，它们彼此之间的换算关系如下：

$$1 \text{ mil} = 0.0254 \text{ mm}$$
$$10 \text{ mil} = 0.254 \text{ mm}$$
$$100 \text{ mil} = 2.54 \text{ mm}$$
$$1000 \text{ mil}(1 \text{ 英寸}) = 25.4 \text{ mm}$$

6.2.4　PCB 面板

PCB 面板的作用类似于 Protel 99 SE 中的 PCB 浏览器,借助 PCB 面板可以非常方便地查找或编辑 PCB 设计文件中的 Components(元件)、Nets(节点)、Polygons(多边形敷铜区)、Rules and Violations(设计规则与违反设计规则)、Hole Size Editor(孔径尺寸编辑)、Differential Pairs Editor(差分走线编辑)、From-To Editor(来自编辑器)、Split Plance Editor(分离内电层编辑)等。

PCB 面板显示的信息内容与当前浏览对象有关,如图 6.2.13 所示,单击"浏览对象选择框"下拉按钮,即可选择相应的浏览对象,如 Components、Nets、Rules and Violations、Hole Size Editor 等。

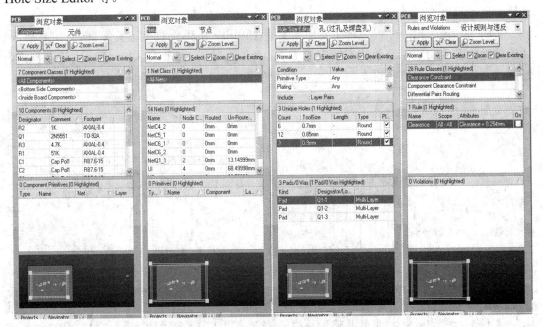

图 6.2.13　不同浏览对象对应的浏览窗

浏览对象的选择又与当前操作状态有关,在手工调整元件布局过程中,可选择"Components"(元件)作为浏览对象;在手工布线过程中,选择"Nets"(节点)作为浏览对象更方便连线;在检查穿通元件焊盘孔径大小过程中,可选择"Hole Size Editor"(孔径尺寸编辑)作为浏览对象;而在设计规则设置及编辑、检查及纠正违反设计规则错误操作过程中,需选择"Rules and Violations"(设计规则与违反设计规则)作为浏览对象。

下面以"Altium Designer Winer 09\Examples\PCB Auto_Routing"文件夹下的 PCB Auto_Routing.PrjPcb 项目文件为例,简要介绍 PCB 面板的功能与用法。

1. 以 Components(元件)作为浏览对象

在元件布局操作或检查 PCB 窗口内元件种类以及元件连接关系时,可单击 PCB 面板"浏览对象选择框"下拉按钮,选择 Components(元件)作为浏览对象,如图 6.2.14 所示。

1) 元件分类及其操作

在缺省状态下,PCB 编辑器将元件分为 All Components(所有元件)、Bottom Side

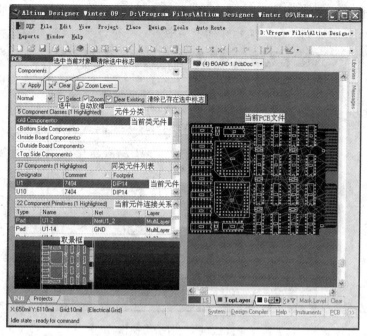

图 6.2.14　以 Components 作为浏览对象

Components (放在焊锡面内的元件)、Inside Board Components(放在布线区边框内的元件)、Outside Board Components(放在布线区边框外的元件)、Top Side Components(放在元件面内的元件)五大类。

　　必要时，也可以双击元件分类窗口下的某一元件(或执行"Design"菜单下的"Classes…"命令)，进入如图 6.2.15 所示的"Object Class Explorer"(目标分类管理器)窗口，在指定类型上单击右键，调出添加、删除、重命名等操作命令，以便对分类对象进行管理。

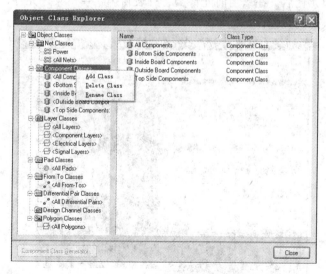

图 6.2.15　目标分类管理器

　　例如，右击图 6.2.15 中的"Component Classes"，并选择"Add Class"(增加类型)命令，即可发现在"Component Classes"目录下出现了"New Class"类型。双击"New Class"类

型，在图 6.2.16 所示窗口内，利用"添加""移除"等按钮，即可将"元件列表"窗口内特定元件或全部元件添加到"已添加元件列表"中。

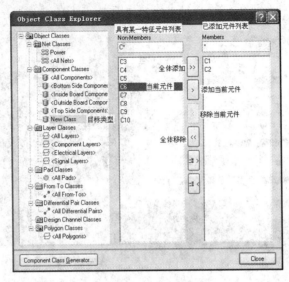

图 6.2.16　元件分类操作

右击"New Class"，选择"Rename Class"(类重命名)命令，将"New Class"重新命名为"CAP Components"。至此，元件类型的添加操作过程结束。

在图 6.2.14 中，当"Select"(选中)复选项处于选中状态时，单击其中的某一类元件后，即可发现该元件类处于选中状态(当然，在单击了某类元件后，也可以单击"Apply"按钮选中)，同时 PCB 面板自动调整窗口大小，以便观察。

2) 同类型元件

选定某一类型元件后，在"当前元件类"列表窗内，单击某一元件，即可在 PCB 编辑区看到处于选中状态的元件，如图 6.2.17 所示。

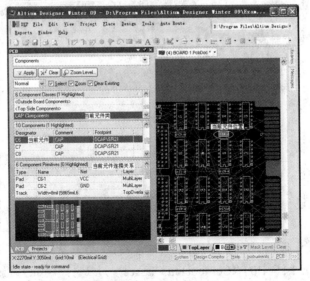

图 6.2.17　当前元件位置

同时，在"当前元件连接关系"列表窗口内还会显示出与该元件相连的节点，如图 6.2.17 中的 C6 分别连接在 VCC 和 GND 节点上。

2. 以 Nets (节点)作为浏览对象

在手工布线操作或检查 PCB 窗口内某类或某一节点与什么元件的哪一引脚相连时，可单击 PCB 面板窗口"浏览对象选择框"下拉按钮，将"Nets"(节点)作为浏览对象，如图 6.2.18 所示，这样就非常容易找到指定节点，以及连接到该节点的元件引脚信息。当然，也可以进入图 6.2.15 所示的目标分类管理器窗口，定义新的节点类型。

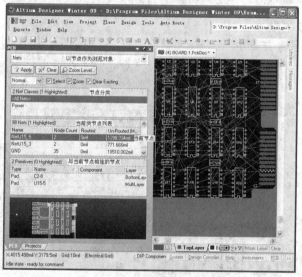

图 6.2.18　以 Nets 作为浏览对象

3. 以 Hole Size Editor(孔径尺寸编辑)作为浏览对象

在检查、编辑穿通元件的焊盘孔径以及过孔直径过程中，可选择"Hole Size Editor"(孔径尺寸编辑)作为浏览对象，这样就能方便地找出对应孔径的焊盘或过孔，如图 6.2.19 所示。

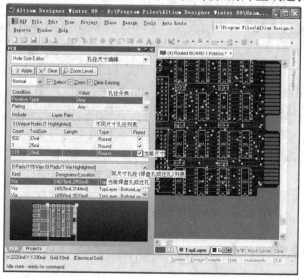

图 6.2.19　以 Hole Size Editor 作为浏览对象

当需要修改孔径参数时，可先在"同尺寸孔径列表"窗内找到目标焊盘孔(或过孔)，然后双击，就能进入焊盘或过孔编辑状态，直接修改焊盘或过孔的相关参数。

4. 以 Rules and Violations(设计规则与违反设计规则)作为浏览对象

在设置、浏览"设计规则"过程中，以及完成了 PCB 设计后，往往需要以"Rules and Violations"作为浏览对象，以便检查设置了哪些设计规则，以及什么地方出现了违反设计规则的情形，如图 6.2.20 所示。

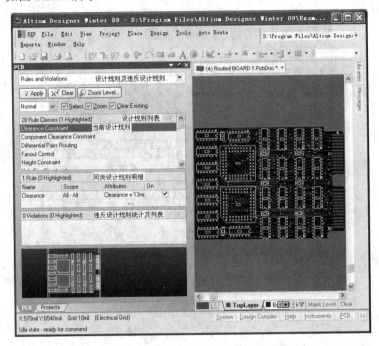

图 6.2.20 以 Rules and Violations 作为浏览对象

6.3 手工设计单面印制板——Altium Designer PCB 基本操作

为了便于理解 PCB 编辑器的基本概念，掌握 PCB 设计的基本操作方法，下面以手工设计图 2.4.25 所示电路的印制板为例，介绍 Altium Designer PCB 编辑器的基本操作方法。掌握手工布局、布线技能是非常必要的，因为无论 EDA 软件自动布局、布线功能如何完善，它也无法适应不同功能、用途、不同工作频率、不同电磁兼容要求的电路板。其实，一块散热良好、抗干扰性强、布局及布线合理、满足生产工艺要求的 PCB 板，在完成电原理图编辑后，往往通过手工方式完成元件的布局、布线操作。

图 2.4.25 所示电路很简单，元件数量少，完全可以使用单面板，由于元件尺寸不大，电路板尺寸暂取 2000 mil × 1500 mil(相当于 50.8 mm × 38.1 mm)。

6.3.1 工作层概念及颜色配置

执行"Design"菜单下的"Board Layers & Colors"(板层及颜色)命令，即可弹出如图

6.3.1 所示的"View Configurations"(视图配置)窗，可以在该窗口打开或关闭某一工作层，或重新选择工作层的颜色(可修改，但不建议改变板层颜色)。

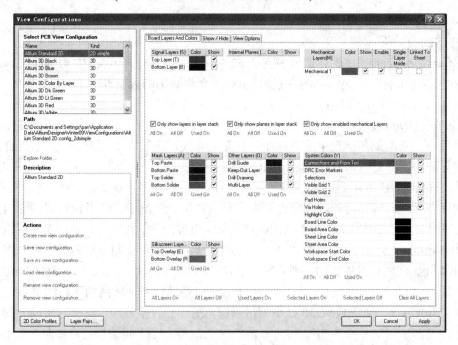

(a) 双面板工作层

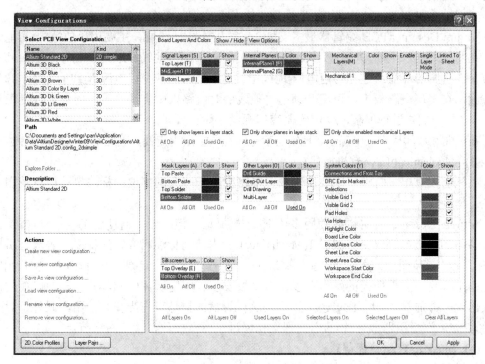

(b) 多层板工作层

图 6.3.1　PCB 编辑器视图配置

直接单击 PCB 编辑区左下角的"当前层颜色"标签，也可以进入图 6.3.1 所示的视图配置窗口。

1. 工作层含义

(1) Signal Layers(信号层)。

Altium Designer PCB 编辑器最多支持 32 个信号层，去掉图 6.3.1 中"Signal Layers"下方"Only show layers in layer stack"(仅显示处于允许状态的板层)复选项前的"√"号，即可看到全部的信号层，其中：

① Top Layer(顶层)，即元件面，是元器件主要的安装面。在单面板中不能在元件面内布线，只有在双面或多层板中才允许在元件面内布线。不过在单面板中，由于元件面内没有印制导线，表面封装元器件(包括 SMC 封装元件(如电阻、电容、电感等)以及 SMD 封装器件(如三极管、IC 等))只能放置在焊锡面内；而在双面、多层板中，包括表面封装元器件在内的所有元件，应尽可能放在元件面内，只有在特殊情况下，才考虑在焊锡面内放置小尺寸的表面封装元器件，如厚度不大的贴片电阻、电容，重量较轻的 SOP、QFP 封装的 IC。

② Bottom Layer(底层)，即焊锡面，主要用于布线。焊锡面是单面板中唯一可用的布线层，同时也是双面、多层板的主要布线层(但在以贴片元件为主的双面印制板中，Top Layer 是信号线、电源线的主布线层，而 Bottom Layer 则是地线及地线网的主布线层)。

③ MidLayer1～MidLayer30 是中间信号层，用于放置信号线。只有六层以上的多层电路板才需要在中间信号层内布线(对于双面板来说，不存在中间信号层，如图 6.3.1(a)所示；而对于四层板来说，中间两层分别是内电源层和内地线层，也不存在中间信号层)。

(2) Internal Planes(内电源/地线层)。

Altium Designer PCB 编辑器最多支持 16 个内电源/地线层，主要用于放置电源/地线网络。在四层及其以上的 PCB 板中，信号层中需要与电源/地线相连的印制导线可借助穿通封装元件引脚的焊盘或过孔与内电源/地线层相连，极大地减少了电源/地线的连线长度。另一方面，在多层电路板中，可充分利用内地线层对电路板中容易产生电磁辐射或受干扰的部位(连线或器件)进行屏蔽，使电磁兼容指标满足设计要求。

在单面和双面板中，电源线、地线与信号线在同一层内走线，因此不存在内电源/地线层。

(3) Mechanical Layers(机械层)。

机械层没有电气特性，主要用于放置电路板上一些关键部位的标注尺寸信息及印制板机械边框等。

Altium Designer 允许同时使用多达 16 个机械层，但一般只需使用 1～3 个机械层。例如，将印制板边框等放在机械层 1(Mechanical 1)内；而标注尺寸、注释文字等放在机械层 15 内，元件封装图 3D 模式可放在机械层 13 内，打印时不一定要套叠打印。但在印制电路板上固定大功率元件所需的螺丝孔以及电路板安装、固定所需的螺丝孔，一般以孤立焊盘形式出现，并放在 Multi Layer(多层)内，这样焊盘的铜环可充当垫片使用。此外，对于需要接地(如三端稳压器散热片)的固定螺丝孔焊盘，可直接放在接地网络节点上。

(4) Mask Layers(掩模层)。

掩模层包括 Solder Mask (阻焊层模板)和 Paste Mask(锡膏层模板)。

① Top Solder(元件面阻焊层)和 Bottom Solder(焊锡面阻焊层)。

设置阻焊层的目的是为了防止波峰焊接时，连线、填充区、敷铜区等不需焊接的地方也粘上焊锡，避免产生桥接现象，提高焊接质量，并减少焊料的消耗。在电路板上，除了需要焊接的地方(主要是元件引脚焊盘、连线焊盘及导热盘或导热区)外，均涂上一层阻焊漆(阻焊漆一般呈绿色、黄色、红色或白色，因此涂阻焊漆工艺也被称为"上绿漆"工艺)。这样将元件插入电路板(这一工序称为"插件")后，在波峰焊接时，没有阻焊漆覆盖的导电图形，如元件引脚焊盘，将粘上焊锡，使元件引脚与焊盘连在一起，而被阻焊漆覆盖的导电图形不会粘上焊锡。对于手工焊接的电路板，在阻焊层保护下，焊点也会变得均匀、光滑。此外，阻焊漆对印制电路板上的导电图形也具有一定的保护作用，能够防潮、防霉、防腐蚀以及防机械擦伤等。阻焊漆颜色的选用与 PCB 用途有关，除 LED 照明电路板需要用白漆(白色不吸光)外，其他 PCB 板选用绿漆或红漆均可。

对于需要通过大电流的印制导线，在线宽(铜箔厚度为 50 μm 的标准印制板上，电流容量与线宽关系约为 1 A/mm)不能满足要求的情况下，可在相应阻焊层内印制导线的上方放置一条比印制导线宽度略小、走向相同的线条(即在阻焊层内印制导线上开窗口)，以便焊接时借助敷锡方式增加印制导线的有效厚度，减小印制导线的电阻，提高电流容量。

对双面或多层 PCB 板来说，当需要在印制导线上开窗，以提高印制导线的电流容量时，开窗导线尽可能在 Bottom Layer 面内走线，以便在波峰焊接操作中完成窗口的敷锡操作。不建议在 Top Layer 面内放置敷锡区，原因是：当元件面内没有贴片元件时，不需要回流焊工艺，从而位于元件面内的敷锡区只能依靠手工进行敷锡操作，既费时，又不均匀；即使元件面内有贴片元件，似乎可借助"刮锡"工艺实现敷锡操作，但回流焊工艺所用焊料为锡膏，价格高，使敷锡成本升高。

② Top Paste(元件面焊锡膏层)和 Bottom Paste(焊锡面焊锡膏层)。

设置焊锡膏层的目的是为了便于贴片元器件的焊接。随着集成电路技术的飞速发展，电子产品体积越来越小，系统工作频率越来越高，集成电路芯片的传统封装方式，如双列直插式(DIP)、单列直插式(SIP)、塑料无引线(PLCC)、引脚网格阵列(PGA)等封装方式已明显不适应电子产品小型化、微型化的要求。在一些电子产品，如笔记本电脑、计算器、便携式 CD 唱机、各类家电遥控器等产品的电路板上，广泛采用表面封装元器件，如贴片封装集成电路芯片，甚至电阻、电容、电感、二极管、三极管等分立元件也广泛采用无引线封装方式，以缩短元件引线长度，减小引线寄生电感、电阻及电容。在 PCB 加工过程中，表面封装元件的引脚焊盘无须钻孔，提高了工效，降低了 PCB 制作成本(减少工时及钻头消耗)。此外，表面封装元件在焊接前无须"弯脚"，焊接后也不用"剪脚"，减少了电路板的生产工序，提高了效率，降低了成本。

贴片元件(包括无引线封装的分立元件)的安装方式与传统穿通式元件的安装方式不同，贴片元件的安装过程包括：刮锡膏(手工或自动)→贴片(手工贴片或在专用的贴片机上进行)→回流焊。在"刮锡膏"工艺中仅需要一块掩模板(也称为钢网)，其上有很多方形小孔，每一方形小孔对应贴片封装元件引脚的一个方形焊盘。在刮锡操作过程中，锡膏的主要成分是松香和锡末，呈黏糊状，具有一定的黏结性，可将贴片元器件粘贴固定在 PCB 板上。刮锡时，锡膏通过掩模板(钢网)上的小孔均匀地涂覆在贴片元件引脚焊盘的位置。贴片时，利用锡膏的黏性，贴片元件引脚被黏结到 PCB 板上。但贴片后，贴片元件引脚并没有真正焊接到 PCB 板相应的焊盘上，用手轻轻一抹，元件就会移位，甚至脱落，必须送入回流焊炉加热，使焊锡膏中的锡末熔化变成焊点(在加热焊接过程中，焊锡膏中的松香首先熔化，变成液态，一方面保护锡末不受氧化，另一方面，高温下的松香能提高焊锡的活性，它是电子产品焊接工艺中常用的助焊剂，能保证元件引脚与焊盘可靠连接)，以完成贴片元件的焊接过程。

Paste Mask(锡膏层模板)就是刮锡膏操作时所需的掩模板。可见，只有在含有贴片元件的印制板上，才需要 Paste Mask 层。由于贴片元件一般安装在元件面内，因此在含有贴片元件的印制板上一般只需开放"Top Paste"面。双面贴片时，才需要开放"Bottom Paste"面。显然，在印制板生产过程中，并不涉及 Paste Mask 层，只是在刮锡操作时才需要用 Paste Mask 层。

(5) Silkscreen Layers(丝印层)。

通过丝网印刷方式将元件外轮廓线、序号以及其他说明性文字印制在元件面或焊锡面上，以方便电路板生产过程中的贴片和插件操作，以及焊接后的检查和维修。丝印层一般放在顶层(Top Overlayer)，但对于故障率较高、需要经常更换元件的电子产品，如电视机、计算机显示器、打印机等的主机板在元件面和焊锡面内均可设置丝印层。

(6) Other Layers(其他)。

图 6.3.1 中的"Other Layers"设置框包括：

① Keep-Out Layer(禁止布线层)。一般在该层内绘出电路板的布线区，以确定自动布局、布线的范围。

② Multi-Layer(多层，即多个导电层的简称)。焊盘一般放在该层。对于双面板来说，Multi-Layer 包含了焊锡面、元件面；对于四层板来说，Multi-Layer 包含了焊锡面、元件面、内电源层、内地线层。当"Multi-Layer"选项处于选中状态时，在屏幕上可同时观察到已打开的各导电层内的导电图形、文字信息等。反之，当"Multi-Layer"选项处于关闭状态时，在屏幕上只能观察到当前工作层上的导电图形。

③ Drill Guide (钻孔指示层)及 Drill Drawing(钻孔层)。这两层主要用于绘制钻孔图以及孔位信息。

单面、双面电路板所需工作层如表 6.3.1 所示。

表 6.3.1　单面、双面电路板工作层

电路板层数	工作层	用　途	说　明
单面板	元件面 (Top Layer)	穿通元件安装面	—
		丝印层	放置元件序号、参数等说明性文字
	焊锡面 (Bottom Layer)	布线层	布线及少量表面封装元器件的安装面
		阻焊层	
		锡膏层[可选]	在焊锡面上含有表面封装元件时才需要
		丝印层[可选]	一般不需要，只有经常维修的电路板，才考虑在焊锡面上设置丝印层
	禁止布线层	确定布线区	确定元件封装图装入、布线范围，即电气边框
	钻孔层	元件焊盘孔、电路安装固定孔位信息	主要用于指导钻孔。在 PCB 编辑过程中，可暂时不打开
	1～2 个机械层	绘制印制板边框	—

续表

电路板层数	工作层	用　途	说　明
双面板	元件面 (Top Layer)	元件安装面	放置元器件及布线
		丝印层	放置元件序号、参数等说明性文字
		阻焊层	—
		锡膏层[可选]	含有表面封装元件时才需要
	焊锡面 (Bottom Layer)	布线层	—
		阻焊层	—
		锡膏层[可选]	一般元件不安装在焊锡面内，因此无须在焊锡面内设置焊锡膏层
	多层	放置穿通式焊盘、过孔	包含所有打开的工作层
	禁止布线层	放置布线区	确定元件封装图布局和布线区域
	钻孔层	元件焊盘孔、电路安装固定孔位信息	主要用于指导钻孔。在 PCB 编辑过程中，可暂时不打开
	1～2 个机械层	绘制印制板边框	

另外，含内电源层、内地线层的四层电路板的工作层与双面板相似，差别仅在于上、下两信号层间多了内电源层和地线层。

(7) System Colors(系统颜色)。

① Visible Grid，可视栅格线(点)开/关。Altium Designer PCB 编辑器提供了两种可视栅格，即可视栅格 1 和可视栅格 2。

栅格线间距取值与元件布局间距有关，而元件最小间距与两元件间电位差、插件(或贴片)方式有关。在元件放置、位置调整、连线操作中，最好打开可视栅格线；而在检查是否存在漏连线操作过程中最好将可视栅格线关闭，取消背景，以利于观察。

② Pad Holes，焊盘孔显示开/关。当焊盘孔处于关闭状态时，编辑区内只显示焊盘外形及编号，不显示焊盘内的引线孔。缺省时，不显示焊盘孔径，建议选中该选项，以便在 PCB 编辑过程中能直观地看到元件引脚焊盘孔径的大小。

③ Via Holes，金属化过孔的孔径显示开/关。当金属化过孔的孔径处于关闭状态时，只显示过孔的外形及编号，不显示过孔的孔径。缺省时，不显示过孔的孔径，建议选中该选项，以便在 PCB 设计、编辑过程中，直观地看到过孔的孔径大小。

④ Connections and From Tos，"飞线"显示开/关。当不选择该选项时，执行"Update PCB…"命令后，在 PCB 编辑区内观察不到表示元件引脚电气连接关系的"飞线"。在手工调整元件布局操作过程中，借助"飞线"可即时观察到平移、旋转元件操作的效果，例如旋转某一元件后，"飞线"交叉比旋转前少，说明旋转后连线变短，可保留旋转操作，反之则放弃。

⑤ DRC Error Markers，设计规则检查开/关。该选项被"选中"时，在移动或放置元件、印制导线、焊盘、过孔等导电图形的操作过程中，相邻元件封装图的外轮廓线(如图 6.3.2(a)所示)小于元件安全间距或相邻的导电图形(印制导线、焊盘、过孔、敷铜区或填充区)间距(如图 6.3.2(b)～6.3.2(d)所示)小于导电图形安全间距时，元件或与导电图形相连的导线、焊盘等将会显示为绿色，提示这两个元件或导电图形间距小于设定值。

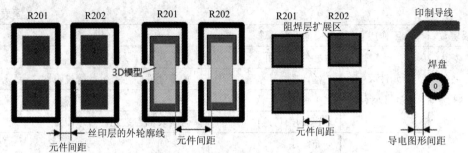

(a) 元件间距为外轮廓线间距 (b) 元件间距为3D模型间距 (c) 元件间距为阻焊层扩展区间距 (d) 导电图形间距

图 6.3.2　安全间距

元件安全间距缺省值为 10 mil，即 0.254 mm。单击"Design"菜单下的"Rule…"命令，在"Design Rule"窗口内，修改"Placement"标签下的"Component Clearance"选项内容，可重新设定元件的安全间距。在 Altium Designer 中，当相邻的元件封装图没有 3D 模型时，元件间距是丝印层(Top Overlay)上为引导插件或贴片操作而设置的元件外轮廓线之间的距离，如图 6.3.2(a)所示；当相邻的元件封装图存在 3D 模型时，元件间距是体现元件实际尺寸的 3D 模型之间的距离，如图 6.3.2(b)所示；当元件封装图既没有 3D 模型，也没有丝印层上的轮廓线时，元件间距是靠得最近的两焊盘阻焊层(Top Solder)上扩展阻焊区之间的距离，如图 6.3.2(c)所示。

导电图形安全间距缺省值为 10 mil。单击"Design"菜单下的"Rule…"命令，在"Design Rule"窗口内，修改"Rule Classes"标签下的"Electrical Clearance"选项内容，可选择导电图形的安全间距。

2. 工作层颜色设置

单击图 6.3.1 中某工作层颜色框，进入如图 6.3.3 所示的工作层颜色设置状态，选定新的颜色后，单击"OK"按钮退出，即可重新设定工作层的颜色。

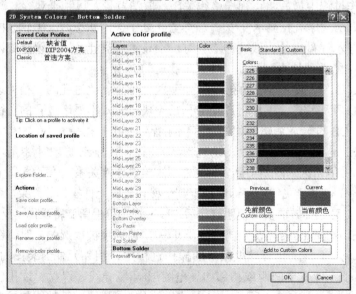

图 6.3.3　工作层颜色设置

为避免混乱，不建议修改各工作层的颜色，但可根据 PCB 编辑的状态，点击图 6.3.1
中相应层颜色栏后的"Show"复选框，打开或关闭某一工作层。例如，在元件放置、布局
操作过程中，可关闭 Bottom Layer、Midlayer、内电源/地线层。

6.3.2　信号层及内电源层的管理

利用"File"菜单下"New\PCB"命令创建的 PCB 文件(.PcbDoc)，缺省时只有 Top Layer(元
件面)和 Bottom Layer(焊锡面)，如图 6.3.4 所示，没有中间信号层、内电源层、内地线层，
仅适用于单面、双面 PCB 板。

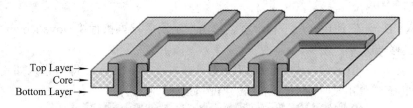

图 6.3.4　用"File"菜单下"New\PCB"命令创建的双面板

为此，可通过"Design"菜单下的"Layer Stack Manager…"(层堆栈管理)命令，选择
工作层的参数(包括铜膜厚度、板芯厚度、介电常数)，或增减内电层及中间信号层，获得
多层 PCB 板。在布线前将内电层连接到电路中的某一节点，如 VCC 或 GND，形成内电源
层或内地线层；而中间信号层用于布线，以提高布通率、缩短连线长度。

1. 工作层参数设置

设置工作层参数的操作过程如下：

(1) 执行"Design"菜单下的"Layer Stack Manager…"(层堆栈管理)命令，进入如图
6.3.5 所示的"层堆栈管理器"窗口。

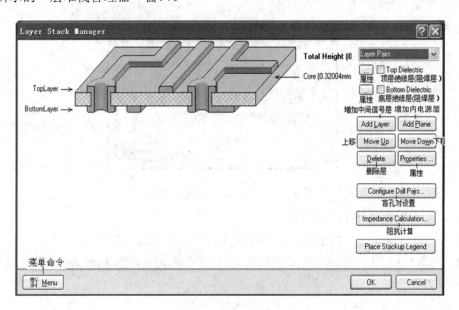

图 6.3.5　层堆栈管理器窗口

在层堆栈管理器窗口内，可使用"Menu"菜单内的命令操作，也可以直接单击窗口右侧的命令按钮进行相应操作，其中：

"Add Plane"用于增加与电路中某一节点(如 VCC、GND)相连的内电源层，以便获得内电源层和内地线层。

"Add Layer"用于增加中间信号层。

"Delete"用于删除指定的中间信号层或内电层(但不能删除 Top Layer 及 Bottom Layer)。

"Move Up"使指定层上移一层。单击指定层后，再执行"Move Up"命令，可使指定层上移一层。

"Move Down"使指定层下移一层。单击指定层后，再执行"Move Down"命令，可使指定层下移一层。

(2) 在图 6.3.5 所示窗口内，直接双击某一层，如 Top Layer，即可进入如图 6.3.6 所示的顶层属性窗(或单击某一层后，再单击"Properties"按钮)。

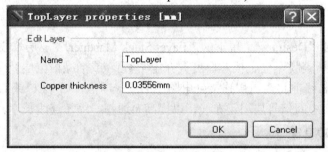

图 6.3.6　顶层属性

对 Core(板芯)及 Prepreg(绝缘层)来说，层属性参数中除了厚度参数外，还有材质、介电常数等参数，如图 6.3.7 所示。

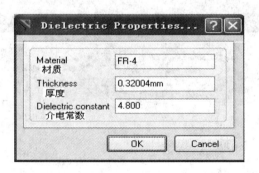

图 6.3.7　Core 或 Prepreg 层属性

2. 增加内电源层及中间信号层

在四层或四层以上的 PCB 板中，增加内电源层的操作过程如下：

(1) 在图 6.3.5 所示的层堆栈管理器窗口内，单击指定层，如 Top Layer，选定新增的内电层存放位置。

(2) 单击"Add Plane"按钮，即可发现在指定层下或上新增了一内电层，如图 6.3.8 所示。

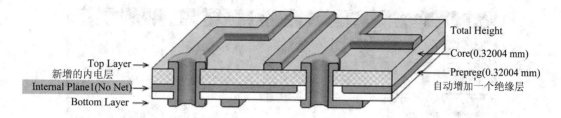

图 6.3.8　新增的内电层

(3) 双击新增的内电层，在图 6.3.9 所示的内电层属性窗口内，确定与该内电层相连的节点(如 VCC)。

图 6.3.9　内电层属性

(4) 单击"Add Plane"按钮，再增加一个新的内电层，并在其属性窗口内，指定该内电层与 GND 节点相连。

至此，就获得了具有内电源层/地线层的四层 PCB 板结构，如图 6.3.10 所示。

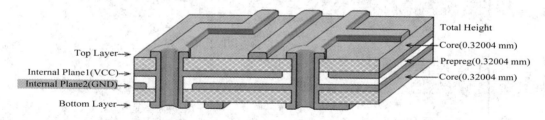

图 6.3.10　增加了与电源及地节点相连的两个内电层

增加中间信号层的操作方法与增加内电源层的相同，只是中间信号层用于布线，无须指定该层与电路中哪一特定节点相连。

3. 盲孔对设置

在多层板中，如果存在非贯通的盲孔，则需要通过"Configure Drill Pairs…"按钮，设置盲孔连接方式。

4. 阻抗计算

在执行信号完整性分析前，设置了每一层的参数后，可执行"Impedance Calculation…"命令，在图 6.3.11 所示窗口内，编辑阻抗计算公式。

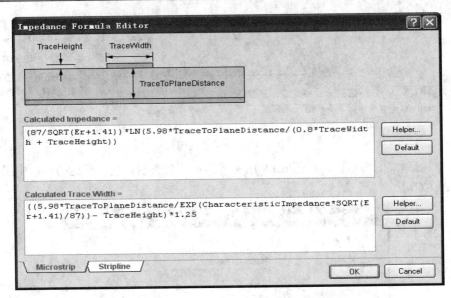

图 6.3.11　阻抗计算公式编辑器

6.3.3　可视栅格大小及格点锁定距离设置

执行"Design"菜单下的"Board Options"命令,可在图 6.3.12 所示窗口内设置元件移动最小步长、栅格形状及大小,以及锁定格点距离等。

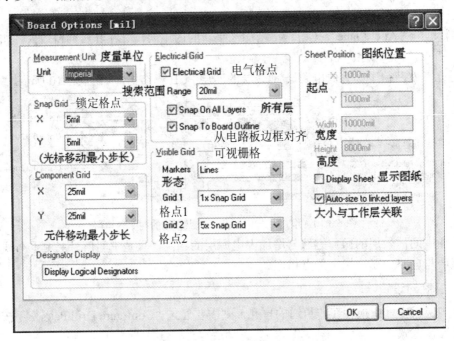

图 6.3.12　设置 PCB 编辑区可视格点大小

可视格点"形态"可以选择点(Dots)或线(Lines)形式。

电气格点自动搜索范围缺省时为 20 mil,大小与光标移动步长 X、Y 要匹配。例如,自动搜索范围设为 20 mil 时，光标移动步长 X、Y 可设置为 5 mil 或 10 mil。

元件移动步长与元件排列方式、元件最小间距有关。例如，当元件最小间距为 50 mil 时，元件移动步长可取 50 mil、25 mil 或 12.5 mil。

度量单位可选择公制(Metric)或英制(Imperial)。选择公制时，所有尺寸以 mm 为单位；选择英制时，所有尺寸以 mil 为单位。

此外，在 PCB 窗口内，可通过"View"菜单下的"Toggle Units"命令，在公制和英制之间进行快速切换。

6.3.4　PCB 编辑器环境参数设置

执行"DXP"菜单下的"Preferences"命令，并在弹出的"Preferences"(特性选项)窗口内，单击"PCB Editor"标签，选择"General"选项，即可在如图 6.3.13 所示窗口内设置光标形状、屏幕刷新方式等。

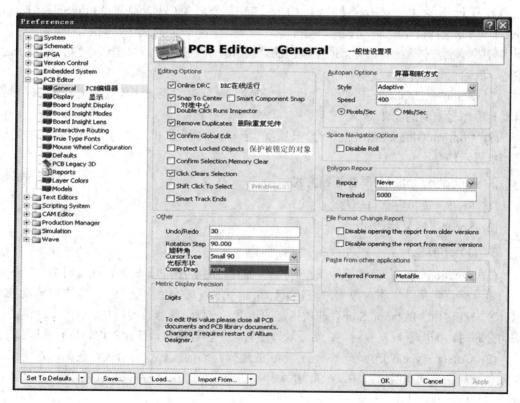

图 6.3.13　特性选项窗口

1. Editing Options(编辑选项)

(1) Online DRC：允许/禁止"设计规则"的在线运行。

(2) Snap To Center：对准中心，缺省时处于允许状态。当该项处于选中状态时，在移动元件操作过程中，光标自动对准操作对象的参考点。例如，将鼠标移到元件封装图上，按下左键时，光标自动移到元件第一引脚焊盘的中心(元件封装图参考点在元件制作时指定，一般是元件第一引脚焊盘的中心或元件封装图的对称中心)；将鼠标移到元件序号、注释信息等字符串上，按下左键时，光标自动移到字符串左下角。

反之，当"Snap To Center"选项处于禁止状态时，在移动操作对象过程中，当前鼠标所在位置就是光标与操作对象关联的位置。该项设为禁止或允许状态，对编辑操作均影响不大。

(3) Smart Component Snap：元件灵巧捕获。当该选项处于选中状态时，将鼠标移到元件上，按下鼠标左键不放，光标自动移到最近引脚焊盘中心。

(4) Double Click Runs Inspector：双击鼠标运行 Inspector 检查器。当该选项处于选中状态时，将鼠标移到被选中对象上双击，将自动运行 Inspector 检查器；反之，双击鼠标将进入元件属性设置窗口。

(5) Protect Locked Objects：保护被锁定的对象。当该选项有效时，不能移动、修改、选中被锁定的对象。

(6) Click Clears Selection：点击鼠标清除选中标记，缺省时处于允许状态。当该项处于允许状态时，在 PCB 编辑区内点击鼠标，即可清除已选中对象的标记，这样当然也就无法通过标记工具同时选择不同区域的一个或多个对象(只能通过"Edit\Select\Toggle Select"命令选择)。反之，当该选项处于禁止状态时，可以同时选中不同区域的多个对象，而当需要解除选中状态时，可借助工具栏的"解除选中"工具，或单击状态栏上的"Clear"按钮，清除对象选中标记。

(7) Remove Duplicates：禁止/允许自动删除重复元件。当该选项处于选中状态时，将自动删除序号重复的元件。

(8) Confirm Global Edit：确认全局设置。当该选项处于选中状态时，修改操作对象前，将给出提示信息。

2．Autopan Options(屏幕刷新方式)

(1) Style：选择屏幕自动移动方式。

(2) Speed：定义移动速度。

3．Other(其他)

(1) Rotation Step：设置旋转操作时图件(如元件封装图)的旋转角，缺省时为 90°。例如，将鼠标移到某一操作对象上，按住鼠标左键不放，每按空格键一次，操作对象就按顺时针方向旋转由"Rotation Step"选项指定的角度。一般无须修改旋转角，但当元件沿圆弧均匀分布时，则需要设置旋转角，然后通过旋转、平移等操作，使元件均匀分布在圆弧上。

(2) Cursor Type：光标形状。光标形状的选择与当前操作状态有关，例如，在手工调整元件布局、手动布线过程中，最好选择大 90°光标，这样容易判别元件引脚焊盘是否在同一水平或垂直线上。

(3) Undo/Redo(撤消/重复)：记录撤消/重复操作步数。

(4) Comp Drag：元件拖动操作，缺省时为"none"；当选择为"Connected Tracks"时，通过"Edit\Move\Drag"命令拖动元件过程中，与元件焊盘相连的印制导线也将一起被拉伸或压缩。

4．Interactive Routing(交互布线模式)

在图 6.3.13 所示的特性选项窗口内，单击"Interactive Routing"(交互布线模式)标签，即可在图 6.3.14 所示窗口，设置与布线操作有关的选项。

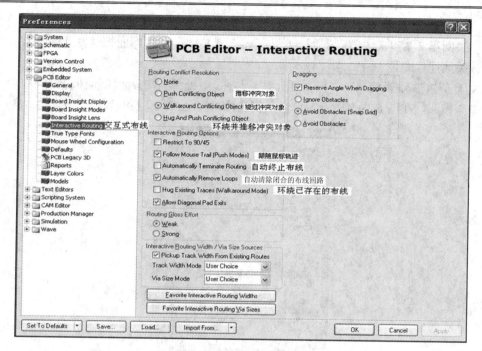

图 6.3.14　交互布线选项

(1) 在"Routing Conflict Resolution"选项框中选择布线冲突解决策略。

① Push Conflicting Object：推移冲突对象。在手工布线操作过程中，最好选择这一方式，这样在连线过程中，当发现线间距不足时，将自动推移已存在的相关布线。

② Walk around Conflicting Object：绕过冲突对象。当该选项有效时，在手工布线过程中，自动绕过冲突对象。

(2) 在"Interactive Routing Options"选项框中选择布线选项。

① Automatically Remove Loops：自动清除闭合的布线回路。选中该选项时，在手工调整布线操作过程中，在两电气节点间重新连线后，PCB 编辑器会自动删除原来的连线，避免形成闭合回路。一般要选中该选项。

② Automatically Terminate Routing：自动终止布线。

③ Follow Mouse Trail：跟随鼠标轨迹。一般要选中该选项，以便在布线过程中能直观地了解布线的走向和布线效果。值得注意的是，当 Display 选项设置窗口内的"Direct X"控件未选中时，跟随鼠标轨迹操作可能无效。

(3) 在"Dragging"选项框中选择布线模式。

当该项设为 Ignore Obstacles(忽略)时，连线操作过程中，即使两者的距离小于安全间距，也同样可以画线。为了保证导线与导线、焊盘或过孔等之间的距离大于安全间距，最好采用"Avoid Obstacles"(避开)方式。

6.3.5　元件封装库的装入

Altium Designer 采用集成元件库方式，软件系统本身提供的 PCB 元件封装图形库存放在对应的集成元件库文件中，此外，Altium Designer PCB 编辑器也支持独立的元件封装图形库文件(.PcbLib)。因此，在 PCB 编辑状态下，库文件管理方式与原理图编辑状态完全相同，可参阅第 2 章有关内容。例如，单击标准工具栏中的元件库面板触发开关( )，即可打开或关闭元件库。

由于在 PCB 编辑状态下，仅需要元件封装图，因此可单击元件库面板上的"选择元件库类型"按钮，在图 6.3.15 所示窗口内，仅选择"Footprints"(封装图)类型。

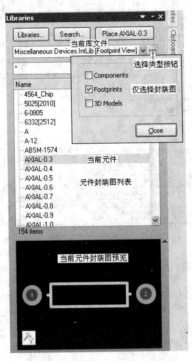

图 6.3.15　元件库面板中仅选择 Footprints(封装图)类型

所谓元件封装图，就是元件外轮廓线几何形状及引脚尺寸，它由元件引脚焊盘及其相对位置、外轮廓线形状、尺寸等部分组成。图 6.3.16 给出了电阻、电容、三极管及部分集成电路的传统穿通式(AXIAL 轴向引线封装、径向引线封装、DIP 封装)及贴片封装(包括 SMD、SOT-23、LCC、QFP 等)图外形与各部分名称。

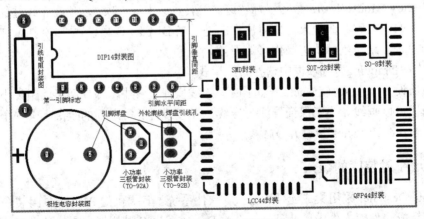

图 6.3.16　元件常见封装图举例

6.3.6　画图工具的使用

装入元件库(除了集成元件库文件外，也可以是独立的 .PcbLib 元件封装库文件)，设置工作层及有关参数后，不断单击主工具栏内的"放大"按钮，适当放大编辑区，就可以在编辑区内放置元件、连线和焊盘等。

1．放置元件

使用商品化 EDA 软件进行 PCB 设计时，一般并不需要通过手工方式将元件封装图放置到 PCB 编辑区内，除非电路很简单，只有少量节点，完全不需要借助网络表或飞线提示彼此之间的连接关系。例如，在 Altium Designer 中，完成了原理图编辑，创建了一个空白的 PCB 文件，保存后执行 SCH 编辑器窗口内"Design"(设计)菜单下的"Update PCB Document …"命令，即可将元件封装图及其电气连接关系传送到 PCB 编辑器工作区内。

注意：用"New\PCB"命令创建生成的 PCBn.PcbDoc 文件，未保存前，Atium Designer 并没有在硬盘上生成该文件的目录信息，此时执行 SCH 编辑器窗口内"Design"(设计)菜单下的"Update PCB Document PCB1.PcbDoc"命令，将看到"Cannot Locate Document [PCB1.PcbDoc]"提示信息。

下面介绍手工放置元件的操作方法，目的是让读者掌握画图工具中的"放置元件"工具的使用方法。

手工放置元件操作与后面介绍的元件手工布局操作要领相同，先确定电路板中核心元件的位置或对放置位置有特殊要求的元件位置。在图 2.4.25 所示电路中，首先放置的元件应该是 NPN 三极管，序号为 Q1，假设封装形式为 TO-92A。

在 PCB 编辑器中，放置元件的操作过程与在 SCH 原理图编辑器中放置元件的操作过程相同，可以选择如下方式之一放置元件。

(1) 利用"连线"工具栏内的"放置元件"工具放置元件，其操作过程如下：

① 单击"连线"工具栏内的"放置元件"工具，进入如图 6.3.17 所示的元件放置对话窗。

图 6.3.17　元件放置对话窗

封装形式和序号不能省略，可在"Comment"(注释信息)文本盒内输入元件的型号，如"9013"或元件的大小，如"51""1k"等。但注释信息并不必需，有时为了保密，有意省略元件型号、大小，或制版时隐藏注释信息。

　　输入元件封装形式、序号和注释信息(型号或大小)后，单击"OK"按钮，即可在编辑区观察到随鼠标移动而移动(处于浮动状态)的元件封装图，如图 6.3.18 所示。

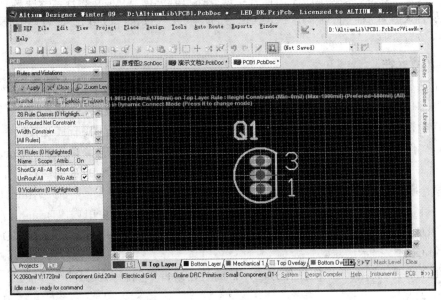

图 6.3.18　未固定位置的元件封装图

　　② 将处于浮动状态下的元件移到编辑区内指定位置后，单击左键固定，就完成了第一个同类型元件的放置操作过程。此时，并没有退出元件放置状态，固定第一个元件后，即可出现下一个同类型元件。

　　在 PCB 编辑状态下，当元件封装图处于浮动状态时，可通过如下按键调整方向：

　　空格键：旋转元件放置方向(旋转角由"Tools\Preferences"选项的"Rotation Step"参数决定)。

　　X 键：使元件关于左右对称。

　　Y 键：使元件关于上下对称。

　　这里需要说明的是：在 PCB 编辑器中，尽管可通过 X、Y 键使处于激活状态的元件产生左右或上下对称，但一般不能进行对称操作，否则可能导致元件无法安装的严重错误。

　　Tab 键：进入元件属性对话窗，以便修改元件序号、注释信息等内容。元件属性对话窗如图 6.3.19 所示。

　　元件一般要放在顶层(Top Layer，即元件面内)，只有单面板中的表面封装元件才需要放在 Bottom Layer，即焊锡面内，而其他工作层均不能放置元件。

　　对于带引脚、以穿通方式固定的元件来说，原则上不允许将元件放在焊锡面内。如果错将本该放在元件面内的元件放到焊锡面内，则元件左右将颠倒，安装时也只能从焊锡面插入，这对于单面板来说，由于元件引脚焊盘孔内壁没有金属化，也没有可以固定元件引脚的焊盘，导致无法通过引脚焊盘固定元件，即使勉强固定，也不能使引脚与印制导线相连。因此，在单面板中放在焊锡面内、以穿通方式安装的元件，将无法安装。而在双面板中，尽管元件面内存在固定元件引脚的焊盘，但放在焊锡面内的元件、插件，焊接时均需要特殊处理，非常不便。

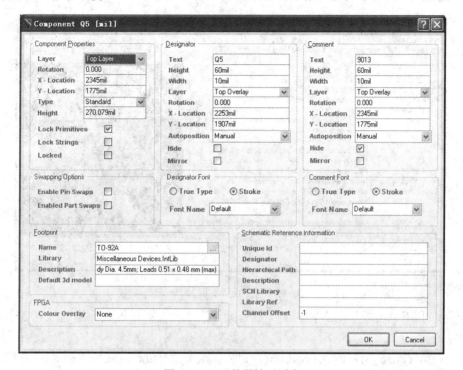

图 6.3.19　元件属性对话窗

"Lock Primitives"选项的含义是锁定元件边框内的图件。该选项一般要选中，否则在移动元件的操作过程中，很可能只移动了元件边框内的单一图件，如某一引脚焊盘或外轮廓线段，从而改变了元件封装图内的各图件，如引脚焊盘之间的相对位置。

"Lock Strings"选项的含义是锁定元件序号、型号等字符串信息。处于锁定状态下的序号、型号等信息，修改、移动操作均无效。

"Locked"选项的含义是锁定元件本身。处于锁定状态下的元件，移动及删除操作均无效。

一般无须修改元件位置坐标参数(在编辑区内完全可通过平移操作实现)，除非需要对元件精确定位。

必要时，也可以单击图 6.3.19 中的序号标签和注释标签，修改元件序号和注释属性(直接双击元件序号或注释信息本身也能迅速激活序号或注释属性对话窗)。元件序号、注释信息属性设置窗与元件属性设置窗类似，一般情况下，序号、注释信息等应放在 Top Overlay(即元件面的丝印层)上。必要时也可以修改序号、型号等字符串的高度与线条宽度。

③ 不断重复"移动鼠标→单击"操作过程，放置随后同类型的其他元件。

当需要终止元件放置操作或希望即时修改元件序号、型号信息时，可按下 Esc 键(也可以单击右键)，返回图 6.3.17 所示的元件放置对话窗，再根据需要选择"Cancel"(退出元件放置操作状态)或"OK"(继续放置)按钮。

当操作者实在无法确定元件的封装形式时，可单击图 6.3.17 中的"..."(浏览)按钮，在图 6.3.20 所示的"Browse Libraries"(浏览元件库)对话窗内找出并单击目标元件后，再单击

"OK"按钮退出，相应的元件封装图就会出现在图 6.3.20 中。

图 6.3.20　浏览元件封装形式

可见，利用"连线"工具栏内的"放置元件"工具，可以连续、迅速放置多个同类型元件。

(2) 在图 6.3.15 所示的元件库面板窗口内，滚动"Name"(元件名列表)窗右侧上下滚动条，找出并单击目标元件的封装图，如 TO-92A 后，再单击元件库面板右上角的"Place TO-92A"按钮，也将弹出如图 6.3.17 所示的元件放置对话窗，然后按(1)中的操作步骤放置元件即可。

(3) 在图 6.3.15 所示元件库面板窗口内，滚动"Name"(元件名列表)窗右侧上下滚动条，找出目标元件封装图，将鼠标移到目标元件名上，按下鼠标左键不放，直接将鼠标下的目标元件封装图拖入 PCB 编辑区内指定位置后松手。不过该方法一次只能放置一个元件。

用同样方法将电阻 R1～R6 封装图(假设封装形式为 AXIAL0.3)、电容 C1～C3 的封装图(假设封装形式为 RB5-10.5)放在三极管 Q1 附近，如图 6.3.21 所示。

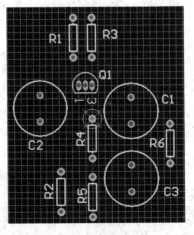

图 6.3.21　放置元件后

在放置元件、手工布局、连线操作过程中，为了便于观察，可将元件型号或大小等注释信息，甚至序号暂时隐藏起来，待连线结束后，编辑丝印层时再逐一修改元件属性，将隐藏的注释信息显示出来(在"元件属性"窗口内，单击"Comment"(注释)标签，选中"Hide"，即隐藏当前元件型号、大小等注释信息)。

在 PCB 编辑器中，只能通过"Edit"菜单下的"Delete"命令，删除多余的元件、焊盘等图件(但印制导线删除操作与在 SCH 编辑器中删除连线操作相同，将鼠标移到待删除的导线上，单击左键选中后，通过键盘上的 Delete 键删除)。

元件序号、注释信息等是元件的组成部分，不能单独删除(除非删除元件本身)，只可以修改、移动或旋转。

2. 连线前的准备——进一步调整元件位置

手工布局操作只是大致确定了各元件的相对位置，布线(无论是手工连线还是自动布线)操作前，需要进一步调整元件位置，使元件在印制板上的排列满足下列要求：

(1) 导线与导线、引脚焊盘之间的距离大于安全间距(即最小间距)。

执行"Design"(设计)菜单下的"Rule…"命令，在如图 6.3.22 所示窗口内设置安全间距。

图 6.3.22 安全间距设置

如果导电图形安全间距太小，可单击图 6.3.22 所示的"Minimum Clearance"后的当前值，修改，重新设定安全间距。导电图形安全间距不仅与工艺有关，还与元件及两导电图形间的电位差、平行走线的长短有关。

如果元件安全间距不足，可单击图 6.3.22 所示的"Placement"标签，进入放置选项设置窗，在图 6.3.23 所示窗口内，单击"Component Clearance"选项，进入元件安全间距设置项，重新设定元件安全间距。

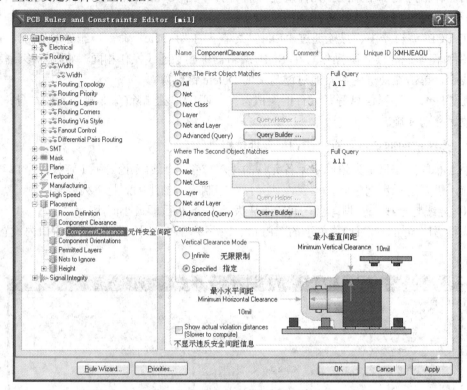

图 6.3.23　元件安全间距设置窗

在 Altium Designer PCB 编辑器中，元件横向、纵向间距均可设置。元件间距含义如图 6.3.2 所示，大小不仅与插件、贴片工艺有关，还与两元件间电压差及发热量大小等因素有关。

(2) 根据电路板工作频率选择元件在电路板上的排列方式。

元件在电路上的排列方式可大致分为不规则排列、坐标排列和坐标格排列三种方式，如图 6.3.24 所示。

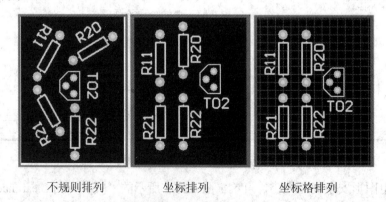

不规则排列　　　　坐标排列　　　　坐标格排列

图 6.3.24　元件排列方式

在不规则排列方式中，由于元件在电路板上的朝向没有限制(为方便插件，元件倾斜角最好限制为 45°),从而使电路板显得零乱,没有美感,且插件、贴片工效低,但可以充分利用电路板的面积,连线短,连线寄生电感、电阻小,多见于高频,尤其是微波电路中。

在坐标排列方式中,由于元件轴线与电路板边框平行或垂直,即元件只能按水平或垂直方向放置(旋转角限制为 90°),从而使电路板上的元件排列相对整齐、美观,插件或贴片操作工效较高,适合批量生产,但连线较不规则,适用于中、高频电路中。

在坐标格排列方式中,除了要求元件轴线与电路板边框平行或垂直外,还必须保证元件引脚焊盘位于格点上,标准格点间距多为 25 mil(0.635 mm,适合高密度布线)、50 mil (1.27 mm,适合中等密度布线)、100 mil(2.54 mm,适合低密度布线)。在坐标格排列方式的电路板中,元件、焊盘、过孔等排列整齐、美观,印制板钻孔定位迅速、准确,插件时轴向引线封装元件弯脚、表面封装元件贴片等工序效率高,适合大批量生产,但连线偏长,特别适用于中、低频电路中。

除工作频率很高,如 500 MHz 以上的电路板外,一般情况下,电路板上元件尽可能按"坐标格"或"坐标"方式排列,以提高量产条件下的工效,降低成本。

完成元件装入、初步布局后,可通过平移、旋转等操作方式调整元件及其序号的位置(但一般不允许"对称"操作,否则将无法插件或贴片)。在 PCB 编辑器中,调整元件及其序号的操作方法与 SCH 编辑器的基本相同,关于移动、旋转、删除等操作方法可参阅第 2 章的有关内容,这里不再重复。例如,将鼠标移到元件框内任一点,按住鼠标左键不放,移动鼠标即可将元件移到另一位置(当然也可以通过菜单命令实现),在移动过程中也可以通过空格键进行旋转操作。

(3) 元件排列方向与焊接方式及走板方向满足工艺要求。

根据电路板几何尺寸,在丝印层内标出波峰焊接走板方向,然后按工艺要求调整元件的排列方向。

(4) 布线或连线前,所有引脚焊盘必须位于栅格点上,使连线与焊盘之间的夹角为 135°或 180°,以保证连线与元件引脚焊盘连接处的电阻最小。

操作方法:执行"Edit"菜单下的"Align \ Align To Grid..."(移到栅格点)命令,将所有元件引脚焊盘移到栅格点上。

调整结果如图 6.3.25 所示。

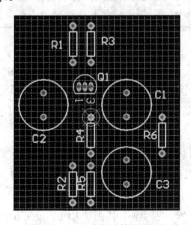

图 6.3.25 调整元件位置后

3．放置印制导线

对于手工编辑来说，完成了元件位置的精确调整后，就可以进入布线操作；对于自动布线来说，完成了元件位置的精确调整后，就可以进入预布线操作。

手工布线操作过程如下：

(1) 选择布线层，在 PCB 编辑器窗口内已打开的工作层列表中，单击印制导线放置层。对于单面板来说，只能在 Bottom Layer，即焊锡面上连线。

(2) 执行"Design"菜单下的"Rules…"命令，在图 6.3.22 中，单击"Routing"标签前的"+"框，展开，选择"Width"(布线宽度)规则，即可观察到如图 6.3.26 所示的当前线宽设置状态。

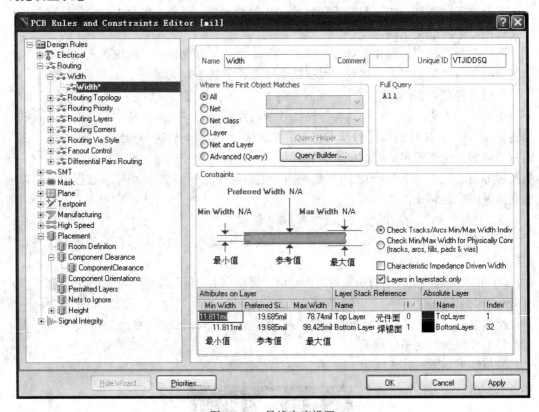

图 6.3.26　导线宽度设置

缺省状态下，线宽最小值、参考值、最大值相同，均为 10 mil，可根据需要修改。线宽适用范围一般是 All，即整个电路板；也可以选择 Net，即某一特定节点；甚至 Net Class，即某类节点(需预先对节点分类)；或 Layer，即特定布线层；Net and Layer，即特定布线层内的特定节点等。

当线宽作用范围为 All 时，可直接在对应层内规划线宽大小，如图 6.3.26 所示。

在最小值、参考值、最大值窗口内分别输入相应值，并确定适用范围后，单击"OK"按钮即可。

(3) 在图 6.3.26 所示窗口内，找出并单击"Routing Corners"(布线转角规则)选项，显示当前布线转角方式，如图 6.3.27 所示。

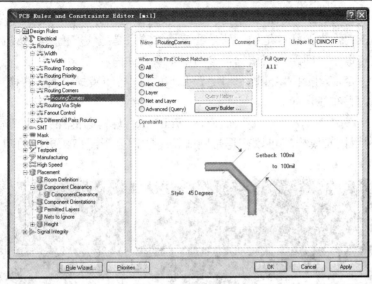

图 6.3.27 布线转角方式

一般采用 45°转角方式, 必要时可修改"Style"选项的参数框, 选择 45°转角、90°转角或圆弧转角方式。

(4) 单击放置工具栏内的 Interactively Route Connction (交互式连线)工具, 将光标移到连线的起点, 单击左键固定, 移动鼠标, 即可看到一条活动的连线。

如果导线宽度不合适, 在固定导线起点后, 未按左键固定导线转折点、终点前, 可按 Tab 键, 激活"Interacting Routing For…"(交互式规则), 在如图 6.3.28 所示窗口内设置导线宽度。

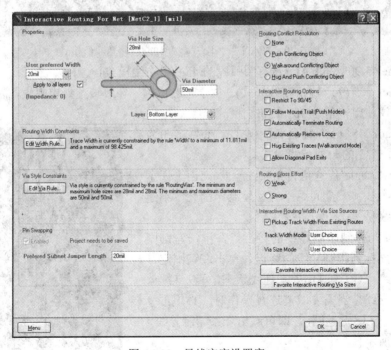

图 6.3.28 导线宽度设置窗

选定了导线宽度、所在层后，单击"OK"按钮，退出导线宽度交互式设置窗。

同一电路板内，电源线、地线、信号线三者的关系是地线宽度>电源线宽度>信号线宽度，最小线宽与最小线间距取值依据可参阅第 7 章有关内容。

在导线未固定前，按下"Shift+空格键"可以在如下布线模式中相互转换，单独按下"空格键"时可以调整布线走向。

① Line 90/90° horizontal(vertical)Start With Arc(以圆弧开始的水平或垂直的 90/90° 布线模式)。利用该布线模式可以获得带圆弧转角的适合于超高频电路的印制导线走线模式，如图 6.3.29 所示。

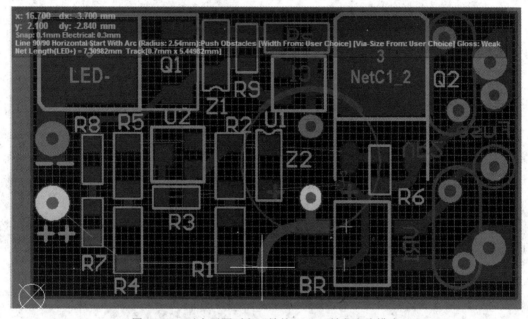

图 6.3.29　以水平圆弧段开始的 90/90° 转角布线模式

② Line 45/90° With Arc(带有圆弧段的 45/90° 布线模式)。

③ Track 90° (90° 转角布线模式)。由于工艺原因，导致转角处电阻大，因此任何情况下，均不建议使用转角为 90° 的布线模式。

④ Track 45° (45° 转角布线模式)。布线转角为 45°，应用最广泛的一种布线模式。

⑤ Any Angle(任意角转角布线模式)。由于任意角转角模式布线其安全间距不容易控制，因此，不建议使用该布线模式。

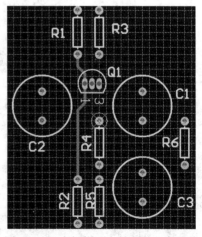

(5) 移动光标到印制导线的转折点，单击左键固定，再移动光标到印制导线的终点，单击左键固定，再单击右键终止(但这时仍处于连线状态，可以继续放置其他印制导线。当需要取消连线操作时，必须再单击右键或按下 Esc 键返回)，即可画出一条印制导线，如图 6.3.30 所示。

重复以上操作，继续放置其他连线。

图 6.3.30　在焊锡面上绘制的一条导线

(6) 当需要改变已画好的导线宽度时，可将鼠标移到已画好的印制导线上，双击鼠标左键，激活"Track"(导线属性)设置窗，如图 6.3.31 所示，重新选择导线宽度、所在层等。

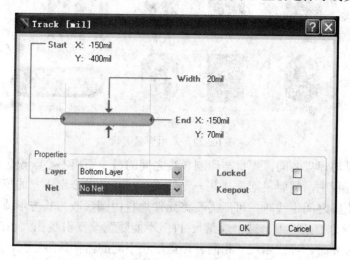

图 6.3.31　导线属性设置窗

在 PCB 编辑器中，删除、移动、拉伸、压缩一段印制导线的操作方法与在 SCH 编辑器中删除连线或直线段的操作方法相同，这里不再重复。

当需要快速删除已有布线时，也可以执行"Tools"菜单下的"Un-Route"命令，有选择地删除：

① 执行"Tools\Un-Route\All"命令，拆除所有布线。

② 执行"Tools\Un-Route\Net"命令，将鼠标移到指定节点上点击，拆除与指定节点相连的布线。

③ 执行"Tools\Un-Route\Connection"命令，将鼠标移到指定连线上点击，拆除鼠标下的连线。

④ 执行"Tools\Un-Route\Component"命令，将鼠标移到指定元件上点击，拆除与指定元件相连的所有布线。

⑤ 执行"Tools\Un-Route\Room"命令，拆除特定区域内的布线(执行该指令前，必须先用"Desigen"菜单下的"Romm"命令创建相应的区域)。

4. 放置焊盘

焊盘也称为连接盘，与元件相关，或者说焊盘是元件封装图的一部分。在印制板上，仅使用少量孤立焊盘，作为少量飞线、电源/地线或输入/输出信号线的连接盘以及大功率元件的固定螺丝孔、印制板的固定螺丝孔等。在 Altium Designer PCB 编辑器中，元件引脚焊盘的大小、形状均可重新设置。穿通封装元件的引脚焊盘外径 D、焊盘孔径 d1、元件引脚直径 d2 彼此之间的关系可参阅第 7 章有关内容。

焊盘形状可以是圆形、长方形、椭圆形、八角形等，如图 6.3.32 所示。为了增加焊盘的附着力，在中等密度布线条件下，一般采用椭圆形或长圆形焊盘，因为在环宽相同的情况下，长圆形、椭圆形焊盘面积比圆形和方形大；在高密度布线情况下，常采用圆形或方形焊盘。

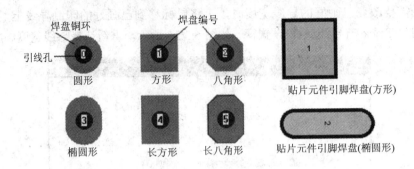

图 6.3.32　常用焊盘形状

　　为保证焊盘与焊盘之间，焊盘与印制导线之间的最小距离不小于设定值，在高密度布线电路板设计过程中，需要灵活选择某一元件或某一元件中个别焊盘的形状。例如，当需要在集成电路引脚之间走线时，可能需要将元件焊盘由圆形改为长方形或椭圆形，以便在不降低焊盘附着力的条件下，减小焊盘尺寸(但不能随意改变引线孔大小)，为在引脚间走线提供方便。必要时，可选用尺寸相同、焊盘形状不同的器件封装形式，如将 DIP 封装改为 ILEAC 封装。

　　贴片封装元件引脚焊盘与穿通式安装元件引脚焊盘的区别在于：贴片元件引脚焊盘一般位于元件面内，没有焊盘孔(实际上孔径尺寸为 0)。标准封装规格贴片元件引脚焊盘尺寸已标准化，例如 0805 封装贴片电阻、电容元件长宽为 80 mil × 50 mil，引脚焊盘尺寸为 60 mil × 55 mil，两焊盘中心距为 90 mil，如图 6.3.33 所示。

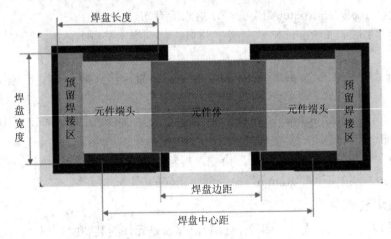

图 6.3.33　0805 贴片封装元件

　　为使印制导线与焊盘、过孔的连接处过渡圆滑，避免出现尖角，在完成布线后，可在焊盘、过孔与导线连接处放置泪滴焊盘或泪滴过孔。

　　下面以在图 6.3.30 中增加电源/地线连接盘、输入/输出信号连接盘为例，介绍放置、编辑焊盘的操作方法。

　　(1) 单击放置工具栏内的"焊盘"工具，然后按下 Tab 键，激活"Pad"(焊盘属性)选项设置窗，如图 6.3.34 所示。

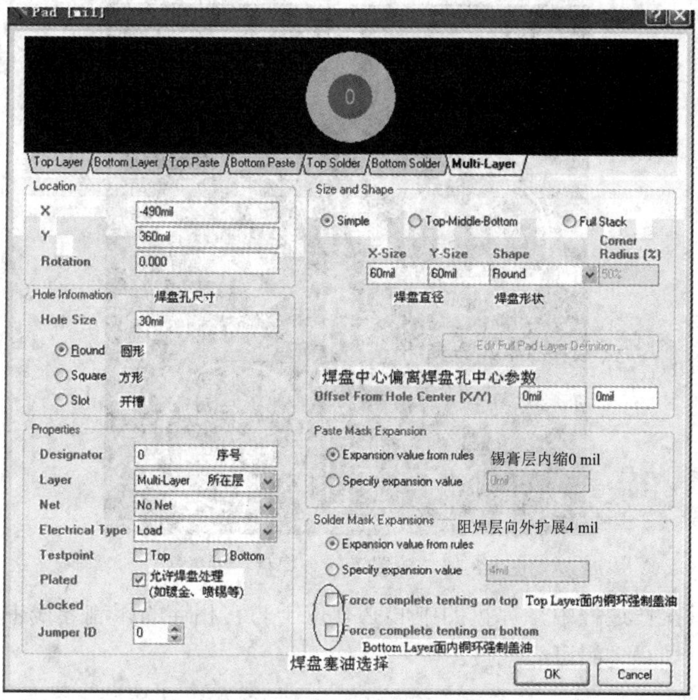

图 6.3.34　焊盘属性设置

X-Size、Y-Size 的大小决定了焊盘的外形尺寸。对于形状为"Round"(圆形)的焊盘来说，当 X、Y 方向尺寸相同时，焊盘呈圆形；当 X、Y 方向尺寸不同时，焊盘呈椭圆形。对于形状为"Rectangle"(方形)的焊盘来说，当 X、Y 方向尺寸相同时，焊盘呈方形；当 X、Y 方向尺寸不同时，焊盘呈长方形。对于形状为"Octagonal"(八角形)的焊盘来说，当 X、Y 方向尺寸相同时，焊盘呈八角形；当 X、Y 方向尺寸不同时，焊盘呈长八角形，如图 6.3.32 所示。

Shape：焊盘形状。

Hole Size：焊盘引线孔直径。

Layer：对于单面板来说，焊盘可以放在"Bottom Layer"(焊锡面)上，也可以放在"Multi-Layer"(多层)上，但在双面、多层板中，焊盘只能放在 Multi-Layer 上，使所有打开的信号层上均出现焊盘。

Offset From Hole Center(X/Y)：焊盘中心偏离焊盘孔中心参数，一般为(0, 0)，即焊盘中心与焊盘孔中心重合。

穿通封装引脚焊盘铜环一般选择"焊盘开窗"方式，否则焊接时无法上锡，但在双面、多层板中，对于金属外壳封装元件，如晶体振荡器，最好允许阻焊油将元件面内的焊盘铜环覆盖，防止意外短路，才需要选中"Force complete tenting on top"(强制 Top Layer 面覆盖)。

在图 6.3.34 中，选择了焊盘的形状、尺寸以及引线孔直径后，单击"OK"按钮关闭。

(2) 移动光标到指定位置后，单击左键固定即可。

重复焊盘放置操作，即可连续放置其他的焊盘，结果如图 6.3.35 所示。

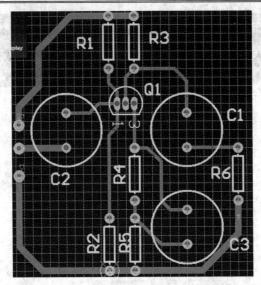

图 6.3.35　放置了三个焊盘后的效果

在放置焊盘操作过程中，焊盘的中心必须位于与它相连的印制导线中心上，否则不能保证焊盘与印制导线之间可靠连接。

5. 放置过孔

在双面或多层印制电路板中，通过金属化"过孔"可使不同层上的印制图形实现电气连接。放置过孔的操作方法与焊盘的相同。

单击放置工具栏内的"过孔"工具，然后按下 Tab 键，即可激活"Via"(过孔属性)设置框，如图 6.3.36 所示。

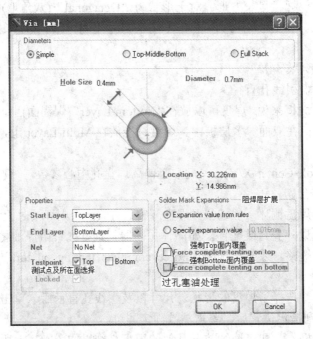

图 6.3.36　过孔属性设置框

Diameter：过孔外径。

Hole Size：过孔内径。由于金属化过孔只用于连接不同层的导电图形，孔径尺寸可以小一些，但必须大于可加工的最小钻孔孔径及板厚的 1/8(具体参数由生产厂家决定)，否则加工困难。

Start Layer、End Layer：定义连接层，缺省时是元件面到焊锡面(这适合于双面板)，在多层板中应根据实际情况选定。但一般情况下，尽量避免使用盲孔。

当选择过孔塞油工艺时，需要选中"Force complete tenting on top"(强制 Top 面内覆盖)及"Force complete tenting on bottom"(强制 Bottom 面内覆盖)。

6.3.7　设置电路板尺寸

通过"File"菜单下的"New\PCB"命令创建的空白 PCB 文件的电路板形状、尺寸均为缺省参数，如图 6.2.1 所示，与用户实际要求的电路板形状、尺寸有差别。这时，可通过"Design"菜单下的"Board Shape"(板形状)编辑命令系列(如图 6.3.37 所示)，重新设定电路板形状、尺寸。

图 6.3.37　调整、编辑 PCB 板形状命令

1. 通过"Redefine Board Shape"(重定义 PCB 形状)调整 PCB 板形状

通过"Redefine Board Shape"命令调整 PCB 板形状的操作过程如下：

(1) 执行"Design"菜单下的"Board Shape\ Redefine Board Shape"后，鼠标箭头变成"十"字光标。

(2) 将"十"字光标移到工作区某一点，单击，确定 PCB 板的起点，移动"十"字光标到第二个点，再单击，确定 PCB 板外形的第二个顶点，如此往复，直到确定 PCB 板最后一个顶点，再单击右键退出，这样就获得了一个多边形 PCB 板外形。

2. 通过"Define from selected objects"(选定对象边界创建 PCB 板形状)生成 PCB 形状

通过"Redefine Board Shape"命令获得的 PCB 板外形尺寸的精度不易控制，尤其是各部分尺寸要求严格的异形板(即 PCB 板边界不是规则的长方形)，最好用"Define from selected objects"命令生成 PCB 形状，操作过程如下：

(1) 利用"实用工具"中的"直线"工具在 PCB 编辑器工作区内机械层 1 绘制一个封闭的 PCB 边框线，操作过程可概括为：单击 PCB 编辑器窗口"工作层"列表栏内的"Mechanical Layer 1"(机械层 1)，将 Mechanical Layer 1 作为当前工作层，然后利用"实用工具"中的"直线"工具在机械层 1 内画出电路板的边框(边框线宽一般取 10 mil)，如图 6.3.38 所示。

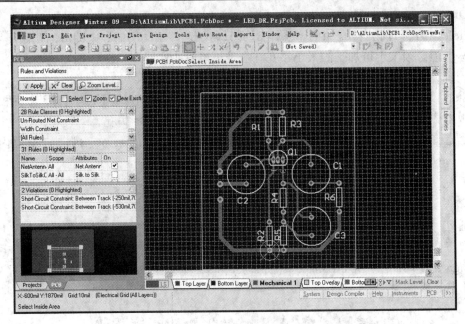

图 6.3.38　在工作区绘制 PCB 边框线

值得注意的是,边框线与元件引脚焊盘的最短距离不能小于 2 mm(一般取 5 mm 较合理),否则下料困难。

(2) 利用"Find Similar Objects"命令或"Edit"菜单下的"Select"命令选中所有的边框线,如图 6.3.39 所示。

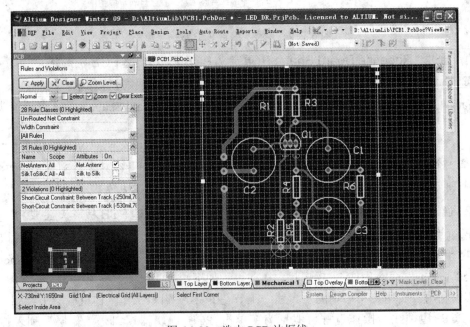

图 6.3.39　选中 PCB 边框线

(3) 执行"Design"菜单下的"Board Shape\Define from selected objects"命令,即可完成 PCB 边框的设置操作,如图 6.3.40 所示。

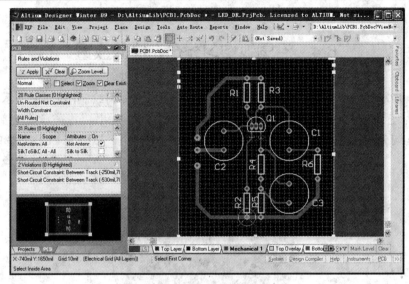

图 6.3.40　PCB 板机械边框设置

6.3.8　编辑、修改丝印层上的元件序号、注释信息

在放置元件、手工布局以及手工调整布线等操作过程中，为了不影响视线，常将元件的注释信息(如序号、大小及型号等)隐藏起来。因此，完成以上操作后，需要调整丝印层上的元件序号、注释信息文字的位置与大小。

在调整元件序号、注释信息时必须注意：位于元件面丝印层上的元件序号以及型号或大小等注释信息可以放在连线上，但最好不要放在元件轮廓线边框内，以免元件安装后，元件体本身将元件序号、注释信息等遮住(焊锡面上的元件序号可以放在元件轮廓的边框内)。但无论如何不能将元件序号、注释信息等放在焊盘或过孔上，原因是钻孔后，焊盘引线孔、过孔等位置的基板将不复存在。此外，焊盘铜环必须处于裸露状态，不能也不该印上文字信息，否则无法焊接。Altium Designer 提供了丝印图形(直线、曲线、字符)与焊盘外沿间距以及丝印字符间距检查功能，使用方法可参见 9.6.4 节内容。

调整元件序号、注释信息后的结果如图 6.3.41 所示，至此也就完成了这一简单电路印制板的编辑操作。

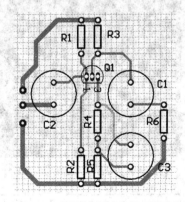

图 6.3.41　编辑结束后的单面印制板

6.4 沿圆弧均匀分布元件的放置

为进一步掌握连线工具、实用工具的使用，下面介绍如何绘制图 6.4.1 所示的 LED 灯 PCB 板。为使 LED 灯出光均匀，没有明显暗区，要求以"12 串 2 并"方式连接的 LED 芯片沿圆弧均匀分布，且尽量保留更多的铜膜，减小横向热阻，以降低 LED 芯片的结温。

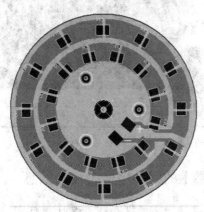

图 6.4.1　元件均匀分布的 LED 灯板

由于元件之间连接关系简单，完全不需要预先编辑原理图，可直接在 PCB 编辑区内放置元件及其他导电图形，为此可关闭图 6.3.1 中的 DRC 在线检查功能。

操作步骤如下：

(1) 在 PCB 编辑区中心区域放置一个焊盘(Pad)或一个过孔(Via)；再单击实用工具中的 "Set Origin" (或执行 "Edit" 菜单下的 "Origin\Set" 命令)，将光标移到焊盘或过孔中心，单击鼠标左键，将焊盘或过孔中心设为 PCB 板的原点，如图 6.4.2 所示。

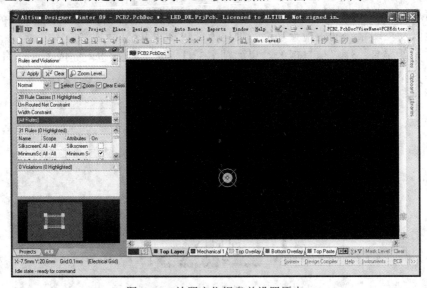

图 6.4.2　放置定位焊盘并设置原点

　　(2) 在工作层列表栏内，单击"Mechanical 1"，使之成为当前工作层；从实用工具中选择"Place Full Circle"(放置画全圆)工具(也可以借助"Place"菜单下的"Full Circle"命令实现)，以原点为圆心画一个完整圆，如图 6.4.3 所示。

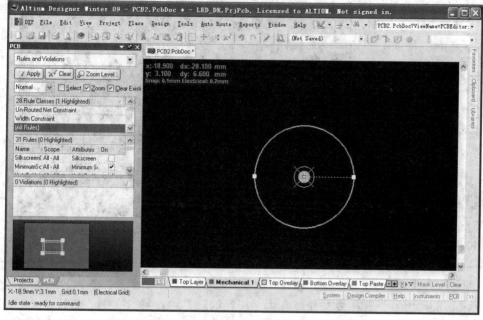

图 6.4.3　在机械层 1 内以原点为圆心画圆

　　(3) 将鼠标移到圆弧上，双击，进入图 6.4.4 所示的"圆"属性设置窗，设置圆的半径、圆弧线条的宽度，并单击"OK"按钮退出。

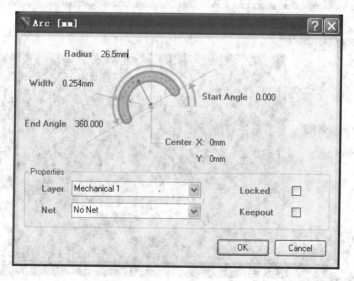

图 6.4.4　"圆"属性设置窗

　　(4) 从实用工具中选择"Place Line"(放置直线)工具(也可以借助"Place"菜单下的"Line"命令实现)，从原点开始画一条略长于圆半径的直线作为水平基准线，如图 6.4.5 所示。

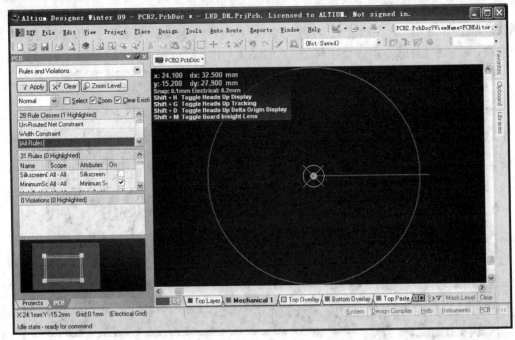

图 6.4.5　画水平基准线

(5) 按同样方法，画出安装螺丝孔中心所在的圆，并在螺丝孔中心圆弧与水平基准线的交点处放置一个过孔，作为螺丝孔中心标志，然后利用画圆工具画出安装螺丝孔及外圆(作为元件、连线放置边界线)，如图 6.4.6 所示。

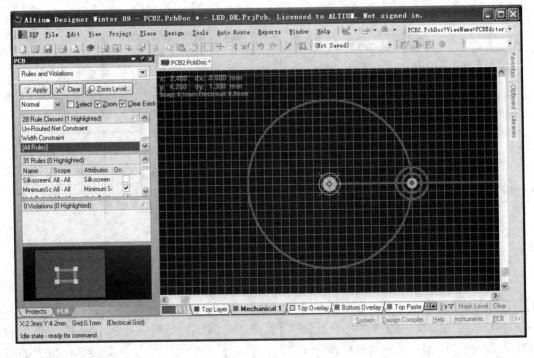

图 6.4.6　画安装螺丝孔

　　(6) 利用"选择"工具，将安装螺丝孔内、外两圆及中心标志过孔全部选中，如图 6.4.7 所示。

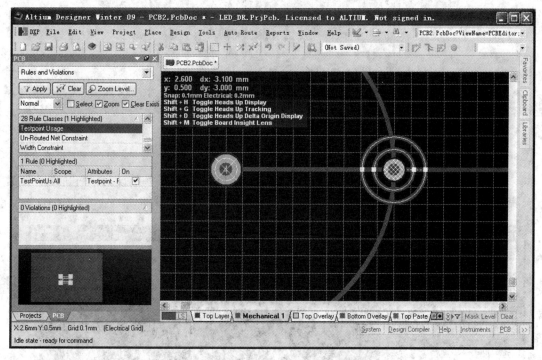

图 6.4.7　选中安装螺丝孔圆弧

　　(7) 执行"Edit"菜单下的"Cut"命令，将光标移到原点，单击左键，将选中图件剪切到剪贴板中。

　　(8) 执行"Edit"菜单下的"Paste Special…"(特殊粘贴)命令，在图 6.4.8 所示特殊粘贴设置窗口内，单击"Paste Array…"(阵列粘贴)按钮。

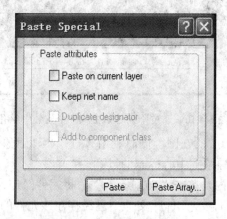

图 6.4.8　特殊粘贴选项设置

　　在图 6.4.9 所示的阵列粘贴设置窗口内，定义粘贴方式、粘贴数量、图件分布角等信息后，单击"OK"按钮，将光标移到原点上，两次单击，即可观察到图 6.4.10 所示的阵列粘贴结果。

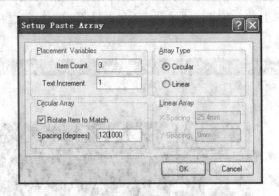

图 6.4.9　阵列粘贴选项设置

　　由于三个固定螺丝沿圆弧分布，彼此呈 120°，因此阵列粘贴参数设为：粘贴数量取 3，按沿圆弧分布，角度取 120°。

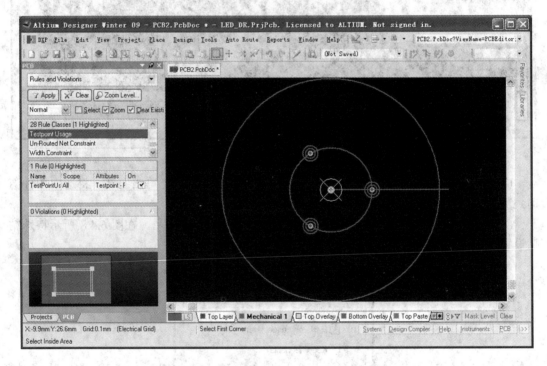

图 6.4.10　通过阵列粘贴生成三个安装螺丝孔

　　(9) 删除安装螺丝孔中心所在圆，同时利用"查找相似对象"及"Inspector"(检查器)锁定所有圆以及表示固定螺丝孔中心标志的过孔。

　　(10) 在工作层列表栏内，单击"Top Layer"，将元件面作为当前工作层；在元件库面板窗口内找出 LED 封装图(假设元件库文件中已经存在该元件的封装图)，并将它直接拖到编辑区内指定位置，如图 6.4.11 所示。

　　为保证 LED 元件中心必须位于水平基准线上，除了在制作 LED 封装图时必须将封装图中心设为元件参考点外，还必须双击 LED 封装图，在其属性窗口内将 LED 封装图位置的 Y 坐标置为 0。

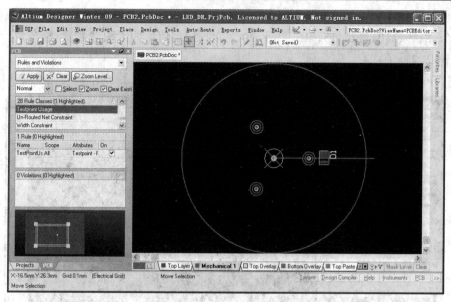

图 6.4.11　放置 LED 封装图

(11) 执行"Edit\Select\Toggle Selection"命令，选中 LED 封装图，再执行"Edit\Cut"命令，将光标移到原点，单击左键，将 LED 封装图剪切到剪贴板中。

(12) 执行"Edit"菜单下的"Paste Special…"(特殊粘贴)命令，在图 6.4.8 所示的特殊粘贴设置窗口内，单击"Paste Array…"(阵列粘贴)按钮。

(13) 在图 6.4.9 所示的阵列粘贴设置窗口内，定义粘贴方式(圆)、粘贴数量(12)、图件分布角(30°)等信息后，再单击"OK"按钮，将光标移到原点处，单击两次，即可观察到图 6.4.12 所示的阵列粘贴结果。

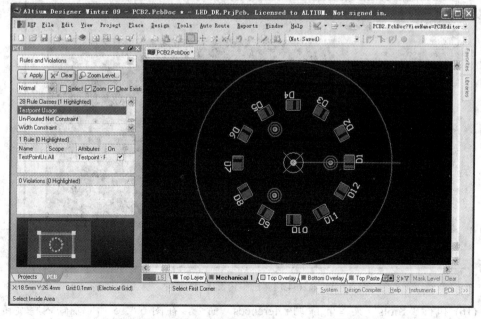

图 6.4.12　通过阵列粘贴放置内圈 LED 元件封装图

为保证图件在圆弧上分布均匀，且没有积累误差，图件数量不能为任意值，只能是 2、3、4、6、8、9、10、12、15、16、18、20、24 等特定值，即"图件数量×分布角"必须严格等于 360°。

(14) 重复前面操作，放置外圈的 LED 芯片(D13～D24)，操作结果如图 6.4.13 所示。

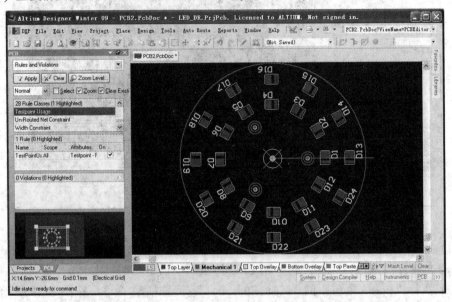

图 6.4.13　通过阵列粘贴放置外圈 LED 封装图

(15) 通过"Edit\Select\Toggle Selection"命令选中内圈全部的 LED 芯片，如图 6.4.14 所示。

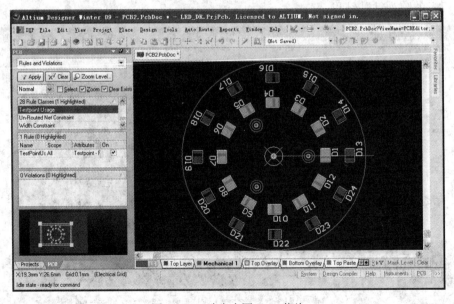

图 6.4.14　选中内圈 LED 芯片

(16) 执行"Tools"菜单下的"Preferences"命令，在图 6.4.15 所示窗口内将旋转角设置为 15°。

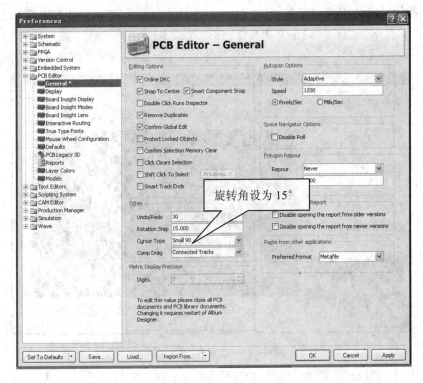

图 6.4.15　设置旋转角

之所以将旋转角设为 15°，是希望内、外圈 LED 芯片相互错开，避免相互遮挡，影响光效。

(17) 单击"移动"工具，将光标移到原点，单击左键定位，按空格键，使选中对象旋转指定角度(15°)，再单击右键退出，即可观察到图 6.4.16 所示效果。

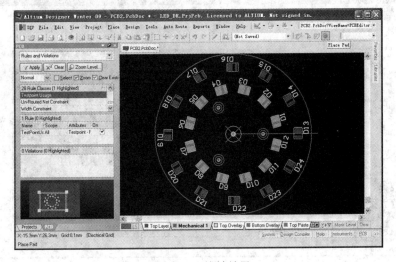

图 6.4.16　旋转效果

(18) 执行"Tools"菜单下的"Preferences"命令，在图 6.4.15 所示窗口内将旋转角设为 5°，为下一步旋转图件做准备。

(19) 执行"Place"菜单下的"Fill"命令(放置填充区)，在两个 LED 芯片之间放置一系列小方块，并适当旋转这些小方块，使它们彼此之间呈扇形衔接，将相邻的 LED 芯片正负极连接一起；接着利用"查找相似对象"命令选中，操作结果如图 6.4.17 所示。

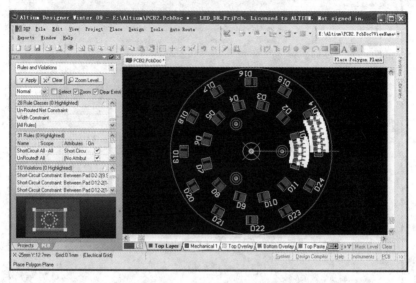

图 6.4.17　放置并选中小方块

(20) 执行"Edit"菜单下的"Cut"命令；再执行"Edit"菜单下的"Paste Special…"(特殊粘贴)命令，在图 6.4.8 所示的特殊粘贴设置窗口内，选择"Paste Array…"(阵列粘贴)方式；在图 6.4.9 所示阵列粘贴设置窗口内，定义粘贴方式(圆)、粘贴数量(11)、图件分布角(30°)等信息后，再单击"OK"按钮，将光标移到原点处，单击两次，即可观察到图 6.4.18 所示的阵列粘贴结果。

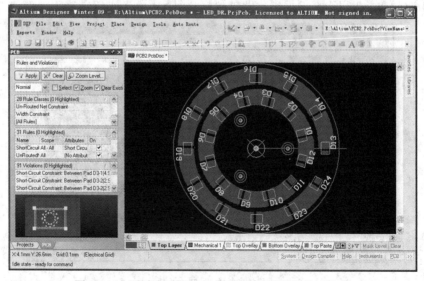

图 6.4.18　通过阵列粘贴方式放置起连接作用的小方块

(21) 单击"Place Pad"工具，按下 Tab 键，在图 6.4.19 所示焊盘属性窗口内，设置焊盘属性为：放在 Top Layer 面内；焊盘孔径尺寸为 0；形状为长方形。

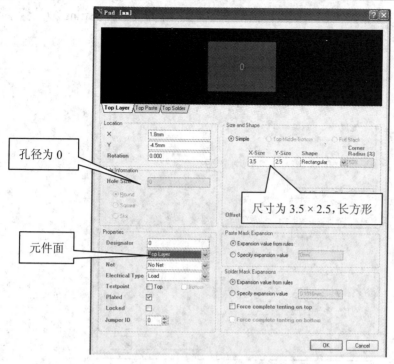

图 6.4.19　焊盘属性窗

(22) 移动光标到指定位置，并按空格键旋转，调整方向，然后单击左键固定；再重复"移动鼠标→按空格键旋转→单击左键"操作，放置另一个焊盘，最后单击右键(或按 Esc 键)退出。

(23) 利用实用工具的"Line"工具(由于没有用网络定义元件连接关系，只能使用"Line"工具)，完成正、负极连线(在线段未固定前，可按下 Tab 键进入"Line"属性窗口，设置线宽)，同时利用"Fill"工具，放置一些起修饰作用的小方块，如图 6.4.20 所示。

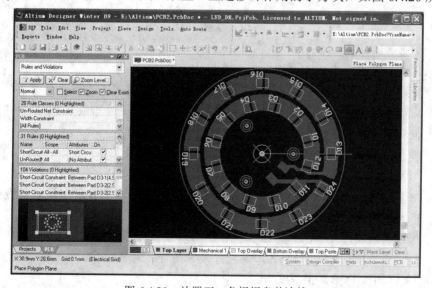

图 6.4.20　放置正、负极焊盘并连线

(24) 将"Top Overlay"(元件面丝印层)作为当前层，单击"Place String"(放置字符串)工具，按下 Tab 键，进入图 6.4.21 所示的"字符串"属性设置窗。

图 6.4.21　字符串属性设置窗

设置了相关内容后，单击"OK"按钮退出，将光标移到正极焊盘附近，单击左键固定。重复"按 Tab 键→设置文本信息→单击'OK'按钮→移动光标→单击左键固定"操作步骤，放置"–"极标志。

(25) 调整序号 D1~D24 字符大小，删除水平基准线，在机械层 1 内原点处放置一个直径为 2.5 mm 的圆，这样就获得了图 6.4.1 所示的最终效果。

习　题　6

6-1　印制板基板材料的介电常数为什么是越小越好？

6-2　元件一般放置在哪一工作层内？对于双面印制板来说，有几个信号层？

6-3　在以贴片元件为主的双面 PCB 板中，哪一面是主要的布线层？

6-4　简述四层板各层的用途，上下面两个信号层地位相同吗？

6-5　如果电路中没有表面安装元件，是否需要焊锡膏层？

6-6　列举阻焊层的作用。

6-7　丝印层的作用是什么？元件标号、型号等注释信息能否放在焊盘与过孔上？为什么？

6-8　机械层的作用是什么？一般在机械层内放置什么信息？

6-9　为什么不能在 PCB 编辑区内对元件封装图进行对称操作？

6-10　如何删除 PCB 编辑区的一个元件？

6-11　在什么情况下需要将双面、多层板中元件面内的元件引脚焊盘做盖油处理？

第 7 章　PCB 设计基础

✦✦✦✦✦✦✦✦✦✦✦✦✦✦✦✦✦✦✦✦✦✦✦✦✦✦✦✦✦✦✦✦✦✦✦

　　电子产品的功能由原理图决定(所用元器件以及它们之间的连接关系)。但电子产品的许多性能指标，如成品率、热稳定性、可靠性、抗震强度、EMC 指标等不仅与原理图设计、元器件品质、生产工艺等因素有关，而且很大程度上取决于印制电路板布局、布线是否合理。在原理图和元器件都相同的条件下，印制板设计是否合理将直接影响到产品的稳定性(电路系统性能指标几乎不随环境温度的变化而变化)、可靠性(抗干扰性能及平均无故障工作时间)、成品率(PCB 设计过程中的元件布局会影响到焊接质量——虚焊或桥连短路；布线间距不合理导致短路)、生产效率等。

　　PCB 设计不仅仅是用印制导线完成原理图中元器件的电气连接，还必须在元件布局、布线过程中保证所设计的 PCB 板必须满足如下要求，否则 PCB 设计就没有任何意义。

　　(1) 可制造性(Design For Manufacturing，DFM)要求。例如，元件间距、印制导线宽度、丝印字符大小、最小孔径尺寸等必须满足工艺要求，否则无法加工。

　　(2) 可装配性设计(Design For Assembly，DFA)要求。

　　(3) 可靠性设计(Design For Reliability，DFR)要求。

　　(4) 电磁兼容性设计(Electron Magnetic Compatibility，EMC)要求。

　　(5) 可加工性设计(Design For Fabrication of the PCB，DFF)要求。

　　(6) 可测试性设计(Design For Test，DFT)要求。

　　在 6.2、6.3 节中，已简要介绍了 Altium Designer PCB 编辑器的基本操作方法，本章将详细介绍与 PCB 设计有关的基本知识。

7.1　PCB 设计操作流程

　　在 Altium Designer 中进行印制板(PCB)设计，流程大致如下：

　　(1) 编辑原理图。在编辑原理图过程中，必须确定并给出每一元器件的封装图，且原理图中 IC 芯片的退耦电容必须连接到与 IC 芯片电源引脚标号一致的网络上。

　　(2) 确定电路板的数目与层数。根据电路系统复杂度(IC 芯片数量多少及连线复杂程度、电磁兼容指标)、生产工艺及成本，确定电路板的数目(即是否需要分板及分板数目)及电路板的层数(即采用单面板、双面板还是多层板)。

　　(3) 初步确定电路板的形状及尺寸(指在形状、尺寸没有约束的情况下)。根据元件数目的多寡、体积的大小以及原理图中连线的复杂程度，初步确定电路板的尺寸；根据安装方式、位置等因素，确定印制电路板的形状以及固定螺丝孔的数目及位置。

(4) 创建空白的 PCB 文件。对于非标准尺寸电路板，可使用"File"菜单下的"New/PCB"命令创建空白的 PCB 文件；对于标准尺寸的电路板，最好使用"Home"主页内的"Printed Circuit Board Design"(PCB 设计)标签下的"PCB Document Wizard"(创建 PCB 文档向导)或"Create PCB Form Template"(用模板文件创建 PCB 文件)命令创建 PCB 文件。

(5) 装入常用集成元件库以及用户自己创建的 PCB 设计专用元件库文件(.PcbLib)。

(6) 通过"Update PCB Document …"(更新 PCB 文件)命令，将原理图中的元件封装图及电气连接关系等信息传递到新生成的 PCB 文件中。

在 Altium Designer 中，可通过执行原理图编辑器窗口内"Design"(设计)菜单下的"Update PCB Document…"命令，将原理图中的元件封装图及电气连接关系装入到新生成的 PCB 文件中。

如果执行"Update PCB Document…"命令时，提示没有找到元件封装图形，则可能是 PCB 编辑器中没有装入相应的元件封装图形库文件，可先进入 PCB 编辑状态，装入相应元器件封装图形文件后，再返回原理图编辑状态，执行"Update PCB Document…"命令。

(7) 在此基础上，根据元件布局基本规则，大致确定各单元电路在印制板上的位置(即划分各单元电路存放区域)，单元内主要元器件的安装位置及安装方式。

(8) 执行"Design"菜单下的"Layer Stack Manager…"(层堆栈管理)命令，在层堆栈管理器窗口内，设置工作层的参数，如各导电层铜膜厚度、板芯及绝缘层厚度；对多层板来说，尚需要增加中间信号层及内电层。

(9) 设置 Altium Designer PCB 编辑器的工作参数。根据电路板的层数，打开/关闭相应的工作层，设置可视栅格的大小、形状以及各工作层的颜色。

(10) 执行"Design"菜单下的"Rule…"(设计规则)命令，定义元件布局参数，如设置电气图形符号最小间距、元件间横向及纵向最小间距等。

(11) 执行"Design"菜单下的"Board Options…"命令，设置元件移动最小距离、可视栅格形状及大小。

(12) 在 PCB 编辑窗口内，将各元件封装图逐一移到对应单元电路布线区内，完成元器件的预布局操作。

(13) 布线前确定元件的最终位置。使元件的引脚焊盘对准格点，以方便自动布线以及自动布线后的手工修改(执行"Edit"菜单下的"Align"中的"Align to Grid"命令，即可将所有元件引脚焊盘移到格点上)。

(14) 执行"Design"菜单下的"Rules…"命令，定义布线规则，如设置印制导线与焊盘之间的最小间距、印制导线最小宽度、走线转角模式、过孔参数等；采用自动布线时，还需要设置布线拓扑模式、布线层、各(类)节点布线优先权等。

(15) 预布线，对有特殊要求的印制导线，如电源线、地线、容易受干扰的信号线等先预布线并锁定，以获得良好的自动布线效果。

(16) 自动布线。原则上在设置了自动布线规则后，可使用 PCB 编辑软件的自动布线功能完成 PCB 板的布线操作，其优点是效率高，可迅速完成连线操作，但缺点是布线效果差——连线长、过孔多、电磁兼容性差。因此，在完成了元件基本布局后，主要还是依靠手工布线，在连线过程中，一边连线一边微调元件位置、方向，尽管手工布线速度慢，但布线效果好，如过孔数量少、批量生产成本低、电磁兼容指标高。

(17) 自动布线后的手工修改。自动布线后，一般均需要手工修改，如调整拐弯很多的连线；适当加宽电源线、地线；手工连接没有布通的连线(或将其作为硬跨线处理)；调整个别元件引脚焊盘(或个别引脚焊盘)的形状，以便手工修改布线；根据需要，在焊盘与印制导线连接处放置泪滴焊盘等，以提高印制板的可靠性。

(18) 以设计规则作为浏览对象，找出并修改不满足设计要求的连线、焊盘、过孔等。

(19) 调整丝印层上元件的序号(包括注释信息)、字体、大小及位置。

(20) 必要时创建网络表文件，并与原理图状态下生成的网络表文件比较，确认 PCB 板上连线的正确性。

(21) 打印输出设计草图和报表。

7.2　PCB 设计前准备

7.2.1　原理图编辑

原理图编辑是 PCB 设计的前提和基础，实际上编辑原理图的最终目的就是为了编辑 PCB 文件。有关原理图编辑方法可参阅第 2、4 章内容。

7.2.2　检查并完善原理图

在编辑印制板前，需要进一步检查原理图的完整性，如数字逻辑电路芯片中未用输入端和未用单元输入引脚的连接是否正确、合理，IC 储能及退耦电容是否已标出。

1. 未用引脚的处理

(1) 对于未用的与非门(包括与门)引脚，可按下述方式处理。

对 TTL 数字 IC 芯片，当电路工作频率不高时，可一律悬空(视为高电平，但不允许带长开路线)；当电路工作频率较高时，与已用输入端并联或接芯片电源引脚 V_{CC}(漏电流较大)。

对于 CMOS 数字 IC 来说，未用的"与非""与"逻辑输入端一律接芯片电源引脚 V_{DD}。对于"与非"以及"与"逻辑关系输入引脚，将多余的未用引脚与已用输入引脚并联，在逻辑上没有问题，但除了要求前级电路具有足够强的驱动能力外，也增加了前级电路输出级、负载输入级电路的功耗。因此，尽量不用这种处理方式，除非输入信号频率很低，且前级驱动能力足够强。

(2) 对于未用的或非门(包括或门)引脚，一律接地。

2. 未用单元电路输入引脚的处理

在印制板设计时，最容易忽略未用单元电路输入端的处理(因为原理图中可能没有给出)。尽管它不影响电路的功能，但却增加了系统的功耗，并可能带来潜在的干扰，因此应根据电路芯片的种类、功能将其输入端接地或电源 VCC(VDD)。

在小规模数字电路芯片中，同一封装内常含有多套电路。例如，在 74HC00 芯片中，就含有四套"2 输入与非门"；在 CD40106 CMOS 芯片中，就含有六套施密特输入反相器。

　　为降低功耗，并避免因输入端感应电荷引起输出逻辑变化，造成潜在干扰：对 TTL 工艺数字 IC 芯片，如 74 系列、74LS 系列芯片来说，未用单元输入端原则上可以悬空(视为输入高电平，但不能带长开路线)，但考虑到 TTL 电路芯片输出低电平时电源功耗大，因此反相器输入端应接地，与非门的一个输入端接地而其他输入端悬空。对 CMOS 工艺数字 IC 芯片，如 74LVC 系列、74HC 系列以及 CD 系列，所有未用单元的输入端一律接地，如图 7.2.1(a)、7.2.1(b)、7.2.1(c)所示；对比较器、运算放大器来说，未用单元的同相输入端与输出端相连，构成电压跟随器，而反相输入端接地，如图 7.2.1(d)所示。

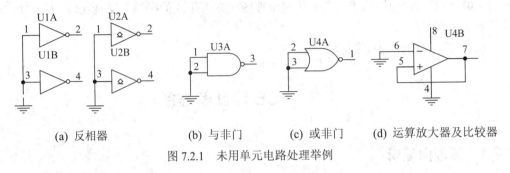

(a) 反相器　　　　　(b) 与非门　　(c) 或非门　　(d) 运算放大器及比较器

图 7.2.1　未用单元电路处理举例

3. IC 去耦电容

　　为使电路系统工作可靠，应在每一数字集成电路芯片(包括门电路、模拟比较器和包含逻辑门电路较多的抗干扰能力较差的 MCU、CPU、RAM、ROM 芯片)，以及运算放大器、各类传感器、AD 及 DA 转换器芯片等的电源和地之间放置由单一小电容、大小双电容或由磁珠与电容构成的 IC 去耦电路，这一点最容易被没有经验的线路设计者所忽略。

　　一方面，IC 去耦电容是该 IC 芯片的储能元件，它吸收了该集成电路内部有关门电路开/关瞬间引起电流波动而产生的尖峰电压脉冲，避免了尖峰脉冲通过电源线、地线干扰系统内其他元件；另一方面，去耦电容也滤除了叠加在电源上的干扰信号，避免了寄生在电源上的干扰信号通过 IC 电源引脚干扰 IC 内部单元电路。去耦电容一般采用瓷片电容或多层瓷片电容，容量在 $0.01 \sim 0.1\ \mu F$ 之间。对于容量为 $0.1\ \mu F$ 的瓷片电容，寄生电感约为 5 nH，共振频率约为 7 MHz，可以滤除 10 MHz 以上的高频干扰信号。IC 去耦电容容量选择并不严格，一般按系统工作频率 f 的倒数选择即可。例如，对于最高工作频率 f 为 10 MHz 的电路系统，去耦电容 C 取 1/f，即 $0.1\ \mu F$。另一方面，为提高电路的抗干扰能力，每 10 块中小功率数字 IC，还需增加一个 $10\ \mu F$ 左右的大容量储能电容，如图 7.2.2 所示。

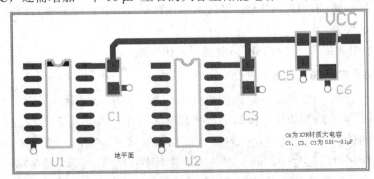

图 7.2.2　小规模数字 IC 电源引脚去耦电容

　　原则上在每一数字 IC 芯片的电源和地线间都要加接一个 0.01～0.1 μF 的去耦电容,在中高密度印制板中,没有条件给每一块数字 IC 芯片增加去耦电容时,也必须保证每 4 块 IC 芯片设置一只去耦电容。

　　对于内部开关元件较多的数字 IC 芯片,如 MCU、CPU、存储器,以及对干扰敏感的模拟器件,如承担微弱信号放大的运算放大器、A/D 及 D/A 转换芯片、比较器等,必要时可采用一只 4.7～10 μF 的陶瓷叠层贴片电容、钽电解电容(寄生电感比铝电解小,漏电小,损耗也较小,但击穿后会出现明火,不宜用在对防火、防爆有要求的产品中)或铝电解电容(铝电容由两层铝箔片卷成,寄生电感大,高频特性差,不能有效滤除电源中的高频干扰信号)以及一只 0.01～0.1 μF 的小瓷片电容并联构成大小双电容 IC 芯片去耦元件,如图 7.2.3 中的 C1～C4。

　　此外,在电路板电源入口处的电源线和地线间也最好采用大小双电容并联滤波方式,如图 7.2.3 中的 C5、C6。

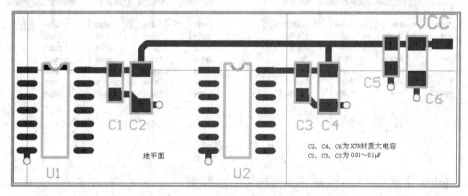

图 7.2.3　大小双电容去耦电路及布局

　　随着系统工作频率的不断提高,以及高频 DC-DC 开关供电电路的大量采用,仅依赖传统单电容或大小双电容并联组成 IC 去耦电路来消除 IC 电源引脚高频噪声的效果有限。为此,近年来在 PCB 板中更倾向于采用铁氧体磁珠和小电容构成 LC 或 LCC 去耦电路,如图 7.2.4 所示。

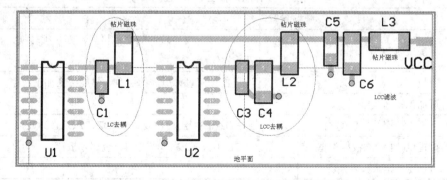

图 7.2.4　磁珠与电容构成的 IC 去耦电路及布局

　　铁氧体磁珠与电感略有区别,在低频段主要体现为等效电感 L 与直流电阻 R 串联,但在高频段,磁芯损耗很大,等效阻抗迅速增加,可将大部分高频噪声能量转化为磁芯热量就地消耗掉,这样能有效降低系统内高频噪声信号的幅度。

系统电源必须先经去耦电容滤波后，方可送 IC 芯片的电源引脚 V_{CC}，且去耦电容安装位置应尽可能靠近 IC 芯片的电源引脚，如图 7.2.5(a)、(b)所示。而在图 7.2.5 (c)布线中，电源 V_{CC} 先接 IC 芯片的电源引脚，去耦电容滤波效果大打折扣；而在图 7.2.5(d)布线中，IC 去耦电容接在系统电源总线 V_{CC} 上，对 IC 芯片本身去耦效果更差。

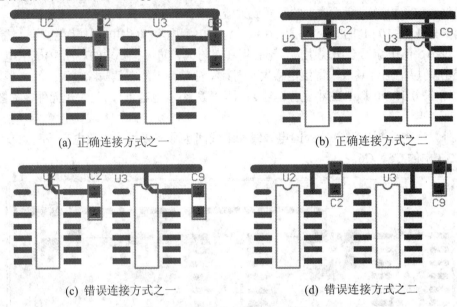

(a) 正确连接方式之一　　　　　　　(b) 正确连接方式之二

(c) 错误连接方式之一　　　　　　　(d) 错误连接方式之二

图 7.2.5　IC 芯片去耦电容及其布局

7.2.3　阅读并理解印制板加工厂家的工艺水平

设计好的 PCB 数据文件总要送到 PCB 印制板厂加工。为此，必须了解 PCB 制作厂家的工艺水平，方能设计出满足加工要求的 PCB 文件。其中最重要的参数有最小线宽、最小钻孔孔径、板厚孔径比、可接受的 PCB 文件格式、表面处理工艺、过孔处理方式等，如表 7.2.1 所示。

表 7.2.1　PCB 加工设备工艺参数

编号	项　目	参数	备　注
1	可接受的 PCB 文件格式		若不接受设计软件的文件格式，则必须转换，甚至更换设计软件
2	层数		不能加工设计所需的层数，只能更换加工厂家
3	可加工的基板厚度		
4	可加工的铜箔厚度(OZ)		HOZ(0.5 OZ)、1 OZ、1.5 OZ、2 OZ、3 OZ
5	可提供(加工)的板材类型		CEM-1、CEM-3、FR-4、金属基板等
6	可加工的最大尺寸		
7	可提供板材铜箔厚度(OZ)		HOZ(0.5 OZ)、1 OZ、1.5 OZ、2 OZ、3 OZ
8	最小线宽/线间距		0.1 mm(目前国内一般可达 4 mil，个别厂家达 3 mil)
9	最小钻孔孔径		0.2 mm(8 mil)
10	最小金属化孔径		0.2 mm

编号	项 目	参数	备 注
11	板厚孔径比	8∶1	1.6 mm 以上的厚板，必须注意该参数，不能以最小钻孔孔径为依据
12	可提供的表面处理工艺		OSP(有机保焊膜)、喷锡、镀(沉)镍、镀(沉)银、镀(沉)金
13	阻焊油颜色		绿油(最常见)、红油、黄油、白油
14	丝印字符最小线宽		0.127 mm(分辨率比最小线宽差)
15	丝印字符颜色		白字、黑字(需与阻焊油颜色匹配)
16	加工精度(包括孔径公差、孔位公差、外形尺寸公差)		

铜箔厚度用 OZ(即每平方英尺含有多少盎司的铜)表示，0.5OZ(即 HOZ)对应的铜箔厚度为 18 μm(主要用于低电流的廉价民品，如遥控器 PCB 板)、1OZ 对应的铜箔厚度为 35 μm(最常用)、1.5OZ 对应的铜箔厚度为 50 μm(多用于高密度大电流产品，如高功率密度开关电源 PCB 板)、2OZ 对应的铜箔厚度为 70 μm。

为保证加工质量，在 PCB 设计过程中，在布线允许的情况下，不要使用极限参数。例如，工艺最小线宽为 3 mil，则在 PCB 设计过程中，在走线允许的情况下，最小线宽最好取 4 mil，甚至 5 mil。此外，最小线宽还与铜箔厚度有关，铜箔厚度大，最小线宽应该相应增加。例如 1 OZ 以下铜箔厚度的最小线宽为 3 mil，则 1.5OZ 铜箔厚度的最小线宽可能要大于 4 mil。

将设计好的 PCB 文件提交 PCB 生产厂家打样时，至少需要明确：板材(FR-4 还是 CEM-3 或其他)、层数(单面、双面或多层)、铜箔厚度(1 OZ 还是 1.5 OZ 或其他，四层及以上多层板，还需指定内电层、中间信号层铜箔厚度、最终板厚)、阻焊漆(油)颜色(绿油、红油还是白油等)、丝印字符颜色、焊盘表面处理方式(有铅喷锡、无铅喷锡、沉镍、沉金或其他)、过孔处理方式(过孔开窗、塞油)，以及数量等。

基板厚度主要取决于 PCB 面积、安装在 PCB 上的元件重量。面积不是很大，板上元件重量较轻时，可选择 1.0 mm、1.2 mm、1.6 mm 厚的基板。

7.2.4 元件安装工艺的选择

可根据电路系统中多数元件的封装方式、PCB 板大小、生产成本等因素确定元件安装工艺，如表 7.2.2 所示。

对于只有贴片元器件(SMC、SMD)的 PCB 板，优先选择"单面贴片"(即仅在元件面内放置元件，采用单面回流焊工艺)；对微型电子设备的 PCB 板来说，也可以选择"双面贴片"(顶层作为元器件的主要安装面，底层可放置重量较轻的小元件，采用双面回流焊工艺)。

对于含有贴片元器件(SMC、SMD)、穿通封装元件(THC)的 PCB 板，优先选择"单面 SMD+THC 混装"方式(即仅在元件面内放置元件)，加工顺序为先贴片→回流焊，再插件→波峰焊(如果插件元件数量不多，也可以采用手工焊代替波峰焊)，其特点是工艺简单，这是最常用的元件安装方式；对单面 PCB 板，可选择"A 面放 THC，B 面放 SMD"，加工顺序为点胶→贴片→插件→波峰焊；对微型电子设备的 PCB 板，可选择"A 面放 SMD+THC，

B 面放 SMD"(适用于双面和多层 PCB 板),加工顺序为 A 面贴片→回流焊,B 面点胶→贴片→插件→波峰焊。

　　考虑到生产工艺的复杂性以及焊接质量的可靠性,应尽量避免采用双面均含有 SMD + THC 的混装方式。

表 7.2.2　元件安装工艺

元件种类	安装方式	示意图	适用范围	工艺流程与特点
全贴片元件	单面贴装		单面、双面及多层板	刮锡膏→贴片→回流焊。工艺简单,成品率高,是全贴片 PCB 板首选的元件放置方式
	双面贴装	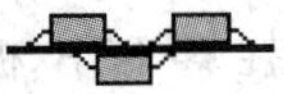	双面及多层板	B 面(辅元件面)刮锡膏→贴片→回流焊,翻板→A 面(主元件面)刮锡膏→贴片→回流焊。B 面元件有特殊要求[①],两次回流焊,适合高密度 PCB 板。可允许 A 面存在少量 THC 元件,回流焊后可手工插件、焊接
SMD+THC 混装	单面 SMD+THC 混装	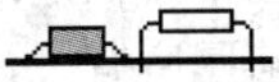	双面及多层板	刮锡膏→贴片→回流焊→插件→波峰焊(或手工焊)。工艺简单,成品率高,是 SMD+THC 混装 PCB 板首选的元件放置方式
	A 面 THC, B 面 SMD	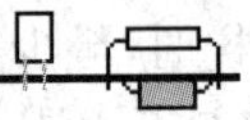	单面板	B 点胶[②]→贴片→固化→A 面插件→波峰焊,是单面 PCB 板唯一的元件放置方式
	A 面 THC+SMD, B 面 SMD	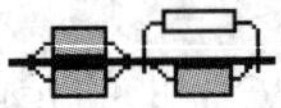	双面及多层板	A 面(主元件面)刮锡膏→贴片→回流焊→翻板→B 面点胶[②]→贴片→固化→翻板→A 面插件→B 面波峰焊。B 面上元件有特殊要求,回流焊+波峰焊,工艺相对复杂,成本较高,仅用于高密度 PCB 板

　　表注:① 在两次回流焊工艺中,第二次回流焊时,底部元器件仅靠熔融焊料的表面张力吸附在 PCB 板上,因此 B 面(辅元件面,即底部)上只能放置重量较轻的小尺寸贴片元件,否则必须先用钢网固定后方能回流焊。

　　② 并不是所有的贴片元件都适用波峰焊,BGA 封装元件、QFP 封装元件、引脚间距不足 0.5 mm(20 mil) 的 SOP 封装元件(如 TSSOP 封装,引脚间距只有 10 mil)、PLCC 封装元件、大尺寸的贴片电容及电阻,以及 0402、0201 封装的小尺寸电阻与电容等均不宜使用波峰焊接工艺;此外,元件底部离 PCB 板距离(Stand off)超过 0.2 mm 的贴片元件,也不宜使用波峰焊接工艺(原因是液态焊锡可能会渗透到元件体底部与 PCB 之间的缝隙,导致元件引脚短路)。对于这类元件,非要放在辅元件面时(BGA 封装元件除外),可在波峰焊接后,通过手工补焊方式完成。由于过波峰焊炉时,锡峰阴影效应(如图 7.2.6 所示)的存在,SOP 封装元件长边应与走板方向一致,如图 7.2.7(a)所示;当少量 SOP 封装元件长边与走板方向垂直时,应适当增加阴影一侧 SOP 元件引脚焊盘的长度(加长 20%左右),如图 7.2.7(b)所示,以保证焊接的可靠性。

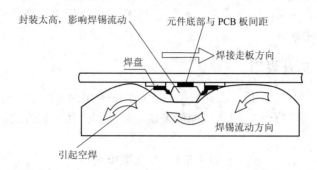

图 7.2.6 波峰焊阴影效应示意图

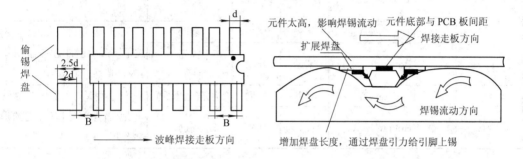

(a) 尽量使 SOP 封装元件长边与走板方向一致 (b) 增加阴影一侧引脚焊盘的长度

图 7.2.7 波峰焊接面贴片元件

考虑到锡峰阴影效应，对于 Stand off 不超过 0.2 mm、引脚间距在 0.5 mm 以上的 QFP 封装元件，采用波峰焊接时，元件对角线必须与走板方向平行，即 QFP 封装元件必须斜 45°角放置。

在双面、多层板中，先将所有元件放置在元件面内，实在无法容纳时，将 0603、0805、1206 封装的电阻及电容移到 Bottom Layer 面；如果元件面还是无法摆放时，再将引脚间距较大、高度较低、重量较轻的 SOT 封装元件(二极管、三极管、基准电压源或其他)、SOP 封装 IC 移到 Bottom Layer 面内，即尽可能避免将引脚间距小、厚度大或重量较重的贴片布局在焊锡面内，这样不仅避免了波峰焊接对贴片 IC 的限制，也提高了 PCB 板的可靠性。

当然，本身不允许波峰焊接的元件，如贴片 LED 芯片，肯定不能放在焊锡面内。

7.3 印制板层数选择及规划

随着器件工艺水平、封装技术的不断进步，电路系统内器件的集成度、工作频率越来越高。对于复杂的电路系统，单面板、双面板不仅布通率低，而且无法满足 EMC 要求，采用 4、6、8、10 层，甚至更多层电路板就成为一种必然的选择(由于工艺原因，偶数层印制板性价比较高，因此很少用 3、5、7 层板)。

因此，在设计 PCB 前，应根据电路系统的复杂度、工作频率、EMI 性能指标、生产成本等，合理、折中选择电路板的层数。

在多层板中，由于各信号层离地线层的距离不同，电磁屏蔽效果有差异，因此在多层电路板中，各信号层特性并不完全相同。此外，由于电源层与地线层距离不同、完整性不同，电源退耦效果也不尽相同。因此，在多层 PCB 设计过程中，必须认真规划板层结构，并确定各信号层的用途。

7.3.1 双面板结构及规划

在中低集成度、中低频(最高工作频率在 50 MHz)的电路系统中，可选择双面甚至单面板，以降低 PCB 的生产成本。对于双面板来说，可根据元件封装方式，规划各层的用途，如表 7.3.1 所示。

表 7.3.1 双面板规划

元件封装方式	层规划	信号线	电源线	地 线	特 点
贴片元件为主	顶层(Top Layer)	优先	优先	辅助	过孔少；电源线与地线(层)之间有一定的退耦作用；EMC 特性较好
	底层(Bottom Layer)	辅助	辅助	优先(地平面)	
贴片元件很少	顶层(Top Layer)	辅助	辅助	优先(地平面)	便于测试、维修，电源线与地线(层)之间有一定的退耦作用；EMC 特性较好
	底层(Bottom Layer)	优先	优先	辅助	

从表 7.3.1 的规划中可以看出：在双面板中，信号线、电源线、地线并非随意分配到底层或顶层内，实质上还是按单面板规范布线，把另一面作为尽可能完整的地平面使用，只能在地线层内放置少量连线，取代单面板中被迫采用的"飞线"而已。例如，在以贴片元件为主的双面板中，尽量在顶层放置信号线、电源线，将底层作为地平面使用，仅将少量无法在顶层连通的信号线放在地线层内，即尽量保持地线层的完整性，以提高系统的 EMC 性能指标。与单面板相比，布线难度并没有显著降低，但 EMC 指标有所提高。因此，在集成度较高、连线复杂的系统中，可能会采用四层或以上 PCB 板结构，以提高 PCB 板的 EMC 性能指标。

7.3.2 四层板结构及规划

四层板有两种结构可供选择，如表 7.3.2 所示。

表 7.3.2 四层板规划方案

层编号	结构 1(常用)	结构 2(可选)
第 1 层(顶层)	信号层 1	GND
第 2 层(中间层)	GND(内地线层)	信号线 + 电源线
第 3 层(中间层)	电源层(内电源层)	信号线 + 电源线
第 4 层(底层)	信号层 2	GND

在结构 1 中，内电源层与内地线层之间的寄生电容较大，退耦效果好。由于存在两个可用的信号层，布线相对容易，适用于集成度高、连线多而工作频率不太高(或 EMC 要求不很高)的电路系统。由于信号层 1 紧贴内地线层，电磁屏蔽效果较好，因此是高速信号线、时钟线、同步信号线(如 MCU 或 CPU 存储器的读写控制信号线)以及对干扰敏感的模拟信

号线等的优先布线层；而信号层 2 离内地线层较远，电磁屏蔽效果相对较差，可放置对外电磁辐射量较小的电平控制线、低速信号线等。

在结构 2 中，两地线层将信号线屏蔽，辐射干扰最小，但由于信号线在中间层走线，不建议在以贴片元件为主的 PCB 板中采用这种结构，否则过孔数量会迅速增加，不仅可靠性会降低，加工成本也会上升。此外，由于两信号层相邻，不同信号层上的非差分连线走向要相互垂直，方能将彼此之间的串扰现象降到最低(当然位于相邻信号层内的差分线重叠走线最理想)。该结构没有完整的电源层，电源与地线之间的退耦效果相对较差，仅适用于对 EMC 要求高、以穿通元件为主的电路板中。

7.3.3　六层板结构及规划

六层板有多种结构可供选择，根据 EMI 指标、电路连线复杂度等选择最合理的结构。六层板可选结构如表 7.3.3 所示。

表 7.3.3　六层板规划方案

层编号	结构 1 (中低频电路)	结构 2 (中高频电路)	结构 3 (中高频电路可选)
第 1 层(顶层)	信号层 1	信号层 1	GND
第 2 层(中间层)	信号层 2	GND	信号层 1
第 3 层(中间层)	GND	信号层 2	POWER
第 4 层(中间层)	POWER	GND	GND
第 5 层(中间层)	信号层 3	POWER	信号层 2
第 6 层(底层)	信号层 4	信号层 3	GND

与四层板结构类似，带灰色背景的信号层屏蔽效果最好，应优先放置干扰大或对干扰敏感的信号线。其中，结构 1 布线密度高，但 EMI 指标不高，是高密度中低频六层 PCB 板的常见结构，但必须保证信号层 1 与信号层 2、信号层 3 与信号层 4 内的非差分信号线走线方向垂直，以减小相邻信号层内的信号串扰现象。在结构 2、3 中，可用信号层少，布线密度较低，但 EMI 指标好，因此结构 2 是六层高频、高速 PCB 板的优选结构之一。而结构 3 仅用于以穿通元件为主、对 EMI 指标有严格要求的高频电路板中。

在八、十及更多层电路板中，可选择的结构就更多了。例如在八层板中，可采用"信号-信号-信号-地-电源-信号-信号-信号"(具有 6 个信号层，仅用于高密度中低频电路系统)、"信号-信号-地-信号-地-电源-信号-信号"(具有 5 个信号层，适用于高密度中高频电路系统)或"信号-地-信号-地-电源-信号-地-信号"(具有 4 个信号层，多用在高频、超高频电路系统中)，等等，在此不一一列举。规划多层板各层用途时，必须牢记以下原则：

(1) 至少有一个内电源层和内地线层相邻，以提高电源解耦效果。

(2) 内电源层边框比内地线层边框小 20 倍板厚以上，以减小边缘效应。

(3) 尽可能避免存在三个或三个以上信号层相邻，除非电路工作频率很低(1 MHz 内)，否则，相邻的三个信号层中，内外两信号层中的信号线走向必然平行，线间"互容""互感"效应严重。

7.4　PCB 布局

元件布局是 PCB 设计过程中的关键步骤,其好坏直接影响到布线效果,进而影响 PCB 板的性能指标,严重时可能导致 PCB 板报废。

7.4.1　板尺寸与板边框

在手工布局方式中,可先在机械层内画出 PCB 板的左边框与下边框,然后将左边框与下边框的交点作为原点,并在禁止布线层内画出电气左边框及电气下边框,形成元件放置区和布线区,如图 7.4.1 所示。

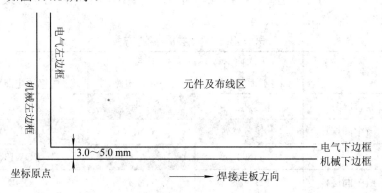

图 7.4.1　板边框与原点设定

待完成元件布局、布线后,再最终确定 PCB 板的电气右边框和上边框、机械右边框和上边框。

对于标准尺寸 PCB 板以及安装空间已确定的 PCB 板来说,PCB 板形状(外轮廓线)与各部分尺寸完全确定,设计者不能随意改变 PCB 板外形尺寸、固定螺丝孔位置及大小;对于安装空间尚未确定的非标电路板,尽量采用长宽比为 3∶2 或 4∶3 的矩形结构,如图 7.4.2 所示。

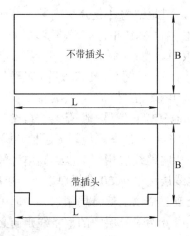

图 7.4.2　印制电路板外形

为防止印制电路板在加工过程中触及布线区内的印制导线或元件引脚焊盘，布线区域要小于印制板的机械边框。每层(元件面、焊锡面及中间信号层、内电源/地线层)布线区的导电图形与印制板边缘必须保持一定的距离，采用导轨固定的印制电路板上的导电图形与导轨边缘的距离不小于 2.5 mm，如图 7.4.3 所示。

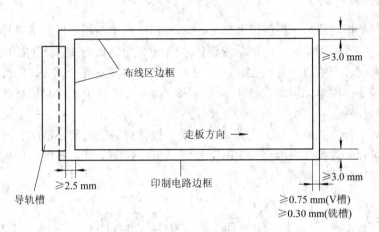

图 7.4.3　印制电路板外边框与布线区之间的最小距离

印制电路板布线区域的大小主要由安装元件类型、数量以及连接这些元件所需的印制导线宽度、安全间距(包括元件间距、导电图形间距)等因素确定。在印制电路板外形尺寸确定的情况下，布线区受制造工艺、安全间距、固定方式(通过螺丝还是导轨槽)以及装配条件等因素限制。因此，在没有特别限制的情况下，可在手工调整元件布局、获得布线区大致尺寸后，再从印制电路板外形尺寸相关标准中选定 PCB 板的外形尺寸。

在外形尺寸确定的情况下，如果 PCB 左右或上下机械边框(至于是上下还是左右，由过焊锡炉时的走板方向确定)与布线区间距不足 3 mm，无法借助传送带导轨传送时，可在 PCB 板的左右或上下增加工艺边(工艺边概念及设置方法可参阅本章 7.9.1 节)。

为避免 PCB 板在加工过程中通过传送带输送时出现卡板现象，对单板来说，板角应设计为 R 型倒角，倒角半径取 1.5～2.5 mm，如图 7.4.4(a)所示；对于具有工艺边的单板和拼板，倒角应置于工艺边上，如图 7.4.4(b)所示。

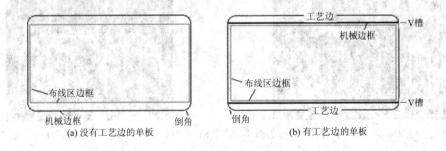

(a) 没有工艺边的单板　　　　　　　　　　(b) 有工艺边的单板

图 7.4.4　板角形状

7.4.2　布局方式的选择

布局方式理论上有手工布局和自动布局两种方式。目前几乎所有的 PCB 软件均提供了元件"自动布局"功能,但不论其自动布局功能如何完善,都无法适应功能各异、种类繁多、工作环境各不相同的电路系统。因此,在 PCB 设计过程中只能依赖,至少主要依赖手工布局方式完成元件的布局操作。

7.4.3 选定排版方向

排版方向是指电路前、后级以及信号输入/输出端在电路板上的位置顺序,也包括单元电路内元器件的排列顺序。无论是系统整体(指各单元电路),还是局部(指单元内部)排版方向的选择对布局、布线效果影响都很大。对整体来说,可按信号流向、电位梯度选择单元电路的排版顺序;就单元电路内部来说,排版方向主要取决于元件封装形式、引脚排列顺序以及电源的极性。

例如,对于分压式偏置放大电路来说,当三极管封装形式为 SOT-23(管脚排列顺序多为 BEC)、TO-92A(管脚排列顺序为 EBC,呈三角形排列)时,基本排版方向如图 7.4.5 所示,排版效果如图 7.4.6 所示。

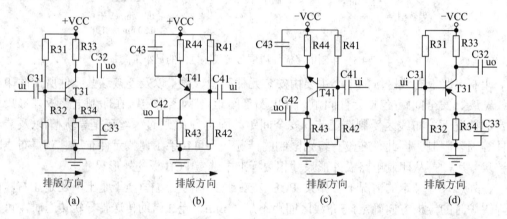

图 7.4.5　基本排版方向

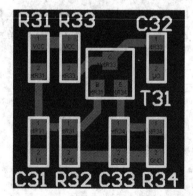

(a) 正电源 NPN 管与负电源 PNP 管排版效果

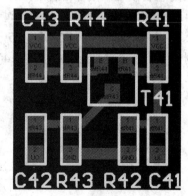
(b) 正电源 PNP 管与负电源 NPN 管排版效果

图 7.4.6　排版效果

而对于 TO-92B(管脚排列顺序为 EBC,呈一字形排列)封装三极管,排版方向可任意选择。

当原理图中某一单元电路元件的排列方向与排版方向不一致时,可通过"选定",对指定区域进行左右对称操作，获得其镜像原理图，使原理图中元件排列方向与排版方向一致，如图 7.4.7 所示。

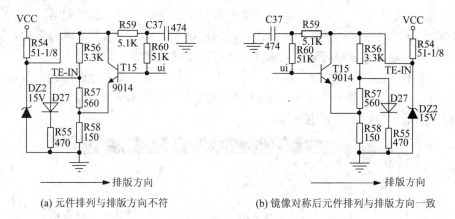

(a) 元件排列与排版方向不符　　　　　　　(b) 镜像对称后元件排列与排版方向一致

图 7.4.7　对称操作

7.4.4　元件间距

元件间距必须适当：太小，除了不利于插件(贴片)、焊接操作外，也不利于散热；太大，印制板面积会迅速扩大，除了增加成本外，还会使连线长度增加，造成印制导线寄生电阻及电感增大，连线互容增加，导致系统抗干扰能力下降。

元件间距主要由焊接工艺、元件间电位差、自动贴片机吸嘴粗细等因素决定。对于中等布线密度印制板，小元件，如小功率电阻、电容、二极管、三极管等分立元件彼此间距与插件、焊接工艺有关：采用"自动贴片+回流焊接"工艺时，元件焊盘最小间距可取 25 mil(0.635 mm)，相邻的同类元件间距可适当减小，相邻的异类元件间距要适当增加；采用"自动插件+波峰焊接"工艺时，元件焊盘最小间距可取 50 mil(1.27 mm)或 75 mil(1.90 mm)，元件高度越大，元件间距要相应增加，以避免波峰焊接阴影效应造成无法上锡；而当采用"手工插件"或"手工焊接"时，元件焊盘间距可取大一些，如 50 mil(1.27 mm)、75 mil(1.90 mm)、100 mil(2.54 mm)，否则会因元件排列过于紧密，给插件、焊接操作带来不便。大尺寸元件，如集成电路芯片，元件引脚焊盘间距一般取 100 mil。在高密度印制板上，可适当减小元件引脚焊盘间距。

由于标准穿通封装元件引脚焊盘间距一般为 100 mil(2.54 mm)的整数倍，穿通封装元件引脚焊盘必须位于网格点(标准距离为 100 mil)、1/2 或 1/4 格点上，因此布局前，应执行"Design"菜单下的"Board Options…"命令，在图 7.4.8 所示窗口内，将元件移动步长固定为 12.5 mil(适用于低压高密度 PCB 板)、25 mil(适用于中低电压中低密度 PCB 板)或50 mil(适用于高压低密度 PCB 板)。

(1) 插头周围 3 mm 范围内不要放置 SMD 封装元件，以避免拔插时 SMD 元件受撞击损坏。

(2) 引脚很多的 QFP 封装元件与其他元件的间距要足够大，否则无法连线(在 PCB 布局基本完成后，可先尝试对 QFP 封装元件试连线，再根据连线疏密程度，调节周围元件位置)。

(3) 如果板上存在 BGA 封装贴片元件,为便于维修拆卸,其周围 3～5 mm 范围内不应放置元件;此外,在双面贴片工艺中,BGA 封装贴片元件下方也不允许放置贴片元件,否则在热风枪加热拆卸过程中,周围及其背面元件可能因受热移位,甚至脱落。

(4) 对于发热量大的功率元件,元件间距要足够大,以利于大功率元件散热,同时也避免大功率元件通过热辐射方式相互加热,以提高电路系统的热稳定性。

(5) 当元件间电位差较大时,元件间距应不小于最小电气距离及爬电距离要求,以免出现放电现象,造成电路系统无法工作或损坏器件;带高压元件应尽量远离整机调试时人手容易触及到的部位,避免触电事故。

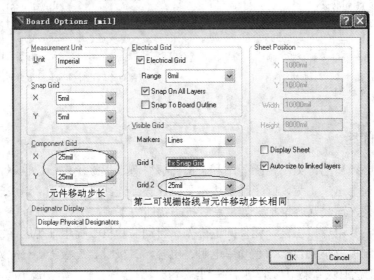

图 7.4.8   设置元件移动步长

7.4.5   布局原则

尽管印制板形状及结构很多、功能各异,元件数目、种类也各不相同,但印制板上的元件布局还是有章可循的,基本原则大致如下:

1. 元件位置安排的一般原则

(1) 在 PCB 上,如果电路系统同时存在数字电路、模拟电路以及大电流回路,则必须分开布局,使各系统之间的耦合达到最小。

(2) 在同一类型电路(指均是数字电路或模拟电路)中,按信号流向及功能,分块、分区放置元器件。

(3) 各单元电路、单元内元件位置要合理,使连线尽可能短;避免信号迂回传送,防止强信号干扰弱信号;电位呈梯度变化,避免相邻元件因电位差过大而出现打火现象,如图 7.4.9 所示。

在图 7.4.9 中,R2、R3 接电源 VCC(高压),经过 R2、R3 降压后对地电位<10 V,与 D73、D75 电位基本一致,R2、R3 与 U1 的连线可以穿越 D73、D75 引脚焊盘之间的缝隙。反之,如果将 R2、R3 放置在 D73、D75 下方,结果与 VCC 相连的印制导线将穿越 D73、D75 引脚焊盘之间的缝隙,势必会造成 D73、D75 焊盘与 VCC 电位差超过允许值。

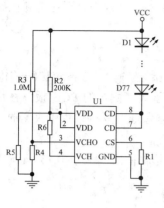
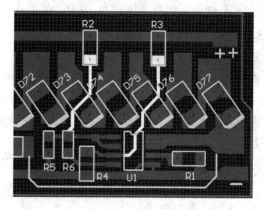

(a) 原理图　　　　　　　　　　　(b) 合理的元件布局

图 7.4.9　按电位梯度布局特例

(4) 优先安排单元内的核心元件、发热量大以及对热敏感的元件。

(5) 输入信号处理元件、输出信号驱动元件应尽量靠近印制电路板边框，使输入/输出信号走线尽可能短，以减少输入信号可能受到的干扰，并防止输出信号干扰其他弱信号。

(6) 热敏元件要尽量远离大功率发热元件。

(7) 电路板上重量较大的元件应尽量靠近印制电路板的固定支撑点，使印制电路板翘曲度降至最小。如果电路板不能承受，可考虑把这类元件移出印制板，安装到机箱内特制的固定支架上。

(8) 对于需要调节的元件，如电位器、微调电阻、可调电感等的安装位置应充分考虑整机结构要求；对于需要机外调节的元件，其安装位置与调节旋钮应在机箱面板上的位置要一致；对于机内调节的元件，其放置位置以打开机盖后就能方便调节为原则。

(9) 时钟电路元件尽量靠近芯片的时钟引脚，如图 7.4.10 所示。数字电路，尤其是单片机控制系统中的时钟电路，最容易产生电磁辐射，干扰系统内的其他元器件。因此，布局时，时钟电路元件应尽可能靠在一起，且尽可能靠近单片机芯片的时钟信号引脚，以减少时钟电路的连线长度。如果时钟信号需要接到电路板外，则时钟单元电路应尽可能靠近电路板边缘，使时钟信号引出线最短；如果不需引出，则时钟电路放置没有限制。

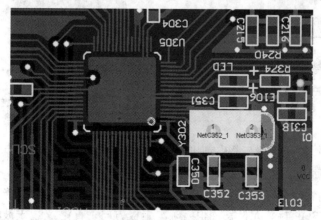

图 7.4.10　时钟电路元件尽量靠在一起并离 IC 芯片时钟引脚最近

(10) 小尺寸元件不应该藏在两个大尺寸元件的缝隙中，否则维修时无法拆卸已确认损坏了的小尺寸元件。

2. 严格控制元件离印制板机械边框的距离

在焊接走板方向上，元件离印制板机械边框的最小距离必须大于 3 mm(120 mil)以上，如果印制板安装空间允许，最好保留 5 mm(200 mil)。对于尺寸固定的 PCB 板，在焊接走板方向上，若元件离印制板机械边框距离小于 3 mm，无法保证在焊接过程中夹紧时，将被迫增加工艺边。

在非走板方向上，只要元件焊盘边缘离 PCB 板机械边框的距离大于 0.75 mm(借助 V 槽分割)或 0.30 mm(借助铣槽分割)即可。

3. 元件放置方向

除微波电路外，在印制板上，元件只能沿水平和垂直两个方向排列(沿圆弧分布的 LED 芯片除外)，否则不利用于元件插件及贴片操作。

(1) 对小尺寸、重量较轻的电阻、电容、电感、二极管等元件，无论是贴片封装还是穿通封装，元器件的长轴应与 PCB 板传送方向垂直，这样可防止在回流焊接过程中元器件在板上漂移或出现"立碑"的现象；也避免了过波峰焊炉时因元件一端先焊接凝固而使器件产生浮高现象，如图 7.4.11 所示。此外，由于焊接走板方向一般为 PCB 的长边方向，这种排列方式也降低了因 PCB 板受热翘曲或弯曲变形而导致元件体断裂的风险。

(2) 对于 SOP、QFP、SOT 贴片元件，采用回流焊接时，元件方向与走板方向平行或垂直均不影响焊接质量，但为避免 PCB 板弯曲变形造成元件断裂，元件长轴最好与走板方向(即 PCB 板长边)垂直，如图 7.4.12 所示。

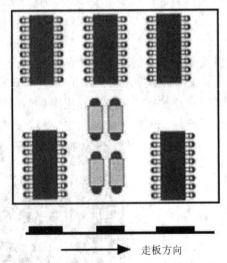

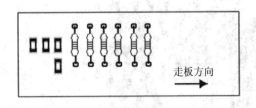

图 7.4.11　小尺寸轻质量元件轴线与走板方向的关系　　图 7.4.12　回流焊接元件长轴与走板方向关系

(3) 由于波峰焊接存在阴影效应，SOP、SOT 元件长轴最好与走板方向一致，并在 SOP 元件引脚旁设置偷锡焊盘(对于细长的 PCB 板，为避免 PCB 板弯曲变形造成元件断裂，即使采用波峰焊接，SOP 封装元件长轴也必须与走板方向垂直)；又由于波峰焊接拖影效应的存在，DIP、SIP 封装元件的长轴方向最好与走板方向垂直，如图 7.4.13 所示，避免过波峰焊炉时引脚出现桥联。

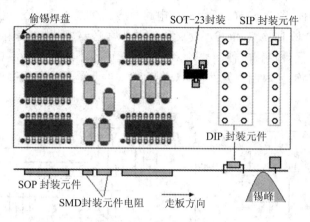

图 7.4.13 波峰焊接元件长轴与走板方向关系

(4) 对于竖直安装的印制电路板，当采用自然对流冷却方式时，热量较大的集成电路芯片最好竖直放置，且按发热量大小，由高到低排列，即发热最大的元件要放在印制板的最上方(因为热空气上升，如果发热量大的元件在下方，则其上方的元件将被热空气烘烤)；当采用风扇强制冷却时，集成电路芯片最好水平放置，发热量大的元件，要放在风扇能直接吹到的位置。

可见元件长轴方向与焊接工艺、PCB 板的长宽比、冷却方式等因素有关，当它们彼此之间的要求存在冲突时，应权衡利弊选择。

(5) 同类元件、极性元件在板上朝向应尽可能一致，以减少贴片、插件过程中不必要的错误，如图 7.4.14 所示。

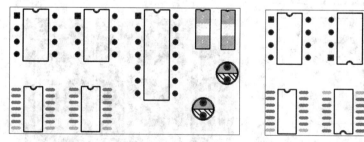
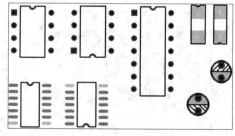

(a) 合理的元件朝向　　　　　　　　　　(b) 不合理的元件朝向

图 7.4.14 元件朝向的一致性

当然，如果同类元件朝向一致会导致连线严重交叉或走线过长，那么只好放弃，任何时候都必须牢记"电气特性优先"原则。

7.4.6 在布局过程中合理调整原理图中元件的连接关系

为了便于理解电路系统的工作原理，原理图中某些单元电路常按习惯方式绘制，如图 7.4.15 (a)所示，尚不能直接用于排版。因此，排版前需根据"连线交叉最少"原则对原理图进行拓扑变换，调整元件与连线位置，甚至连接关系，以获得方便排版的单线不交叉原理图。

所谓单线不交叉原理图，是指在同一平面内用导线将元件连接起来，而不出现交叉(或交叉最少)的原理图，图 7.4.15(a)所示原理电路对应的单线不交叉图如图 7.4.15(b)所示。在手工设计单面 PCB 板时，绘制单线不交叉原理图非常必要，不过在使用 CAD 软件编辑 PCB 过程中，由于调整元件位置方便、快捷，很多情况下，不再需要绘制单线不交叉原理图，而是直接在 PCB 编辑区内调整元件位置，借助"飞线"是否交叉及多寡来判别元件布局效果的好坏。

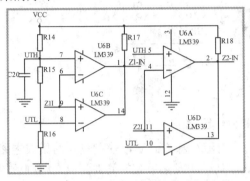
(a) 按习惯绘制的原理图

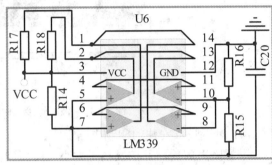
(b) 单线不交叉图

图 7.4.15　习惯绘制原理图与单线不交叉原理图

一些数字逻辑电路芯片(如 74HC373、74HC273、74HC00、CD40106)、运算放大器(如 LM358、LM324)、比较器(如 LM393、LM339)等内部含有两套或两套以上功能完全相同的电路单元。在原理图设计阶段，设计者往往会随机分配其中的单元，如前级使用第一套电路，后级使用第二套电路。在布局时应根据"飞线"交叉最少原则(即连线是否方便)重新选择连接方式，如图 7.4.16 所示。

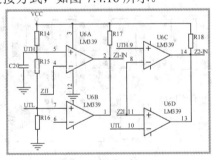
(a) 调整前原理图

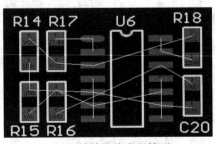
(b) 调整前飞线交叉情形

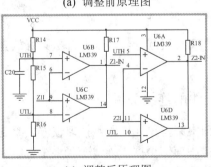
(c) 调整后原理图

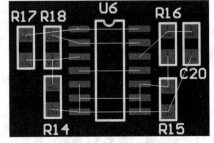
(d) 调整后飞线交叉情形

图 7.4.16　调整同一芯片内的电路套号

又如，MCS-51 兼容 MCU 芯片与 74HC373 锁存器芯片连接，当采用图 7.4.17(a)所示的习惯连接关系时，连线交叉非常严重，但改为图 7.4.17(b)所示的连接关系后，则连线几乎没有交叉现象。

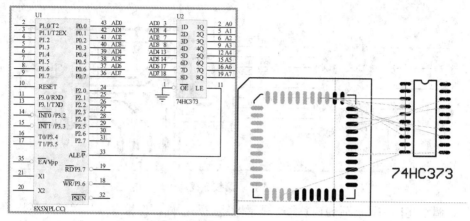

(a) 习惯连线造成"飞线"严重交叉

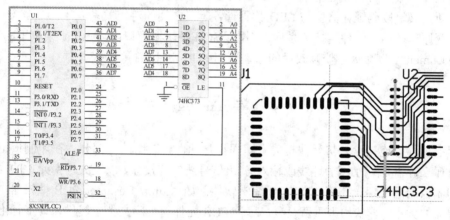

(b) 调整连线关系后的布线效果

图 7.4.17 调整连线关系前后的布线效果

此外，对于某些元件，如 CPU 与存储器数据线或地址线、LED 数码管显示器与笔段码锁存器(如图 7.4.18 所示)等，当连线交叉严重时，也允许重新调整元件的连接关系。

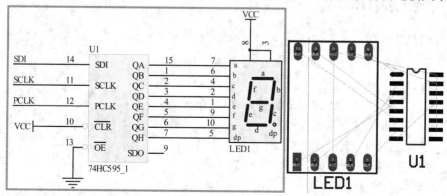

图 7.4.18 调整连线前

　　根据"飞线"交叉情况，重新调整 U1 与数码管各笔段之间的连接关系，将会获得连线几乎没有交叉的 PCB 布线效果，如图 7.4.19 所示。

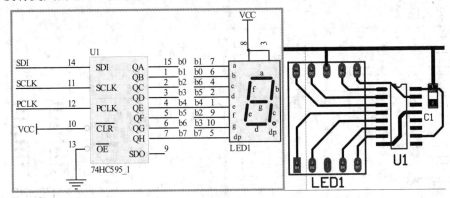

图 7.4.19　调整连线后

　　尽管调整连接关系前后 LED 数码显示器笔段码不同，但根据连接关系重新构建 LED 笔段码表并不难。因此，在含有 8 段 LED 或 LCD 数码管的 PCB 板上往往会根据连线交叉程度重新定义笔段码锁存器位与 LED 数码管各笔段之间的对应关系。

　　改变原理图中的元件连接关系后，需执行 SCH 编辑器窗口内"Design"菜单下的"Update PCB Document…"命令，使修改后的原理图与 PCB 文件保持一致。

<h1 align="center">7.5　焊 盘 选 择</h1>

　　焊盘也称为连接盘，与元件相关，即焊盘是元件封装图的一部分。在印制板上，仅使用少量孤立焊盘，作为电源/地线或输入/输出信号线的连接盘，以及大功率元件的固定螺丝孔、印制板的固定螺丝孔等。在 PCB 编辑软件，如 Altium Designer PCB 编辑器中，元件引脚焊盘的大小、形状均可重新设置。尽管 PCB 元件封装库文件中提供了许多标准封装元器件的封装图，似乎可直接引用，无须关心元件焊盘的设置，但有经验的 PCB 设计工程师会根据元件在 PCB 板上的方向、焊接工艺(波峰焊还是手工焊)、焊接质量等重新编辑标准封装元件的引脚焊盘。

7.5.1　穿通元件(THC)焊盘

1. 焊盘尺寸

　　穿通元件包括轴向引线元件(如穿通电阻、电感、DO-xx 封装二极管等)和径向引线元件(如穿通封装大电解电容、LED 二极管、TO-92 封装三极管、TO-220 封装大功率元件等)。穿通元件焊盘的外径 D、孔径 d_1、元件引脚直径 d_2 三者之间的关系如图 7.5.1 所示。

　　在选择焊盘孔径 d_1 大小时，受如下规则约束：

　　(1) 为保证元件插装及焊接质量，d_1 取元件引脚直径

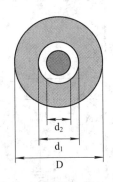

图 7.5.1　穿通元件引脚焊盘结构

d_2 的最大值 +(8～20 mil)。

　　孔径 d_1 太小，过波峰焊炉时，焊锡不容易渗透到元件引脚与焊盘孔壁之间的缝隙，造成焊接不良，甚至导致元件引脚无法插入焊盘孔内；反之，孔径 d_1 太大，过波峰焊炉时元件容易倾斜、倒伏，严重时液态焊锡甚至从焊盘孔壁与元件引脚之间的缝隙溢出，造成元件面内导电图形短路或安全间距小于设定值。例如，DO-201AD 封装二极管引脚直径为(1.25 ± 0.05) mm，最大值为 1.3 mm，则焊盘孔径 d_1 取 1.3 mm + 0.3 mm(12 mil)，即 1.6 mm。当采用机器自动插件时，为避免因偏差造成插装困难，元件引脚直径与焊盘孔径之间的缝隙可适当增加，一般 d_1 取元件引脚直径 d_2 的最大值 +(16～20 mil)。

　　DIP、TO-92、TO-220 等常见穿通封装元件的引脚直径、引脚焊盘孔径、焊盘外径参数如表 7.5.1 所示。

表 7.5.1　常见穿通封装元件的引脚直径与焊盘孔径的关系　　　　　mm

封装	引脚直径 d_2	最小引脚焊盘孔径 d_1	焊盘外径 D	备注
DIP	0.38～0.51	0.75(29 mil)	1.25(50 mil)	
Φ3、Φ5 封装	0.45～0.55	0.75(29 mil)	1.25(50 mil)	
TO-92	0.34～0.56	0.75(29 mil)	1.25(50 mil)	
SIP	0.40～0.60	0.80(32 mil)	1.50(60 mil)	
TO-126	0.43～0.65	0.90(35 mil)	1.60(63 mil)	
DO-41	0.71～0.86	1.10(43 mil)	1.80(70 mil)	
DO-201	0.96～1.06	1.30(50 mil)	2.05(80 mil)	
DO-201AD	1.20～1.30	1.50(59 mil)	2.50(100 mil)	
TO-220	0.75～1.02	1.20(47 mil)	1.80(70 mil)	1.60 × 2.50
TO-251	0.75～0.95	1.20(47 mil)	1.80(70 mil)	1.60 × 2.50
1/8 W 以下电阻	0.40～0.56	0.75(29 mil)	1.25(50 mil)	
1/4 W～1/2 W 电阻	0.50～0.60	0.80(32 mil)	1.60(63 mil)	
1 W 以上电阻	0.70～0.80	1.00(40 mil)	1.60(63 mil)	

　　为防止过波峰焊炉时，熔融状态的焊锡从元件引脚与焊盘孔壁之间的缝隙溢到元件面，造成短路，金属外壳元件，如石英晶体振荡器、声表滤波器等焊盘孔 d_1 仅略大于元件引脚直径 d_2 即可，同时在金属壳元件下方(即元件面内)的阻焊层上用绿油覆盖焊盘铜环，避免波峰焊接时焊锡溢出，造成外壳与焊盘短路现象(在 Altium Designer 中，强制选中焊盘属性窗口内的 "Force complete tenting on top" 选项，就可以实现元件面内焊盘铜环盖油操作)。

　　(2) 为方便钻孔或冲孔加工，焊盘孔径 d1 最小为 16 mil(0.4 mm)或 23.5 mil(0.6 mm)。

　　(3) 由于标准钻头直径已系列化(步进尺寸为 0.05mm 或 0.1mm)，因此焊盘孔径 d1 也只能取一系列的标准值，如 8 mil(0.20 mm)、10 mil(0.25 mm)、12 mil(0.30 mm)、16 mil(0.40 mm)、20 mil(0.50 mm)、23.5 mil(0.60 mm)、28 mil(0.70 mm)、32 mil(0.80 mm)、36 mil(0.90 mm)、40 mil(1.0 mm)、51 mil(1.3 mm)、63 mil(1.6 mm)、79 mil(2.0 mm)等。

　　(4) 为提高钻孔工效，尽可能采用圆形焊盘孔，避免采用长方形、正方形等其他异形孔。

　　焊盘外径 D 与焊盘孔径 d_1 的间距主要受 PCB 板材铜箔与基板附着力、焊盘电流容量等因素的制约。为提高焊盘附着力，避免在焊接、维修过程中焊盘脱漏，焊盘外径为

$$D=\begin{cases}(1.5\sim2)\ d1(双面或多层板)\\(2\sim3)\ d1(单面板)\end{cases}$$

在双面板中，穿通元件引脚焊盘直径可略小于单面板中焊盘直径的原因是，在双面板中穿通元件引脚焊盘孔壁已金属化，元件引脚与焊盘的接触面积、焊盘附着力等指标远大于同尺寸单面板穿通焊盘。单面板中穿通元件的引脚焊盘外径 D 与焊盘孔径 d1 的尺寸关系如表 7.5.2 所示。

表 7.5.2　最小焊盘外径与焊盘孔径的尺寸关系　　　　　　mm

焊盘孔径 最小焊盘外径	0.4	0.5	0.6	0.8	0.9	1.0	1.3	1.6	2.0
高精度	0.8	0.9	1.0	1.2	1.3	1.4	1.7	2.2	2.5
普通精度	1.0	1.0	1.2	1.4	1.5	1.6	1.8	2.5	3.0
低精度	1.2	1.2	1.5	1.8	2.0	2.5	3.0	3.5	4.0

在高压电路中，当焊盘外径 D 较大，造成两焊盘间距小于安全间距时，可将圆形焊盘改为椭圆形或长方形焊盘，如图 7.5.2 所示，考虑到钻孔误差，焊盘铜环最小宽度不小于0.15 mm。

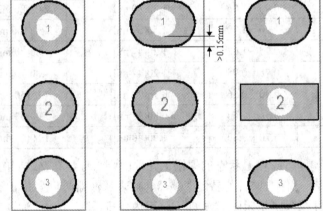

图 7.5.2　修改焊盘形状增加焊盘间距

为保证焊盘铜环的完整性，焊盘边缘到 PCB 板外边框的最小距离不小于 0.75 mm。

2. 焊盘中心距(跨距)

穿通封装元件的焊盘中心距也称为元件的跨距 L，如图 7.5.3 所示。

对于轴向引线元件，如穿通封装电阻、二极管、电感等元件,两焊盘中心距 L 比元件体长度 B 大 4～6 mm。为提高穿通元件的成型工效，除了尽量减少跨距尺寸类型外，还必须采用标准尺寸跨距(2.5 mm 的整数倍)，如

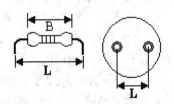

(a) 轴向引线　(b) 径向引线

图 7.5.3　穿通封装元件跨距

5.0 mm、7.5 mm、10 mm(1/8 W 及以下功率电阻)、12.5 mm、15 mm、17.5 mm 等，以便采用标准元件成型工具弯脚。

而径向穿通元件，如不同容量及耐压的电解电容、工字型电感、LED 二极管(跨距均为 2.5 mm)等，这类元件插件时无需弯脚成型，其跨距大小由元件引脚中心距确定，具体参数可直接测量实物，或从器件数据手册中查到。

3. 穿通元件焊盘特殊处理

当焊盘与大面积敷铜区相连时，不宜采用直接连接方式，如图 7.5.4 (a)所示，除非流过该焊盘铜环的电流超过 5 A 以上。除此之外，必须采用辐射状连接方式(也称为热焊盘方式)，如图 7.5.4 (b)所示，否则在手工焊接过程中，烙铁头热量会通过敷铜区迅速散失，造成焊点温度偏低，导致虚焊。

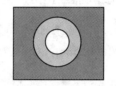 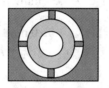

(a) 直接连接　　　　(b) 辐射状连接

图 7.5.4　穿通元件引脚与大面积敷铜区连接方式

7.5.2　贴片元件焊盘

贴片封装元件引脚焊盘与穿通式安装元件引脚焊盘的区别在于：贴片元件引脚焊盘一般位于元件面内，没有焊盘孔(即焊盘孔径尺寸强制设为 0)。

下面简要介绍贴片元件焊盘的设计原则。

1. 确保焊盘左右上下对称

贴片元件焊盘左右上下必须对称，以确保在回流焊工艺中，贴片元件能借助熔融状态下焊锡的表面张力自动消除贴片操作过程中的偏差，实现自对准，如图 7.5.5 所示。

为提高自动对准能力，可在满足安全间距的条件下，适当增加 SOP、SOIC、QFP 封装元件上下左右焊盘的宽度，如图 7.5.6 所示。

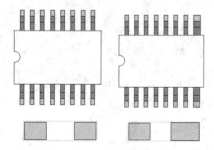 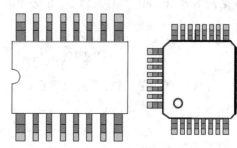

(a) 焊盘对称(合理)　(b) 焊盘不对称(产生移位)

图 7.5.5　焊盘对称与不对称　　　　图 7.5.6　增加贴片元件四个或八个边脚焊盘的宽度

2. 焊盘尺寸选择依据

标准封装贴片元件的外轮廓、引脚焊盘尺寸等已标准化，采用回流焊时，一般情况下可采用 CAD 软件 PCB 库文件提供的封装尺寸。但 PCB 库文件中标准封装尺寸并不一定适用于手工烙铁焊接，而电子产品在试制过程中，未定型前可能需要经历手工烙铁焊接(除非采用点锡膏→手工贴片→加热台加热焊接方式)阶段。因此，下面简要介绍如何将仅适用于回流焊工艺的常见贴片元件的标准封装焊盘改造为既适应回流焊，也适应手工焊的通用焊盘尺寸。

1) SMC 封装

SMC 封装元件包括贴片电阻、电容、电感以及二极管等。0805 封装贴片电阻、电容元件的长度 L 为(2.00 ± 0.20)mm，宽度 W 为(1.25 ± 0.15)mm，底部金属电极长度 b 为 0.40 ± 0.20 mm，如图 7.5.7(a)所示。而在 Altium Designer 中，焊盘标准尺寸 A、B 分别为 1.5 mm 和 1.3 mm，两焊盘中心距 e 为 1.9 mm，由此可推断出两焊盘边距 S 为 $1.9 - \dfrac{1.3}{2} \times 2$，即 0.6 mm(当最小线宽、安全间距均取 0.20 mm 时，可在引脚间走一条宽度为 0.20 mm 的导线)，放置元件后，焊盘剩余焊接区长度 b2 为 0.60 ± 0.1mm，如图 7.5.7(c)所示，不见得就是最合理的焊盘尺寸。

考虑图 7.5.7(d)所示的最大允许偏差时，d_1 为元件金属电极覆盖焊盘的长度，为避免出现图 7.5.7(f)所示的开路现象，d_1 一般控制在 0.1～0.2 mm 之间；d_2 是回流焊时，元件依赖焊盘表面张力校正后，元件金属电极端面与焊盘外沿的距离，与元件重量、元件底部金属电极长度 b 以及焊盘长度 B 有关。鉴于小尺寸贴片电阻、贴片电容重量较轻，当 B-b 大于 0.3 mm 时，d_2 一般在 0.1～0.2 mm 之间。因此，焊盘长度 B、焊盘边距 S 大小必须适中。根据图 7.5.7 所示的尺寸关系，为避免出现图 7.5.7(f)所示的开路现象，要求：

$$S + B \leqslant L_{min} + d_2 - d_1$$

其中，L_{min}、L_{max} 分别是元件体的长度 L 的最小值与最大值。为避免出现图 7.5.7(e)所示的短路现象，焊盘边距 S 不能小于元件底部金属电极长度最大值 b_{max}。此外，在高压电路中，对于 0805 及以上尺寸封装的贴片电阻、电容、二极管来说，焊盘边距 S 不能小于电阻背面裸露陶瓷部分的最短长度($L_{min}-2b_{max}$)，一般取($L_{min}-2b_{max}$)mm，否则耐压会下降，如 0805 电阻最大工作电压为 150 V，焊盘边距 S≥0.7 mm；如 1206 电阻最大工作电压为 200 V，焊盘边距 S≥1.6 mm，即焊盘边距 S 必须满足：

$$S \geqslant \begin{cases} b_{max} & \text{(没有耐压要求时)} \\ \max(b_{max}, L_{min} - 2b_{max}) & \text{(有耐压要求时)} \end{cases}$$

为保证焊接的可靠性，焊盘长度 B 必须大于元件底部金属电极最大长度 b_{max} + 0.20 mm。此外，为保证焊盘剩余焊接区最小长度 b_{2min} 满足特定值，还要求：

$$S + 2B = L_{max} + 2b_{2min}$$

即在边距 S 确定情况下，焊盘长度

$$B > \max\left(b_{max} + 0.20\,\text{mm}, \frac{L_{max} - S}{2} + b_{2min}\right)$$

焊盘宽度 A 可取元件底部金属电极宽度 W 的最大值(W_{max} + 0～0.10)mm。

因此，对于 0805 尺寸封装电阻、电容来说，在低压高密度 PCB 上，焊盘边距 S 取 0.6 mm，焊盘长度 B 可取 1.0 mm，焊盘中心距 e 为 1.6 mm，焊盘剩余焊接区长度 b_2 为 0.30 ± 0.1 mm；在中等密度 PCB 上，焊盘边距 S 取 0.7 mm，焊盘长度 B 可取 1.1 mm，焊盘中心距 e 为 1.8，焊盘剩余焊接区长度 b_2 为 (0.45 ± 0.1) mm；在低密度 PCB 上，焊盘边距 S 取 0.7 mm，焊盘长度 B 可取 1.2 mm，焊盘中心距 e 为 1.9，焊盘剩余焊接区长度 b_2 为 (0.55 ± 0.1) mm(低密度封装参数也适合于手工烙铁"推焊"操作)。

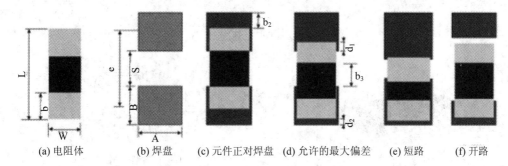

(a) 电阻体　　　　(b) 焊盘　　　　(c) 元件正对焊盘　　(d) 允许的最大偏差　　(e) 短路　　　　(f) 开路

A 为焊盘宽度；B 为焊盘长度；S 为焊盘边距；b_2 为放置元件后焊盘剩余长度；e 为焊盘中心距

图 7.5.7　SMC 封装元件焊盘结构

常见贴片元件尺寸参数如表 7.5.3 所示，由此，可推算出表 7.5.4 所示的中等密度回流焊工艺、低密度回流焊工艺(也适合于手工"推焊"操作工艺)的焊盘尺寸。

表 7.5.3　常见 SMC 封装元件尺寸　　　　　　　　　mm

规格	元件体长度 L	宽度 W	厚度 t	底部金属电极长度 b
0402	1.00 ± 0.20	0.50 ± 0.15	0.30 ± 0.10	0.25 ± 0.10
0603	1.60 ± 0.20	0.80 ± 0.15	0.40 ± 0.10	0.30 ± 0.20
0805	2.00 ± 0.20	1.25 ± 0.15	0.50 ± 0.10	0.40 ± 0.20
1206	3.20 ± 0.20	1.60 ± 0.15	0.55 ± 0.10	0.50 ± 0.20
1210	3.20 ± 0.20	2.50 ± 0.15	0.55 ± 0.10	0.50 ± 0.20
2010	5.00 ± 0.20	2.50 ± 0.15	0.55 ± 0.10	0.60 ± 0.20
2512	6.40 ± 0.20	3.20 ± 0.20	0.55 ± 0.10	0.60 ± 0.20

表 7.5.4　常见 SMC 封装元件焊盘尺寸　　　　　　　　　mm

封装规格	中等密度回流焊尺寸				手工烙铁推焊操作推荐尺寸			
	焊盘尺寸	焊盘中心距	焊盘边距	剩余焊接区长度	焊盘尺寸	焊盘中心距	焊盘边距	剩余焊接区长度
0402	0.50×0.70	0.90	0.40	0.20 ± 0.10	0.60×0.70	1.10	0.40	0.30 ± 0.10
0603	0.80×1.00	1.30	0.50	0.25 ± 0.10	0.90×1.00	1.40	0.50	0.35 ± 0.10
0805	1.10×1.40	1.80	0.70	0.35 ± 0.10	1.20×1.40	1.90	0.70	0.55 ± 0.10
1206	1.20×1.70	2.80	1.60	0.40 ± 0.10	1.40×1.80	2.80	1.40	0.50 ± 0.10
1210	1.20×2.60	2.80	1.60	0.40 ± 0.10	1.40×2.60	2.80	1.40	0.50 ± 0.10
2010	1.60×2.60	4.60	3.00	0.60 ± 0.10	1.80×2.60	4.60	2.80	0.70 ± 0.10
2512	1.80×3.40	5.80	4.00	0.60 ± 0.10	2.00×3.40	6.00	4.00	0.80 ± 0.10

适当增加焊盘长度，使焊盘剩余焊接区长度 b_2 为 0.4～1.0 mm(20～40 mil)之间，以提高手工"推焊"操作时焊接质量的原则同样适用于 MELF 封装(Metal Electrode Leadless Face，即金属电极无引线表面封装)器件，如小功率二极管等。

2) SMD 封装元件

(1) SMD 封装种类很多，包括 SOP、SOIC、SOT、TSSOP、TQFP、LQFP 等，如图 7.5.8、7.5.9 所示。

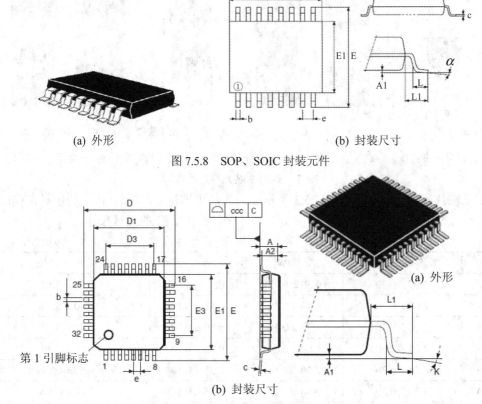

(a) 外形　　　　　　　　　　　　　　　　(b) 封装尺寸

图 7.5.8　SOP、SOIC 封装元件

(a) 外形

(b) 封装尺寸

图 7.5.9　QFP 封装元件

(2) SMD 封装器件焊盘设计。这类贴片元件焊盘设计总的原则是：焊盘中心距与引脚中心距 e 保持一致；焊盘宽度等于或略大于引脚宽度 b；焊盘长度 $T = b_1 + L + b_2$，如图 7.5.10 所示。

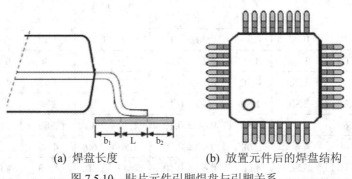

(a) 焊盘长度　　　　　　　(b) 放置元件后的焊盘结构

图 7.5.10　贴片元件引脚焊盘与引脚关系

其中焊盘扩展长度 b_1、b_2 与焊接工艺有关，具体情况如表 7.5.5 所示。在手工焊接操作中，b_2 应不小于 0.7 mm，否则容易出现虚焊，尤其是引脚宽度、间距很小的 TSSOP、QFP 封装芯片，当扩展长度 b_2 小于 0.7 mm 时，实践表明手工烙铁焊接可靠性很差。

表 7.5.5 SMD 封装元件引脚焊盘扩展参数

焊盘扩展参数	回流焊工艺	手工推焊
b_1	$b_1 = b_2 = 0.3\sim0.5$ mm	0.5 mm
b_2		$0.7\sim1.0$ mm

为使印制导线与焊盘连接处光滑，避免出现尖角(容易引起辐射)，对 IC 芯片来说，除第 1 引脚焊盘外，其他引脚尽量采用椭圆形焊盘，如图 7.5.10(b)所示。

在图 7.5.8 所示的 8～16 脚 SOP 封装中，与 PCB 板上引脚焊盘尺寸有关的参数如表 7.5.6 所示，由此不难计算出 PCB 封装焊盘大小及位置。

表 7.5.6 8～16 脚 SOP 封装部分尺寸参数 mm

包含引脚的宽度 E	元件体宽度 E1	引脚间距 e	引脚宽度 b
$5.80\sim6.20$	$3.80\sim4.00$	1.27	$0.33\sim0.51$

在元件引脚正对焊盘情况下，如图 7.5.11(a)所示，如果焊盘剩余焊接区最小长度 b_2 取 0.40 mm 时，则上、下两焊盘外沿间距

$$d_4 = E_{max} + 2b_{2min} = 6.2 + 2 \times 0.4 = 7.0 \text{ mm}$$

在贴片工艺中，若元件体严重向下或向上偏离焊盘中心，如图 7.5.11(b)所示，为保证在回流焊时，元件体本身能借助熔融状态焊锡的表面张力自动纠偏。则在最坏情况下，元件引脚覆盖焊盘长度 d_1 一般不能小于 0.2 mm，因此下焊盘外沿与上焊盘内沿的距离

$$d_3 = E_{min} - d_1 = 5.8 - 0.2 = 5.6 \text{ mm(与焊盘剩余焊接区长度 } b_2 \text{ 无关)}$$

由此可知：

焊盘长度 $B = d_4 - d_3 = 7.0 - 5.6 = 1.4$ mm；

上、下两焊盘中心距 $d = d_4 - B = d_4 - (d_4 - d_3) = d_3 = 5.6$ mm(与焊盘剩余焊接区长度 b_2 无关)；

上、下两焊盘内边距 $S = d_4 - 2B = 7.0 - 2 \times 1.4 = 4.2$ mm；

而焊盘最小宽度 $A_{min} = b_{max} = 0.51$ mm。

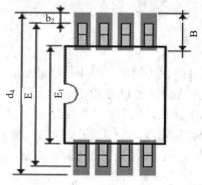

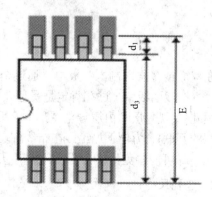

(a) 元件正对焊盘   (b) 元件严重偏离焊盘中心

图 7.5.11 SOP、SOIC 及 TSSOP 封装引脚焊盘参数计算图例

　　当焊盘剩余焊接区 b_2 分别取 0.30 mm(适用于超高密度布局的 PCB 板)、0.4 mm(适用于高密度布局的 PCB 板)、0.5 mm(适用于中等密度布局的 PCB 板)、0.7 mm(适用于低密度布局的 PCB 板或手工烙铁焊接)时各焊盘参数如表 7.5.7 所示,封装图例如图 7.5.12 所示。

表 7.5.7　8~16 引脚 SOP 封装引脚焊盘参数

焊盘参数	符号	数值/mm				计算依据
焊盘剩余焊接区长度	b_2	0.30	0.40	0.50	0.70	经验值
最大偏差下引脚覆盖焊盘长度	d_1	0.20	0.20	0.20	0.20	与元件重量有关的经验值 (0.20~0.50),元件重取大
上、下两焊盘外沿间距	d_4	6.8	7.0	7.20	7.60	$d_4 = E_{max} + 2b_2$
上、下两焊盘外-内沿间距	d_3	5.6	5.6	5.6	5.6	$d_3 = E_{min} - d_1$
焊盘长度	B	1.2	1.4	1.6	2.0	$B = d_4 - d_3$
上、下焊盘中心距	d	5.6	5.6	5.6	5.6	$e = d_4 - B = d_3$
焊盘内边距	S	4.4	4.2	4.0	3.6	$S = d_4 - 2T$
焊盘最小宽度	A_{min}	0.51	0.51	0.51	0.51	$A_{min} = b_{max}$

　　由表 7.5.7 可以看出:对于不同的焊盘剩余焊接区长度 b_2,焊盘中心距 e、焊盘最小宽度 A_{min} 没有变化,仅仅是焊盘长度 B 在变化,从而导致焊盘外边距 d_4、焊盘内边距 S 在变化。

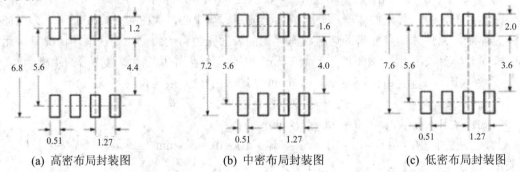

(a) 高密布局封装图　　　　　(b) 中密布局封装图　　　　　(c) 低密布局封装图

图 7.5.12　SOP 封装不同焊盘剩余焊接区对应的焊盘尺寸图例

　　这种贴片元件焊盘设计原则不仅适用于 SOP、SOIC、TSSOP 封装器件,也适用于 QFP、LCC 封装器件。

7.5.3　过孔

　　在双面或多层印制电路板中,通过金属化"过孔"使不同层上的印制导电图形实现电气连接。在双面板中,过孔肯定是贯通孔;在四层及四层以上 PCB 板中,过孔可以是贯通孔、埋孔(实现内层与内层导电图形的互联)、盲孔(半通孔,用于实现表面层与内层导电图形之间的互联)。为便于加工,在布线许可的情况下,尽可能采用贯通孔,实在困难可考虑用埋孔,尽可能避免使用盲孔(加工精度要求很高,设备昂贵,加工成本高,成品率低)。

1. 过孔尺寸

　　由于金属化过孔只用于实现不同层导电图形的互连,孔径尺寸可以小一些,但过孔孔径 d 必须保证满足如下三个条件，否则无法加工。

(1) d 大于最小钻孔孔径。假设某印制板厂家最小钻孔孔径为 0.2 mm，那么小于 0.2 mm 的过孔就无法加工。

(2) 受板厚孔径比 P 的限制，即 PCB 基板厚度与孔径 d 的比值一定小于板厚孔径比 P。例如，某印制板厂可接收的板厚孔径比为 8∶1，最小钻孔孔径为 0.2 mm，那么在 1.6 mm 及以下厚度的基板上，最小过孔孔径可取 0.2 mm，但对于 2.0 mm 厚度的基板，最小过孔孔径不能小于 0.25 mm。

(3) 过孔外径 D 与孔径 d 之差不能小于最小线宽的 2 倍。假设 PCB 生产工艺决定的最小线宽为 0.15 mm，则(D – d) > 2 × 0.15 mm，考虑到钻孔偏差，为提高过孔的可靠性，可取 2 × 0.2 mm。

在实践中，为提高过孔的可靠性，在布线允许的情况下，过孔孔径要适当取大一点。例如，当最小孔径为 0.2 mm(8 mil)时，可取 0.25 mm(10 mil)，甚至 0.40 mm(16 mil)。具体情况如表 7.5.8 所示。

表 7.5.8　过　孔　参　数

可取的最小孔径参数 孔径 d/(内层外径 D/外层外径 D)	推荐的过孔参数		
	高密度布线	中密度布线	低密度布线
8 mil/(20 mil/16 mil)	8 mil/(20 mil/16 mil)	10 mil/(22 mil/20 mil)	12 mil/(25 mil/22 mil)
10 mil/(22 mil/20 mil)	10 mil/(22 mil/20 mil)	12 mil/(25 mil/22 mil)	16 mil/(28 mil/24 mil)
12 mil/(25 mil/22 mil)	12 mil/(25 mil/22 mil)	16 mil/(28 mil/24 mil)	20 mil(32 mil/28 mil)
16 mil/(28 mil/24 mil)	16 mil/(28 mil/24 mil)	20 mil/(32 mil/28 mil)	20 mil(32 mil/28 mil)
20 mil(32 mil/28 mil)	20 mil(32 mil/28 mil)	20 mil(32 mil/28 mil)	20 mil(32 mil/28 mil)
23.5 mil/(35 mil/32 mil)	23.5 mil/(35 mil/32 mil)	23.5 mil/(35 mil/32 mil)	23.5 mil/(35 mil/32 mil)

对于实现信号互联的过孔参数可按表 7.5.8 选取，而对于电流较大的电源、地线，过孔参数可适当取大一些。例如在某四层板上，信号互连过孔孔径取 10 mil，外径为 25 mil，则电源、地线过孔孔径最好取 20 mil，外径取 32 mil。不过，为避免在 PCB 板钻孔过程中频繁更换钻头，PCB 板上过孔规格应尽可能相同，对于电流较大的过孔，也可通过增加过孔数量的方式提高电流的容量。

为降低过波峰焊炉时，液态焊锡从过孔处溢出，造成元件面(Top Layer)内导电图形桥连短路的风险，过孔孔径一般不宜大于 0.5 mm。因此，孔径 d/(内层外径 D/外层外径 D)常用参数分别为 20 mil/(32 mil/28 mil)(低密度布线)、16 mil/(28 mil/24 mil)(中密度布线)、12 mil/ (25 mil/22 mil)(高密度布线)。

过孔在工艺上有两种处理方式：其一是过孔开窗，过孔铜膜表面处理方式与焊盘类似，此时过孔阻焊层(Solder)同样向外扩展，以避免阻焊漆污染过孔铜环；其二是过孔塞油，即用阻焊漆将过孔覆盖掉，优点是可防止波峰焊接时，液态焊锡从过孔处溢出。为避免漏漆，需要进行过孔塞油处理的 PCB 板，过孔孔径也不宜大于 0.5 mm。借助过孔属性可以选择过孔处理方式，如图 6.3.35 所示。

2. 过孔寄生参数

在多层板中，过孔对地平面存在寄生电容 C，其本身也存在寄生电感 L。寄生电容 C 为

$$C = \frac{0.0551 \times \varepsilon_r \times h \times d_1}{D - d_1}(pF)$$

其中，ε_r 为基板介电常数，h 为基板厚度(mm)，D 为过孔外径(mm)，d_1 为孔径(mm)。

过孔寄生电感 L 为

$$L = 0.2 \times h \times \left(\ln\frac{4h}{d_1} + 1 \right)(nH)$$

其中，h 为过孔长度(mm)，对于贯通孔来说，h 就是基板厚度(mm)；d_1 为孔径(mm)。

例如，当 h = 1.2 mm，孔径 d_1 为 0.4 mm 时，过孔寄生电感 L 为 0.84 nH。可见在中低频电路中，过孔寄生参数对电路影响不大，但在 100 MHz 以上的高频电路中，寄生感抗高达 0.52 Ω 以上。

3. 过孔放置原则

过孔不能放在表面贴装元件的连接盘上(SOT-89、TO-252、TO-263 等封装导热焊盘除外)，并尽量远离表面贴装元件的连接盘，如图 7.5.13(a)所示，否则在回流焊接过程中，松香融化后，锡膏中的锡末将随松香从过孔流到 PCB 板背面，致使焊盘因缺少焊料而出现虚焊或造成电路板背面导电图形短接等不良现象。

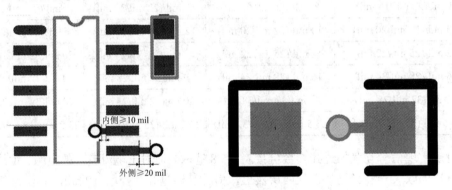

(a) 过孔离焊盘最小间距　　　　　　(b) 过孔不允许放在贴片元件两焊盘之间

图 7.5.13　过孔位置

也不允许将过孔放置在焊盘间距较小的贴片元件两焊盘之间，如图 7.5.13(b)所示，否则也容易造成短路现象(在低压电路板上，不得已采用这种方式时，则过孔必须盖阻焊油)。

在同一电路板上，过孔尺寸规格应尽量一致，对于与电源、地线相连的导电图形，可用 2～3 个过孔连接，以增加过孔的电流容量，保证连接的可靠性，如图 7.5.14(a)所示；或使用信号过孔、电源/地线过孔两种规格，以提高电源、地线的电流容量，如图 7.5.14(b)所示。

为使印制导线与焊盘、过孔的连接处过渡圆滑，避免出现尖角，在完成布线后，可执行 "Tools" 菜单下的 "Teardrops..." 命令，使焊盘、过孔与导线连接处出现泪滴化效果(参见 9.6.4 节)。

过孔最小间距受钻孔工艺限制，相同网络节点过孔间距一般不宜小于 0.2 mm，不同网络节点过孔间距一般不能小于 0.3 mm。

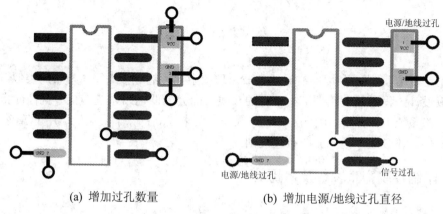

(a) 增加过孔数量　　　　　　　　(b) 增加电源/地线过孔直径

图 7.5.14　电源/地线过孔处理方式

7.5.4　测试盘

测试盘与一般焊盘类似，可以是方形的，也可以是圆形的。

测试盘间距由测试设备的探针直径、探针最小间距确定，考虑到探针容易弯曲变形，探针直径一般不小于 1.0 mm，这意味着相邻测试盘中心距不宜小于 2.0 mm(即测试盘边距一般不宜小于 0.5 mm)，否则在测试过程中可能会因探针弯曲引起短路。

测试盘可以无孔，也可以有孔，由于测试盘孔不用安装元件，孔径可以较小(一般与过孔孔径相同)，因此有时也用过孔(Via)充当测试盘，不过用 Via 充当测试盘时，必须在 Via 属性窗口内选中 "TestPoint" 项及所在层(Top 还是 Bottom)，同时过孔外径 D 必须满足测试盘大小要求。

测试盘一般位于连线上，但不允许将测试盘放在元件的焊盘上，否则焊接后其表面不再平整，无法保证探针接触良好；测试盘离元件引脚焊盘之间的距离最好大于 0.3 mm，以防止焊接过程中焊锡溢出到测试盘上，破坏测试盘表面的平整性。如果连线较密，无法放置时，应重新调整连线，使测试盘在连线上，如图 7.5.15 所示。

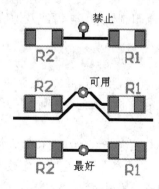

图 7.5.15　测试盘位置

对于不含高度超过 5.5 mm 元件的双面、多层 PCB 板，测试盘最好放在元件面内，否则只能放在焊锡面内。当测试盘放在焊锡面内时，过波峰焊炉前可能需要特殊处理，避免测试盘粘连焊锡。

7.6 布　　线

所谓"布线"，就是利用印制导线完成原理图中元件的连接关系。与布局类似，布线也是印制板设计过程中的关键环节，不良的布线可能会降低电路系统的抗干扰性能指标，甚至导致电路系统工作异常。因此，布线对操作者要求较高，除了要灵活运用 PCB 软件相关布线功能外，还必须牢记一般的布线规则。

7.6.1 印制导线寄生参数及串扰

1. 印制导线寄生参数

原理图中的"导线"被认为是"理想导线"(电阻率为 0；电流分布与频率无关，不考虑趋肤效应；没有寄生电感)，而实际印制导线存在如下寄生参数：

(1) 直流电阻 R_{DC}。R_{DC} 与频率无关，仅与印制导线几何尺寸有关，即与印制导线宽度 W、铜膜厚度 h 成反比，与印制导线长度 l 成正比。

(2) 交流电阻 r_{AC}。在高频电路中，趋肤效应不能忽略，电流密度在导体截面上的分布不再均匀，交流阻抗 r_{AC} 表示因趋肤效应引起的附加阻抗。显然，r_{AC} 随频率的升高而增加。例如，对于频率为 15.7 MHz 的高频信号，当环境温度为 45℃时，两倍趋肤深度约为 2×17.5 μm，刚好达到 1 OZ 铜膜的厚度，即 15.7 MHz 以内的高频信号在 1 OZ 铜膜厚度的 PCB 上电流分布基本均匀，但高于 15.7 MHz 的信号，其交流阻抗 r_{AC} 将随频率的升高而增加。

(3) 导线自感 L。任何导线都存在自感 L，导线长度 l 越大、宽度 W 越小，导线自感 L 就越大。

由此可见：导线的复阻抗不可能为 0，电流流过任何导线都会产生电压差。只有在低频、小电流状态下，才能将印制导线勉强视为"理想导线"；而在高频状态下，不仅导线感抗会迅速增加，也会因趋肤效应使导线阻抗增加，最终使导线电抗迅速上升。

因此，在布线过程中，连线要短，即尽可能减小印制导线的长度；只要布线密度允许，线宽尽可能大，尤其是高频大电流印制导线、电源线及地线。也正因如此，在高频电路中，往往采用地线层(或网)代替地线。

2. 印制导线之间的"串扰"

任何两条导线均会通过"互容"(导线与导线之间存在寄生电容)和"互感"相互影响，即 A 导线上的交变信号通过"互容"和"互感"传输到物理上不相连的 B 导线上，反之亦然。这种现象称为线间"串扰"。

"互容"和"互感"的大小与两条导线的相对位置及间距有关。在两信号层间距一定的情况下，两条导线相互垂直时，"互容"和"互感"均最小，此时线间"串扰"效应最弱。因此在 PCB 设计过程中，在双面或多层电路板上布线时，必须确保没有被内地线层或内电源层隔开的相邻两信号层内不相干(泛指非差分导线)的印制导线走向相互垂直，如图 7.6.1 所示。

平行走线时，线间"互容"和"互感"的大小与线间距、平行走线长度有关，线间距越小、平行走线长度越大，"串扰"现象就越严重。为此，同一层内两条不相干信号线平行走线时，线间距最好强制遵守 3W 走线规则。

当两条宽度为 W 的印制导线间距≥2 W 时(或宽度为 W 的两条印制导线中心距为 3W，如图 7.6.2 所示)，实验及理论计算表明能将线间"串扰"效应减小 70%左右，这就是所谓的"3W 走线规则"。"3W 走线规则"也可以理解为线宽为 W 的两条印制导线间距≥3W。

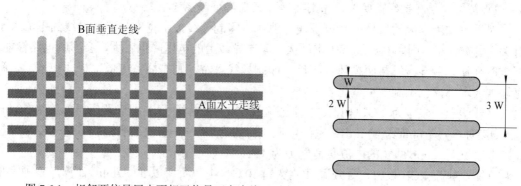

图 7.6.1　相邻两信号层内不相干信号正交走线　　　图 7.6.2　3W 走线规则

在布线过程中，同一信号层内的时钟线(容易干扰其他信号线)、高速数据输出线，以及对干扰敏感的信号线，如同步控制线、高速数据输入线、复位信号线、存储器读写选通控制信号线、模拟信号输入线等必须强制遵守 3W 走线规则。

在高速 PCB 设计中，必须严格控制非差分导线平行走线的长度，以降低"串扰"效应。

在中高密度布线环境中，为提高布线密度，对于高速数据输入/输出线，可在两条信号线之间插入一端接地的屏蔽线，以减小线间"互容"效应，从而削弱线间"串扰"现象，如图 7.6.3 所示。

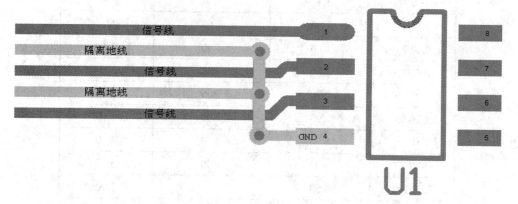

图 7.6.3　插入隔离地线

在多层板中，干扰源(如时钟线)与对干扰敏感的信号线应分别位于内地线层的两侧，一方面内地线层能有效降低"互容"，另一方面也增大了彼此之间的距离。

7.6.2　最小线宽选择

印制导线宽度由流过印制导线的电流、工作频率铜箔厚度、PCB 工艺允许的最小线宽等因素决定；而线间距由线间绝缘电阻、电位差、线间串扰、安规标准、PCB 加工工艺允许的最小线间距等因素决定。

1. 线宽选择原则

同一电路板内,电源线、地线、信号线三者的关系是:地线宽度 > 电源线宽度 > 信号线宽度。

1) 大电流印制导线宽度选择原则——"毫米安培"经验

对于流过大电流的信号线、电源线、地线,印制导线最小宽度与流过导线的电流大小有关:线宽太小,则印制导线寄生电阻大,印制导线上的电压降也就大,会影响电路性能,严重时会使印制导线发热而损坏;相反,印制导线太宽,则布线密度低,板面积增加,除了增加成本外,也不利于小型化。

在导线温升限定为 3℃ 以内时,电流负荷以 20 A/mm^2 计算。即当覆铜箔厚度为 50 μm (1.5 OZ)时,则 1 mm(约 40 mil)线宽的电流负荷约为 1A——这就是所谓的"毫米安培"经验,其含义是 1 mm 线宽的电流负荷能力为 1 A。

在中高密度 PCB 板中,导线温升放宽到 10℃,电流负荷以 52 A/mm^2 计算,三种常见铜箔厚度 PCB 板中导线宽度与电流负荷的关系如表 7.6.1 所示。

表 7.6.1　导线宽度与电流容量(温升 10℃以内)的关系

线宽/(mm/mil)	电流容量/A		
	1 OZ(35 μm)	1.5 OZ(50 μm)	2 OZ(70 μm)
0.15/6	0.20	0.50	0.70
0.20/8	0.55	0.70	0.90
0.30/12	0.80	1.10	1.30
0.40/16	1.10	1.35	1.70
0.50/20	1.35	1.60	2.00
0.60/24	1.60	1.90	2.30
0.80/32	2.00	2.40	2.80
1.00/40	2.30	2.60	3.20
1.20/50	2.70	3.00	3.60
1.50/60	3.20	3.50	4.20
2.00/80	4.00	4.30	5.10
2.50/100	4.50	5.10	7.00

对多层板来说,由于内导电层散热不好,内信号层印制导线电流容量只能按外层容量的 0.7~0.8 选取,即中间信号层上大电流印制导线的宽度必须相应增加。例如,当铜箔厚度为 35 μm 时,假设流过印制导线最大电流为 2.0 A,则在外层时最小线宽可取 0.8 mm,而在内层时,最小线宽不能小于 1.2 mm。

大功率设备印制板上的地线和电源线,根据电流大小,可适当增加线宽。不过在大功率设备中,不可能完全依赖增加印制导线的宽度来满足电流容量的要求,否则电路板面积会很大。在这种情况下,可选用铜箔更厚的覆铜板(增加成本),或考虑在阻焊层(Solder)内沿大电流印制导线走向布一条比印制导线小 10 mil 的导线,如图 7.6.4 所示,焊接时通过敷锡方式来增加印制导线的厚度,提高印制导线的截面积。

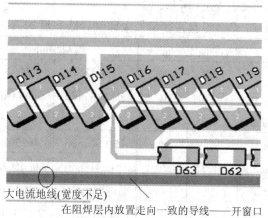

大电流地线(宽度不足)
在阻焊层内放置走向一致的导线——开窗口

图 7.6.4　大电流印制导线阻焊层内开窗

2) 小电流信号线的选择原则

在低压、小电流的数字电路中，最小线宽、最小线间距受 PCB 工艺、可靠性等因素制约，原则上可按表 7.6.2 选择。

表 7.6.2　低压小电流 PCB 板上最小线宽与最小线间距

布线密度	最小线宽/mil	最小线间距/mil	特　　点
低密度 PCB 板	15	15	可在间距为 100 mil，焊盘直径为 50 mil 的 DIP 封装的两焊盘间走一条导线。线条宽度较大，可靠性高
中等密度 PCB 板	10	10	可在间距为 100 mil，焊盘直径为 50 mil 的 DIP 封装的两焊盘间走两条导线。线条宽度适中，可靠性较高
高密度 PCB 板	6～7	6～7	可在间距为 100 mil，焊盘直径为 50 mil 的 DIP 封装的两焊盘间走三条导线。线条宽度较小
超高密度 PCB 板	3～5	4～5	可在间距为 100 mil，焊盘直径为 50 mil 的 DIP 封装的两焊盘间走四条导线。线条宽度很小

当然，为增加 PCB 板的可靠性，降低寄生阻抗，在空间允许的情况下，线宽越大越好。

2. 印制导线宽度与焊盘直径之间的关系

印制导线宽度除了与电流容量、PCB 工艺水平相关外，还与焊盘直径有关，否则不仅影响美观，也容易造成虚焊。

焊盘直径 D 与印制导线宽度 W 的关系大致为

$$W = \frac{1}{3}D \sim \frac{2}{3}D$$

焊盘孔径 d 既与元件引脚大小有关，又与印制导线宽度 W 有关。为避免焊盘孔处导线有效宽度小于线宽 W，三者之间应满足

$$D - d \geqslant W$$

例如，焊盘直径为 62 mil，则与焊盘相连的印制导线宽度为 20～40 mil，典型焊盘尺

寸与印制导线宽度的关系如表 7.6.3 所示。

表 7.6.3　焊盘直径与最大印制导线宽度的关系

焊盘/mil		导线宽度/mil		焊盘/mil		导线宽度/mil	
直径	孔径	范围	典型值	直径	孔径	范围	典型值
40(1.02 mm)	20(0.51 mm)	7～20	10	85(2.16 mm)	55(1.40 mm)	30～55	40
45(1.15 mm)	23.5(0.60 mm)	10～25	15	70(1.77 mm)	47(1.20 mm)	25～50	35
50(1.27 mm)	28(0.71 mm)	15～35	30	75(1.90 mm)	51(1.30 mm)		
50(1.27 mm)	31.5(0.80 mm)			95(2.41 mm)	60(1.50 mm)	35～60	45
55(1.40 mm)	35(0.90 mm)			110(2.80 mm)	63(1.60 mm)	40～65	50
62(1.57 mm)	37(0.95 mm)	20～40	30	125(3.12 mm)	75(1.90 mm)	45～85	65
65(1.65 mm)	40(1.00 mm)			150(3.81 mm)	85(2.15 mm)	50～100	75

7.6.3　最小布线间距选择

在 PCB 板上，电位不同的导电图形(包括印制导线、印制导线与焊盘、焊盘与焊盘)之间的最小距离由最坏情况下导电图形之间的绝缘电阻和击穿电压决定，与下列因素有关：

(1) 与两导电图形间的电位差有关。当导电图形空间距离不足时，会导致局部放电，造成元件、设备损坏，甚至引起火灾或发生触电事故，因此电位不同的导电图形间距必须满足最小电气距离和爬电距离要求。

电气距离是两导电体在空气中允许的最短距离，而爬电距离是两导电体沿绝缘材料表面允许的最短距离，如图 7.6.5 所示。

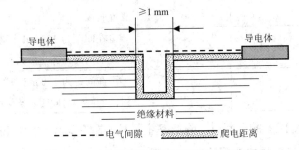

图 7.6.5　电气距离与爬电距离概念示意图

爬电距离不仅与绝缘材料本身特性(如覆铜板材质、有无阻焊油及阻焊油特性)有关，还与材料表面洁净度有关，显然当绝缘材料表面受到污染时，在相同漏电流下，爬电距离应相应增加。

(2) 与电子产品类型、用途及必须遵守的安规标准有关。根据电器工作电压高低、供电方式及为防止触电事故采取的保护措施，将电子产品分为 0 类电器、Ⅰ 类电器、Ⅱ 类电器、Ⅲ 类电器等。电位差相同的导电图形，在不同类型电器中对应的电气距离、爬电距离并不相同；同一类电器，用途不同(如家用、工业、医疗等)，要求遵守的安规标准也不同；相同类型、用途的电器，在不同国家(或地区)要求执行的安规标准也不同。

(3) 与在 PCB 板上的位置有关。相同电位差的导电图形，位于与市电相连(包括经过自耦变压器降压或升压后与电网相连)的一次侧(也称为初级侧)电路时，电气距离、爬电距离均比位于与电网不相连的二次侧电路(也称为次级侧，如 AC-DC 变换器的次级、经工频隔离变压器降压、升压后的次级)以及靠直流电源供电的超低电压电路大。

(4) 受 PCB 生产工艺制约。对于不与电网相连的超低压安全电路，尽管导电图形间电位差不大，理论上电气距离、爬电距离可以很小，两导电图形最小间距由工艺允许的最小线宽决定，例如，在数字电路印制板上，无须考虑击穿电压限制，只要生产工艺允许，线间距可以很小(与最小线宽相同，目前国内多数印制板厂工艺水平最小线宽为 3～4 mil)，但基于可靠性方面考虑，在空间允许条件下，安全间距应适当取大一些，原因是当线间距小于 10 mil(0.254 mm)时，在 PCB 板生产过程中，PCB 板上的导电图形容易出现粘连现象，影响 PCB 板的成品率。实践表明：当导电图形安全间距与最小线宽在 10 mil 以内时，在印制板生产过程中，粘连、断线现象不可避免，成品率偏低，必须经过"飞针"测试工序，把存在粘连、断线现象的 PCB 板剔除出来后，才能进入贴片、插件工艺；而当导电图形安全间距与最小线宽大于 12 mil(0.30 mm)时，成品率较高，几乎可以省去"飞针"测试工序。另一方面，间距越大，即使 PCB 板表面有尘埃，漏电流也不会明显增加。

(5) 对于印制导线来说，在其他条件(电位差、漏电流)不变的情况下，导线间距还与导线平行走线长度有关，平行走线长度越大，导线间距应相应增加，才能满足电气距离和爬电距离要求。

1．安规定义的绝缘等级

根据防电击能力的强弱，将绝缘等级分为：

(1) 工作绝缘，有时也称为操作绝缘或功能绝缘(Functional Insulation)，是设备正常工作所需的绝缘，如图 9.1.2 中一次侧内部、二次侧内部带电体之间的绝缘。

(2) 基本绝缘(Basic Insulation)，是指有危险电压，但对使用者没有直接危害的部件之间的绝缘，如图 9.1.2 中初级侧 L、N 之间，L 或 N 与 PE(保护地)之间。

(3) 双重绝缘(Double Insulation)，是指有危险电压，且对使用者可能构成直接危害的部件之间的绝缘，如一次侧与金属外壳、一次侧与二次侧之间。在基本绝缘基础上，增加辅助绝缘手段就能达到双重绝缘功能。

(4) 辅助绝缘(Supplementary Insulation)，是指构成双重绝缘的组件或材料，例如在变压器一次侧与二次侧绕组之间，增加三层绝缘胶带、引线套管等方式构成辅助绝缘手段，使一次侧与二次侧之间实现双重绝缘。增加辅助绝缘的目的在于一旦基本绝缘失效后，仍然可以借助辅助绝缘，防止可能产生的触电事故。又如在没有保护地的 AC-DC 变换器中，采用绝缘性能良好、坚硬的塑料外壳，即可实现一次侧与外壳之间的双重绝缘。

(5) 加强绝缘(Reinforced Insulation)，是指通过单一结构达到双重绝缘效果，防止带有危险电压的部件对使用者可能造成的直接危害，如一次侧与金属外壳之间的绝缘。

2．导电图形最小间距取值原则

在 PCB 板布局、布线过程中，可根据产品所属类别、用途、执行的安规标准，以及两导电体之间工作电压(即正常工作时两导电体之间可能存在的最大电压差)、所处位置(绝缘等级)来选择两导电图形的最小间距。

对于非电源产品，如果没有明确执行哪一安规标准，可参考被广泛采用的印制板设计通用标准 IPC-2221 安全间距规范。IPC-2221 标准定义的最小间距与导电图形电压差之间的关系如表 7.6.4 所示。

表 7.6.4　IPC-2221 标准定义的导电图形电压差与最小间距的关系

电压差/V	裸　板			组　装		
	内层/mm	无涂层外层/mm	有涂层外层/mm	带保形涂层外层/mm	带涂层外部元件引脚/mm	带保形涂层元件引脚/mm
15	0.05	0.10	0.05	0.13	0.13	0.13
30	0.05	0.10	0.05	0.13	0.25	0.13
50	0.10	0.60	0.13	0.13	0.40	0.13
100	0.10	0.60	0.13	0.13	0.50	0.13
150	0.20	0.60	0.40	0.40	0.80	0.40
170	0.20	1.25	0.40	0.40	0.80	0.40
250	0.20	1.25	0.40	0.40	0.80	0.40
300	0.20	1.25	0.40	0.40	0.80	0.80
500	0.25	2.50	0.80	0.80	1.50	0.80

对于电源类、机电类产品，可根据执行的安规标准，查出一次侧、二次侧，以及输入电源线与保护地之间导电图形电位差与线间距关系。电源类、机电类产品安规标准很多，例如，被广泛采用的信息类电源产品 EN60950-1 安规标准定义的一次侧最小爬电距离如表 7.6.5 所示。

表 7.6.5　EN60950-1 安规定义的最小爬电距离

工作电压/V	工作绝缘、基本绝缘及附加绝缘					
	污染等级 1	污染等级 2			污染等级 3		
	材料组别	材料组别			材料组别		
	I、II、IIIa、IIIb	I/mm	II/mm	IIIa 或 IIIb/mm	I/mm	II/mm	IIIa 或 IIIb/mm
≤50	查该标准其他表格	0.6	0.9	1.2	1.5	1.7	1.9
100		0.7	1.0	1.4	1.8	2.0	2.2
125		0.8	1.1	1.5	1.9	2.1	2.4
150		0.8	1.1	1.6	2.0	2.2	2.5
200		1.0	1.4	2.0	2.5	2.8	3.2
250		1.3	1.8	2.5	3.2	3.6	4.0
300		1.6	2.2	3.2	4.0	4.5	5.0
400		2.0	2.8	4.0	5.0	5.6	6.3
600		3.2	4.5	6.3	6.0	9.6	10.0
800		4.0	5.6	8.0	10.0	11.0	12.5
1000		5.0	7.1	10.0	12.5	14.0	16.0

表中材料组别按覆铜板 CTI(Comparative Tracking Index)指数大小分类，CTI 指数含义类似于 PTI(耐漏电压起痕指数)，可从覆铜板生产厂家提供的 PCB 板材参数表中查到，具体如下：

  Ⅰ组材料　　　　　CTI> 600V　　　　　典型材料，如高导热 FR-4、CEM-3

  Ⅱ组材料　　　　　400V≤CTI< 600 V

  Ⅲa 组材料　　　　175V≤CTI< 400 V　　　典型材料，如通用 FR-4、CEM-3

  Ⅲb 组材料　　　　100V≤CTI< 175 V

如果没有明确执行的安规标准，也可以采用 IPC-9592(计算机与通讯工业电源转换器安全规范)给出的导电图形电位差 V_{PK}(峰-峰值)与安全间距 C_d(mm)关系，近似估算出导电图形最小间距，即

$$C_d = 0.10 + 0.005 \times V_{PK}$$

此外，在电源产品中，一次侧与二次侧、一次侧与保护地(PE)、一次侧内 L、N 之间等部位的间距有特殊要求，如表 7.6.6 所示。

表 7.6.6　特殊部位电气距离/爬电距离(输入电压<300Vrms)　　mm

部位 爬电距离	保险丝前 L-N	保险丝前 L 及 N 与 PE 之间	一次侧交流 对直流	一次侧直流地 (热地)对 PE	一次侧 与二次侧	二次侧地(冷地) 对 PE
EN60950	2.0/2.5	2.0/2.5	2.0/2.0	3.2/3.2	6.4/6.4	2.0
EN60065	2.0/2.5	2.0/2.5	2.0/2.0	3.2/3.2	6.4/6.4	2.0
GB8898	3.0/3.0	3.0/3.0	3.0/3.0	6.0/6.0	6.0/6.0	2.0

为保证在最坏情况下，初级与次级间绝缘电压达到规定值，如果受空间限制，初、次级间爬电距离达不到要求时，可考虑在初级与次级之间开 1.0 mm 宽度的安全槽，如图 7.6.6 所示。

当然，在布线过程中，除初级与次级、LN 与保护地 PE 外，受空间限制不能满足最小间距要求时，如果两导电图形短路，不会造成严重后果(严重后果指元件损坏、PCB 板印制导线脱落，甚至烧焦起痕、保险丝损毁、触电等严重事故情况下产生的后果)，也可以适当减少导电图形间距。

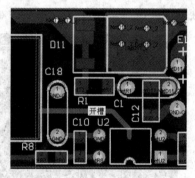

图 7.6.6　初级与次级电路之间开槽

7.6.4　印制导线走线控制

1. 印制导线转角

印制导线转折点内角不能小于 90°，避免在转角处出现尖角，一般应选择 135°或圆角，如图 7.6.7 所示。由于工艺原因，在印制导线的小尖角处，印制导线有效宽度将变小，电阻增加，且容易产生电磁辐射(也正因如此，在射频电路中转折处尽可能采用圆角)；另一方面，小于 135°的转角，会使印制导线总长度增加，也不利于减小印制导线的寄生电阻和寄生电感。

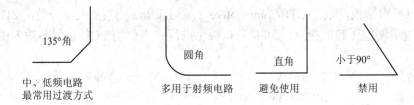

图 7.6.7　走线转折方式

2. 同一印制导线宽度应均匀一致

在印制板上，不同信号线可根据电流大小、工作频率高低选择不同的线宽，但同一印制导线在走线过程中，应均匀一致，不能在信号前进方向上突然变小，如图 7.6.8 所示，否则会恶化 EMI 指标。

图 7.6.8　连线突变

3. 走线尽可能短

走线越短，被干扰的可能性就越小；走线越短，寄生电阻、寄生电感也越小，信号畸变程度也越小；走线越短，对外辐射的电磁信号幅度也小。例如，图 7.6.9(a)的 U202 下方连线偏长，可修改为图 7.6.9(b)所示。

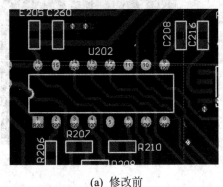

(a) 修改前

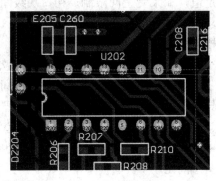

(b) 修改后

图 7.6.9　走线尽可能短

尤其要注意控制强干扰源导线(如开关电源主回路电源线/地线、开关节点连线、时钟信号线等)，以及对干扰敏感的信号线(如三极管基极、MOS 栅极、同步触发控制信号、微弱模拟信号输入线等)的走线长度。例如，在图 7.6.10 所示的开关电源电路中，流过主回路电源线(VCC)/地线(GND)的信号属于高频、高压、大电流脉冲信号；而变压器次级引脚到次级整流二极管正极之间的连线属于次级回路的开关节点，布线长度必须尽可能短，否则对外电磁辐射量会很大。

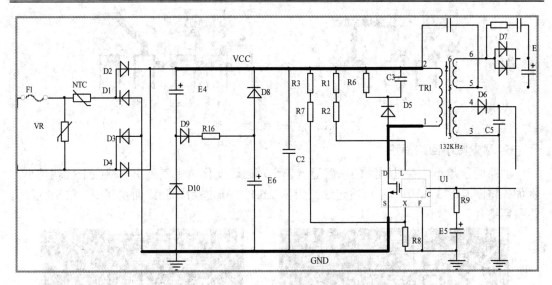

图 7.6.10　尽可能缩短强干扰源印制导线的长度

4. 焊盘、过孔处的连线

对于圆形焊盘、过孔来说，必须从焊盘中心引线，使印制导线与焊盘或过孔交点的切线垂直，如图 7.6.11(a)所示。在方形焊盘处引线时，引线与焊盘长轴方向最好相同，以保证导线与焊盘连接处的导线宽度不因钻蚀现象而减小，如图 7.6.11(b)所示。

此外，小尺寸贴片元件，如 0603、0805、1206 等两焊盘因连线而增加的热容应尽可能相同，以避免在焊接过程中可能出现移位、立碑等不良现象，图 7.6.11(c)列举了几种典型的因连线不当引起贴片元件引脚焊盘热容不对称的现象及改进方法。

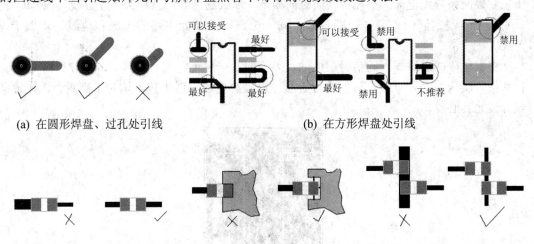

(a) 在圆形焊盘、过孔处引线　　　　　　(b) 在方形焊盘处引线

(c) 小尺寸元件焊盘因连线而增加的热容应尽可能相同

图 7.6.11　焊盘引线方式

5. 避免走线分支

在连线过程中，尽量避免走线出现分支，以降低 EMI。例如，在图 7.6.12(a)中电源线 2VCC1 走线就存在分支，必须修改。

(a) 走线有分支   (b) 修改后走线没有分支

图 7.6.12 尽量避免走线出现分支

6. 尽量减小回路面积

回路面积越小，穿过回路的总磁通就越小，磁通变化量也就越小，感应干扰就越小。例如，将图 7.6.13 (a)中所示白线走线改为图 7.6.13(b)形态后，回路面积减少，抗干扰能力将有所提高。

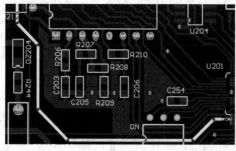 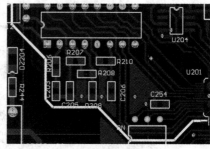

(a) 回路面积大   (b) 回路面积小

图 7.6.13 尽量减小回路面积

7. 差分线走线规则

如果两条导线电流大小相等，而流向相反，那么这两导线就称为"差分线"。例如，同一负载的连线、同一电源绕组的连线、同一电路板或单元电路的电源和地线等均属于差分线。

根据电磁感应原理，同信号层内的"差分线"应尽可能平行走线，如图 7.6.14 所示；相邻信号层内的"差分线"最好重叠走线，以减少电磁辐射干扰，这对于高频、大电流印制导线尤其必要。

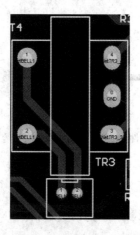

图 7.6.14 变压器同一绕组连接线并行走线

8. 在元件引脚焊盘间走线的原则

在低压、小电流信号处理电路中，借助阻焊漆的保护作用，允许在 0805、1206、DIP、SOP、SOIC、SOT23 等封装元件引脚焊盘间布 1～4 条连线，走线数量及大小受焊盘间距、最小线宽、安全间距、导线与焊盘间电位差、漏电流大小等因素限制；在中高压电路中，尽量避免在元件焊盘间布线，除非元件两焊盘间距较大、焊盘与导线间压差小，否则会降低相邻导电图形间的绝缘电压等级，使漏电流增加，导致电路系统无法工作。

7.6.5　单面板中跨接线设置原则

在单面印制板中，对于交叉的印制导线，如果不能借助元件引脚缝隙走线来避免交叉，则必须借助跨接线(硬质镀银线)连接。在 PCB 上设置跨接线时，必须遵循如下原则：

(1) 通过精心调整元件布局，把跨接线数目减到最少。

(2) 尽可能避免断开强干扰源或对干扰敏感的印制导线；尽可能避免断开大电流印制导线；尽可能避免断开高频信号线。

(3) 跨接线尽可能短。

(4) 跨接线之间不能交叉。

(5) 跨接线位置不能与印制板上相邻的其他印制导线平行，以减小"串扰"效应。

(6) 跨接线跨距种类尽量少，在低压高密度 PCB 板上，仅使用 7.5 mm 跨距的跳线；在高压中低密度 PCB 板上，仅使用 10.0 mm 跨距的跳线。

(7) 跨接线应以元件形式出现(即需要创建跨接线的封装图，甚至电气图形符号)，不宜用间距为特定值的两个独立焊盘代替，以避免在编辑过程中意外改变了跨距的大小。

7.7　地线/电源线布局规则

7.7.1　地线概念及地线分类

接地是电路和设备最基本的要求之一，是保证电路板或设备正常工作的必要条件，接地也是解决电路系统 EMI 问题的重要手段，此外接地还是保护操作者安全，避免触电事故的重要措施。良好的接地设计可保证电路系统内各单元电路、单元电路内的元件有一个共同的电位参考点，保证电路系统工作正常，减小电路系统产生的电磁干扰通过电源线污染电网(传导干扰)或发射到电路系统外的空间中(辐射干扰)，另一方面也避免了外部电磁干扰脉冲影响电路系统本身的工作状态。

接地种类很多，可分为三大类：

1. 安全类接地线

设置安全接地的主要目的是为了保护设备自身及操作者的安全，包括保护地、防雷地、机壳地、交流地。

(1) 保护地。在三插式电源插头中，相线 L、零线 N 通过 Y 安规电容接保护地 PE，如图 7.7.1 所示，保护地 PE(用黄绿线连接)通过插座接大地，这样就给 L、N 线上的共模干扰信号提供了对地泄放通路，当金属外壳也接大地时，一旦一次侧带电部件与金属外壳短路时，强制外壳电位为 0，触发配电箱内漏电保护开关动作，避免触电事故。

PCB 板上的保护地(PE)一般通过具有防松脱螺丝接机壳地，然后再接大地。

(2) 防雷地。防雷地可以是设备金属支架接地点或建筑物防雷设施接地点，防雷地与大地相连。

(3) 交流地。交流地就是交流输入线的 N 端，如图 7.7.1 所示，接三相四线制供电系统的中线，由于 N 端是单相交流电回路的一部分，因此 N 端对大地电位不为 0，且波动幅度较大。交流地不能与保护地 PE 短接。

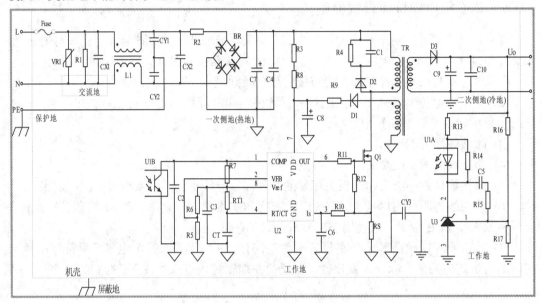

图 7.7.1　AC-DC 变换器地线概念

2．保证系统正常工作的接地

这类接地的目的是为了保证系统内的各单元电路、单元电路内各元器件有公共的电位参考点，使电路系统能正常工作，如可以感知数字 IC 输入信号是高电平还是低电平、模拟电路信号的大小等。

这类接地种类很多，如一次侧内的工作地(如图 7.7.1 中 PWM 控制芯片的 GND 引脚)、二次侧内的工作地、一次侧地(热地，即一次侧整流桥负极)、二次侧地(冷地，即二次侧输出滤波电容负极)、系统地、功率地、电位基准地等，其中工作地又可分为模拟地和数字地。

这类地可接大地，也可以不接大地(浮地，即悬空)，甚至根本不允许直接接大地(如图 7.7.1 中的一次侧地)。

如果图 7.7.1 所示电路安装在金属外壳中，并将一次侧保护地 PE、二次侧工作地均接到机壳地上，便形成了 I 类电器，特征是带有接地保护，借助基本绝缘就达到了安规要求。

如果去除图 7.7.1 所示电路中的 Y 安规电容 CY1、CY2 及保护地 PE，并将二次侧地(即输出地)悬空，就形成了 II 类电器(通过双重绝缘或加强绝缘手段防止触电事故)或 0 类电器(仅有基本绝缘的金属壳电器，一旦基本绝缘失效，只靠使用环境避免触电事故)。这类电器不仅安全性有所下降，EMI 干扰也会相应增加。

而靠直流电源供电的超低压电器设备，工作地是否需要接大地视情况而定：如果有金属机壳，且使用环境接大地非常方便，可将工作地接金属机壳地，使用时将机壳地接大地；反之，接大地不方便时，则工作地最好悬空，否则金属机壳可能变成接收天线，共模高频干扰更严重。当然，如果是塑料外壳，则工作地肯定要悬空。

3．为减小 EMI 的接地

这类接地包括了屏蔽接地、滤波接地(如穿心电容外壳接地)、静电屏蔽接地等。这类接地往往通过接地线接大地。

7.7.2　地线与电源线共阻抗干扰及消除方式

"地"是指电路中各节点电位的参考点，在原理图中具有相同网络标号的"接地"符号表示这些接地点之间没有电位差，然而在 PCB 板中不同接地点只能通过印制导线连接，直流电阻、寄生电感不可能为零，因此当有电流经过时，必然存在电位差，这就是印制板设计中遇到的共阻抗干扰问题。下面以图 7.7.2 所示电路为例，说明共阻抗干扰的成因及消除方法。

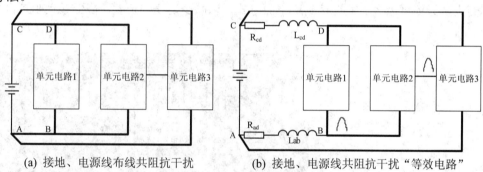

(a) 接地、电源线布线共阻抗干扰　　　(b) 接地、电源线共阻抗干扰"等效电路"

图 7.7.2　地线(电源线)共阻抗干扰

在图 7.7.2 中，单元电路 1 与单元电路 2 共用同一地线段 AB，考虑寄生电感后，AB段印制导线集总参数等效为直流电阻 R_{ab} 和寄生电感 L_{ab} 串联。其中，直流电阻

$$R_{ab} = \rho \frac{1}{dw}$$

与印制导线长度 1、宽度 w、铜箔厚度 d 及电阻率 ρ 有关。对于铜箔厚度 d = 50 μm(假设电阻率 ρ 为 $2.0 \times 10^{-5}\ \Omega \cdot mm$)、宽度为 1.27 mm(50 mil)、长度为 10 cm 的印制导线来说，直流串联电阻 R_{ab} 约为 0.031 Ω。如果单元电路 1 的工作电流为 1 A，则 B 点对地的直流压降约为 31 mV。

寄生电感 L_{ab} 可用长导线自感近似，而远离其他导体的长导线(即长度远大于线径)寄生电感 L 约为 80 nH/m，则长度为 0.1 m 的 AB 段寄生电感为 8 nH。如果单元电路 1 工作频率为 10 MHz，则 AB 段感抗 Z_{Lab} 约为 0.5 Ω。可见在高频状态下，印制导线寄生感抗远大于寄生阻抗。即使高频电流不大，如峰-峰值仅为 100 mA，但高频电压峰-峰值也将达到 50 mV。

当单元电路 1 为数字电路时，在逻辑转换过程中，假设电流变化量为 24 mA，信号上升、下降时间均为 5 ns，则 AB 段两端电压

$$U_{AB} = L\frac{di}{dt} = 8\ nH \times \frac{24\ mA}{5\ ns} = 38.4\ mV$$

　　如果单元电路 2 的输出作为单元电路 3 的输入，且单元电路 3 的地线接电源负极，则单元电路 1 工作电流波动在 B 点形成的压降将叠加到单元电路 2 的输出端(相当于单元电路 2 的地电位被抬高了)，从而影响单元电路 3，这就是所谓的地线共阻抗干扰现象。

　　共地阻抗对电路的影响是显而易见的：如果单元电路 3 为模拟放大器，那么在输出端就会检测到被放大了的干扰信号，使输出信号失真。如果单元电路 3 为数字电路，则在干扰幅度不大的情况下，会使单元电路 3 输入端的噪声容限下降，严重时会引起逻辑错误，造成电路误动作。

　　这种共阻抗干扰也同样会出现在电源线上，如图 7.7.2 中的 CD 段。

　　为避免地线、电源线的共阻抗干扰，在印制板上布线时可采取如下措施加以克服：

　　(1) 在中低频(<1 MHz)电路中，系统内不同单元电路之间、同一单元内不同元件之间尽量采用单点接地形式，如图 7.7.3 所示。

　　而在高频电路中，最高信号频率对应的波长 λ 很小。根据电磁场理论，连线长度(包括接地线长度)必须小于 λ/20，否则连线阻抗就不能忽略，当连线长度接近 λ/4 时，其阻抗接近无穷大，只能采用多点就近接到地平面方式，以减少地线的长度，降低接地阻抗，如图 7.7.4 所示。

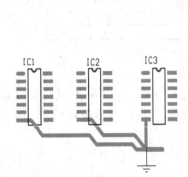

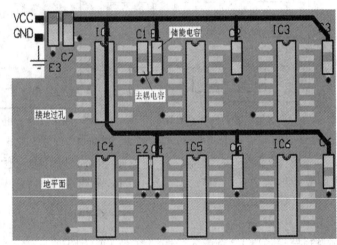

　　图 7.7.3　单点接地形式　　　　　　　图 7.7.4　多点就近接地平面

　　图 7.7.4 所示地线(接地平面)、电源线布局方式在双面板中得到了广泛应用，尽管不同 IC(或单元电路)电源线 VCC 有公共线段，理论上存在共阻抗干扰，但增加储能、去耦电容后，每一 IC 或单元电路瞬态大电流由储能电容 E、去耦电容 C 提供，电源共阻抗干扰现象并不明显；所有 IC 或单元电路地线引脚借助过孔就近接入地平面，形成多点接地方式，消除了共地阻抗干扰。这种布局方式不仅可用于中低频电路，也可以用于中高频电路。

　　(2) 地线宽度要大，长度要短，以减小寄生电阻和寄生电感。在双面板中，最好采用大面积接地方式，或采用含内地线层、内电源层的多层板。

　　(3) 为减少电源线共阻抗干扰，可在单元电路电源输入端(包括单元电路内的 IC 电源引脚)增加储能小电容(1～22 μF，容量大小与该单元电路或 IC 芯片瞬时功率有关)，如图 7.7.4 所示。

7.7.3　接地方式

1. 一字型接地方式

在中低频、小功率电路板上可采用一字型接地方式，将本级接地元件尽可能就近安排在公共地线的一小段内，呈一字型排列，如图 7.7.5 所示，其特点是美观、元件排列均匀有序。

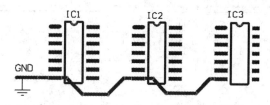

图 7.7.5　一字型接地方式

在一字型接地方式中，对干扰敏感的单元电路应优先安排在最靠近公共接地参考点的位置，如图 7.7.5 中的 IC1，抗干扰能力最强的单元电路离公共接地参考点最远，如图 7.7.5 中的 IC3。

就接地电流大小来说，功率越大的单元离公共接地参考点越近，就图 7.7.5 来说，IC1 地电流最大，IC3 地电流应最小。

2. 单点接地方式

无论是低频、中频模拟电路，还是数字电路，单元内每一接地元件都应采取单点接地方式，如图 7.7.3 所示，这是防止共地阻抗干扰惟一有效的办法。

但在印制板上不可能把本级所有接地元件引脚都插入同一焊盘孔内，形成原理图中的"单点接地"形式，排版时只能用岛形焊盘模拟单点接地效果，如图 7.7.6 所示。

3. 分支接地

如果接地元件较多，一字型接地方式占用公共地线段较长，不可避免地存在共阻抗干扰现象时，可采用多分支接地方式，然后再将不同接地分支汇集到公共接地点上，如图 7.7.7 所示。

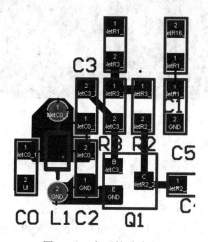

图 7.7.6　岛形接地盘

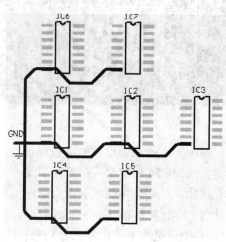

图 7.7.7　分支接地方式

可见分支接地方式实际上是一字型接地方式与单点接地方式的组合，常用于中低频电路中。

在开关电源初级回路中，控制电路部分所有接地元件采用单点接地方式后与功率开关管源极 S 电流检测电阻接地端通过分支接地方式连接到整流桥与滤波电容的负极(该处为公共接地参考点)，如图 7.7.8 所示。

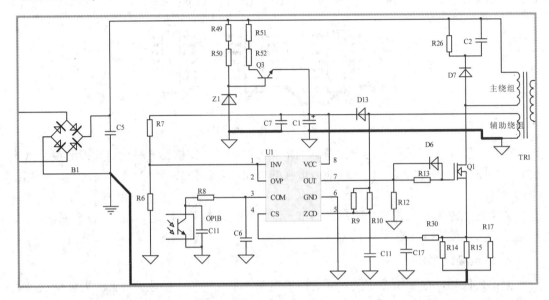

图 7.7.8　分支接地示意图

实际排版结果如图 7.7.9 所示，实测表明该排版方式具有良好的电磁兼容性能。

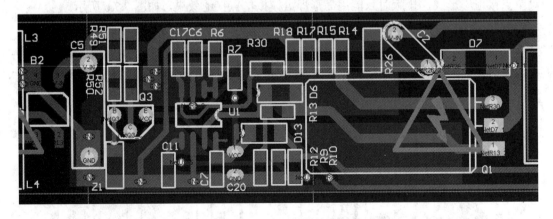

图 7.7.9　实际排版结果

这是因为主回路中电流脉动幅度很大，如果与控制部分地线存在共阻抗，则在开关过程中，主回路脉动电流会在共地阻抗上产生幅度较大的脉动干扰电压，结果控制部分电路地电位被抬高，造成串扰，甚至自激。

此外，高压电源线 VIN 也采用分支连接方式：R51、R49 并接后，单独接高频滤波电容 C5，目的也是为了防止开关管开关瞬间的干扰脉动电压借助共阻抗经 R51、R49 叠加到控制芯片电源 VCC 上。

4. 平面接地方式

一字型地、单点接地、分支接地等仅适用于中低频电路中，而在高频电路中只能采用多点就近接入地平面方式。原因是在高频电路中，器件工作频率很高，波长很短($\lambda = C/f$，其中 C 为 PCB 介质内电磁波传播速度，比真空中光速 C 略小)。例如，当工作频率为 100 MHz 时，波长 $\lambda < 3$ m。根据电磁理论，连线长度必须<$\lambda/20$，否则寄生感抗的影响就不能忽略，最大连线长度<150 mm。因此，在高频电路中，一般采用多点就近接入地平面方式，以减少接地阻抗，如图 7.7.4 所示。

为了更好地理解多点就近接地方式，图 7.7.10 给出了双面 PCB 就近多点接地的排版实例。

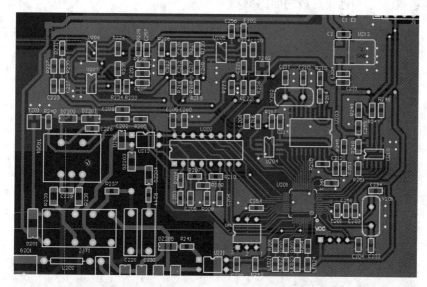

(a) 元件面

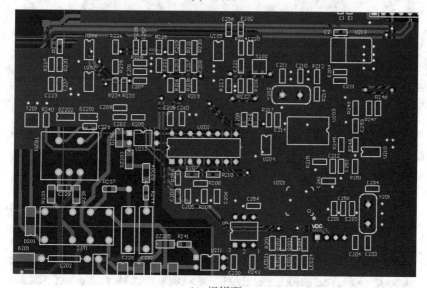

(b) 焊锡面

图 7.7.10　多点就近接地排版实例

从图 7.7.10 中可以看出：该 PCB 板以贴片元件为主，因此元件面是信号线、电源线的主布线层；将焊锡面作为地线层，仅放置了无法在元件面内布通的少量信号线与电源线，即尽可能保持地线层的完整性。从实际排版效果看，地线层基本上是完整的，仅存在少量空洞，也没有被连线分割，是一块电磁兼容性能优良的 PCB 板。

元件面内需要接地的元件，可通过穿通元件接地引脚焊盘与平面地线层相连，或借助过孔与地线层相连。

7.7.4　地线布线的一些基本原则

1. 尽量减小电源/地线形成的回路面积

在布线过程中，必须尽量减少电源线与地线之间的回路面积、尽量减少信号线与地线之间的回路面积，即尽可能避免出现环型天线效应，如图 7.7.11 所示。

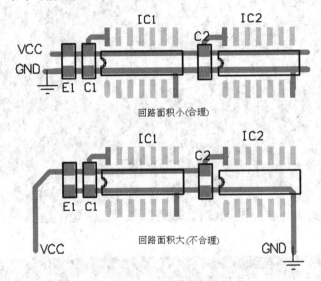

图 7.7.11　回路面积控制示意图

又如，对于图 7.7.8 所示开关电源初级回路，没有经验的初学者很容易布出类似图 7.7.12 所示的排版结果。

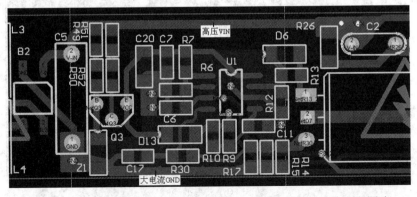

图 7.7.12　电源线 VIN 与源极 S 电流检测电阻接地线构成了大面积回路

实验表明，这种排版结果对外电磁辐射量很高，而位于电源线 VIN 与大电流接地线框内的控制电路到处都感应到干扰信号。

2. 保证干扰源与地线层边框的最小间距

在含有地平面的双面或多层板中，干扰源离地线层外边框的最小距离应不小于 20 H(H 为两层之间的距离，在双面板中 H 就是板厚)，以减少电磁辐射量——这就是所谓的"20H"原则。在图 7.7.13 中，假设双面 PCB 板厚度 H 为 1.0 mm，则高频信号源，如晶振电路离边框距离应大于 1.0 mm × 20，即 20 mm。

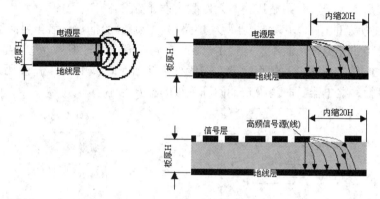

图 7.7.13　辐射源与地线层最小间距

在含有内电源层、内地线层的高速 PCB 中，内电源层边框与内地线层边框也需要遵守"20H"原则，以减少电磁辐射量。

3. 保证地线层的完整性

在单面、双面板中，设置跳线或过孔时，优先选择慢速信号线，甚至小电流电源线，不要轻易断开地线。

在多层板中，设有内地线层和内电源层，信号层中所有需要接地的导电图形，可通过穿通式元件的接地引脚焊盘孔或金属化过孔与内地线层相连；所有需要接电源的导电图形，也是通过穿通式元件的电源引脚焊盘孔或金属化过孔与内电源层相连。为保证电磁兼容指标，尽可能避免在内地线层、电源层上布线。当有少量连线实在无法在信号层内布线，非要在内电源层或地线层走线时，应优先使用内电源层，而不是地线层，即尽可能不要破坏地线层的完整性。

4. PCB 板金属外壳元件尽可能接地

如果 PCB 板存在金属外壳元件，如石英晶体振荡器、声表滤波器、带金属屏蔽壳的各类传感器、高灵敏度放大器等，在 PCB 板上最好将这些器件或模块的金属外壳接地，且接地线(点)面积尽可能大，对于周长较长的金属屏蔽壳，甚至要采用多点接地方式。

7.8　PCB 贴片功率元件散热设计

随着 SOT-23、SOT89、SOT223、TO252、TO263、MBS、SMA、SMB、SMC、SOD 等贴片封装功率元器件在电子产品中的广泛应用，以及 3014、3528、3535、5050、5630、

6070 等贴片封装 LED 芯片在 LED 照明灯具中的普及，PCB 散热设计技巧越来越受到 PCB 设计者的重视。

在 PCB 板上，贴片功率元件散热设计的原则是：在保证安全间距的情况下，利用敷铜区(Polygon Plane)或填充区(Fill)，甚至导线等导电图形增加元件导热引脚焊盘的面积，一方面扩大了导热引脚的散热面积；另一方面减小了横向热阻，有利于将功率元件产生的热量传送到 PCB 板的背面。这一原则，同样适用于铝基、铜基以及陶瓷基板，毕竟铜的导热系数远大于绝缘层的导热系数。

下面通过几个例子，介绍贴片功率元件散热设计方法。

在图 7.8.1 所示的中小功率继电器驱动电路中，没有经验的设计者，为保险起见，使用 TO-92 穿通封装的开关管，而不愿意使用 SOT-23 封装开关管。但只要适当增加 BJT 三极管 C 极(或 MOS 管 D 极)焊盘的面积(管芯一般直接粘贴在 C 或 D 极上)，使用 SOT-23 封装开关管完全可行，继电器长时间吸合期间开关管的温升并不明显。

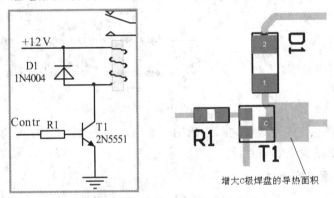

图 7.8.1　增大散热引脚焊盘的面积实例

在 PCB 板上，如果受空间限制，无法进一步扩展功率元件导热引脚焊盘面积时，可在高热焊盘的另一面放置一定大小的散热岛，并通过多个金属化过孔将上、下两面散热岛连在一起，强化散热效果，如图 7.8.2 所示。

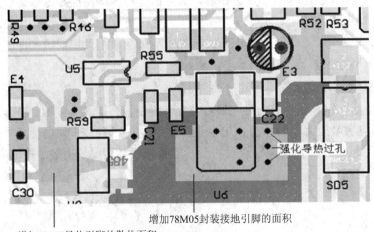

图 7.8.2　在功率元件导热焊盘的上下两面增加散热岛

在 LED 照明球泡铝基 PCB 上，也同样需要充分利用铜膜加强 LED 芯片的散热效果，降低 LED 芯片的结温，延缓 LED 芯片的光衰进程。在其他条件相同的情况下，实测结果表明，图 7.8.3(b)所示排版方式的 LED 芯片焊盘表面温度比图 7.8.3(a)排版方式低了 3℃左右，可见导热效果非常显著。

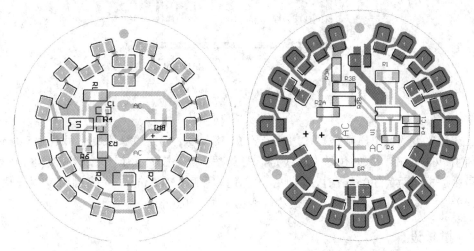

　　　(a) 没有扩展引脚焊盘面积　　　　　　　(b) 充分利用铜膜扩展引脚焊盘面积

图 7.8.3　铝基 LED 照明球泡散热设计图例

在 LED 照明灯管中，充分利用 PCB 板上铜膜扩展 LED 芯片焊盘面积，强化散热效果后，使用 FR-4 玻纤板一样可以达到价格昂贵的铝基板的散热效果。多年前有灯具厂家要我们分析能否用 FR-4 板材代替铝基板材。在观察了该型号灯具 PCB 板后，发现原设计者没有意识到利用 PCB 板上铜膜来改善 LED 芯片的散热效果，如图 7.8.4(a)所示。由于单个 LED 芯片工作电压只有 3～4 V，压差很小，线间距取 0.3 mm 就能满足批量生产工艺要求，为此可充分利用铜膜扩展其焊盘，如图 7.8.4(b)所示。测试表明改进后的排版方式用 FR-4 玻纤板的焊盘温度与改进前用铝基板相差不足 0.4℃，可见没有必要使用铝基板，降低了 LED 灯具的成本，还提高了 LED 灯具的绝缘电压等级。

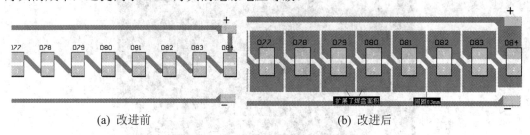

　　　(a) 改进前　　　　　　　　　　　(b) 改进后

图 7.8.4　LED 照明灯管散热设计图例

7.9　PCB 工艺边设计与拼板

7.9.1　工艺边设计

对于外形尺寸已固定的电路板来说，在元件布局过程中，在走板方向上元件焊盘边缘离 PCB 板机械边框小于 3.0 mm 时，需要增加工艺边，以便在 PCB 生产、插件、焊接过程中能借助传送带传送，如图 7.9.1 所示。

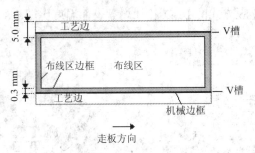

图 7.9.1　增加工艺边

工艺边宽度的取值原则是工艺边外沿到 PCB 布线区焊盘边缘的最小间距为 5.0 mm(具体数值由 PCB 生产厂家的传送夹具决定，但一般不少于 3.0 mm)，例如当布线区内焊盘边缘与机械边框间距为 1.0 mm 时，增加的工艺边宽度可取 4.0 mm。考虑到用 V 槽分板时的机械误差，布线区边框与机械边框最小间距必须大于 0.3 mm。

7.9.2　拼板设计

由于 PCB 生产厂家标准夹具的最小尺寸有限制。当 PCB 板长、宽尺寸小于某一特定值(一般为 50 mm × 50 mm)时，就需要将多块 PCB 拼接在一起，这就是所谓的拼板设计。当然，将多块小尺寸 PCB 拼接在一起，也是为了提高生产效率。

1. 无缝隙拼板

当 PCB 板外形为方形时，可采用无缝隙拼板方式，借助 V 槽分割。下面通过具体实例介绍无缝隙拼板操作过程(假设单元板尺寸为 1725 mil × 960 mil，拼板数量为 3 × 4)：

(1) 在单元板机械边框左下角放置一个过孔作为基准点，并将原点设在基准点上，如图 7.9.2 所示。

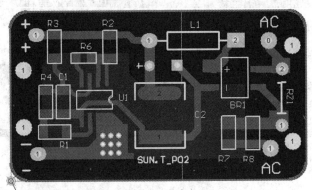

在机械边框左下角放置一个过孔作为基准点

图 7.9.2　设置基准点

(2) 在 PCB 编辑状态下，执行"Tools"菜单下的"Preference…"命令，去掉 General 标签中"Protect Locked Object"选项前的"√"号，即暂时不保护被锁定的对象，否则执行"选中"操作时，将忽略被锁定的对象。

(3) 执行"Edit"菜单下的"Select\All"命令，选中单元板内的所有图件(包括元件、印制导线、过孔及敷铜区等)。

(4) 执行"Edit"菜单下的"Select\Toggle Select"命令，取消作为基准点标志过孔的"选中"状态。

(5) 执行"Edit"菜单下的"Cut"命令，将光标移到基准点过孔上，并单击。

(6) 执行"Edit"菜单下的"Paste Special…"(特殊粘贴)命令，在图 7.9.3 所示窗口内，选中"Duplicate designator"(元件序号重复)项，并单击"Paste Array…"(阵列粘贴)按钮。

(7) 在图 7.9.4 所示窗口内，选择"Linear"(线性)粘贴方式，并定义粘贴数量(与列数相同)、X 方向的距离(在无缝隙拼板操作中，X 方向距离与单板长度相同)、Y 方向的距离(为 0)。

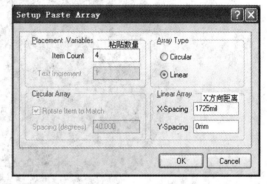

图 7.9.3　特殊粘贴设置　　　　　图 7.9.4　沿水平(X)方向阵列粘贴设置

单击"OK"按钮后，即可观察到图 7.9.5 所示的粘贴结果，这时仍处于选中状态。

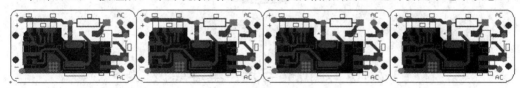

图 7.9.5　完成水平方向阵列粘贴

(8) 重复步骤(5)到(7)，执行 Y 方向上的阵列粘贴，就获得了 3×4 拼板图，如图 7.9.6 所示。在 Y 方向上进行阵列粘贴时，粘贴数量为 3(与行数相同)，Y 方向的距离与单元板宽度相同)，X 方向距离为 0。

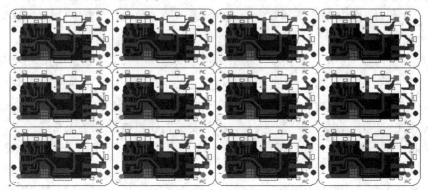

图 7.9.6　完成 X、Y 方向阵列粘贴

(9) 增加工艺边、删除作为基准点的过孔后，就得到了最终的拼板结果。

2．有缝隙拼板

由于 V 槽分割只能走直线，且 V 槽最短一般不能小于 50 mm，对于外形为曲线或短折线的 PCB 拼板，只能采用有缝隙拼板方式，借助铣刀分割，如图 7.9.7 所示的圆与圆环拼板。拼板缝隙一般不能太小，否则铣刀无法加工。拼板缝隙大小与 PCB 生产厂家铣刀尺寸有关，有的厂家要求拼板缝隙不能小于 2.0 mm，有的厂家可以小到 1.6 mm。

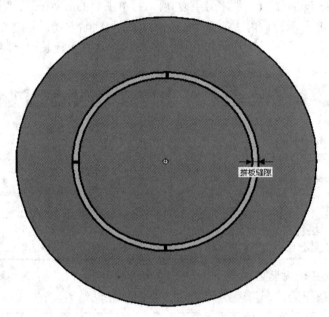

图 7.9.7　有缝隙拼板

7.10　定位孔与光学基准点设计

7.10.1　定位孔及定位边

PCB 板在丝印、刮锡膏、贴片等操作过程中，需要固紧定位，目前常用针定位或边定位方式。当采用针定位方式时，需要定位孔；当采用边定位时，需要定位边(也称为夹持边)。

1．定位孔

定位孔一般设在 PCB 板长边上，数量不少于两个，孔径 ϕ 一般取(3.0 ± 0.5) mm，距离 PCB 机械边框不小于 5.0 mm，并要求在定位孔 2.0 mm 范围内不允许放置元件(如果孔径 ϕ 为 3.0 mm，则以孔径为圆心，半径 3.5 mm 范围内不能放置元件)，如图 7.10.1(a)所示。定位孔与 PCB 板的非接地固定螺丝孔类似，也需要放置在机械层或禁止布线层内，并通过画圆工具绘制，而不是由孤立焊盘构成，属于非金属化孔。因此，满足条件的 PCB 板上的非接地固定螺丝孔也可以充当定位孔。

对于具有工艺边的单板和拼板，定位孔可放在工艺边上，如图 7.10.1(b)所示。

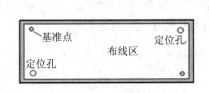

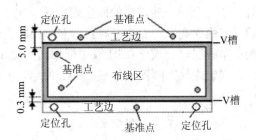

(a) 定位孔在 PCB 板内部　　　　　　　(b) 定位孔在工艺边上

图 7.10.1　定位孔

2. 定位边

当采用边定位时，需要设置定位边。定位边也设置在 PCB 板的长边上，宽度不少于 3.0 mm，在定位边范围内也不允许放置元件。因此，当布线区离机械边框达到 3.0 mm 以上时，无须考虑额外的定位边。对于具有工艺边的单板或拼板，工艺边本身就可以充当定位边。正因如此，并不一定需要设置定位孔，除非必须采用针定位方式。

对于具有工艺边的单板或拼板，可在工艺边上设置定位孔，以方便选择针定位或边定位方式，反正工艺边上不会有导电图形，在完成了元件焊接、测试后，分板时工艺边总是被丢弃。

3. PCB 板固定螺丝孔

如果 PCB 板依靠螺丝固定，则必须在 PCB 板上给出固定螺丝孔的尺寸及位置。大功率元件固定螺丝孔、印制板固定螺丝孔的尺寸与固定螺丝规格有关(一般均采用标准尺寸的螺丝、螺帽)，电路板常用固定螺丝规格、孔径及工作绝缘对应的禁止布线区参数如表 7.10.1 所示。

表 7.10.1　常用固定螺丝规格　　　　　　　　　　　　　　mm

螺丝种类	规格	螺丝孔径	禁止布线区
螺钉	M2	2.4 ± 0.1	Φ7.1
	M2.5	2.9 ± 0.1	Φ7.6
	M3	3.4 ± 0.1	Φ8.6
	M4	4.5 ± 0.1	Φ10.6
	M5	5.5 ± 0.1	Φ12.0
自攻螺丝	ST2.2	2.4 ± 0.1	Φ7.6
	ST2.6	2.8 ± 0.1	Φ7.6
	ST2.9	3.1 ± 0.1	Φ7.6
	ST3.5	3.7 ± 0.1	Φ9.6
	ST4.2	4.5 ± 0.1	Φ10.6

例如对于 ST2.6 自攻螺丝来说，孔径 Φ 为 2.8 mm，螺丝头直径为 Φ5.0 mm，当禁止布线区取 Φ7.6 mm 时，假设临近导电图形(印制导线或引脚焊盘)边缘与禁止布线圆外切，那么导电图形与螺丝头间距为 1.3 mm，仅可作为工作绝缘。

对于通过金属支架接地的固定螺丝孔，属于金属化孔，需用孤立焊盘实现；而对于非接地的固定螺丝孔，属于非金属孔，需在机械层或禁止布线层内(可以选择机械层，也可以选择禁止布线层，一般与 PCB 板边框相同)，通过画圆工具绘制。为保证螺丝孔定位准确，建议绘制固定螺丝封装图，如图 7.10.2 所示，并保存到 PCB 元件库文件中。

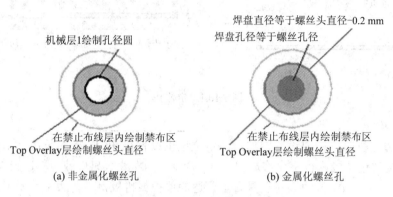

(a) 非金属化螺丝孔　　　　　　(b) 金属化螺丝孔

图 7.10.2　固定螺丝孔结构

7.10.2　光学基准点

基准点是刮锡(也称为锡膏印刷)操作、贴片操作的光学定位点，在含有表面封装器件的 PCB 板上必须设置一定数目的基准点。对于单面贴片的 PCB 板，仅需在 Top Layer(元件面)内设基准点，而对于双面贴片的 PCB 板，还需要在 Bottom Layer 面内设置基准点。

1. 基准点种类

(1) 用于 PCB 板定位的位于 PCB 板对角线上的不对称的三个基准点，如图 7.10.1 所示的布线区内的三个基准点。如果 PCB 板有工艺边，也可以在工艺边上放置三个定位基准点，在图 7.10.1 所示的工艺边上就设置了三个基准点。

位于 PCB 板布线区内的基准点，离 PCB 板机械边框的距离应不少于 5.0 mm，如果不能保证，也可以取消布线区内的基准点，而仅保留工艺边上的基准点。

(2) 引线中心距≤0.5 mm(20 mil)的 QFP 封装以及中心距≤0.8 mm(31 mil)的 BGA 封装等器件，在通过该元件中心点的对角线上需要设置两个光学定位基准点，如图 7.10.3 所示，以便在贴片过程中对其精确定位。

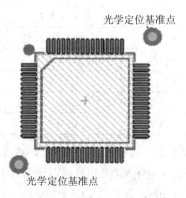

图 7.10.3　高密度 QFP 封装元件对角线上的基准点

2. 基准点形状

常见的基准点形状大致有三种形式：

(1) 在铜膜厚度小于 3.0 OZ 的 FR-4、CEM-3 等基板上，通用基准点形状一般为没有阻焊油覆盖的实心圆形铜膜(直径ϕ为 40 mil)。为提高对比度，周围设有宽度为 20～25 mil 的阻焊环(阻焊层开窗)，如图 7.10.4(a)所示。

(2) 在通用基准点的阻焊环外再增加一个宽度为 10 mil 的金属保护环，就构成增强型基准点，如图 7.10.4(b)所示。

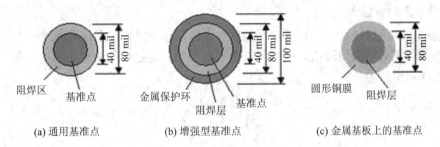

(a) 通用基准点　　　　(b) 增强型基准点　　　　(c) 金属基板上的基准点

图 7.10.4　基准点形状

(3) 在铝基、铜基或铜膜厚度在 3 OZ 及上的 FR-4 材质的 PCB 板上，基准点优选形状是直径为 80 mil 的铜膜，并在铜膜上设有直径为 40 mil 的阻焊窗。

为保证光学基准点的准确性，基准点应以元件形式出现，需要借助 PCB 元件库编辑器创建光学基准点的封装图，并存放到 PCB 库文件中。

图 7.10.4(a)所示的通用基准点可由焊盘构成，参数如图 7.10.5 所示。

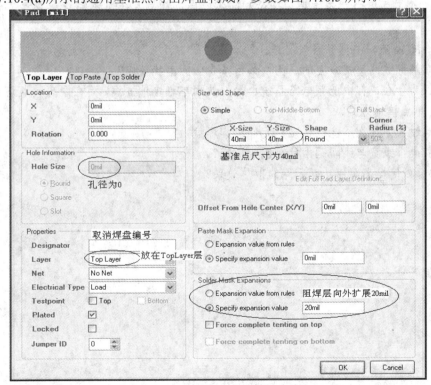

图 7.10.5　可作为基准点的焊盘参数

　　显然，在元件面内以通用基准点为圆心，借助中心画圆法工具，在通用基准点上放置一个半径为 45 mil，线条宽度为 10 mil 的圆环后，便获得图 7.10.4(b)所示的增强型基准点。

　　而对于图 7.10.4(c)所示的光学基准点，可按如下步骤生成：在元件面(Top Layer)内先利用画全圆工具(Full Circle)绘制一个半径为 20 mil、线条宽度为 40 mil 的圆，以便获得直径为 80 mil 的圆形铜膜；接着在顶层阻焊层(Top Solder)内，利用画全圆工具(Full Circle)再绘制一个半径为 30 mil、线条宽度为 20 mil 的同心圆，生成一个内外直径分别为 40 mil、80 mil 的实心圆环，完成阻焊层开窗，这样就获得了金属基板所需的光学基准点。

3. 基准点放置位置

　　由基准点特性可以看出，基准点不能放在大面积敷铜区内；采用导轨传送 PCB 板时，基准点不能放在导轨夹持边内，否则基准点可能被夹具遮挡；采用边定位时，基准点也同样不能放在定位边内。

习　题　7

　　7-1　当电路系统中既存在贴片元件，又存在穿通元件，请指出用双面或多面板 PCB 作为元件安装载体时，元件如何放置可使工艺最简单。

　　7-2　在以贴片元件为主的中高频双面板中，信号线、电源线应尽量放在哪一面内？另一面做什么用？

　　7-3　向 PCB 生产厂家下单制作 PCB 板时，在工艺清单上必须明确哪些内容？

　　7-4　在多层板中，各信号层地位相同吗？同一印制导线可否随意放置在不同的信号层内？

　　7-5　IC 储能、去耦电容如何选择？放置位置有什么要求？

　　7-6　解释线间串扰效应的成因，如何减少线间串扰效应？

　　7-7　为什么说在中低频电路系统中最好使用单点接地方式，而在中高频电路系统中又不宜使用单点接地方式？

　　7-8　过孔为什么不能放在贴片元件引脚焊盘上？

　　7-9　最小线宽与线间距由什么因素决定？

　　7-10　如何提高贴片功率元件的散热效果？

第 8 章　PCB 元件封装图编辑与创建

✦✦✦✦✦✦✦✦✦✦✦✦✦✦✦✦✦✦✦✦✦✦✦✦✦✦✦

在 PCB 设计过程中，由于下列原因，可能需要创建元件封装图库。

(1) 包括 Altium Designer 在内的所有电子 CAD 软件都不可能提供用户所需的全部元件封装图。尽管 Altium Designer 集成元件库提供了绝大部分标准元件的封装图，而在实际电路系统中，除了涉及标准封装尺寸元件，如标准封装电阻、电容、三极管、IC 元件外，还可能遇到非标元件的封装图，如图 9.1.2 中的 AC 滤波电感 L1、高频变压器 T1 以及带散热片后的功率管 Q2、固定螺丝孔等，这就需要操作者创建自己的 PCB 元件封装库文件，并利用 PCB 编辑器提供的绘图工具在创建的 PCB 封装库文件中绘制出各种非标准元件的封装图(元件外轮廓线形状、引脚分布、引脚焊盘大小、间距等)。

(2) 即使是标准元件，如 0805 封装电阻或小容量贴片电容、QFP 封装 IC 芯片，集成元件库内的封装图也会因引脚焊盘长度偏短，不一定适合手工烙铁焊接操作，也同样需要进行适当的修改。Altium Designer 提供的有极性贴片元件，如贴片二极管、贴片钽电容等封装图的极性标识不够清晰，容易引起贴片操作失误或维修时无法判别元件方向是否正确。

(3) 不同种类的器件可以具有相同的封装方式，如低压小功率贴片三极管、MOS 管、基准电压源 431、双小功率二极管、IC 复位芯片、固定频率振荡器等均采用了 SOT-23 封装方式。由于器件种类不同，会导致原理图中器件的引脚定义、编号不同，在 PCB 设计过程中，可能需要复制并修改 SOT-23 封装的引脚编号。

(4) 元件封装工艺总是在不断进步，任何 CAD 软件都不可能预测并给出各种元件未来的封装方式。

尽管在一个实际电路系统中元件数目可能多达数十、数百，甚至上千，但用到的元件封装种类并不多。原因是很多同类、不同类元件均具有相同的封装形式，例如，图 9.1.2 中的大部分电阻、小容量电容等均采用 0805 或 1206 封装方式；通用高频小功率二极管 1N4148以及 0.5 W 稳压二极管等均采用 MiniMELF 或 SOD-123 封装方式；通用双运算放大器 LM358、OC 输出比较器 LM393、多数 PWM 控制芯片等均采用 SO-8 封装方式。

总而言之，在进行 PCB 设计过程中，创建 PCB 封装元件库文件与元件封装图不仅必要，而且也是 PCB 编辑的基本技能之一，一个有经验的 PCB 设计者往往不会直接使用系统提供的元件封装图。为此，Altium Designer 提供了多种方式制作元件封装图，既有传统手工方式，也提供了操作方便的制作向导。例如，Component Wizard 向导能快速引导用户创建任一封装方式元件的封装图，而 IPC Footprint Wizard 向导可帮助用户创建遵守IPC-7351 规范的贴片元件的完整封装图。

8.1 创建 PCB 封装图元件库文件

在 Altium Designer 中，可创建如下类型的 PCB 封装图元件库文件：

(1) 在集成库文件包(.LibPkg)内创建的 PCB 封装图元件库文件(.PcbLib)；

(2) 在设计项目内创建的 PCB 封装图元件库文件(.PcbLib)；

(3) 不隶属于设计项目或集成库文件的 PCB 封装图元件库文件(.PcbLib)。

8.1.1 在用户集成库文件中创建 PCB 封装图元件库文件

1. 创建集成库文件

为方便各类型用户元件库文件(如原理图编辑用电气图形符号库文件.SchLib、PCB 设计用元件封装图库文件 PcbLib、Sim 仿真库文件以及 3D 库文件)的管理，强烈建议用户创建自己的集成元件库文件(.LibPkg)。扩展名为 .LibPkg 的集成库文件实际上是一个集成库文件包，它记录了各类型库文件，如电气图形符号库文件(.SchLib)、PCB 封装图库文件(.PcbLib)等的存放位置，扩展名为 .LibPkg 的集成库文件编译后可生成扩展名为 .IntLib 的集成库文件。

创建集成库文件包(.LibPkg)的操作过程如下：

(1) 执行"File"菜单下的"New\Project\Integrated Library"命令，创建集成库文件包(Integrated_Library1.LibPkg)，如图 8.1.1 所示。

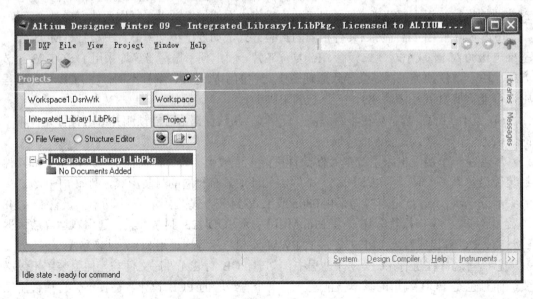

图 8.1.1 创建集成元件库文件包

系统自动用 Integrated_Library1.LibPkg 作为第一个新创建的集成库文件名。

(2) 执行"File"菜单下的"Save Project As…"(项目另存为)命令，将新生成的集成库文件包 Integrated_Library1.LibPkg 改名并保存到存储介质，如硬盘上特定文件夹(目录)下(即在文件保存操作过程中，可指定集成库文件包的存放位置)。

2. 在集成库文件中创建 PCB 封装图元件库文件(.PcbLib)

集成库文件(.LibPkg)打开后，可通过如下步骤在集成库文件内创建 PCB 封装图元件库文件：

(1) 执行"Flie"菜单下的"New\Library\PCB Library"(创建新的 PCB 封装图库文件)命令。这时系统先在集成库内创建"Source Documents"文件夹，然后在该文件夹下创建 PCB 封装图元件库文件 PcbLib1.PcbLib，并自动进入元件封装图编辑状态，如图 8.1.2 所示。

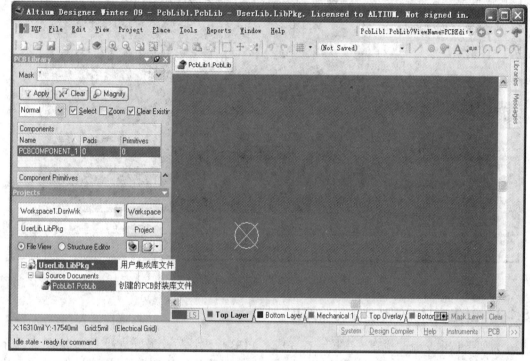

图 8.1.2　创建 PCB 封装图库文件并自动进入 PCB 元件封装图编辑状态

(2) 执行"File"菜单下的"Save"或"Save As…"，将新生成的 PCB 封装图元件库文件 PcbLib1.PcbLib 重新命名并保存到硬盘上指定的文件夹下。

当然，可借助"Projet"菜单下的"Add Existing To Projet…"命令，将已存在的原理图库(SchLib)文件添加到集成元件库文件包(.LibPkg)内的"Source Documents"文件夹下，形成包含原理图元件库文件、PCB 元件封装图库文件等多类型库文件包。

8.1.2　在设计项目内创建 PCB 封装图元件库文件

可按如下步骤在设计项目内创建用户的 PCB 封装图库文件：

(1) 打开设计项目文件。如果设计项目文件未打开，可先执行"File"菜单下的"Open Project"命令，打开设计项目文件。

如果已打开了包含目标设计项目文件在内的多个项目设计文件，则在"Project"项目文件管理器窗口内，单击目标项目文件，使它成为当前设计项目。

(2) 执行"File"菜单下的"New\Library\PCB Library"命令，在当前项目文件内，创

建 PCB 封装图库文件，并自动进入 PCB 封装图库文件编辑状态，如图 8.1.3 所示。

(3) 执行"File"菜单下的"Save"或"Save As…"命令，将新生成的 PCB 封装图元件库文件 PcbLib1.PcbLib 重新命名并保存到硬盘上指定的文件夹下。

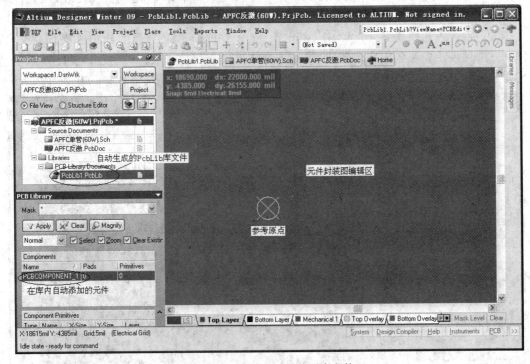

图 8.1.3   创建 PCB 封装图库文件

8.1.3 创建项目 PCB 元件封装图库

为便于技术交流、检查、审核，在完成了 PCB 板设计后，最好执行"Design"菜单下的"Make PCB Library"命令，从当前 PCB 设计文件内提取所有元件封装图到特定的 PCB 元件库文件中(库文件名与 PCB 设计文件名相同，扩展名为.PcbLib)；执行"File"菜单下的"Save"或"Save As…"命令保存后，再借助"Project"菜单下的"Add Existing To Project…"命令，就能将新生成的 PCB 库文件添加到设计项目中的 Libraries 文件夹下。

当然，也可以通过执行"Design"菜单下的"Make Integrated Library"命令自动生成包含电气图形和 PCB 封装图在内的设计项目集成库文件。

8.2 在 PCB 库文件中创建元件的 PCB 封装图举例

基于 DXP 平台的 PCB 库元件编辑器提供了多种元件 PCB 封装图创建方式，操作过程简单明了，本节通过典型实例演示用不同方式创建元件 PCB 封装图的操作过程。

8.2.1 在 PCB 封装库文件中手工创建元件封装图

下面以创建一个直径 D 为 8.0 mm、引脚间距 F 为 3.5 mm 的径向引线电解电容的 PCB

封装图为例，介绍手工创建元件 PCB 封装图的操作过程。

标准电解电容外形及尺寸参数(单位为 mm)如图 8.2.1 所示。

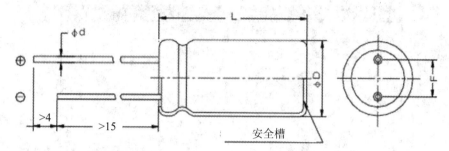

D	±0.5			±1.0			
	5	6.3	8	10	12.5	16	18
F ± 0.5	2.0	2.5	3.5	5	5	7.5	7.5
d ± 0.1	0.5	0.5	0.6	0.6	0.6	0.8	0.8
L	11	11	12；16；20	12；16；20；25；30	16；20；25；30；35	16；20；25；30；35	20；25；30；35；40
	L = 11,12,16；L ± 1.5；				L = 20,25,30,35,40；L ± 2.0		

图 8.2.1　标准电解电容外形及尺寸参数

(1) 在 PCB 封装图编辑状态下，执行“Tools”菜单下的“New Blank Component”(新的空白元件)命令，在 User_THC.PcbLib(假设已经创建了该文件)封装图库文件中创建一个名为 PCBCOMPONENT_1 的元件，如图 8.2.2 所示。

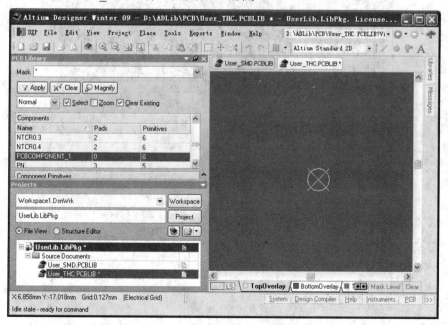

图 8.2.2　在 PCB 库文件中创建元件封装图

(2) 通过键盘上的“Page Up”“Page Down”，或通过工具栏上编辑区的放大、缩小工具调整 PCB 封装图编辑区的大小。

(3) 执行"Tools"菜单下的"Library Options…"命令，在图 8.2.3 所示的 PCB 板选项窗口内设置电气捕获网格、元件网格的参数。

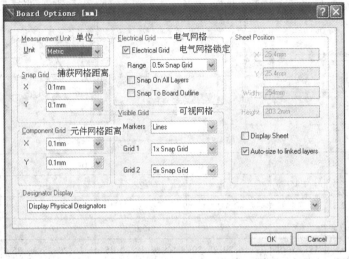

图 8.2.3　网格参数设置

(4) 执行"Place"菜单下的"Pad"(焊盘)命令(或借助放置工具中的"焊盘"工具)，在参考原点处放置第 1 个焊盘(即电解电容正极)。在焊盘未固定前可按下 Tab 键(如果焊盘已经固定，可将鼠标箭头移到焊盘上双击)，进入图 8.2.4 所示的焊盘属性窗口内，设置焊盘的参数。

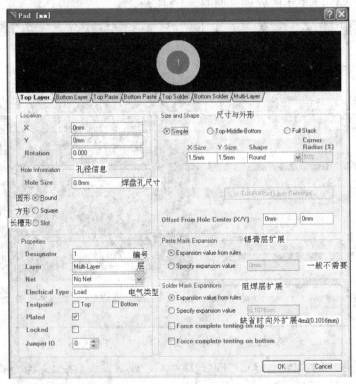

图 8.2.4　焊盘属性

从图 8.2.1 可知，元件引脚直径 d 为(0.6 ± 0.1) mm，即引脚直径 d 最大为 0.7 mm，因此焊盘孔径可取 0.9 或 0.95 mm，外径取 1.6 mm。

按同样方法，放置第 2 个焊盘，其位置坐标 X、Y 分别为 3.5 mm、0。

焊盘序号(Designator)一般用数字表示，但对于二极管、三极管、MOS 管、基准电压源等器件也许用字母表示可能更容易理解。

无论是穿通元件引脚焊盘，还是贴片元件引脚焊盘的阻焊层均需要向外扩展 4 mil(约0.1 mm)，以避免在涂阻焊漆工艺中阻焊漆污染、遮挡焊盘铜环，造成焊盘铜环可上锡面积减小。

(5) 在 Top Overlay(顶层丝印层)内，利用"中心画全圆"(Full Circle Arc)工具绘制出电容外轮廓线。

为精确设定外轮廓线形状，未固定前可按下 Tab 键，在如图 8.2.5 所示的圆弧属性窗口内，指定圆弧半径、线条宽度、圆心位置等参数。

丝印层内的外轮廓线宽度一般取 0.15～0.20 mm。太小，受丝印工艺最小线宽限制，PCB 板上线条清晰度不高；太大，不美观。

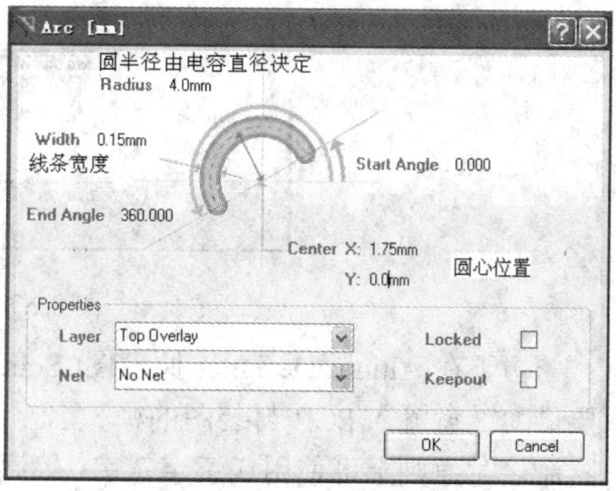

然后利用"从中心画圆弧"工具绘制表示电解电容负极焊盘所在位置的粗圆弧段(起点角为 −45°，终了角为 45°，线条宽度约为外轮廓线的两倍，如 0.30～0.40 mm，半径略大于表示外轮廓圆的半径)。

图 8.2.5　圆弧属性

空间允许时，利用"文字"工具在丝印层上放置特定说明字符，如表示正、负极的"+""−"号，引导插件操作，于是便获得了如图 8.2.6 所示的电解电容元件封装图。

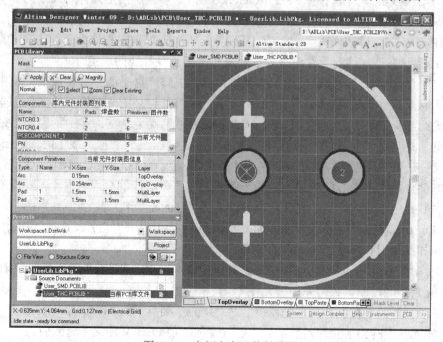

图 8.2.6　电解电容元件封装图

值得注意的是：元件封装图中任一丝印图件与元件引脚焊盘的最小间距不能小于丝印分辨率，即 0.15 mm 或 0.20 mm。

(6) 执行 "Tools" 菜单下的 "Component Properties…" 命令，在图 8.2.7 所示的 PCB 库元件属性窗口内，指定元件 PCB 封装名、高度(可选)、特性描述(可选)等信息后，单击 "OK" 按钮退出。

图 8.2.7　PCB 库元件属性

由于在 Altium Designer 原理图(.SchDoc)及原理图库(.SchLib)文件编辑状态下，并不需要借助键盘输入 PCB 封装图的模型名，因此在 PCB 库文件编辑状态下，给元件 PCB 封装图命名时原则上可使用任意字符串，而无须考虑在原理图、原理图库文件编辑状态下输入封装图模型名时是否方便、快捷的问题。

尽管元件高度参数可选，但最好给出，以便能判别出元件安装后 PCB 板的高度，尤其是需要制作元件 3D 模型文件时，元件高度参数必须给出。

在 Altium Designer 的 PCB 封装图编辑器中，借助 "元件属性" 窗口修改元件名也是实现元件封装图重命名的唯一方法。

(7) 执行 "Edit" 菜单下的 "Set Reference" 命令系列，指定元件封装图的参考点。元件封装图的参考点就是元件在 PCB 编辑状态下的定位基准点，可以选择：

① Pin 1(第 1 引脚焊盘)。一般可选择元件第 1 引脚焊盘中心作为元件的参考点，这样在 PCB 编辑状态下，移动元件时，焊盘容易对准格点及导线的端点。

② Center(中心)。元件封装图中心是指由元件引脚焊盘中心坐标构成的几何中心，而与焊盘形状及尺寸、过孔(如果存在的话)、填充区以及封装图外轮廓线等其他因素无关。由此可见：当多个焊盘在一条水平线上时，Center(中心)就是最左、最右两焊盘连线的中点，与位于两者之间的其他焊盘位置无关；当多个焊盘坐标在一条垂直线上时，Center(中心)就是最上、最下两焊盘连线的中点；当多个焊盘呈不规则分布时，Center(中心)实际上是最左、最右两焊盘水平中心线与最上、最下两焊盘垂直中心线的交点。对于某些具有上下或左右，尤其是中心对称特性的元件，也可以选择 "Center" 作为参考点。

③ Location(任意指定位置)。也可以选择 Pin 1(第 1 引脚焊盘)、Center(中心)以外的任意位置，如其他引脚焊盘作为元件的参考点。

至此，就完成了手工制作元件 PCB 封装图的操作过程，必要时再给元件封装图添加 3D 模型(参阅 8.4 节)，即可获得完整的元件 PCB 封装图。

完成了元件封装图制作后，可直接借助 "Tools" 菜单下的 "Place Component…" 命令，将 PCB 库元件中的当前元件封装图放入已打开的当前 PCB 文件的编辑区内。

8.2.2　利用 Component Wizard 制作元件封装图

为避免错误、提高效率，强烈建议借助元件向导(Component Wizard)制作元件的封装图。Component Wizard 功能很强，它能迅速引导用户制作不同封装形式元件的 PCB 封装图，经适当修改后，即可获得用户所期望的 PCB 元件封装图。下面通过两个实例介绍借助 Component Wizard 制作元件封装图的操作过程。

1. 通过 Component Wizard 制作大功率整流桥的封装图

PBL 封装大功率整流桥外形及尺寸(单位为 mm)如图 8.2.8 所示，借助 Component Wizard 制作该元件封装图的操作过程如下：

(1) 执行"Tools"菜单下的"Component Wizard…"命令，启动 Component Wizard 向导，如图 8.2.9 所示。

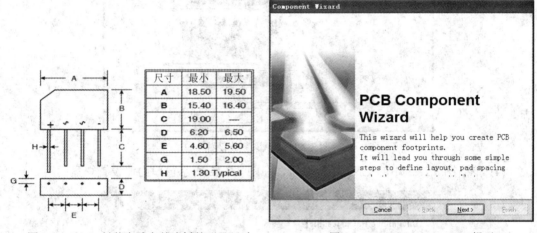

图 8.2.8　PBL 封装大功率整流桥外形及尺寸　　　　图 8.2.9　Component Wizard 提示

(2) 单击图 8.2.9 中的"Next>"按钮，进入图 8.2.10 所示的元件封装模式选择窗。

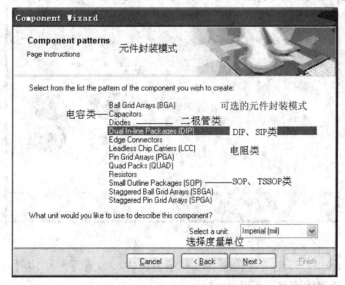

图 8.2.10　选择元件封装模式

　　由于图 8.2.8 所示整流桥采用 PBL 封装方式，因此可借用 DIP 封装模式制作其封装图，然后经过修改(如删除其中多余的引脚焊盘、添加外轮廓线等)获得元件的封装图。

　　(3) 选择 DIP 封装方式和测量单位制式后，单击图 8.2.10 中的"Next>"按钮，进入图 8.2.11 所示的焊盘参数设置状态，指定焊盘在顶层(Top，即元件面)、中间层及底层(Bottom，即焊锡面)内的直径与引脚孔径。

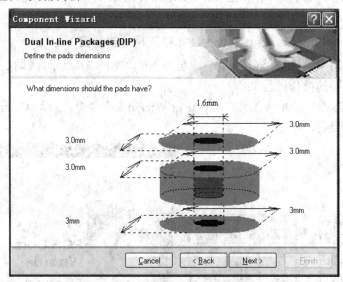

图 8.2.11　焊盘参数设置

　　(4) 单击图 8.2.11 中的"Next>"按钮，在图 8.2.12 所示窗口内，设置焊盘间距。

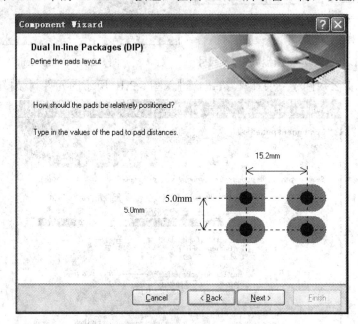

图 8.2.12　设置焊盘间距

　　(5) 单击"Next>"按钮，在图 8.2.13 所示窗口内，设置顶层丝印层内元件外轮廓线宽度。丝印层内外轮廓线宽度一般取 0.15～0.25 mm，即 6～10 mil。

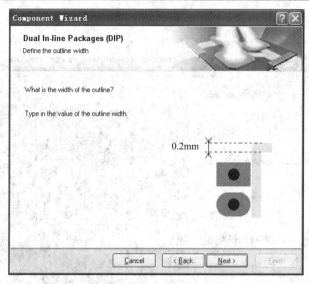

图 8.2.13　定义外轮廓线宽度

(6) 单击图 8.2.13 中的"Next>"按钮，在图 8.2.14 所示窗口内，设置引脚数量。由于目标元件整流桥采用 PBL 封装，具有 4 个引脚，因此可将 DIP 封装引脚数量设置为 8。

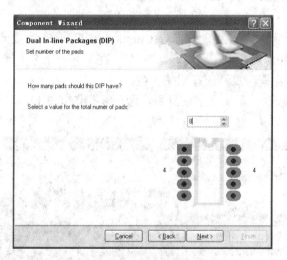

图 8.2.14　定义引脚数量

(7) 单击图 8.2.14 中的"Next>"按钮，在图 8.2.15 所示文本窗内，输入新生成元件封装图的名称。

图 8.2.15　指定新生成元件封装图的名称

　　单击"Next>"按钮，确认无误后，再单击"Finish"(完成)按钮，即可获得图 8.2.16 所示的双列直插 DIP8 封装图。

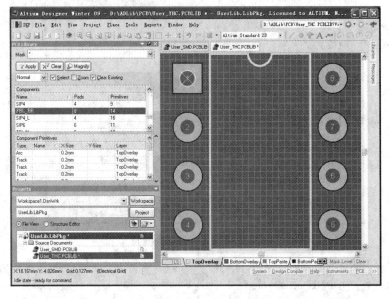

图 8.2.16　生成的 DIP8 封装图

　　可见在利用 PCB 元件封装图制作向导(Component Wizard)生成元件封装图的操作过程中，完成了其中某一操作后，可按下"Next>"按钮，进入下一操作步骤；也可以选择"<Back"按钮，返回上一操作步骤，重新选择相关参数。

　　(8) 经过编辑、修改、添加文字信息后，即可获得图 8.2.17 所示的单列直插 PBL 封装图。

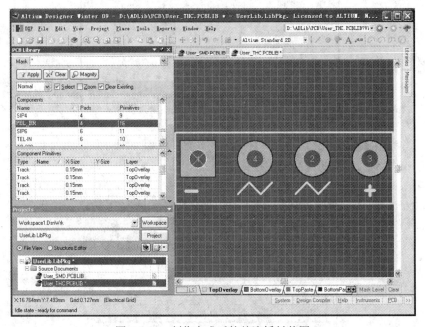

图 8.2.17　制作完成后的整流桥封装图

2. 通过 Component Wizard 快速制作 Quad Packs 封装元件

STM8S207 系列 MCU 芯片采用 64 引脚 PQFP 封装，外形及尺寸参数如图 8.2.18 所示。下面介绍通过 Component Wizard 向导快速生成该元件 PCB 封装图的操作过程。

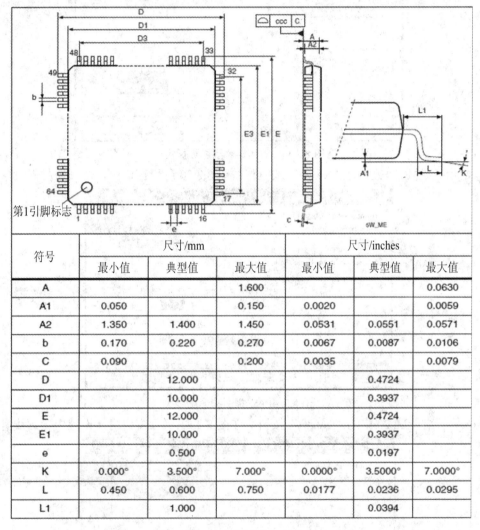

符号	尺寸/mm			尺寸/inches		
	最小值	典型值	最大值	最小值	典型值	最大值
A			1.600			0.0630
A1	0.050		0.150	0.0020		0.0059
A2	1.350	1.400	1.450	0.0531	0.0551	0.0571
b	0.170	0.220	0.270	0.0067	0.0087	0.0106
C	0.090		0.200	0.0035		0.0079
D		12.000			0.4724	
D1		10.000			0.3937	
E		12.000			0.4724	
E1		10.000			0.3937	
e		0.500			0.0197	
K	0.000°	3.500°	7.000°	0.0000°	3.5000°	7.0000°
L	0.450	0.600	0.750	0.0177	0.0236	0.0295
L1		1.000			0.0394	

图 8.2.18　64 引脚 PQFP 封装尺寸

(1) 执行"Tools"菜单下的"Component Wizard…"命令，启动 Component Wizard 向导，如图 8.2.9 所示。

(2) 单击图 8.2.9 中的"Next>"按钮，在图 8.2.10 所示的元件封装模式选择窗内，选择"Quad Packs(QUAD)"封装方式，单位采用"Metric(mm)"。

(3) 单击图 8.2.10 中的"Next>"按钮，在图 8.2.19 所示窗口内，设置引脚焊盘尺寸。

根据图 8.2.18 尺寸参数，元件引脚宽度 b 典型值为 0.22 mm，引脚长度 L1 为 1.0 mm。考虑到 QUAD 封装元件引脚焊盘剩余焊区必须在 0.5～1.0 mm 之间(加热台焊、回流焊取 0.5 mm，手工烙铁焊取 1.0 mm)，即 PCB 封装图引脚焊盘长度为(L1+0.5 mm)，因此引脚焊盘尺寸取 0.22 mm × 1.5 mm。

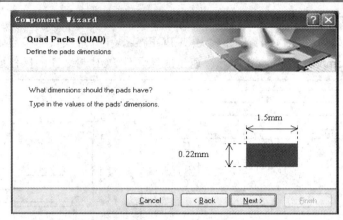

图 8.2.19　设置元件引脚焊盘尺寸

（4）单击图 8.2.19 中的"Next>"按钮，在图 8.2.20 所示窗口内，选择引脚焊盘形状。

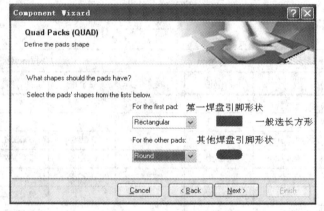

图 8.2.20　选择引脚焊盘形状

（5）单击图 8.2.20 中的"Next>"按钮，在图 8.2.21 所示窗口内，设置内轮廓线宽度。

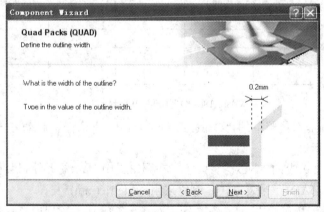

图 8.2.21　在丝印层内设置轮廓线宽度

（6）单击图 8.2.21 中的"Next>"按钮，在图 8.2.22 所示窗口内，设置引脚焊盘间距、焊盘中心与最边焊盘中心之间的距离。

根据图 8.2.18 给出的尺寸参数，元件引脚间距 e 为 0.50 mm，E_1 为 10.0 mm，E_3 为 $(16-1) \times e$。那么焊盘中心与最边焊盘中心之间的距离为

$$M=\frac{E_1-E_3}{2}+\frac{焊盘长度}{2}=\frac{10-(16-1)\times0.5}{2}+\frac{1.5}{2}=2.0\ \text{mm}$$

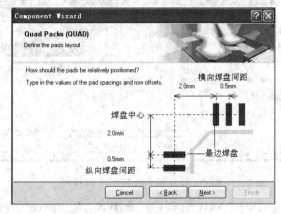

图 8.2.22　焊盘间距、边距

(7) 单击图 8.2.22 中的 "Next>" 按钮，在图 8.2.23 所示窗口内，设置第 1 引脚焊盘位置。

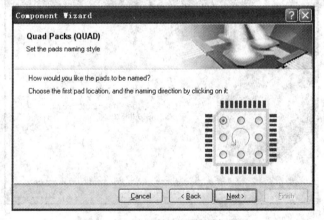

图 8.2.23　选择第 1 引脚焊盘位置

(8) 单击图 8.2.23 中的 "Next>" 按钮，在图 8.2.24 所示窗口内，设置横向及纵向焊盘引脚数目。

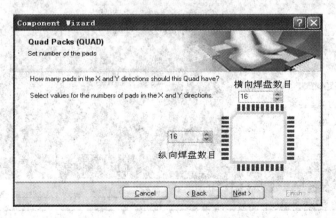

图 8.2.24　设置引脚数目

(9) 单击图 8.2.24 中的"Next>"按钮，在图 8.2.25 所示窗口内，输入 PCB 封装名。

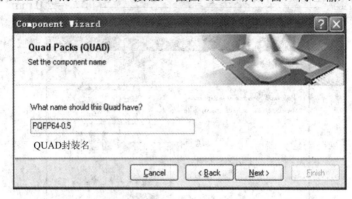

图 8.2.25　输入元件封装图名称

(10) 单击图 8.2.25 中的"Next>"按钮，在图 8.2.26 所示窗口内，确认元件封装图各参数无误后，单击"Finish"按钮退出，就获得了图 8.2.27 所示的 QUAD 封装图。

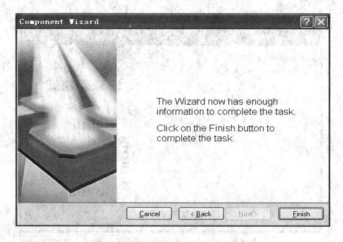

图 8.2.26　完成了元件 PCB 封装所有图件参数设置后确认

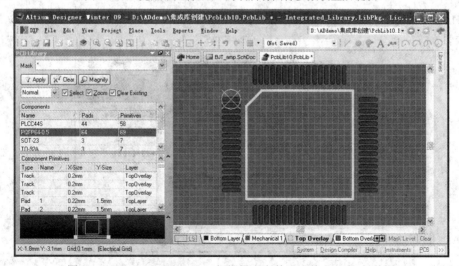

图 8.2.27　Component Wizard 根据设定参数形成的 QUAD 封装图

必要时可通过 "Reports" 菜单下的 "Measure Distance" 命令测量新生成的封装图相关部位尺寸，并与图 8.2.18 所示的封装尺寸参数比较，即可验证 Component Wizard 向导自动生成的封装图是否正确。

在 QUAD 封装图中一般不能仅依靠内轮廓线中的 "斜线段" 标识第 1 引脚位置，因为贴片后斜线段会被元件体遮住，给 PCB 板成品检查、维修带来不便，为此需在元件面丝印层内增加额外的标识符；对于具有上下、左右或中心对称的元件封装图来说，最好在机械层 1 内中心点处放置一个 "十" 字基准点，以方便 PCB 设计过程中元件的布局操作，如图 8.2.28(a)所示。

此外，在试制过程中，如果依靠手工烙铁焊接 QUAD 封装方式的元件，则最好在四角上放置元件 "对准标志线"，对准标志线内沿紧贴元件体外沿，这样在手工放置元件操作过程中，只要能观察到四个角的对准线，即可确定元件已经精确定位，如图 8.2.28(b)所示。

必要时再给元件封装图添加 3D 模型(参阅 8.4 节)，即可获得完整的元件 PCB 封装图。

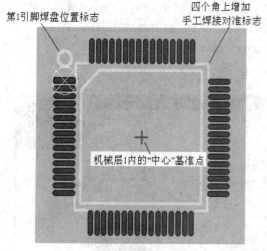

(a) PCB 封装图

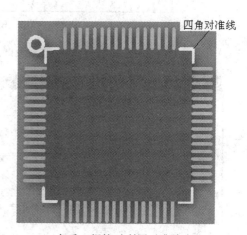

(b) 在手工焊接时利用对准线定位

图 8.2.28　在 QUAD 封装中增加第 1 引脚焊盘位置标识符

8.2.3　利用 IPC Footprint Wizard 制作表面贴装元件封装图

IPC 是 1957 年成立的 "印制电路协会"(Institute of Print Circuits)的简称，尽管该协会 1998 年正式更名为 "电子互联行业协会"(Association Connecting Electronics Industries)，但依然保留 IPC 的简称。IPC 制定了一系列与印制电路板、电子元器件封装、焊接工艺与质量相关的标准，被广泛采用，有的甚至纳入 ANSI 标准。

利用 IPC Footprint Wizard 可非常方便地创建遵循 IPC-7351 规范(表面封装设计和焊盘设计标准)的表面封装元件的 PCB 封装图。下面以制作图 8.2.18 所示尺寸的 PQFP 封装图为例，介绍利用 IPC Footprint Wizard 制作表面贴装元件封装图的操作过程。

(1) 执行 "Tools" 菜单下的 "IPC Footprint Wizard" 命令，在图 8.2.29 所示窗口内，单击 "Next>" 按钮。

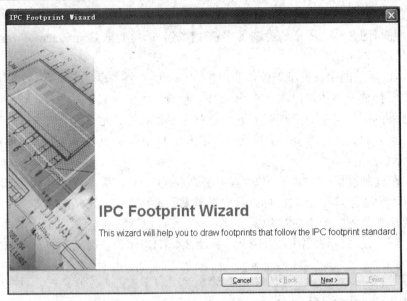

图 8.2.29　IPC Footprint Wizard 说明

(2) 在图 8.2.30 所示窗口内选择表面封装类型。

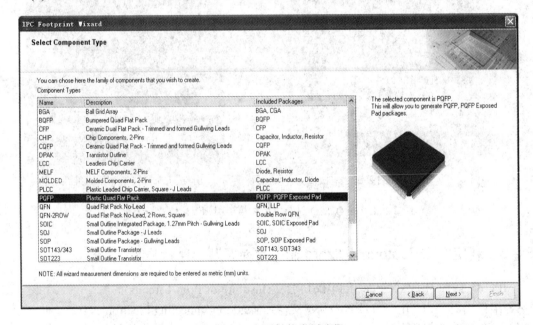

图 8.2.30　表面封装类型选择

可见 IPC Footprint Wizard 支持的表面封装类型很多，从简单的 CHIP(2 引脚封装的 RLC 贴片元件)、MELF(无引线封装二极管、电阻)、SOT、SOP 封装到复杂的 BGA 封装，应有尽有。不过，需要注意的是：在 IPC-7351 规范中，器件尺寸单位一律为 mm，遇到 mil 时需要换算为 mm。

(3) 在图 8.2.30 所示窗口内选择 PQFP 封装类型后，单击"Next>"按钮，进入图 8.2.31 所示窗口，定义器件外尺寸。

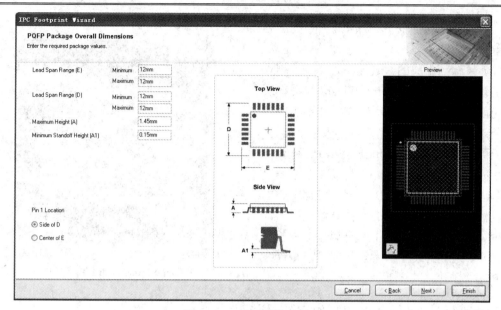

图 8.2.31　设置器件外尺寸

根据图 8.2.18 给出的物理尺寸，E、D 均为 12.0 mm(在 IPC Footprint Wizard 中，E、D 直接用器件实际尺寸，而引脚焊盘扩展长度 b1、b2 在后面设置项中单独定义)。

(4) 设定了器件外尺寸后，单击"Next>"按钮，在图 8.2.32 所示窗口内，设置器件体尺寸，以及引脚宽度、间距、长度等参数。

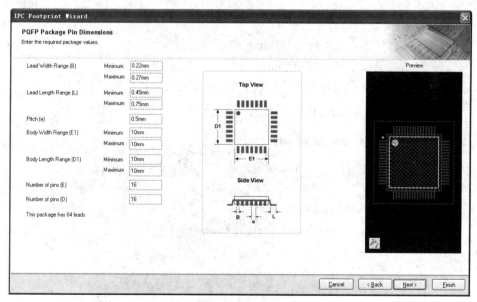

图 8.2.32　设置器件体尺寸及引脚参数

至此，已基本完成了元件封装物理尺寸的设置，可单击"Finish"按钮结束，其他封装参数由软件根据 IPC-7351 规范自动设置。也可以单击"Next>"按钮，依据提示用手工方式逐一设置，如 Add Thermal Pad(增加热焊盘)、丝印层参数、焊盘长宽、简易 3D 模型等。

单击"Finish"按钮，即可获得图 8.2.33 所示的封装图。

如果感到生成的封装图不理想，可删除后重新制作。IPC Footprint Wizard 自动记录了先前输入的信息，重新制作时并不需要输入全部数据，仅需输入待更改的数据项而已。

可见利用 IPC Footprint Wizard 可获得完整的贴片元件封装图——自动添加了第 1 引脚焊盘标志、简易 3D 模型、对称中心标志、位于机械层 15 上的元件外边框线等，经少量修改后，如将第 1 引脚焊盘改为长方形、重新设置封装图参考点等就可获得最终的 PCB 封装图。

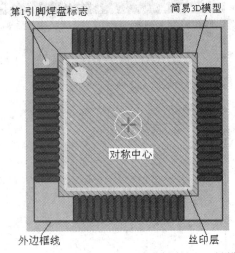

图 8.2.33　IPC Footprint Wizard 生成的 PCB 封装图

8.2.4　利用元件复制功能制作元件封装图

如果新元件封装图与已有元件的封装图相似，也可以利用元件复制操作功能，修改后获得目标元件封装图。PCB 封装图元件复制操作与电气图形符号元件复制操作过程基本相同。

1. 在同一元件库文件中复制

如果新元件外形与当前库文件中某一元件相似，可采用复制、修改方式生成新元件的封装图。

下面以图 8.2.1 中创建的 8 mm × 3.5 mm 电解电容封装图为例，介绍如何借助元件复制操作方式在同一元件库文件中生成 16 mm × 7.5 mm 电解电容封装图。

(1) 在元件列表窗内找出并单击待复制的 PCB 封装图元件，如图 8.2.34 所示。

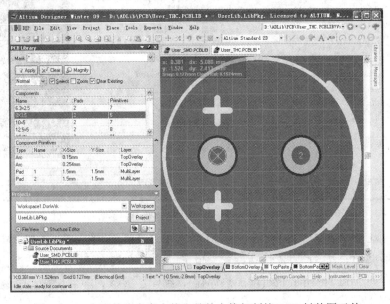

图 8.2.34　在元件列表窗内找出并单击待复制的 PCB 封装图元件

(2) 执行"Edit"菜单下的"Copy Component"(复制元件)命令。

(3) 执行"Edit"菜单下的"Paste Component"(粘贴元件)命令,PCB 封装图编辑器自动生成 8 × 3.5-DUPLICATE 元件,如图 8.2.35 所示。

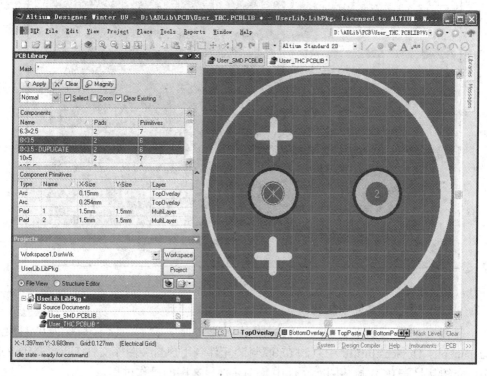

图 8.2.35　自动生成的重名元件

注意:"Edit"菜单下的"Copy Component"命令仅支持单个元件的复制,不支持批量元件的复制。当需要实现批量元件的复制时,可先按下键盘上的 Shift 键不放,在元件列表窗内找出并单击待复制的第一个目标元件,再将鼠标移到最后一个目标元件名上单击,这样就完成了多个相邻元件的选定操作(或按下键盘上的 Ctrl 键不放,在元件列表窗内找出并逐一单击所有待复制的目标元件,以选定多个不相邻的目标元件)→松开 Shift 键(或 Ctrl 键)→在元件列表窗内单击鼠标右键,调出"元件管理常用命令",选择并单击其中的"Copy"命令→切换到目标库文件"PCB Library"面板,在元件列表窗内单击鼠标右键,再度调出"元件管理常用命令",选择并单击其中的"Paste n Components"命令(其中"n"为已选定的元件数)。

在上述操作中,如果选择"Cut"(剪切)命令,则执行了"Paste n Components"命令后,源库文件中已选定元件被清除。

(4) 将鼠标移到新生成的"8 × 3.5-DUPLICATE"元件名上单击,使之成为当前元件。

(5) 执行"Tools"菜单下的"Component Properties..."命令,在图 8.2.7 所示的 PCB库元件属性窗口内,将元件名设为"16 × 7.5",并输入高度、特性描述等选项信息后,单击"OK"按钮退出。

(6) 根据图 8.2.1 给出的标准电容参数,调整两焊盘间距、外轮廓线尺寸、焊盘外径及孔径大小后,即可获得图 8.2.36 所示的 16 mm × 7.5 mm 标准封装电解电容的 PCB 封装图。

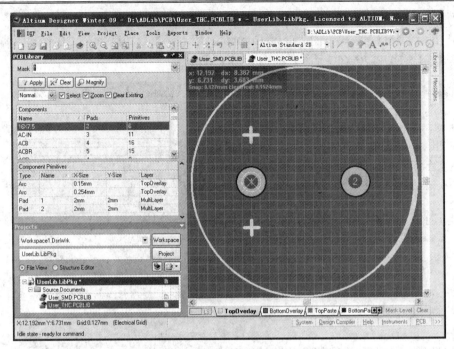

图 8.2.36　修改后获得的目标元件

2. 从另一元件库文件中复制

待复制元件也可以来自另一 PCB 封装图库文件中，下面以从系统提供的集成库 Miscellaneous Devices.IntLib 中复制 0805 封装元件到用户封装图库文件 User_SMD.PcbLib 为例，介绍从另一 PCB 封装图库文件中复制元件封装图的操作过程。

(1) 打开待添加元件封装图的 PCB 封装元件库文件(下面简称目标库文件)，如 User_SMD.PcbLib。

(2) 打开元件来源库文件 Miscellaneous Devices.IntLib (下面简称源库文件)。

源库文件可以是用户自己创建的未编译的 PCB 封装图元件库文件(.PcbLib)或集成库文件(.LibPkg)，也可以是系统提供的已编译的集成库文件(.IntLib)。当打开的源库文件为已编译的集成库文件(.IntLib)时，系统将给出图 3.1.1 所示的提示信息。

单击"Extract Sources"(提取源文件)按钮，获取集成库文件(.IntLib)的源文件，如果该库文件已安装，系统还会给出图 3.1.2 所示的提示信息，要求将该文件移出。单击"OK"按钮后，即可在项目管理器(Projects)窗口内观察到已打开的集成元件库文件，如第 3 章图 3.1.3 所示。

单击"Souce Documents"标签下的"Miscellaneous Devices.PcbLib"库文件，在元件列表窗内找到并单击"2012[0805]"元件，如图 8.2.37 所示。

(3) 执行"Edit"菜单下的"Copy Component"(复制元件)命令。

(4) 单击目标元件库文件，并执行"Edit"菜单下的"Paste Component"(粘贴元件)命令，即可看到待复制元件 2012[0805]已经出现在目标库文件元件列表窗内。

(5) 执行"Tools"菜单下的"Component Properties…"命令，在图 8.2.7 所示的 PCB 库元件属性窗口内，将元件名设为 0805，并输入元件高度、特性描述等选项信息后，单击

"OK" 按钮退出。

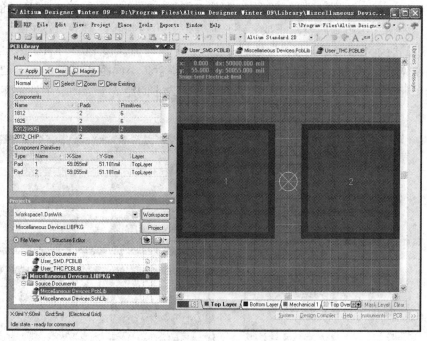

图 8.2.37　找出并选定目标元件

(6) 根据需要，适当调整焊盘尺寸，在丝印层(Top Overlay)内增加外轮廓线(宽度为 0.2 mm，即 8 mil)，并重新设置参考点后，即可获得图 8.2.38 所示的 0805 贴片元件封装图。

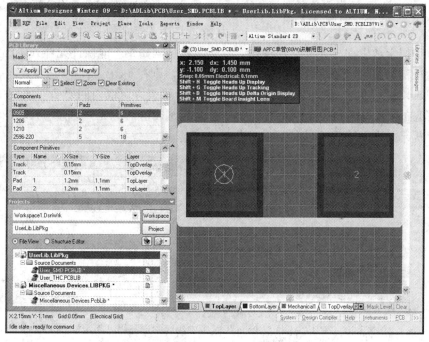

图 8.2.38　修改后获得的 0805 贴片封装元件

对小尺寸贴片元件器，如贴片电阻、贴片电容、贴片二极管，以及 SOT-23、SOT-89

封装元件等来说，在顶层丝印层(Top Overlay)内增加元件外轮廓线边框作为元件贴片操作时的引导框，以避免贴片操作时出现张冠李戴的现象。例如，在图 8.2.39(a)所示的 PCB 板中贴片时，两贴片电阻到底是水平放置还是垂直放置不易判断，但增加外轮廓线边框后，如图 8.2.39(b)所示，就一目了然。考虑到最小丝印分辨率为 0.15～0.20 mm，因此推荐的外轮廓线最小宽度 W 为 0.15～0.20 mm，外轮廓线与焊盘最小间距 d 也取 0.15～0.20 mm。

增加了元件外轮廓线边框后，元件在 PCB 板上最小间距等于丝印层上外轮廓线最小线宽 W，两导电图形最小间距为 2W+2d+d。

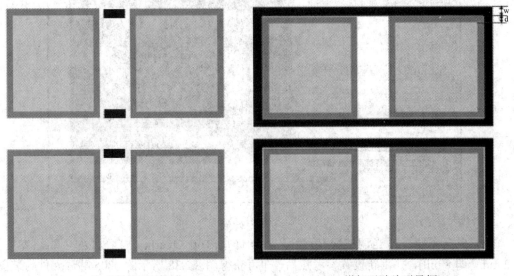

(a) 没有贴片引导框　　　　　　　　　　(b) 增加了贴片引导框

图 8.2.39　增加引导贴片操作的元件外轮廓线边框

在丝印层上放置引导元件贴片操作的外轮廓线时，如果不能保证元件外轮廓线内沿与引脚焊盘外沿间距大于最小分辨率(0.15～0.20 mm)，则在 PCB 编辑状态下只能取消 PCB "Manufacuring"(制造)规则中丝印图形与焊盘间距检查许可框内的"√"，即不检查丝印图形与焊盘的间距(如图 8.2.40 所示)，否则在 PCB 编辑区对应元件焊盘与外轮廓线将显示为绿色，提示丝印图形与焊盘间距小于设定值。

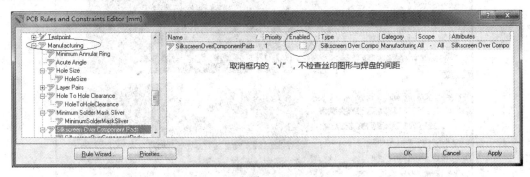

图 8.2.40　PCB "Manufacuring" 规则中丝印图形与焊盘间距检查许可

(7) 复制操作结束后，单击源库文件，并执行"Project"菜单下的"Close Project"命令，随手关闭系统集成库文件，避免意外改动系统集成库文件。

8.2.5　极性元件封装图

各类二极管(如 Micro MELF、SOD-xxx、DO-xx 等)、钽电解电容、铝电解电容等均属于极性元件,除了在封装图轮廓线内给出表示极性的示意性符号或说明性文字外,可能还需要在元件封装图轮廓线上(外)给出表示极性的符号,否则贴片或插件后,轮廓线内表示极性的符号或文字可能被元件体遮住,不利于 PCB 板贴片或插件后的检查与维修。

图 8.2.41 给出了无引线二极管、钽电容等极性元件常见的 PCB 封装图,适用于 Micro MELF、SOD-xxx、SMA、SMB、SMC、0805、1206、1210、3014、3528、4014 等的封装方式。需要注意的是:对于二极管来说,元件体表面上的粗线表示"负极";而对于钽电容来说,元件体上的粗线表示"正极"。

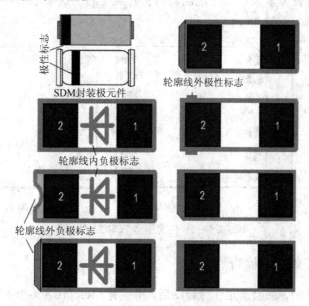

图 8.2.41　无引线二极管及钽电容常见封装图

表示极性特征的轮廓线外"粗线"宽度一般为元件外轮廓线(0.2 mm)本身的 2 倍,即 0.4 mm。

图 8.2.42 给出了轴向引线 DO-xx 穿通封装二极管常见的 PCB 封装图,而图 8.2.43 给出了径向引线穿通封装电解电容、二极管常见的 PCB 封装图,在外轮廓线上用粗圆弧段表示对应引脚为负极。

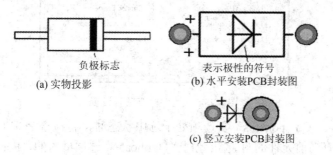

图 8.2.42　轴向引线 DO 封装极性元件 PCB 封装图

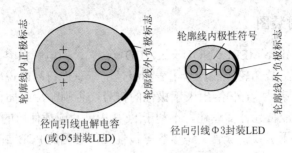

图 8.2.43　径向封装极性元件 PCB 封装图

对于具有极性的变压器，其 PCB 封装图除了需要给出第 1 引脚标志外，还需要将引脚设计为非对称方式(去掉多余焊盘，绕制时剪去骨架上对应的多余引脚)，以避免插件操作时出现反插现象，如图 8.2.44 所示。

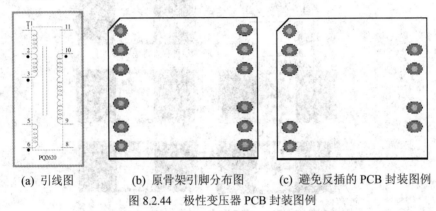

(a) 引线图　　　　(b) 原骨架引脚分布图　　　(c) 避免反插的 PCB 封装图例

图 8.2.44　极性变压器 PCB 封装图例

8.2.6　封装图库文件的检查

在 PCB 库文件中，添加了元件封装图后，可执行 "Reports" 菜单下的 "Component Rule Check…" 命令，在图 8.2.45 所示窗口内设置检查选项后，单击 "OK" 按钮，启动封装图或库文件的检查操作，找出可能存在的错误。

图 8.2.45　元件检查项目设置

当 "Check All Components" 复选项处于选中状态时，将检查 PCB 库内所有元件的封装图，否则仅检查当前元件的封装图(此时 "Duplicate" 选项框内的 "Footprints" 检查项没有意义)。

常见错误主要有：Duplicate Pads(焊盘序号重复，即两个或两个以上焊盘序号相同)；Duplicate Footprints(两个或两个以上封装图元件名相同)；Shorted Copper(导电图件，如焊盘短路)；Mirrored Component(元件镜像操作)；Unconnected Copper(未连接的铜膜，即浮铜)等。

如果所有指定检查项目没有错误，则生成的错误报告文件(.Err)没有列出错误信息(空白文件)，否则会详细列出存在错误的元件名及具体的错误原因。

8.3　PCB 封装图库元件管理与维护

8.3.1　PCB 封装图库元件批量修改

在手工创建 PCB 封装图库元件操作过程中，除了单击 PCB 封装图中相应图件，如焊盘、位于丝印层内描述元件形状的外轮廓线(直线段或圆弧)以及文字信息，进入相应图件属性窗口，逐一修改外，也可以使用"Find Similar Objects"(查找相似对象命令)、PCBLIB Inspector(PCB 库文件检查器)同时修改多个对象的属性。

例如，当需要同时修改图 8.2.38 中的两焊盘尺寸时，批量修改操作过程如下：

(1) 在图 8.2.38 所示编辑区内，将鼠标移到其中的一个焊盘上，单击右键，选择并单击"Find Similar Objects"(当然也可以执行"Edit"菜单下的"Find Similar Objects"命令，将鼠标移到其中的焊盘上单击)，进入图 8.3.1 所示的焊盘"相似对象"设置窗口。

图 8.3.1　焊盘"相似对象"设置窗

(2) 设置待选中对象特征与范围。根据需要设定对象特征，如相同焊盘尺寸、相同形状、相同模式等。

如果仅需要选定当前元件封装图中具有相似属性的图件，就去掉"Whole Library"复选项框内的"√"号，即一次操作仅允许选定当前元件的某一类对象；反之，当选中"Whole

Library"复选项时，库内所有元件具有相同属性的对象，如焊盘，将全部被选中。

　　(3) 单击"OK"(关闭查找相似对象窗口退出)或"Apply"(不关闭查找相似对象窗口退出)按钮，将发现当前元件焊盘处于选中状态，并运行了 PCBLIB Inspector 检查器，如图 8.3.2 所示。

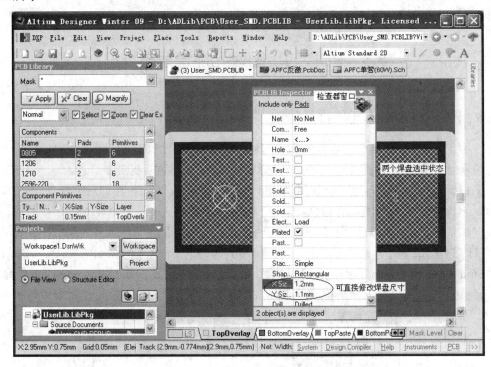

图 8.3.2　自动运行了 PCBLIB 检查器

　　在检查器窗口内，找出需要修改的参数，直接修改后将会发现被选中的多个对象的同一参数已被更新。

8.3.2　PCB 封装图库元件管理操作

　　在 PCB 元件封装图编辑状态下，库元件管理操作包括了元件的删除、复制、剪切、命名、放置、更新等。这些操作过程相似，仅仅是选择命令有区别，可通过"Tools"菜单命令进行；也可以在元件列表窗内，单击鼠标右键，调出如图 8.3.3 所示的元件操作常用命令进行。

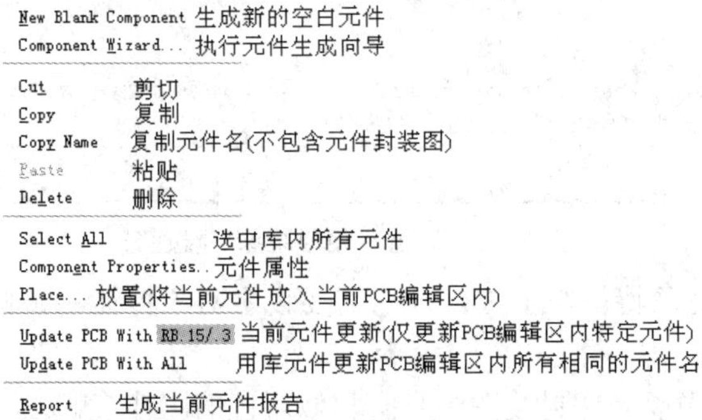

```
New Blank Component  生成新的空白元件
Component Wizard...  执行元件生成向导

Cut                  剪切
Copy                 复制
Copy Name            复制元件名(不包含元件封装图)
Paste                粘贴
Delete               删除

Select All                选中库内所有元件
Component Properties..    元件属性
Place...   放置(将当前元件放入当前PCB编辑区内)

Update PCB With RB.15/.3  当前元件更新(仅更新PCB编辑区内特定元件)
Update PCB With All       用库元件更新PCB编辑区内所有相同的元件名

Report     生成当前元件报告
```

图 8.3.3　在元件列表窗内单击右键调出元件操作命令

1. 删除库内特定元件

删除库内特定元件的操作过程如下：

(1) 在元件列表窗内，单击待删除的目标元件，如图 8.3.4 中的 "12.5×20" 元件，使之成为当前元件。

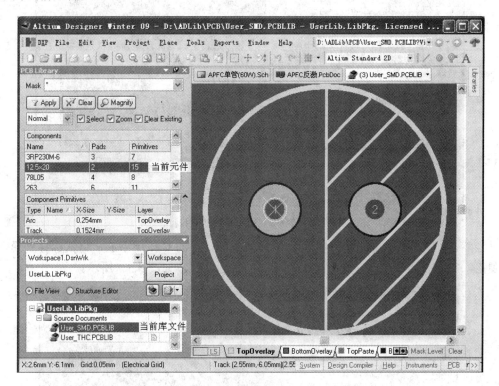

图 8.3.4　选定待删除的元件

(2) 执行 "Tools" 菜单下的 "Remove Component" (移除元件)命令(或单击右键，选择并单击图 8.3.3 中的 "Delete" 命令)，在图 8.3.5 所示窗内，单击 "Yes" 按钮后，即可删除当前元件。

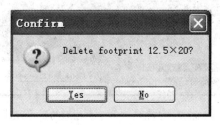

图 8.3.5　删除元件确认

2. 同时删除库内多个元件

"Tools" 菜单下的 "Remove" 命令只能删除当前元件，当需要删除库内多个元件时，可按如下方法操作：

(1) 按下键盘上 Shift 键不放，将鼠标移到元件列表窗内第 1 个目标元件名上单击左键；将鼠标移到最后一个元件名上单击，完成多个相邻元件的选定操作，如图 8.3.6 所示。

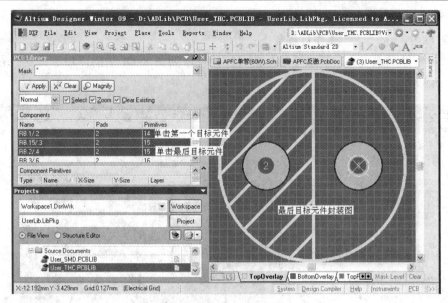

图 8.3.6　连续选中多个相邻的目标元件

当然，如果多个目标元件不相邻，则先按下键盘上的 **Ctrl** 键不放，将鼠标移到元件列表窗内，找出并逐个单击，选中多个不相邻的目标元件，如图 8.3.7 所示。

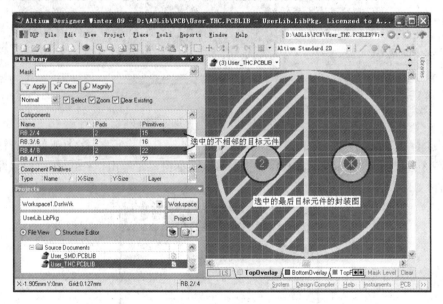

图 8.3.7　逐个选中多个不相邻的目标元件

(2) 单击鼠标右键，调出图 8.3.3 所示的元件操作常用命令，移到并单击其中的"**Delete**"命令，即可弹出删除多个选定元件操作的提示信息，单击"**Yes**"按钮确认后，即可同时删除多个已选定的目标元件。

8.3.3　PCB 封装图库元件与 PCB 文件的同步更新

在 PCB 封装图编辑状态下，执行"**Tools**"菜单下的"**Update PCB With Current Footprint**"

(用当前元件封装图更新 PCB 文件)命令(或在元件列表窗内，单击右键，调出图 8.3.3 所示的元件操作常用命令，选择并单击其中的"Update PCB With xxxx"命令)，即可实现 PCB 封装图库元件与当前正在编辑 PCB 文件的同步更新。

如果希望用当前封装图库文件内的全部元件更新已打开的 PCB 文件，则执行"Tools"菜单下的"Update PCB With All Footprints"(用当前元件封装图全部元件更新 PCB 文件)命令。

8.4　添加 3D 模型

为了能直观感受在 PCB 板上安装了元件后的 3D 效果图，以便确定元件间距、安装了元件后的 PCB 板高度是否合适等，Altium Designer 提供了多种 3D 显示功能。

尽管在 Altium Designer PCB 编辑状态下，可借助"Tools"菜单下的"Legacy Tools\Legacy 3D View"命令进入 3D 显示状态，直观了解到 PCB 板安装元件后的大致情况，似乎没有必要给元件封装图添加简易 3D 模型，但为了能即时观察到元件大致 3D 图，在元件封装图编辑过程中给元件增加简易 3D 模型也并非多余。

8.4.1　3D 显示环境设置

计算机系统具有独立显卡，并安装了 Directx 9.0 或以上版本控件，就表明硬件支持 3D 显示功能。在图 8.4.1 所示窗口内启动 3D 显示功能，就可以在 PCB 封装图库元件、PCB 板编辑状态观察 3D 显示效果。

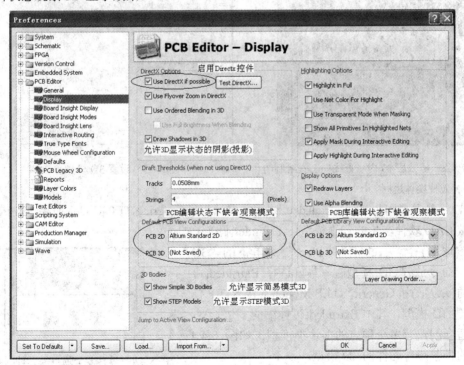

图 8.4.1　启用 3D 模式设置

8.4.2　给元件封装图添加简易 3D 模型

为了能直观了解元件 PCB 封装 3D 效果图,下面以图 8.2.28(b)所示的 PCB 封装图为例,介绍如何给大尺寸元件添加简易 3D 模型。

1. 借助"Place"菜单内的"3D Body"命令添加 3D 模型

(1) 如果机械层 13(Mechanical 13)未打开,则执行"Tools"菜单下的"Layers & Colors"命令,在图 6.3.1 所示窗口内,打开机械层 13。

(2) 在机械层 13 内,用"Line"(直线)工具绘制与元件实体尺寸一致的多边形,如图 8.4.2 所示,以便在放置 3D 简易模型操作时能利用各线段交点精确定位 3D 模型的顶点。

(3) 执行"Play"菜单下的"3D Body"命令,在图 8.4.3 所示窗口内,设置 3D 模型参数。

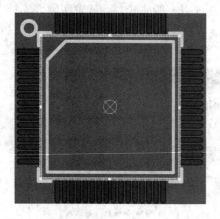

图 8.4.2　机械层 13 内"直线"工具绘制的
　　　　　元件实体边框

图 8.4.3　设置 3D 模型参数

3D 模型种类可以选:Extruded(可伸缩的多边形)、Generic STEP Model(通用 STEP 模式,由机械 CAD 软件产生的三维模型)、Cylinder(圆形)、Sphere(球形)等。不过借助"Place"菜单下的"3D Body"命令放置 3D 模型时,最好选择 Extruded(可伸缩的多边形)和 Generic STEP Model(通用 STEP 模式)创建 3D 模型,其中 Extruded(可伸缩的多边形)方式最适合创建有多个顶点的多边形模型,如图 8.4.4 所示的带散热片元件的 3D 模型。

为避免在 3D 显示状态下,意外移动 3D 模型位

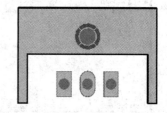

图 8.4.4　具有多个顶点的元件封装图

置，一般使 3D 模型处于锁定状态；元件高度参数由元件实际参数决定；模型示意图所在层可选 Mechanical 1、Mechanical 13、Mechanical 15，一般习惯选择 Mechanical 13。

　　(4) 完成了 3D 模型参数设置后，单击"OK"按钮，关闭 3D 模型参数设置窗，进入 3D 模型放置状态：先将"十"字光标移到前面已用"直线"段定义的元件实体多边形框的一个顶点上单击，确定 3D 模型的第一个顶点，然后不断重复"移动→单击"操作，确定 3D 模型剩余的顶点，以便形成一个封闭的多边形区，当确定了最后一个顶点后，单击右键（或按 Esc 键）结束，这样便获得了如图8.4.5 所示的3D 模型位置示意图，并自动返回到图 8.4.3 所示的 3D 模型参数设置窗。

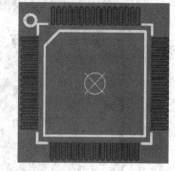

　　完成了一个多边形放置后，仍处于 3D 模型放置状态，当不需要再放置其他 3D 模型区时，可单击图 8.4.3 中的"Cancel"(取消)命令退出。

图 8.4.5　在机械层 13 内的 3D 模型

　　2. 借助"Tools"菜单命令添加简易 3D 模型

　　执行"Tools"菜单下的"Manage 3D Bodies for Current Component…"命令给当前元件添加简易的 3D 模型，如图 8.4.6 所示。

　　在图 8.4.6 中选择简易 3D 模型外形来源，并设置相应参数后，即可迅速生成元件的 3D 模型。其中"多边形 3D 模型外形由丝印层线条、圆弧段决定"方式特别适合生成外形为圆柱形的元件，如电解电容的 3D 模型。

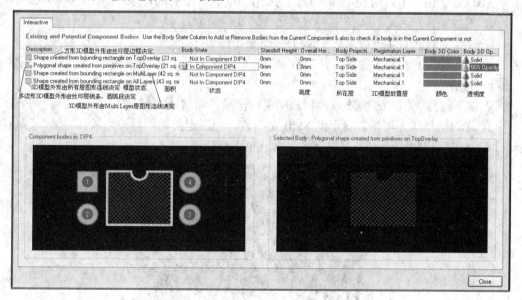

图 8.4.6　当前元件 3D 模型管理命令

　　此外，也可以利用"Tools"菜单下的"Manage 3D Bodies for Library…"命令(包括创建、修改、删除) 管理元件库中所有元件的 3D 模型。

8.4.3　进入 3D 显示模式

　　给元件封装图添加了简易 3D 模型后，在 PCB 封装库编辑状态下，执行"View"菜单下的"Switch To 3D"命令，切换到 3D 显示模式(在工具栏的"Select New PCB View Configuration"中选择"Altium 3D Black"或"Altium 3D Blue"等同样可以进入 3D 显示模式)，即可观察到元件的 3D 显示效果，如图 8.4.7 所示。

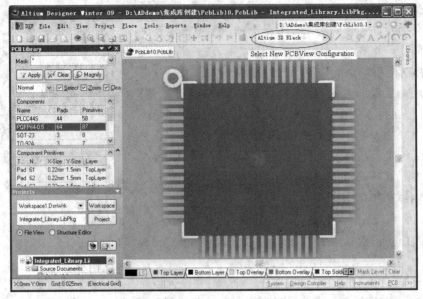

图 8.4.7　3D 显示模式

在 3D 显示模式下，可使用如下按钮对处于 3D 状态下的元件进行缩放、旋转、移动。

(1) 缩放操作。可通过如下三种方式之一，实现缩放：

① 键盘上的 Page Up(放大)、Page Down(缩小)；

② 按下键盘上的 Ctrl 键不放，再按鼠标右键，然后前、后移动鼠标，实现放大(前移)或缩小(后退)；

③ 按下键盘上的 Ctrl 键不放，再滚动鼠标滚轮，实现放大或缩小。

(2) 旋转操作。先按下键盘上的 Shift 键不放，调出定向圆，再按住鼠标右键，移动鼠标，即可对图件实现任意角度旋转操作，如图 8.4.8 所示。

图 8.4.8　处于旋转状态的 3D 图

(3) 移动操作。按下鼠标右键不放，移动鼠标，即可实现对 3D 图件的移动。

(4) 当需要精确旋转 0° 或 90° 时，可执行"View"菜单下的"Zero Rotation""90 Degree Rotation"命令。

在 3D 状态下，任何时候均可用键盘上的 Ctrl+C 键，将 3D 模式图像以点位图(Bitmap)形式保存到剪贴板中，供其他文档编辑器调用。

当需要退出 3D 显示模式返回 2D 显示模式时，可执行"View"菜单下的"Switch To 2D"命令，返回 2D 显示模式(在工具栏的"Select New PCB View Configuration"中选择"Altium Standard 2D"，同样可以返回标准 2D 模式)。

习　题　8

8-1　元件封装图由哪些要素构成？

8-2　创建元件封装图库文件，并在其中创建图 8.2.6 所示电解电容(10.0×5.0)的封装图。

8-3　用 Component Wizard 创建 SO-16 封装图。

8-4　用 IPC Footprint Wizard 创建图 8.2.33 所示元件的封装图。

8-5　用 IPC Footprint Wizard 向导创建 0805 封装电阻元件的封装图(元件尺寸参数如第 7 章表 7.5.3 所示)。

8-6　如何批量修改元件封装图引脚长度或形状？请演示其操作过程。

第 9 章　双面印制板设计举例

✦✦✦✦✦✦✦✦✦✦✦✦✦✦✦✦✦✦✦✦✦✦✦✦✦✦✦✦✦✦

第 6~8 章分别介绍了印制板设计的基本概念与知识，以及 Altium Designer 内嵌 PCB 编辑器的基本操作方法、PCB 库文件概念及维护。本章将以图 9.1.2 所示的 60 W APFC 反激变换器 PCB 设计为例，逐一介绍双面 PCB 板的编辑过程及注意事项。

9.1　原理图及 PCB 文件的准备

PCB 板编辑、设计是电子设计自动化(EDA)的关键环节。换句话说，原理图编辑是印制板设计的前提和基础。对于同一电路系统来说，原理图中元器件的电气连接与印制板中元器件的连接关系完全相同，只是原理图中的元器件用"电气图形符号"表示，而印制板中的元器件用元件"封装图"描述；原理图中元器件的连接关系采用具有电气属性的"导线""总线""总线分支""I/O 端口""网络标号"等示意性图形或文字表示，而在印制板中元器件的连接关系用具有一定宽度的印制导线(铜线)、矩形填充区、实心多边形填充区、覆铜区等图件连接。

在 Altium Designer 中，完成原理图编辑后，可通过如下步骤将原理图中的元器件电气图形符号及电气连接关系迅速、准确地转化为印制板中元器件的封装图及电气连接关系，无须在印制板编辑器中逐一输入原理图中每一元器件的封装图。

(1) 执行"File"菜单下的"New\PCB"命令，创建一个新的 PCB 文件。

(2) 保存新生成的 PCB 文件。

(3) 在 Altium Designer 原理图编辑状态下，执行"Design"(设计)菜单下的"Update PCB Document xxxx"(更新指定的 PCB 文件)命令，即可将原理图中的元器件封装图及电气连接关系信息传递到设计项目内指定的 PCB 文件中。Altium Designer 原理图文件(.SchDoc)与印制板文件(.PcbDoc)具有动态同步更新功能：在原理图编辑状态下，执行"Update PCB Document xxxx.PcbDoc"命令，用原理图元件及其连接关系更新 PCB 文件；反之，在 PCB 编辑状态下，执行"Update Schematic in xxxx.PrjPcb"命令，反过来也可以更新原理图文件。

尽管 Altium Designer 原理图编辑器和 PCB 编辑器均具有创建网络表文件(.NET)的功能，但在 Altium Designer PCB 编辑器中已经取消了 Protel 99 SE 及以前版本 PCB 编辑器"Design"菜单下的"Load Net…"命令，即 Altium Designer PCB 编辑器已取消了通过"网络表"文件(.NET)将元件封装图及电气连接关系信息传递到 PCB 文件中的操作。

9.1.1　设计环境创建与原理图准备

在编辑 PCB 文件(.PcbDoc)前，可按下列步骤创建项目文件及相关设计文件。

(1) 执行"File"菜单下的"New\Project\PCB Project"命令，创建 PCB 类型项目文件(.PrjDoc)，并以"APFC 反激(60W)"作为项目文件名保存。

(2) 执行"File"菜单下的"New\Schematic"命令，创建原理图文件(.SchDoc)，并以"APFC 单管(60W)"作为原理图文件名保存。

(3) 在"元件库"面板内，分别装入用户元件库文件(包括元件电气图形符号库文件、PCB 封装图库文件)。为提高软件运行速度，强烈建议装入用户元件库文件。

(4) 执行"File"菜单下的"New\PCB"命令，创建 PCB 文件(.PcbDoc)，并以"APFC 单管(60W)"作为 PCB 文件名保存。

预先创建空白 PCB 文件的目的是为了在编辑原理图过程中，方便元件封装图的复制操作。

(5) 执行"File"菜单下的"Open Project…"命令，打开用户集成库文件包(.LibPkg)。假设所涉及的用户集成库文件包 User.LibPkg 已存在。

至此，基本上建立了原理图编辑环境，项目管理器内文件结构如图 9.1.1 所示。

图 9.1.1　为方便原理图编辑创建的设计环境

(6) 在原理图编辑器状态下，编辑如图 9.1.2 所示的 APFC 反激变换器原理图文件。原理图文件编辑方法在第 2、4 章已介绍过，这里不再赘述。

(7) 在原理图编辑过程中，遇到库文件中没有收录的元件电气图形符号，如 AC 滤波电感 L1、变压器 T1、PC817 光耦等元件时，可在用户集成库文件包内的电气图形符号库文件中创建相应元件的电气图形符号，保存后，新增的元件即可出现在元件库面板上的元件列表窗内。元件电气图形符号库的编辑方法已在第 3 章介绍过，这里不再赘述。

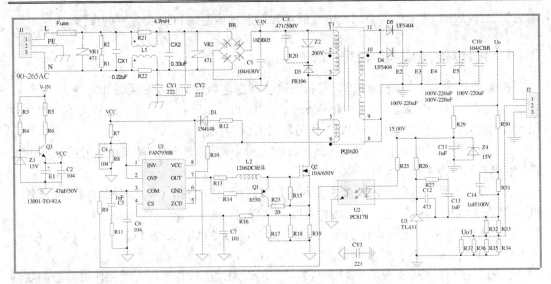

图 9.1.2　APFC 反激变换器原理图

(8) 指定每一元件的封装图,对于非标元件,如 AC 滤波电感 L1、变压器 T1 等,可依据元件实际封装尺寸,在用户集成库文件包内的 PCB 库文件中创建元件的封装图,保存后,新增的元件封装图也会出现在元件库面板中的元件列表窗内。元件 PCB 封装图编辑方法已在第 8 章介绍过,这里不再赘述。

对于标准元件封装图,如果用户库文件中没有收录,既可以按第 8 章介绍的方法创建,也可以通过如下步骤将系统集成库文件中的指定封装图放入用户集成库文件包内的 PCB 封装图库文件中。

(1) 在元件库面板窗口内,单击"Search…"按钮,在图 5.2.2 所示的元件高级查找窗口内的"查找条件"文本窗中输入:

　　　　HasModel('PCBLIB','封装名',True)

找出元件的特定封装名。

(2) 在元件库面板的元件列表窗内,找出并单击目标封装名,并将目标封装图放入 PCB 文件编辑区内(如果封装图所在库文件未装入,在放入操作过程中会提示装入对应的库文件)。

(3) 在 PCB 文件编辑器窗口内,执行"Edit"菜单下的"Cut"(剪切)命令(缺省时刚放入的封装图处于选中状态,否则需要执行选定操作)。

(4) 切换到用户集成库文件包内的 PCB 封装图库文件编辑状态,执行"Edit"菜单下的"Paste Component"命令,即可将元件封装图粘贴到 PCB 封装图库文件中。

(5) 修改、保存后,就可以在元件库面板的元件列表窗内观察到新增的元件封装图。

(6) 如果不需要再复制其他元件封装图,可在元件库面板窗口内,卸载前面装入的库文件,降低内存占用率。

9.1.2　原理图的编译与检查

检查原理图文件中的元件连接关系是否正确,是否存在序号重复元件,以及每一元件对应的封装图是否存在、是否正确。

1. 原理图的编译

有些错误，如元件序号重复问题可在原理图编辑状态下，通过执行"Project"(项目)菜单下的"Compile Document xxxx.SchDoc"(编译 xxxx.SchDoc 原理图文件)命令，在"Messages"(信息窗口)观察到。假设在图 9.1.2 中，存在两个序号为 CY2 的元件，则编译后将在"Messages"窗口内观察到序号重复的提示信息，同时在原理图上对应元件旁边还给出"波浪线"提示符，如图 9.1.3 所示。

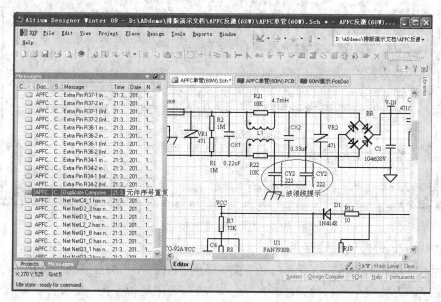

图 9.1.3   有问题元件旁用"波浪线"提示

编译原理图可发现：Has No Driving Source [引脚列表]，警告性错误。输入引脚没有连接到驱动信号源上，即与特定节点相连的所有元件引脚被定义为输入(Input)或被动(Passive)属性，根据情况忽略或更正。

2. 创建网络表

有些错误，如连线问题——漏连或多连，编译时不一定能发现，只能靠目视检查，或执行"Design"菜单下的"Netlist for Project"(适用于含有多张原理图的层次电路)或"Netlist for Document"(当前文件)命令，并选择"Protel"类型，生成网络表文件后，再逐一检查、核对 Protel 类型网络表文件中每一节点上元件的连接关系，操作过程如下：

(1) 在原理图编辑状态下，执行"Design"菜单下的"Netlist for Document\Protel"命令，生成 Protel 格式网络表文件(.NET)，并存放在设计项目内的 Generated\Netlist Files 文件夹下。

(2) 在项目管理器面板内，双击 Generated\Netlist Files\APFC 反激(60W).NET 文件，打开该网络表文件。Protel 格式网络表文件由"元件属性"说明和"网络节点元件连接关系"描述两部分组成，如图 9.1.4 所示。

检查网络节点中元件的连接关系，就可以确定原理图中的元件连接关系是否正确。不过，所幸的是 Altium Designer 原理图编辑器连线智能化程度很高，能自动将多条电气相连的线段连接成一条完整的直线或折线，出现连线错误的可能性不大，除非在原理图连线操作过程中，错误使用了不具有电气属性的画图工具箱内的"直线"作为连线工具，在原理图中依靠目视检查也能排除绝大部分人为的连线错误。

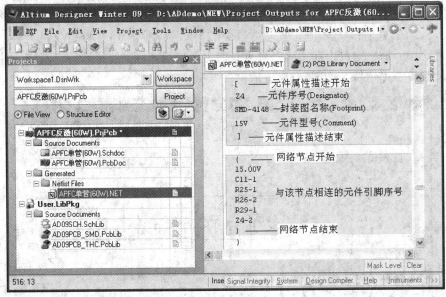

图 9.1.4　Protel 格式网络表文件格式

3. 利用封装图管理器检查

在原理图编辑状态下，执行"Tools"菜单下的"Footprint Manager…"(封装管理)命令，在图 9.1.5 窗口内，逐一检查原理图中每一元件的封装图是否存在，是否与实物一致，否则返回原理图编辑状态，在元件属性窗口内，添加元件封装模型。

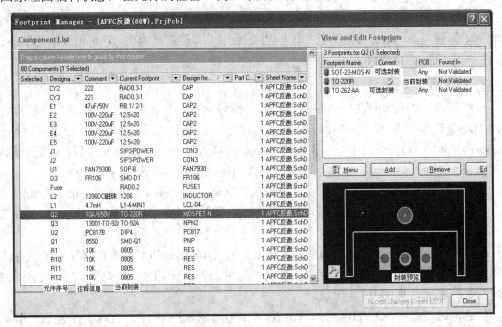

图 9.1.5　封装图管理器界面

9.2　PCB 文件准备

9.2.1　PCB 文件创建

在原理图准备就绪后，就可以准备 PCB 文件。先按如下步骤创建一个新的空白的 PCB 文件，如果在 9.1.1 节中已创建过空白的 PCB 文件，则无需再创建。

(1) 执行"File"菜单下的"New"命令，并选择"PCB"文件类型，在当前设计项目"源文件夹"下创建一个新的空白的 PCB 文件(.PcbDoc)，并进入 PCB 编辑状态，如图 9.2.1 所示。

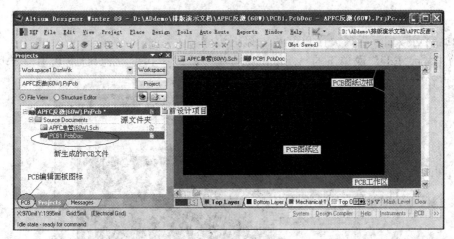

图 9.2.1　新创建的 PCB 文件

在 Altium Designer 中，新创建的 PCB 文件以"PCBn.PcbDoc"形式命名，其中 n 从 1 开始。

(2) 执行"File"菜单下的"Save"(适用于从未执行过保存操作命令的文件)或"Save As…"(适用于已经执行过保存操作命令的文件)，在图 9.2.2 所示的标准 Windows 文件命名对话窗内对新生成的 PCB1.PcbDoc 重新命名，并指定文件保存路径，再单击"保存"按钮退出。

图 9.2.2　标准 Windows 文件存盘操作

9.2.2 PCB 板边框设置

本例中的 PCB 板外形尺寸已确定，各部位尺寸(单位为 mm)如图 9.2.3 所示。

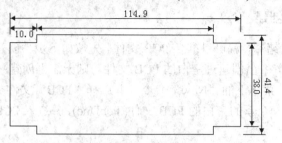

图 9.2.3   PCB 外形尺寸

为此，可按如下步骤设置 PCB 板的机械边框：

(1) 执行 "Edit" 菜单下的 "Origin\Set" 命令，选择 PCB 图纸区(或 PCB 工作区)左下角某一点作为图纸的 "原点"(参考点)，如图 9.2.4 所示。

图 9.2.4   放置原点

(2) 利用 "Utilities"(实用工具)中 "Place Line"(放置直线)工具，在机械层 1 内绘制出 PCB 板的外形边框线(线宽取 0.15～0.20 mm。执行 "Place Line" 命令或工具后，按下 Tab 键进入 "Line" 属性设置窗，即可选择线宽)，如图 9.2.5 所示。

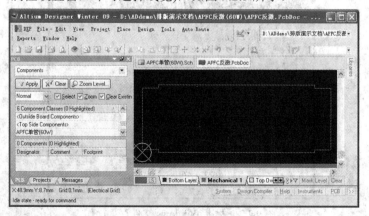

图 9.2.5   在机械层 1 内绘制出印制电路板的外边框线

(3) 利用"Find Similar Objects"(查找相似对象)命令，选中位于机械层 1 内的外边框线，如图 9.2.6 所示。

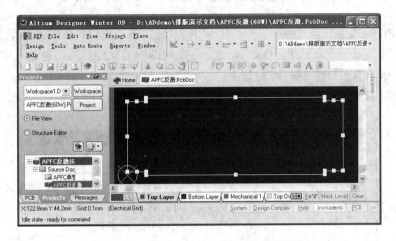

图 9.2.6　选中位于机械层 1 内的外边框线

(4) 执行"Design"菜单下的"Board Shape"(边框外形)命令中的"Defined Form Selected Objects"(边框外形由选中对象定义)，即可获得如图 9.2.7 所示的元件放置区。

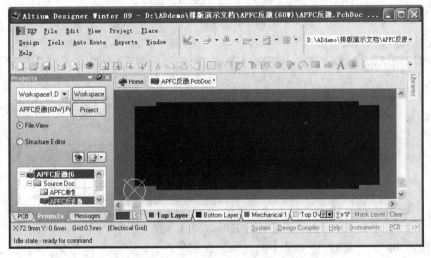

图 9.2.7　由选中对象定义的元件放置区外形

9.2.3　初步确定 PCB 工艺

在排版前，先根据原理图复杂度、使用环境、生产成本、性能指标等因素，初步确定 PCB 板工艺，原因是不同工艺的排版策略、排版质量不同，元件封装方式选择也不完全相同。

本例中元件数目不多，连接关系也不复杂，考虑使用双面板，小功率元件以贴片封装为主，采用"单面 SMD+THC"混装方式；当元件面实在无法容纳所有元件时，再考虑将部分小功率低厚度的贴片封装元件，如贴片电阻、电容，以及 SOT-23 封装三极管、二极管等放置到焊锡面内。

9.3　在原理图中更新 PCB 文件

单击"Project"按钮，切换到原理图 SCH 编辑状态，执行"Design"(设计)菜单下的"Update PCB Document xxx.PcbDoc"命令，将原理图中的元件封装信息及其电气连接关系装入指定的 PCB 文件中，操作过程如下：

(1) 在 SCH 编辑状态下，执行"Design"(设计)菜单下的"Update PCB Document xxx.PcbDoc"命令，将弹出图 9.3.1 所示的工程更新信息。

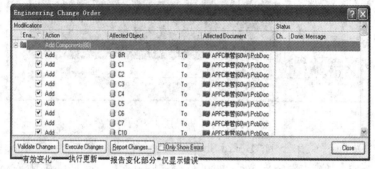

图 9.3.1　工程更新信息

(2) 单击图 9.3.1 中的"Execute Changes"(执行更新)按钮，然后再单击"Only Show Errors"(仅显示错误)按钮，检查有无错误。

如果没有错误，则单击"Only Show Errors"(仅显示错误)按钮时，工程更新窗口空白，如图 9.3.2 所示。

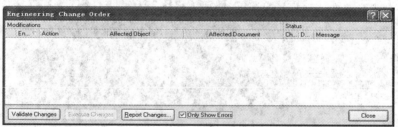

图 9.3.2　在"Only Show Errors"状态下没有错误的更新窗口

关闭后，即可发现原理图文件中的元件封装图已自动装入 PCB 的编辑区内，如图 9.3.3 所示。

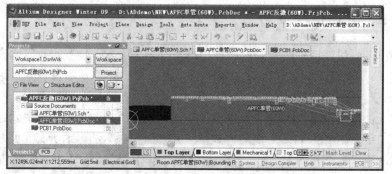

图 9.3.3　原理图文件中的元件封装图已装入了 PCB 的编辑区内

如果存在错误，如原理图中某元件指定的 PCB 封装所在库文件没有装入，则在更新操作过程中，将找不到元件封装图，那么单击图 9.3.1 中的 "Execute Changes" 按钮后，再单击 "Only Show Errors" 按钮时，将会给出详细的提示信息，如图 9.3.4 所示。

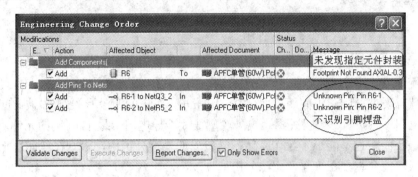

图 9.3.4　找不到一个或多个元件的封装图

在这种情况下，关闭更新窗口后，同样会发生更新操作，但没有指定封装图的元件，如本例中的 R6 将丢失。

如果原理图文件中没有指定个别元件的封装图，将给出如图 9.3.5 所示信息，提示原理图文件(.Sch)与 PCB 文件(.PcbDoc)之间存在差异，询问操作者是否要继续。

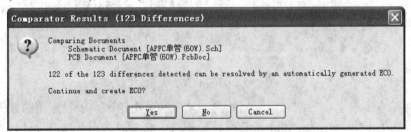

图 9.3.5　提示原理图文件与 PCB 文件之间的差异

解决方式：① 在原理图中指定元件的封装图；② 直接在 PCB 文件中手工装入相应元件的封装图，序号必须与原理图一致，然后再执行更新操作。

当原理图中元件引脚编号与元件封装图焊盘编号不一致时，更新操作不给出提示信息，仅仅是元件引脚没有用 "飞线" 连接。

9.4　元　件　布　局

完成了 PCB 文件更新操作后，原理图中元件对应的 PCB 封装图及其连接关系已装入 PCB 文件中，接下来就可以进行元件布局操作。所谓布局就是将元件 PCB 封装图从布线区外移到 PCB 布线区内的合适位置，布局操作的好坏将直接影响 PCB 板的设计效果。

9.4.1　元件间距设置及检查

1. 设置元件移动步长

将元件封装图移到 PCB 板布线区前,可先执行 "Design" 菜单下的 "Board Option…"

命令，在图 7.4.8 所示窗口内，将元件移动步长固定为 25 mil，以保证穿通封装元件焊盘位于格点上，而光标移动步长 X、Y 固定为 5 mil(与元件移动步长最好保持整数倍关系)。

2. 设置安全间距

在放置元件操作前，必要时，可借助 "Design" 菜单下的 "Rules…" 命令，设置元件安全间距。

所谓元件安全间距就是元件间外轮廓线的最小距离，如图 9.4.1 所示。元件最小间距与元件封装绝缘方式、带电体电位差、贴片(或插件)方式(手工还是自动)有关。在低压电路中，如果没有特殊要求，则最小间距可取 0.2～1.0 mm。对于间距没有限制(如彼此间电压差很小，或带电图形，如引脚焊盘外沿距离外轮廓线大于导电图形最小间距)的元件，其封装图外轮廓线最小间距也不能小于丝印工艺所能接受的最小分辨率，否则在丝印层上两个元件的外轮廓线可能会重叠在一起，无法分辨。

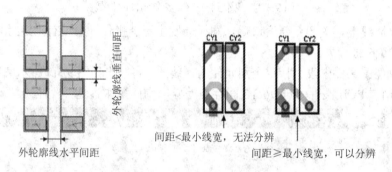

图 9.4.1　元件间距图例

当元件在水平或垂直方向与周围元件的外轮廓线最小距离小于设定值时，系统将给出警告信息：如果 "DRC Errors Markers" 选项处于选中状态时，那么违反设计规则的元件封装图将显示为警告色，如图 9.4.2 所示，同时可在 "PCB 面板" 中选择 "设计规则或违反设计规则" 作为浏览对象，以便进一步了解违反设计规则的细节。

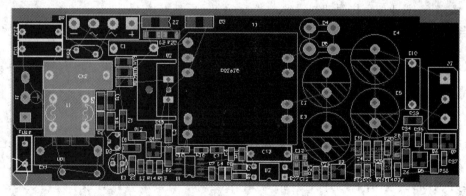

图 9.4.2　元件实际间距小于安全间距时的警告色

元件安全间距设置操作过程如下：

(1) 执行 "Design" 菜单下的 "Rules…" 命令，在图 9.4.3 所示的设计规则窗口内，单击 "Placement" (放置)标签，并选择 "Component Clearance" (元件安全间距)。

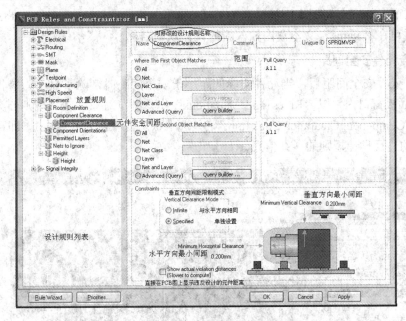

图 9.4.3　元件安全间距设置

(2) 在图 9.4.3 所示窗口内，设置元件封装图外轮廓线水平方向、垂直方向最小距离 (Altium Designer 允许单独设置垂直方向间距)。

3. 添加新的元件安全间距规则

将鼠标移到图 9.4.3 所示的设计规则列表窗内的"Component Clearance"设计规则上，单击鼠标右键，调出设计规则管理常用命令，选择并单击"New Rule…"命令，即可生成一个新的元件安全间距规则，如图 9.4.4 所示。

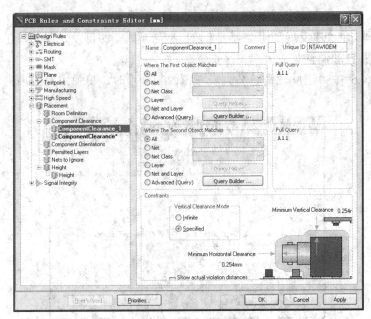

图 9.4.4　新生成的元件安全间距规则

新生成的元件安全间距规则被命名为 Component Clearance_1、Component Clearance_2 等，必要时可在"Name"文本盒内输入新的设计规则名称。

4. 检查元件安全间距

设置了元件安全间距后，当元件实际间距小于安全间距时，除了显示为警告色外，还可在 PCB 面板窗口内，以"Rules and Violations"作为浏览对象，在"规则分类"列表窗内，单击"Component Clearance Constraint"，并选中状态列表窗内的"On"，即可观察到图 9.4.5 所示的违反设计规则的详细信息。

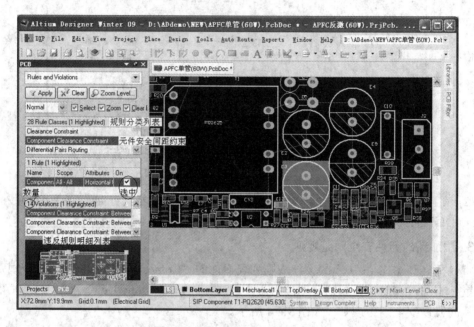

图 9.4.5　违反设计规则详细列表

单击图 9.4.5 中"违反规则明细列表"窗内某一项时，即可发现间距不足的元件同时处于选中状态，并自动调整、放大编辑区位置。

双击图 9.4.5 中"违反规则明细列表"窗内某一项时，将弹出对应项详细信息，如图 9.4.6 所示。

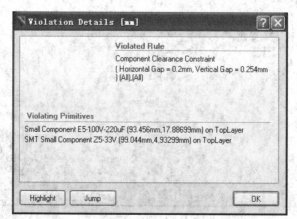

图 9.4.6　违反规则详细信息

9.4.2　布局与布线前原理图的解读

在布局、布线前，一定要理解原理图的基本工作原理、用途，原理图由哪些单元电路组成，各单元电路的工作电压大小及工作频率的高低，哪些节点电压波动最大，哪些节点属于弱信号，每一支路电流的大小，哪些元件发热量大、哪些元件怕热，以及成品按什么标准测试。所有这些问题在元件布局、PCB 布线操作过程中必须做到心中有数，否则布局、布线操作就显得很盲目，甚至设计出的 PCB 板无法使用。

本设计例中电路是 APFC 反激变换器，初级侧最高电压差可达 550 V，初级–次级之间绝缘电压达 3750 V，大电流回路、开关节点、弱信号线与弱信号电路、发热元件与热敏元件如下：

1. 大电流回路与开关节点

在本设计例中大电流回路、开关节点如图 9.4.7 粗线所示，包括：

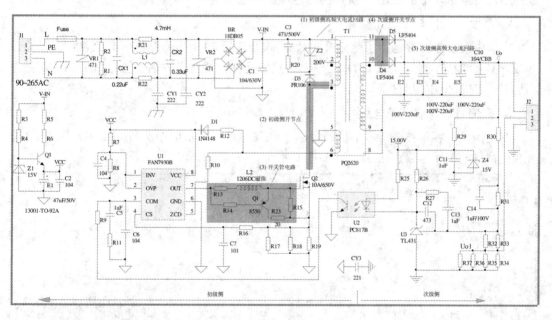

图 9.4.7　大电流回路与开关节点

(1) 初级侧高频大电流回路，其路径为整流桥后滤波电容 C1 正极→高频变压器初级主绕组 N_P→开关管 Q2→初级主绕组 N_P 电流取样电阻(R17～R19)→整流桥后滤波电容 C1 负极。

(2) 初级侧开关节点为初级侧主绕组 N_P 入线端(带小黑点)与功率 MOS 管 Q2 漏极 D 之间的连线(同时也是初级侧高频大电流回路的一部分)。在一个开关周期内，该点电压变化幅度很大，从接近 0 V 到 $V_{\text{IN max}} + V_{\text{Clamp}}$(即最大输入电压与箝位电压之和，550 V 左右)，走线必须尽可能短，以减小潜在的电磁辐射效应。

(3) 初级侧功率 MOS 管 Q2 栅极 G 的驱动电路。尽管 MOS 管属于电压驱动器件，但栅极 G 瞬态驱动电流较大，甚至超过 1.0 A。要求驱动电路连线尽可能短，即相关元件尽可能相邻。

(4) 次级侧开关节点为次级侧绕组 N_S 入线端(带小黑点)与高频整流二极管 D4、D5 正极之间的连线。该节点电位在一个开关周期内变化幅度也很大，从 $-\dfrac{N_S}{N_P} \times V_{IN\,max}$ 到 (V_O+V_D)，从几十伏到几百伏不等，具体数值与匝比 $\dfrac{N_P}{N_S}$、输入及输出电压有关。

以上关键回路、节点走线必须尽可能短(目的是为了减小连线寄生电感)，线宽要尽可能大(除了可减小连线寄生电感外，也减小了连线的直流电阻)，回路面积必须尽可能小，方能有效降低电路整体的 EMI 干扰幅度，确保开关电源内部动作的可靠性。

(5) 次级侧高频大电流回路。尽管次级侧输出回路主要电流成分是直流，但瞬态电流大，走线也不宜太长，回路面积也不宜太大。

此外，在布线过程中还必须保证大电流印制导线的完整性，即不轻易折断大电流回路连线，尤其是高频大电流回路的印制导线，原因是借助过孔、跨接线焊盘连接时，将引入额外的寄生电感，增加 EMI 干扰，同时也降低了电路整体的可靠性。

2. 高发热元件与热敏元件

本例中高发热元件包括了整流桥 BR、高频变压器 T1、开关管 Q2，以及次级高频整流二极管 D4 与 D5、输出滤波电容 E2～E5；热敏元件主要有光电耦合器件 U2、APFC 控制芯片 U1、基准电压源 U3 等。

3. 弱信号线与弱信号电路

在本例中，容易被强信号干扰的弱信号线(图 9.4.8 中的粗线)及弱信号电路(图 9.4.8 中带灰色背景的单元电路)包括：

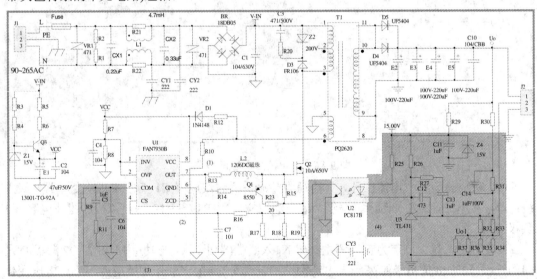

图 9.4.8　弱信号线与弱信号电路

(1) 控制芯片的 ZCD 引脚与限流降压电阻 R10 之间的 ZCD 信号检测线。

(2) 初级侧主绕组 N_P 电流检测线(即电阻 R16 与 APFC 控制芯片的 CS 引脚之间的连线)。

(3) 初级侧反馈补偿网络。

(4) 次级侧反馈补偿网络。

在布线时，这些微弱信号线(电路)必须尽可能远离高频大电流回路、开关节点、整流后电源母线 V_{IN} 以及辅助绕组 N_A 入线端到 PWM 控制芯片供电整流二极管 D1 负极的连线；微弱信号电路更不能放在高频大电流环路内，以免受到强信号的干扰，造成 APFC 控制芯片误动作。

4. 安全间距

由于初级侧电压差大，必须注意初级侧元件及导电图形的安全间距(一般不小于 2.0 mm)，初级-次级绝缘等级高，两者间距必须保持 6.0 mm 以上。

9.4.3 元件分类

为便于元件管理与手工布局操作，可在 PCB 面板窗口内，以 "Components" (元件)作为浏览对象，如图 9.4.9 所示。

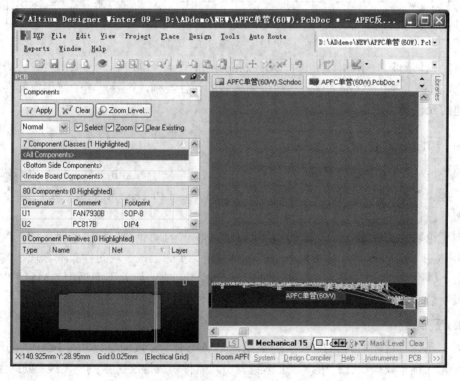

图 9.4.9 以元件作为浏览对象

在缺省状态下，PCB 编辑器自动建立了 "All Components" (全部元件)、"Bottom Side Components"(底层，即焊锡面内元件)、"Inside Board Components"(布线区内元件)、"Outside Board Components" (布线区外元件)、"Top Side Components" (顶层，即元件面内元件)以及原理图对应的元件。

必要时，操作者可双击其中的某类元件(或执行 "Design" 菜单下的 "Classes…" 命令)进入图 9.4.10 所示的 "对象分类管理器" 窗口内。

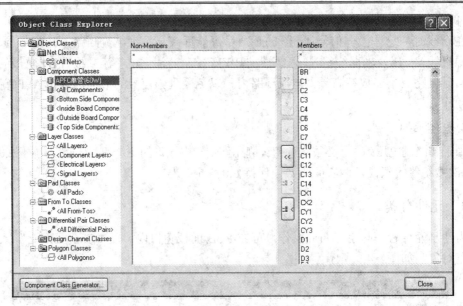

图 9.4.10　对象分类管理器

　　将鼠标移到某一分类对象,如"All Components"上,单击右键,调出对象分类操作常用命令,选择其中的"Add Class",即可创建新的元件类别,然后再逐一将指定元件添加到新创建的元件类型中即可。

9.4.4　元件手工布局

　　尽管电子 CAD 类软件都提供了所谓"自动布局"功能,Altium Designer 也不例外,理论上,操作者可以借助"Tools"菜单下的"Component Placement\Auto Place"命令完成元件的布局操作。

　　但无论软件提供的"自动布局"功能如何完善,"自动布局"算法如何科学,也解决不了各类 PCB 设计过程中元件布局遇到的所有问题。实际上,一块元件布局合理、电磁兼容性能好、热稳定性高、工作可靠、便于批量生产的印制电路板并不能采用 CAD 软件中的自动布局功能实现,只能借助手工布局方式完成元件的布局,操作过程大致如下:

1. 预布局

　　对于元件数目较多的 PCB 板,先按元件布局规则,大致确定元件在 PCB 上的位置。

　　在元件预布局操作过程中,如果感到表示元器件引脚连接关系的"飞线"妨碍了视线,可通过"View"菜单下的"Connections"系列命令,如"Connections\Hide All"(隐藏所有的飞线)、"Connections\Hide Net"(隐藏与指定节点相连的飞线)、"Connections\Hide Component Nets"(隐藏与指定元件相连的飞线)等,隐藏表示元器件引脚连接关系的"飞线"。在元件精确定位操作过程中,再借助"View"菜单下的"Connections\Show All"(显示所有飞线)、"Connections\Show Net"(显示与特定节点相连的飞线)、"Connections\Show Component Nets"(显示与特定元件相连的飞线)等命令显示表示元器件引脚连接关系的"飞线"。

　　当"飞线"处于显示状态时,在调整元件位置、朝向过程中,"飞线"交叉越少,表明布线长度越短，调整效果越好，调整元件位置的目的之一就是使"飞线"交叉尽可能少；"飞线"越直，则连线越短。

在布局过程中，有必要的话，可执行"Tools"菜单下的"Preferences..."(特性选项)命令，在第 6 章图 6.3.13 所示的窗口内关闭"Online DRC"(DRC 在线检查)功能。

(1) 先放置对位置有特殊要求的元件。

在本例中，由于输入、输出接线端子 J1、J2 必须位于 PCB 板左右两侧中心位置；变压器 T1、三极管 Q2、电解电容 E2～E5 等元件高度大，只能放置在 PCB 板的中间部位，这类元件应优先放置。

① 在"PCB 面板"内，将"Components"作为浏览对象，以"All Components"或包含这些目标元件的元件类别作为当前类，在元件列表窗口内找出并单击指定的目标元件，如 J1，使目标元件处于选中状态，如图 9.4.11 所示。

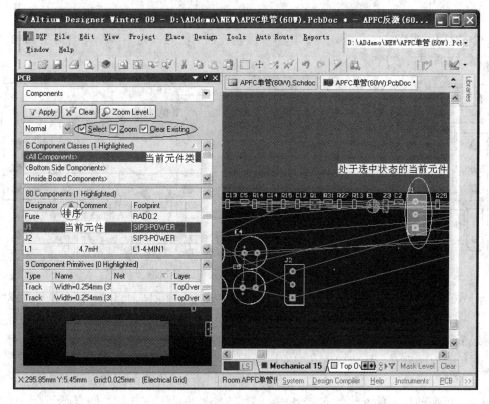

图 9.4.11 找出并选定当前元件

如果在元件列表窗内，元件序号没有按特定顺序排列，可单击"Designator"，使元件序号按升序或降序排列，以便迅速找到特定的元件名。

② 将鼠标移到目标元件上，按下鼠标左键不放，移动鼠标将目标元件拖到布线区内指定位置。

在元件布局过程中，当元件处于激活状态时，可使用空格键对元件进行旋转操作(旋转角度可通过"Tools"或"DXP"菜单下的"Preferences..."命令设置)，但绝对不能使用 X、Y 键对元件进行对称(镜像)操作，否则将不能在元件面内安装元件。

③ 重复以上操作，将 J2、T1 等元件拖到指定位置，这样就完成了特殊元件的定位操作，如图 9.4.12 所示。

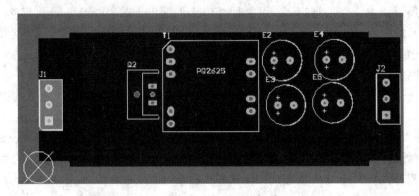

图 9.4.12　大致确定对位置有特殊要求的元件

(2) 对照原理图，按信号流向、电位梯度由左到右大致确定不同单元电路在 PCB 板上的位置，如图 9.4.13 所示。

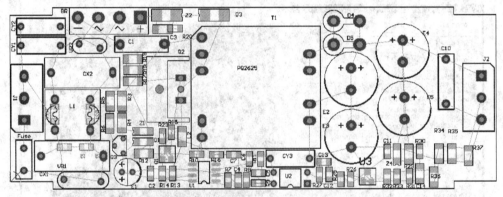

图 9.4.13　按信号流向大致确定单元电路在 PCB 上的位置

对 AC 输入滤波电路来说，总的布局原则是从 AC 输入端(即 J1)开始，沿电流方向呈"一"字型、"L"型或倒"L"型排列；元件间距要合理，既不能过密(插件困难、散热不好、绝缘等级下降)，也不能太稀疏(走线长，导致 EMI 增加)。

对单元电路来说，优先放置其中的核心元件，然后再放置其外围元件。

贴片元件尽量避免放置在由多个穿通封装元件围成的缝隙内，否则在产品调试、维修过程中，更换贴片元件操作将非常困难，甚至可能被迫取下没有问题的穿通元件，才能拆卸目标元件。

(3) 热敏感元件尽量远离发热元件。在本例中光电耦合器件 U2、APFC 控制芯片 U1、基准电压源 U3 等属于热敏感元件，应尽量远离发热量大的元件，如变压器 T1、功率 MOS 管 Q2，以及高频整流二极管 D4、D5，并尽可能放在温度较低的区域，如靠近 PCB 板边缘。

(4) 发热量大的元件，彼此之间不要靠得太近，避免彼此之间通过热辐射效应相互加热。在本例中，整流桥 BR、开关管 Q2、次级整流二极管 D4 与 D5、输出滤波电容 E2～E5 等都属于高热元件(电路系统中的电解电容既是发热元件，同时也是热敏感元件，原因是电容内部温升越高，电解电容的寿命就越短)。

(5) 为减小贴片、插件工艺的错误，PCB 板上彼此相邻的同类型极性元件朝向要尽可能一致，如图 9.4.12 中的输出滤波电容 E2～E5 的极性朝向应尽可能相同。

(6) 在双面或多层板中，如果少量小尺寸贴片元件无法放在元件面内，也可以考虑将其放在 Bottom Layer(焊锡面)内。在本例中，将 R1、R2、R21、R22 放在焊锡面内。操作过程为：将鼠标移到目标元件上双击，进入图 6.3.19 所示的元件属性窗，将放置层由 Top Layer 改为 Bottom Layer。

2. 细调元件位置

在完成了元件大致布局后，拟采用"自动布线+手工修改"方式完成布线操作，则需要进一步细调元件位置。反之，在完成元件大致布局后，依靠手工布线操作时，则不需要精确调整元件位置，原因是可在手工连线操作过程中一边连线一边调整元件的位置。

9.5 PCB 板 3D 模型显示

在完成了元件布局操作后，可执行"View"菜单下的"Switch To 3D"命令，进入 3D 显示状态，以便确认大尺寸元件的间距、高度是否合理，操作过程如下：

1. 添加缺省的 3D 模型

如果 PCB 上大尺寸元件 PCB 封装图没有 3D 模型，可先执行"Tools"菜单下的"Manage 3D Bodies for Components On Board…" (管理 PCB 板上元件的 3D 模型)命令给 PCB 板上的元件添加简易 3D 模型，如图 9.5.1 所示。

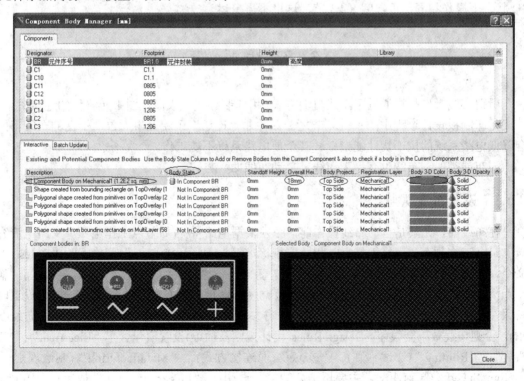

图 9.5.1 管理 PCB 板上元件的 3D 模型

在图 9.5.1 所示的元件列表窗口内,逐一找出并单击需要添加 3D 模型的元件,如图 9.5.1 中的 BR,并在"Interactive"窗口下,选择 3D 模型形状、高度、所在层、颜色等即可。

当然,如果 PCB 板上的元件封装图已存在 3D 模型,可无须指定。也没有必要对所有元件,尤其是空间高度很小的贴片元件指定 3D 模型。

2. 进入 3D 显示状态

给一个或多个元件增加了 3D 简易模型后,即可执行"View"菜单下的"Switch To 3D"命令,进入 3D 显示状态,观察 3D 显示效果,如图 9.5.2 所示。

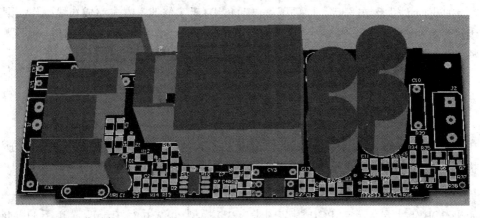

图 9.5.2　部分大尺寸元件的 3D 显示效果

有关 3D 状态下的显示控制,如旋转、放大、缩小、返回 2D 模式等操作方式与元件 3D 状态下操作相同,可参阅 8.4.3 节,这里不再赘述。

9.6　布 线 操 作

所谓布线操作是指通过手工或自动方式,用印制导线完成原理图中元器件的连接关系。布线是印制板设计过程中的关键环节之一,并非"连通"了就万事大吉,不良的布线可能会降低电路系统的抗干扰性能指标,甚至使电路系统不能工作。

与布局类似,布线也有手工布线、自动布线两种方式。

9.6.1　设置布线规则

在布线前,尤其是自动布线操作前,必须根据电路特征(如节点工作电压、支路电流容量、最高工作频率、可靠性指标、相关安规标准等),执行"Design"菜单下的"Rules..."命令,检查并修改有关布线规则,如走线宽度、导线与导线之间以及导线与焊盘之间的最小距离、平行走线最大长度、走线方向、敷铜区与焊盘连接方式等是否满足要求(未设置时将采用缺省参数布线,但设计规则内的缺省参数难以满足各式各样印制电路板的布线要求),否则布线效果会很差。Design Rules(设计规则及约束)设置窗包含了"Electrical"(电气规则)、"Routing"(布线规则)、"Plane"(面连接方式)、"Manufacturing"(制造规则)、"High Speed"(高速驱动,主要用于高频电路设计)、"Placement"(元件放置)、"Signal

Integrity"(信号完整性分析)等十个约束项，如图 9.6.1 所示。

图 9.6.1 设计规则

1. 电气规则设置

1) 导线与焊盘(包括过孔)之间的最小间距

执行"Design"菜单下的"Rules…"命令，在设计规则列表窗内，单击"Electrical"(电气规则)设置项，并选择"Clearance"(安全间距)，指定不同节点导电图形(导线与焊盘及过孔)之间的最小间距，如图 9.6.1 所示。

(1) 修改图 9.6.1 中"Constraints"(约束参数)窗中的选项内容，就可以重新设置 PCB板上不同节点导电图形之间的最小距离。

可在"最小安全间距"数值区内输入特定数值，如 100 mil(或 1.0 mm)；单击"适用对象"选择框下拉按钮，可选择"Different Nets Only"(仅适用于不同节点)、"Same Nets Only"(仅适用于相同节点)、"All Nets"(适用于所有节点)。一般选择"Different Nets Only"或"All Nets"。

(2) 在"作用范围"选择窗内，可选择"All"(整个电路板)、Layer(某一层)、Net(某一节点)、Net Class(某类节点，需借助"Design"菜单下的"Classes…"命令预先定义)或 Net and Layer(节点和布线层)等。

当"作用范围"为"Net"时，可在节点列表窗内，选择 PCB 板上指定节点，此时"Full Query"将显示为"InNet('指定的节点名')"，如图 9.6.2 所示。

图 9.6.2 作用范围指定为 Net(节点)

当"作用范围"为"Net Class"时，可在列表窗内选择已存在的节点类名，此时"Full Query"将显示为"In Net Class('指定的节点类名')"。

而当"作用范围"为"Net and Layer"时，可在两个列表窗内分别选择节点名、工作层名，此时"Full Query"将显示为 InNet('节点名') And OnLayer('工作层名')。

采用自动布线时，对于特殊节点需要单独设置。

采用手工布线时，安全间距为工作绝缘对应的最小间距，在本例中取 0.6 mm；可将"作用范围"设为"All"，即适用于整个电路板，在手工布线过程中，根据电压差、绝缘等级要求选择。

修改有关设置项后，单击"OK"按钮退出。

(3) 将鼠标移到设计规则列表窗内相应规则上，单击鼠标右键，调出设计规则管理命令，并选择其中的"New Rule..."，即可增加新的安全间距约束项，以便设置某一节点或某类节点的安全距离。例如，当 PCB 板中某一节点的电位较高，达数百伏，而其他点的电位较低，仅为几伏，为了提高耐压等级，可增大该节点的安全间距(有关安全间距的取值规则可参阅第 7 章相关内容)。

2) 短路设置

单击"Electrical"(电气规则)设置项下的"Short Circuit"设置项，选择短路模式。一般不允许不同网络节点的导电图形短路，即取消"Allow Short Circuit"复选框内的"√"号。

2. 布线规则设置

1) 布线宽度设置

执行"Design"菜单下的"Rules..."命令，选择"Routing"标签下的"Width"设置项，在图 9.6.3 所示窗口内，设置印制导线的宽度。

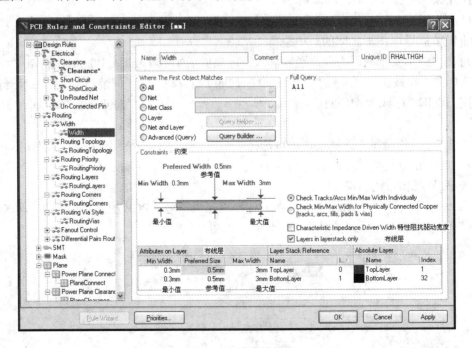

图 9.6.3　线宽设置

在自动布线前，一般均要指定整体布线宽度及特殊网络(如电源、地线网络)的布线宽度。设置布线宽度的操作过程如下：

(1) 设置没有特殊要求的印制导线的宽度。

(2) 设置大电流印制导线的线宽。

(3) 设置电源线、地线的线宽。

而在手动布线时，根据电路功率、电流大小，仅需设置线宽取值范围。例如，在本例中，最小线宽限制为 0.3 mm、最大线宽为 3.0 mm、参考值为 0.5 mm。在手工布线过程中，根据印制导线电流容量，在最小、最大线宽范围内灵活选择。

2) 布线拓扑(Routing Topology)

执行"Design"菜单下的"Rules…"命令，选择"Routing"标签下的"Routing Topology"设置项，在图 9.6.4 所示窗口内，选择布线拓扑。

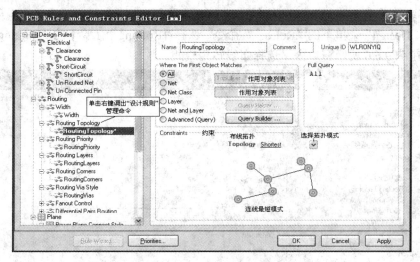

图 9.6.4　选择布线拓扑模式

在手工布线时，可将"Topology"(布线拓扑)设为"Shortest"(连线最短模式)，范围设为"All"。Altium Designer PCB 编辑器支持的布线拓扑算法除了连线最短模式外，尚有水平走线、垂直走线、星形扩散方式等，如图 9.6.5 所示。

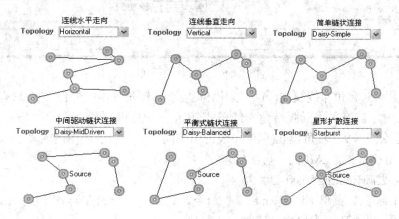

图 9.6.5　可选择的其他布线模式

　　在自动布线前，一般需要根据电路板元件"飞线"特征，将鼠标移到"Routing Topology"选项上，单击右键，调出"设计规则"常用管理命令，并单击"New Rule…"，生成新的Routing Topology，规范个别节点、元件面、焊锡面布线方式。例如，在双面 PCB 板自动布线操作前，生成一个布线拓扑：范围选"Layer"，并在作用对象列表中选"Top Layer"，将 Topology(布线模式)选为"Horizontal"(水平走线)，规定元件面内布线走向为水平方向；接着，再生成另一个布线拓扑：范围依然选"Layer"，在作用对象列表中选"Bottom Layer"，而 Topology(布线模式)选为"Vertical"(垂直走线)，规定焊锡面内布线走向为垂直方向，使相邻两布线层信号线走向垂直，将连线串扰减到最小。

　　对于需要以星形方式连接的节点，如"GND"节点，也需要单独生成一个布线拓扑：范围选为"Net"，在作用对象列表中选"GND"，再将 Topology(布线模式)选为"Starburst"(星形连接)。

　　3) 布线转角(Routing Corners)控制

　　执行"Design"菜单下的"Rules…"命令，选择"Routing"标签下的"Routing Corners"设置项，在图 9.6.6 所示窗口内，选择布线转角模式。

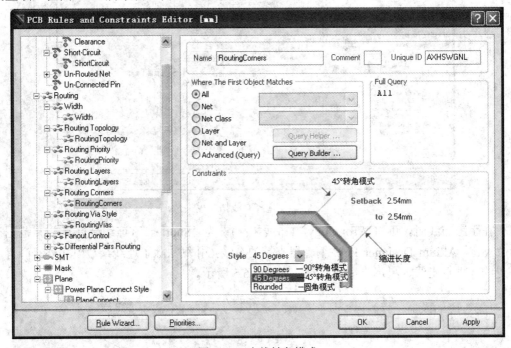

图 9.6.6　布线转角模式

　　一般采用 45°转角布线模式(布线占用空间较小，转角处电阻变化小)，只有在超高频、微波电路板中才被迫采用圆弧转角布线模式(转角处电阻几乎没有变化，但布线占用空间大)，尽量避免使用 90°转角模式(尽管布线占用空间小，但由于存在钻蚀现象，转角处有效线宽变小，阻抗增加，EMI 高，可靠性差)。

　　4) 布线过孔(Routing Vias)尺寸

　　执行"Design"菜单下的"Rules…"命令，选择"Routing"标签下的"Routing Vias"设置项，在图 9.6.7 所示窗口内，选择过孔参数。

图 9.6.7　过孔参数

无论是手工布线还是自动布线，过孔参数都应该固定不变，即最小值、参考值、最大值相同。在高密度布线中，过孔参数一般取 0.3 mm/0.6 mm；在中高密度布线中，过孔参数一般取 0.4 mm/0.7 mm；在低密度布线中，过孔参数一般取 0.5 mm/0.9 mm。

5) 布线优先权(Routing Priority)

在自动布线前，一般需要执行"Design"菜单下的"Rules…"命令，选择"Routing"标签下的"Routing Priority"，在图 9.6.8 所示窗口内，添加布线优先权规则，定义一些关键节点的布线优先权(0~100)，该数值越大，表示布线优先权越高。

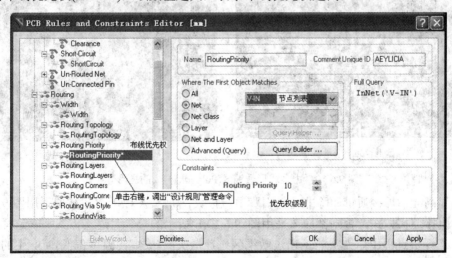

图 9.6.8　布线优先权设置

6) 布线层(Routing Layers)

在自动布线前，对于双面或多层板来说，一般需要执行"Design"菜单下的"Rules…"命令，选择"Routing"标签下的"Routing Layers"，在图 9.6.9 所示窗口内，选择是禁止还是允许某一节点、某类节点在哪一信号层内布线。

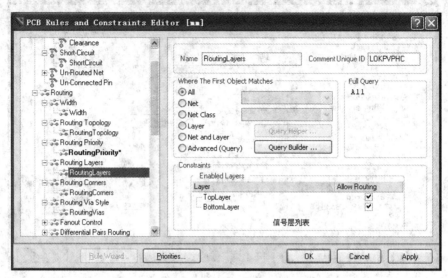

图 9.6.9　信号层布线允许/禁止

例如，在双面板中，可禁止电源节点在焊锡面内布线，禁止地线在元件面内布线。

3. 多边形敷铜区与元件引脚焊盘之间的连接方式

在布线过程中，对于岛形焊盘，常用多边形敷铜区(Polygon)代替印制导线实现岛内多个元件引脚焊盘的连接，如图 9.6.10 所示。

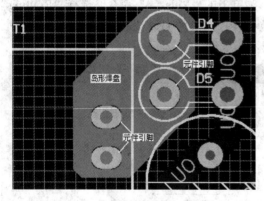

(a) 直接连接方式

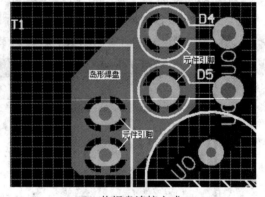

(b) 热焊盘连接方式

图 9.6.10　由多边形敷铜区(Polygon)构成的岛形焊盘

为提高元件焊接质量，除非元件引脚电流很大，如 5 A 以上，才被迫采用图 9.6.10(a) 所示的直接连接方式，否则都应该采用图 9.6.10(b)所示的热焊盘连接方式——这样不仅可避免手工焊接过程中烙铁头热量通过敷铜区迅速散失(造成焊锡温度偏低)而产生的虚焊，也保证了与岛形焊盘相连的元件引脚焊盘热容接近，防止波峰焊接、回流焊接过程中元件出现移位或立碑现象的发生。

为此，可执行"Design"菜单下的"Rules…"命令，单击"Plane"标签下的"Polygon Connect"设置项，在图 9.6.11 所示窗口内，选择多边形敷铜区(Polygon)与元件引脚焊盘的连接方式。

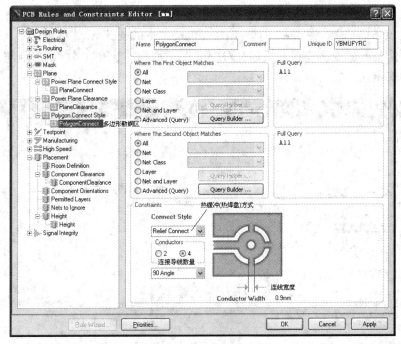

图 9.6.11　多边形敷铜区(Polygon)与元件引脚焊盘的连接方式

4. 穿通元件引脚焊盘与电源层、地线层的连接方式

对于具有内电源层、内地线层的多面板来说，布线前尚需要执行 "Design" 菜单下的 "Rules…" 命令，选择 "Plane" 标签下的 "Power Plane Connect Style" 命令，在图 9.6.12 所示窗口内，选择穿通元件引脚焊盘与内电源层、内地线层的连接方式。

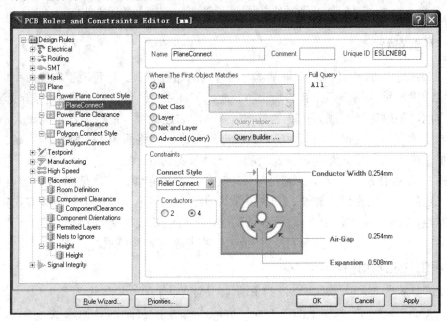

图 9.6.12　穿通元件引脚焊盘与内电源层、内地线层的连接方式

5. 穿通元件引脚焊盘及贯通孔与内电源层、内地线层的安全间距

对于具有内电源层、内地线层的多面板来说，布线前尚需执行"Design"菜单下的"Rules…"命令，选择"Plane"标签下的"Plane Clearance"设置项，在图 9.6.13 所示窗口内，设置穿通元件引脚焊盘及贯通孔对应节点，尤其是电压差较大的节点与内电源层、内地线层的安全间距。

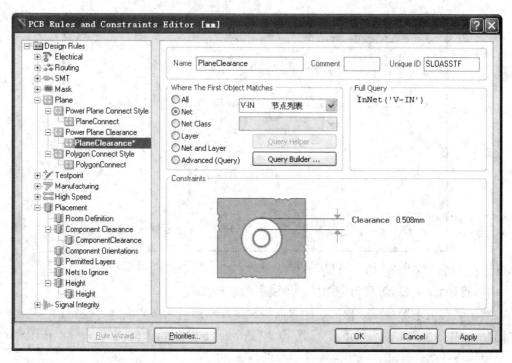

图 9.6.13　穿通元件引脚焊盘及贯通孔与内电层的安全间距

9.6.2　手工布线

手工布线是 PCB 设计过程中最基本、最有效的布线方式。尽管手工布线效率低、速度慢、布线质量严重依赖于操作者的知识和经验，但在手工连线操作过程中能随时调节元件位置、方向，随时选择布线的宽度，布线质量高，如连线短、能根据连线电流大小灵活选择印制导线的宽度、根据连线属性灵活选择布线顺序、回路面积小、EMI 指标高、过孔数量少、加工成本低、可靠性高。实践表明：一块布线质量优良、工作可靠、易于加工、成品率高的 PCB 板往往依靠全手工或自动与手工相结合的布线方式实现 PCB 板的连线操作，毕竟慢工出细活。在高频、微波、开关电源等电路中，甚至只能用手工布线方式完成元器件间的互连，尽管许多主流 PCB 设计软件均提供了自动布线功能，但无论其布通率有多高、功能有多完善，都不可能完全满足特定 PCB 板的电磁兼容性要求。

1. 手工布线操作过程

手工布线操作过程大致如图 9.6.14 所示，具体如下：

(1) 执行"Design"菜单下的"Board Option"命令，设置 PCB 板选项，如 X、Y 移动步长，电气节点自动搜索范围，以及可视格点形状及大小。

(2) 设置手工布线条件(线宽范围、安全间距、过孔尺寸、敷铜区与焊盘连接方式等)。

(3) 根据节点特征，确定布线顺序，借助"交互式布线"(Interactive Routing Connection)工具在两个焊盘之间放置连线；借助实心多边形(Solid Region)或多边形敷铜区(Polygon Pour…)完成岛形焊盘内各导电图形的连接。

(4) 若布线结果不满意，借助"Tools"菜单下的"Un-Route"系列命令，或"Edit"菜单下的"Undo"(撤消)命令、"Delete"命令删除已放置的连线、实心多边形、敷铜区等，以便重新放置连线、多边形或敷铜区。

(5) 不断重复以上操作步骤，直到完成了所有"飞线"的连接。

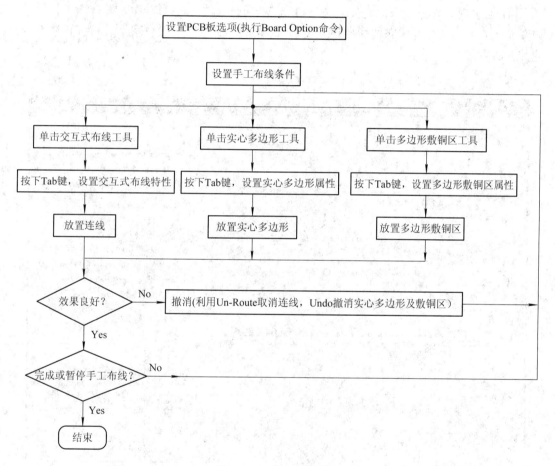

图 9.6.14　手工布线过程

2. 交互式布线

交互式布线(Interactive Routing Connection)方式智能化程度高，是 Altium Designer PCB 编辑中最重要的手工布线工具，利用交互式布线工具完成连线的操作过程如下：

(1) 在 PCB 编辑器工作层列表栏上，单击要放置导线所在层。

(2) 单击布线工具栏内的"Interactive Routing Connection"按钮(或执行"Place"菜单下的"Interactive Routing"命令)进入交互式布线状态。

(3) 将光标移到连线起点(可以是焊盘或过孔中心，也可以是已存在的印制导线的端点)单击，移动鼠标，即可出现随鼠标移动而移动的线段，如图 9.6.15 所示。

在 Altium Designer 中，单击"交互式布线"工具后，将光标移到相应"飞线"上单击，PCB 编辑器将自动在"飞线"起点到当前光标所在位置生成一段浮动的连线，如图 9.6.15 所示，即这一操作方式等同于在"飞线"起点单击→移动光标操作。

(4) 必要时，在连线未固定前，按下 Tab 键，进入如图 9.6.16 所示的交互式布线属性设置窗，选择线宽、冲突解决方式等。

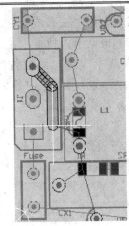

图 9.6.15　交互式布线连线

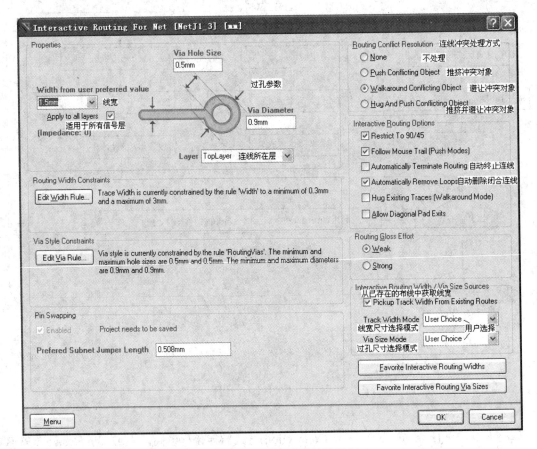

图 9.6.16　交互式布线属性设置窗

(5) 不断重复"移动鼠标到连线转折点→单击"操作，直到连线终点，最终单击右键结束，即可获得图 9.6.17 所示的连线。如果在图 9.6.16 所示的交互式布线属性窗口内，选中了"自动终止连线"，则在布线终点(焊盘或过孔)单击左键后，将自动退出布线状态，否则依然处于布线状态，以便继续连线。当需要退出连线状态时，按 Esc 键退出。

　　当然也可以采用"交互式自动布线"方式，生成印制导线，操作过程为：单击"交互式布线"工具→按下 Ctrl 键不放→将光标移到"飞线"上单击，即可自动生成印制导线(布线参数，如线宽、转角模式、安全间距等由已经存在的"布线规则"确定)。

　　(6) 如果感到布线效果不好，可立即执行"Edit"菜单下的"Undo"(撤消)命令(或"Tools"菜单下的"Un-Route"系列命令)，取消刚生成的印制导线，再重新布线。

　　在开关电源 PCB 板的设计过程中，完成了初级侧电路大致布局后，往往先根据特定安规标准要求借助手工布线方式，在连线过程中，适当调整元件位置，才能保证元件间距、连线与焊盘间距达到最佳状态——既满足特定安规要求，又不至于太稀疏。

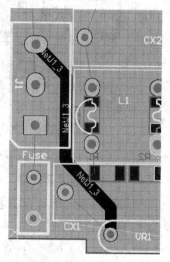

图 9.6.17　生成的印制导线

3. 实心多边形代替导线完成连接

　　对于彼此在某一特定区域内相邻的属于同一节点的多个焊盘，用导线连接可能会存在分支多、效果不尽人意的情况，在 Altium Designer PCB 编辑器中可用实心多边形(Solid Region)连接，构成岛形焊盘，操作过程如下：

　　(1) 执行"Place"菜单下的"Solid Region"命令。

　　(2) 按下 Tab 键，进入图 9.6.18 所示的实心多边形属性设置窗内，指定多边形所在层及与它相连的节点。

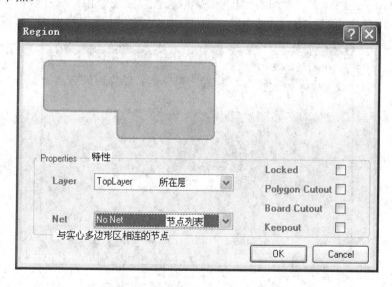

图 9.6.18　实心多边形属性设置窗

　　(3) 将光标移到多边形起点，单击固定，然后不断重复"移动光标→必要时按空格键调整连线转角→单击左键固定多边形顶点"，直到最后一个顶点，这样就获得类似岛形焊盘的实心多边形填充区，如图 9.6.19(b)所示。

　　可见实心多边形与矩形填充区特性类似，可用于连接电流较大的焊盘。

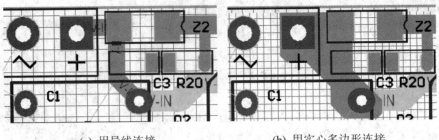

(a) 用导线连接　　　　　　　　　(b) 用实心多边形连接

图 9.6.19　导线与实心多边形连接效果对比

4．多边形敷铜区代替导线完成连接

多边形敷铜区比实心多边形填充区功能更强,不仅可选择热焊盘连接方式,也能避让位于敷铜区内的其他节点,此外还可以选择网状铜膜。多边形敷铜区是岛形焊盘的优选形式,可完成包括电源、地或其他任何需要按"单点连接"方式连接的连线。放置敷铜区的操作过程如下:

(1) 为增加敷铜区与其他导电图形的间距,降低意外短路的风险,在敷铜操作前,最好先执行 "Design" 菜单下的 "Rules..." 命令,调高电气安全间距。例如,在含有 TSSOP 封装元件的高密度 PCB 板上,如果布线操作的最小安全间距取 0.20 mm(即 8 mil),那么在元件面或焊锡面的特定区域内通过敷铜操作获得接地网络前,可将导电图形的最小安全间距设置为 0.30~0.4 mm,增加接地网格与其他导电图形的安全间距,以降低意外短路的风险。

(2) 单击连线工具栏内的 "Place Polygon Plane" (或执行 "Place" 菜单下的 "Polygon Pour..." 命令),在图 9.6.20 所示的多边形敷铜区属性设置窗口内,选择敷铜区填充模式、所在层以及与它相连的节点名。

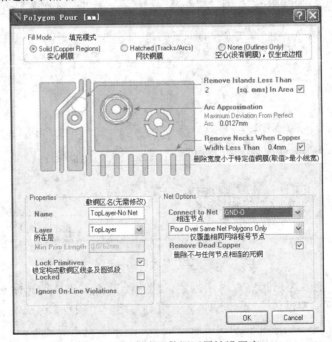

图 9.6.20　多边形敷铜区属性设置窗

　　为避免大面积铜膜在焊接过程中起泡，降低铜膜与基板的抗剥强度，也可以选择网状结构铜膜填充方式，如图 9.6.21 所示。

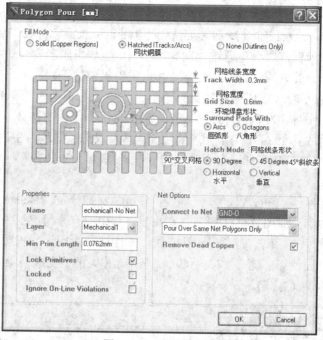

图 9.6.21　网状敷铜区

　　当采用网状铜膜填充方式时，网格线条宽度(Track Width)不能小于最小线宽，网格间隙(即网格宽度减去网格线条宽度)也不能小于工艺允许的最小线条宽度，否则在 PCB 加工过程中因分辨率不足无法形成完整的网格间隙。实心填充方式与网状填充方式的效果如图 9.6.22 所示。

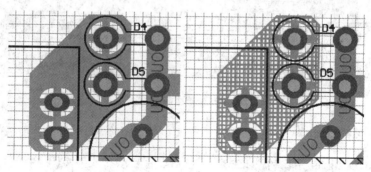

(a) 实心铜膜连接　　　　　　　(b) 网状铜膜连接

图 9.6.22　敷铜区常用填充模式效果

　　新生成的敷铜区与已存在的连接在同一节点上的导线、敷铜区有三种连接方式：Don't Pour Over Same Net Objects(不覆盖已经存在的导线和敷铜区)、Pour Over All Same Net Objects(覆盖所有已经存在的导线和敷铜区)、Pour Over Same Net Objects(仅覆盖已经存在的敷铜区)。但无论选择哪一种覆盖方式，连接在同一节点的焊盘及过孔一定被覆盖，换句话说，如果新生成的敷铜区内原来不存在导线、敷铜区，则选择任何一种覆盖方式效果都相同。一般选择"Pour Over All Same Net Objects"覆盖方式。

　　敷铜区与焊盘连接方式由"设计规则"定义，上节已介绍过，这里不再赘述。当需要修改敷铜区与焊盘连接方式时，可先生成敷铜区设计规则，再双击敷铜区，重新敷铜时将按指定方式生成敷铜区。

　　在图 9.6.20 和图 9.6.21 中，一般需要选中"Remove Dead Copper"选项，删除不与任何导电图形相连的死铜，以避免通过死铜导致不同电位导电图形意外短路的风险，并降低死铜形成的互容和天线效应，降低信号串扰和杂散电磁波的干扰。在高频电路中，如果希望利用面积较大的死铜区形成局部接地网络时，敷铜操作时可先不选中"Remove Dead Copper"选项，在敷铜后的 PCB 板上找出面积较大的死铜区，根据必要性、可行性，在面积较大的死铜区内放置 2~4 个与地相连的过孔，然后双击敷铜区，在图 9.6.20 或图 9.6.21 所示的敷铜设置窗口内选中"Remove Dead Copper"选项，重建敷铜区，删除未接地的死铜区。

　　(3) 当需要删除已存在的敷铜区时，可用"Edit"菜单下的"Delete"命令删除。

　　本例手工布线结果如图 9.6.23 所示，在布线过程中已充分考虑了关键回路、节点布线要求。在双面板中，一般仅需考虑电源线布线，而地线一般用大面积敷铜区连接，以便形成相对完整的地平面或局部地平面(在 AC-DC 变换器中，由于受最小爬电距离、串扰限制，一般多采用局部地平面方式)。

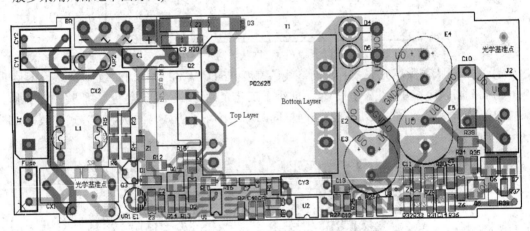

图 9.6.23　本例手工布线效果图

9.6.3　自动布线

　　在 Altium Designer 中，自动布线过程包括设置自动布线参数(即布线条件)、自动布线前的预处理、自动布线、手工修改四个环节。当主要依靠自动布线方式完成元器件的互连时，则必须根据电路特征、电磁兼容性要求、导电图形压差对应的最小安全间距等仔细设置相关的自动布线参数，否则自动布线效果将达不到预期要求。自动布线前的预处理是指利用布线规律，用手工或自动布线功能，优先放置有特殊要求的连线，如易受干扰的印制导线、承受大电流的电源线和地线等；在时钟电路下方放置填充区，避免自动布线时其他信号线经过时钟电路的下方等。

　　完成了自动布线前的预处理后，就可以执行"Auto Route"菜单下的相应命令，启动自动布线进程。

9.6.4　布线后处理

1．调整丝印字符高度及其笔画粗细

（1）调整元件序号大小。单击鼠标右键，调出 PCB 编辑常用命令，并选择"Find Similar Objects…"（或执行"Edit"菜单下的"Find Similar Objects…"），再将光标移到某一元件序号，如 Q3 上单击，在图 9.6.24 所示 Find Similar Objects 窗口内，单击"OK"按钮，运行 PCB 检查器，选中 PCB 板上所有的丝印文字。

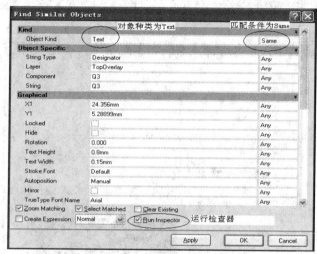

图 9.6.24　Find Similar Objects 窗口

在图 9.6.25 所示的 PCB 检查器窗口内，根据丝印工艺要求，输入字符高度(Text Height)及字符线条宽度(Text Width，即笔画粗细)。

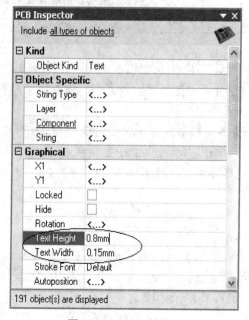

图 9.6.25　PCB 检查器

Text Width 不能小于丝印工艺允许的最小线宽；Text Height 也不能太小，否则丝印不清晰。但也不能太大，尤其是在高密度 PCB 板上，空间有限。目前国内大部分 PCB 板生产厂家丝印分辨率为 0.15 mm，最小字符高度为 0.8 mm，因此建议 Text Width 取 0.2 mm，Text Height 取 1.0 mm。

注意：在 PCB 检查器文本盒内输入参数后，须按"Enter"键确认，修改才能生效。

(2) 设置丝印图形间距。必要时执行"Design"菜单下的"Rules…"命令，在设计规则列表窗内，单击"Manufacturing"(制造)设置项，并选择"Silk To Silk Clearance"(丝印字符间距)，设定丝印图形(包括字符串之间、字符串与元件外轮廓线之间)的最小间距，如图 9.6.26 所示。

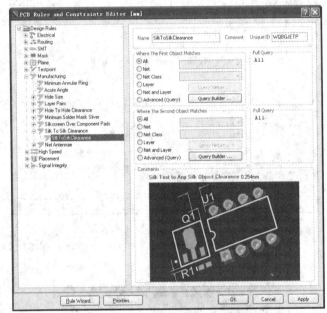

图 9.6.26　丝印图形最小间距

在高密度 PCB 板上，丝印字符最小间距与丝印分辨率相同，一般取 0.15 mm 以上。但这一设置操作并非必须，也可以通过目视检查方式，调整丝印字符位置，使彼此间有合适的距离，保证丝印清晰可见。

(3) 设置丝印字符及线条与焊盘间距。必要时执行"Design"菜单下的"Rules…"命令，在设计规则列表窗内，单击"Manufacturing"(制造)设置项，并选择"Silkscreen Over Component Pads"，设定丝印图件(包括丝印字符及线条)与元件焊盘之间的最小间距，如图 9.6.27 所示。

位于丝印层上的元件序号、说明性文字、图形等不允许放置在元件引脚焊盘上，一方面是因为焊盘铜环开窗，没有阻焊油覆盖，无法印上图形，另一方面是因为丝印油料会污染焊盘铜环，无法上锡，导致虚焊。丝印字符也不宜放在过孔上，即使过孔进行了塞油处理，也可能导致过孔处丝印图案部分缺损。在高密度 PCB 上，丝印图形与焊盘外沿最小间距与丝印分辨率相同，一般取 0.15 mm 以上。

但这一设置操作并非必须，也可通过目视检查方式，调整丝印字符的位置，使彼此之间有合适的间隔。

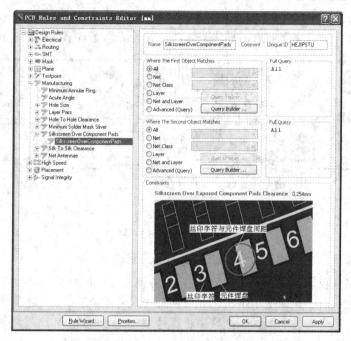

图 9.6.27 丝印字符及线条与焊盘最小间距

(4) 调整丝印层上元件序号位置。丝印层上的元件序号一般不宜放在元件外轮廓线内，否则贴片或插件后，元件体会把元件序号遮住；元件序号尽可能位于元件封装图附近，避免贴片或插件时出现张冠李戴现象，如图 9.6.28 所示。

(5) 增加接地符号、危险电压提示及过波峰焊炉走板方向指示符等。

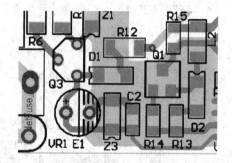

图 9.6.28 调整元件序号大小及位置后的局部图

2. 焊盘、过孔泪滴化处理

为提高导线与焊盘及过孔连接的可靠性，在完成连线操作后，需要执行"Tools"菜单下的"Teardrops…"(泪滴化)命令，在图 9.6.29 所示窗口内，选择泪滴方式。

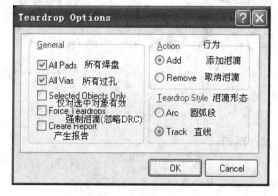

图 9.6.29 泪滴选项设置

为避免泪滴化后导电图形间距小于设置值，一般应禁止"Force Teardrop"(强制泪滴)。从图 9.6.30 可以看出泪滴化前后，导线与焊盘连接处光滑了许多。

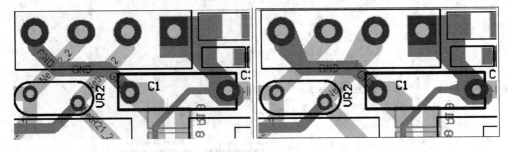

(a) 泪滴化前 (b) 泪滴化后

图 9.6.30 泪滴化效果

3. 根据 PCB 尺寸确定是否需要拼板或增加工艺边

对于单板尺寸较大的 PCB 板，如果在走板方向上布线区离机械边框不足 3.0 mm，则需要增加工艺边；对于长或宽小于工艺允许的最小尺寸的 PCB 板，则需要进行拼板处理，如果拼板操作后在走板方向上，布线区离机械边框不足 3.0 mm 时，还必须再增加工艺边。

当 PCB 上有贴片元件时，按要求在 PCB 板上放置刮锡、贴片工艺所需的光学定位基准点。此外，还需根据刮锡、贴片工艺的定位方式，确定是否需要设置定位孔。

4. 调整 PCB 板上穿通封装元件个别焊盘中心的位置

一般情况下，焊盘中心与焊盘孔中心重合，在连线时可能会遇到安全间距与焊盘附着力要求相矛盾的问题：为增加安全间距，可能被迫减小焊盘直径，但这会降低焊盘的附着力，影响可靠性。为此，在 Altium Designer PCB 编辑器中允许修改焊盘中心位置，使焊盘中心偏离焊盘孔中心，以增加焊盘与另一相邻导电图形的安全间距，如图 9.6.31 所示。

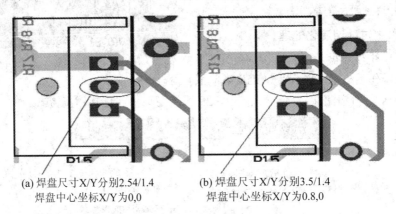

(a) 焊盘尺寸X/Y分别2.54/1.4 (b) 焊盘尺寸X/Y分别3.5/1.4
　　焊盘中心坐标X/Y为0,0 　　焊盘中心坐标X/Y为0.8,0

图 9.6.31 焊盘偏心设置

5. 检测是否违反设计规则

在 PCB 面板中，以"Rules and Violations"作为浏览对象，看是否有违反设计规则的情形，如果存在，则必须分析并纠正。

9.7　生成 PCB 输出文件

为方便设计项目元件的采购、PCB 板生产、元件贴片操作等，Altium Designer 提供了不同用途、不同格式的多种输出文件。其中，与 PCB 板制作有关的文件主要有光绘文件(Gerber)和数控钻孔文件(NC Drill)。尽管 PCB 电路板生产厂家可从用户提供的 PCB 设计原始文件(.PcbDoc)生成 PCB 板生产过程中用到的 Gerber 文件和 NC Drill 文件，但 PCB 设计者在完成 PCB 编辑后生成 Gerber 文件供 PCB 生产商参考仍有重要意义，例如可避免因 PCB 生产商技术人员无意重构 PCB 板上的敷铜区，导致敷铜区与特定电气节点(如 GND 或 VCC)不相连或改动了被重构敷铜区与其周围导电图形的间距等缺陷。

9.7.1　生成 Gerber(光绘)文件

Gerber 格式文件是 PCB 行业普遍采用的图像转换的标准格式文件，最初由 Gerber 系统公司开发，现由 Ucamco 公司所有，可免费从 Ucamco 公司官网上下载，最新版为 Gerber X2(可以插入 PCB 板的层叠信息及属性)，但目前使用最为广泛的版本是扩展 Gerber(即 RS-274X)格式，它是标准 Gerber(即 RS-274D)格式的升级版。Gerber 文件用 ASCII 文本描述了 PCB 板各层(包括信号层、内电源、阻焊层、字符层等)的图像信息(矢量图形式)及机械钻、铣加工操作的数据信息。Altium Designer 09 版可以从 PCB 设计原始文件(.PcbDoc)中提取遵循 RS-274X 标准的 Gerber 格式文件，操作过程如下：

(1) 在 PCB 编辑状态下，执行"Edit"菜单下的"Origin\SET"命令，将 PCB 板的左下角(即左边框与下边框的交叉点)作为 PCB 板的参考原点。

(2) 单击"File"菜单下的"Fabrication Outputs\Gerber Fils"命令，进入图 9.7.1 所示的 Gerber 设置窗，选择 Gerber 文件的相关选项。

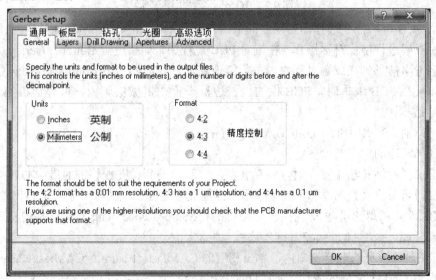

图 9.7.1　Gerber 格式通用设置

在图 9.7.1 中，根据需要选择公制单位或英制单位。当采用公制单位时，可选择 4:2 精度(精度为 0.01 mm，适用于中低密度 PCB)、4:3 精度(精度为 1 μm，适用于中高密度 PCB)、4:4 精度(精度为 0.1 μm，适用于高密度高定位精度 PCB)；当采用英制单位时，可选择 2:3 精度(精度为 1 mil，适用于中低密度 PCB)、2:4 精度(精度为 0.1 mil，适用于中高密度 PCB)、2:5 精度(精度为 0.01 mil，适用于高密度高定位精度 PCB)。

(3) 单击图 9.7.1 中的"Layers"(板层)标签，在图 9.7.2 所示的板层窗口内，根据 PCB 的特征，选中需要绘制的板层。

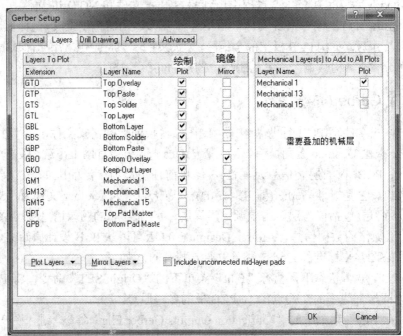

图 9.7.2　Gerber 文件板层选择

根据 PCB 板特征，选择需要绘制的板层。除了 Bottom Overlay(底面丝印层)外，一般不需要对板层进行镜像对称操作。在编辑 PCB 过程中，如果位于 Bottom Overlay 面的元件序号、字符串信息等在放置过程中未进行镜像处理，则需要选中 Bottom Overlay 层的镜像选项。如果在 PCB 编辑时，PCB 板的机械边框设置在机械层 1 内，可叠加机械层 1，作为各层的边框。

(4) 单击图 9.7.1 中的"Drill Drawing"(钻孔绘制)标签，在图 9.7.3 所示的钻孔绘制窗口内，选择相应的钻孔绘制图。

当不选择"钻孔栅格图"时，在钻孔图上将观察不到钻孔栅格的对准中心。

必要时可单击"光圈"和"高级选项"标签继续设置其他选项。完成了各选项设置后，单击"OK"按钮退出即可发现在设计项目的"Source Documents"文件夹内自动生成了 CAMtastic1.cam 或 CAMtastic2.cam 等文件。

(5) 在设计项目管理器窗口内，单击相应的 CAMtastic1.cam 或 CAMtastic2.cam 文件，即可观察到 Gerber 文件的板层图形(可以同时显示多个板层或其中的任一个板层)。当然，也可以逐一或叠加打印出其中的板层图形。

图 9.7.3　钻孔绘制

9.7.2　生成数控钻孔(NC Drill)文件

(1) 在 PCB 编辑状态下，单击"File"菜单下的"Fabrication Outputs\NC Drill Fils"命令，进入图 9.7.4 所示的钻孔文件设置窗，选择度量单位及精度。

图 9.7.4　钻孔文件设置

值得注意的是，钻孔文件的度量单位和精度必须与 Gerber 文件保持一致，否则生产过程中叠层操作将产生较大的误差。

(2) 当完成了相应选项设置后，单击"OK"按钮退出即可发现在设计项目的"Source

Documents"文件夹内自动生成了 CAMtastic2.cam、CAMtastic3.cam 等文件。

(3) 在设计项目管理器窗口内,单击相应的 CAMtastic2.cam 或 CAMtastic3.cam 文件即可观察到钻孔文件的孔位信息。

有经验的 PCB 设计者如果确信自己生成的 Gerber 文件和 NC Drill 钻孔文件没有缺陷,那么可只需向 PCB 生产厂家提供这两个设计文件即可,无需提供 PCB 设计的原始文件(.PcbDoc)。

习 题 9

9-1 简述如何创建 PCB 设计环境,并演示。

9-2 简述 PCB 设计前原理图的检查内容。

9-3 简述 PCB 元件布局过程及注意问题。

9-4 简述 PCB 手工布线所用工具与布线过程。

9-5 丝印层内的元件序号放置位置有什么要求?

9-6 最小丝印分辨率与印制导线最小分辨率相同吗?

9-7 将 Altium Designer 安装目录下位于\Examples\Reference Designs 文件夹下的 4 Port Serial Interface(4 串行接口)设计例中的文件拷贝到盘上的某一文件夹下,设计出其原理图对应的 PCB 版。

9-8 简述填充区与敷铜区的用途。

9-9 简述通过敷铜操作获得接地网络的操作步骤及注意事项。

9-10 绘制如图 P9.1 所示的原理图及其对应的 PCB 文件(除晶体振荡器及接插件 J1、J2、J3 外,其他元件均为贴片封装元件)。

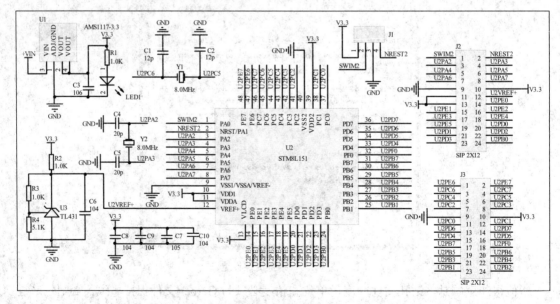

图 P9.1 原理图

参 考 文 献

[1]　曾峰，侯亚宁，曾凡雨. 印刷电路板(PCB)设计与制作. 北京：电子工业出版社，2003
[2]　郑诗卫. 印制电路板排版设计. 北京：科学文献出版社，1984